현대자동차 지침서

※ 다음 도서목록 중 주문 제작(OEM)으로도 공급합니다.(직통전화 : (02) 713-7453)

구분 차종	도서명	정가	차종	도서명	정가
승용차			RV		
2023 아이오닉(EV) 5	▸일반사항 ▸차량제어 시스템 ▸배터리제어 시스템 ▸모터 및 감속기 시스템 ▸냉각 시스템	28,000 (Ⅰ권)	2021 싼타페(HEV)	전장회로도	26,000
			2021 싼타페	전장회로도	26,000
			2023 투싼	전장회로도	30,000
			2023 투싼(HEV)	전장회로도	28,000
	▸히터 및 에어컨 장치 ▸첨단운전자 보조 시스템(ADAS) ▸에어백 시스템	28,000 (Ⅱ권)	2021 포터(EV)	전장회로도	16,000
			2023 포터	전장회로도	15,000
			2021 캐스퍼	전장회로도	18,000
	▸스티어링 시스템 ▸브레이크 시스템 ▸드라이브 샤프트 및 액슬 ▸서스펜션 시스템	28,000 (Ⅲ권)	2023 스타리아	전장회로도	30,000
			2023 펠리세이드	전장회로도	30,000
	전장회로도	30,000			
2022 포터2(EV)	▸일반사항 ▸차량제어 시스템 ▸배터리제어 시스템 ▸모터 시스템 ▸감속기 시스템 ▸냉각 시스템	30,000 (Ⅰ권)			
	▸히터 및 에어컨 장치 ▸첨단운전자 보조 시스템(ADAS) ▸에어백 시스템 ▸스티어링 시스템 ▸브레이크 시스템 ▸드라이브 샤프트 및 액슬 ▸서스펜션 시스템	28,000 (Ⅱ권)			
			상용		
	전장회로도	18,000	2019 뉴수퍼에어로	전장회로도	15,000
2023 싼타페 (TM HEV)	전장회로도	27,000	2015 유니시티	전장회로도	17,000
			2019 그린시티	전장회로도	14,000
	정비지침서 주문제작 가능		2020 카운티(EV)	전장회로도	18,000
2021 코나	전장회로도	20,000	2020 카운티	전장회로도	18,000
2023 코나(HEV)	전장회로도	26,000	2020 뉴파워트럭	전장회로도	16,000
2023 코나(EV)	전장회로도	28,000	2020 쏠라티	전장회로도	17,000
2023 아반떼	전장회로도	24,000	2020 알렉시티	전장회로도	18,000
2023 아반떼(HEV)	전장회로도	24,000	2019 유니버스	전장회로도	27,000
2023 아반떼 N	전장회로도	21,000	2023 마이티	전장회로도	13,000
2023 쏘나타	전장회로도	32,000	2023 파비스	전장회로도	20,000
2023 쏘나타(HEV)	전장회로도	27,000	2019 엑시언트	전장회로도	22,000
2023 아이오닉5(EV)	전장회로도	30,000	2020 메가트럭	전장회로도	18,000
2023 아이오닉 N	전장회로도	25,000			
2021 캐스퍼	전장회로도	18,000			
2021 GV60	전장회로도	29,000			
2021 G70	전장회로도	31,000			
2021 GV70	전장회로도	28,000			
2023 G70	전장회로도	28,000			
2023 G80(EV)	전장회로도	28,000			
2023 G80	전장회로도	28,000			
2023 GV80	전장회로도	39,000			
2021 G90	전장회로도	33,000			

기아자동차 지침서

※ **다음 도서목록 중 주문 제작(OEM)으로도 공급합니다.(직통전화 : (02) 713-7453)**

구분 차종	승용차·RV 도서명	정가	구분 차종	승용차·RV 도서명	정가
2023 EV 6	▸ 일반사항 ▸ 배터리 제어 시스템(기본형) ▸ 배터리 제어 시스템(항속형) ▸ 모터 및 감속기 시스템	38,000 (Ⅰ권)	카니발	발행 예정	
			쏘렌토	발행 예정	
			스포티지	발행 예정	
	▸ 전기차 냉각 시스템 ▸ 히터 및 에어컨 장치 ▸ 단 운전자 보조 시스템(ADAS) ▸ 에어백 시스템	30,000 (Ⅱ권)			
	▸ 스티어링 시스템 ▸ 브레이크 시스템 ▸ 드라이브 샤프트 및 액슬 ▸ 서스펜션 시스템	27,000 (Ⅲ권)			
	전장회로도	30,000			
2013 K_3	정비지침서	55,000			
	전장회로도	20,000			
2012 K_5(HEV)	정비지침서	72,000			
	전장회로도	18,000			
2010 K_7	엔 진	32,500			
	섀 시	30,500			
	전장회로도	22,500			
2013 K_9	정비지침서 Ⅰ편	57,000			
	정비지침서 Ⅱ편	15,000			
	전장회로도	29,000			

IONIQ 정비지침서 Ⅱ 권

목차

아이오닉 정비지침서(Ⅰ권)
1. 일반사항
2. 차량제어 시스템
3. 배터리 제어 시스템
4. 모터 및 감속기 시스템
5. 냉각 시스템

1. 히터 및 에어컨 장치
2. 첨단 운전자 보조 시스템(ADAS)
3. 에어백 시스템

아이오닉 정비지침서(Ⅲ권)
1. 스티어링 시스템
2. 브레이크 시스템
3. 드라이브 샤프트 및 액슬
4. 서스펜션 시스템

히터 및 에어컨 장치

- 안전 및 주의사항 ·············· 1
- 고전압 차단 절차 ············· 11
- 고장진단 ······················ 17
- 서비스 정보 ···················19
- 체결토크 ······················20
- 자가진단 ······················21
- 에어컨 ························23
- 히터 ························· 135
- 블로어 ······················ 179
- 히트 펌프 ··················· 199
- 컨트롤러 ···················· 215

고전압 시스템 작업 시 주의사항

⚠ 위 험

- 전기 자동차는 고전압 배터리를 포함하여 있어서 시스템이나 차량을 잘못 건드릴 경우 심각한 누전이나 감전 등의 사고로 이어질 수 있다. 그러므로 고전압 시스템 작업 전에는 반드시 아래 사항을 준수하도록 한다.

⚠ 경 고

- 보호 장비를 착용한 작업 담당자 이외에는 고전압 부품과 관련된 부분을 절대 만지지 못하도록 한다. 이를 방지하기 위해 작업과 연관되지 않는 고전압 시스템은 절연 덮개로 덮어놓는다.
- 고전압 시스템 관련 작업 시, 절연 공구를 사용한다.
- 탈거한 고전압 부품은 누전을 예방하기 위해 절연 매트에 정리하여 보관하도록 한다.
- 고전압 단자 간 전압이 0V 이하임을 확인한다.
- 고전압 시스템 작업 시 체결 토크를 준수한다.
- 고전압 케이블을 분리 할 경우, 분리 직후 절연 테이프 등을 사용하여 절연 조치한다.
- 고전압 케이블 및 버스 바 또는 고전압 배터리 관련 부품 분해 작업 시 (+), (-) 단자 간 접촉이 발생하지 않도록 한다.

ℹ 참 고

- 모든 고전압 시스템 와이어링과 커넥터는 오렌지 색으로 구분되어 있다.
- 고전압 시스템 부품에는 "고전압 경고" 라벨이 부착되어 있다.
- 고전압 시스템 부품 : 배터리 시스템 어셈블리(BSA), 모터 어셈블리, 인버터 어셈블리, 고전압 정션 블록, 파워 케이블 등

1. 고전압 시스템 작업 시 아래와 같이 "고전압 위험 차량" 표시를 하여 타인에게 고전압 위험을 주지시킨다.

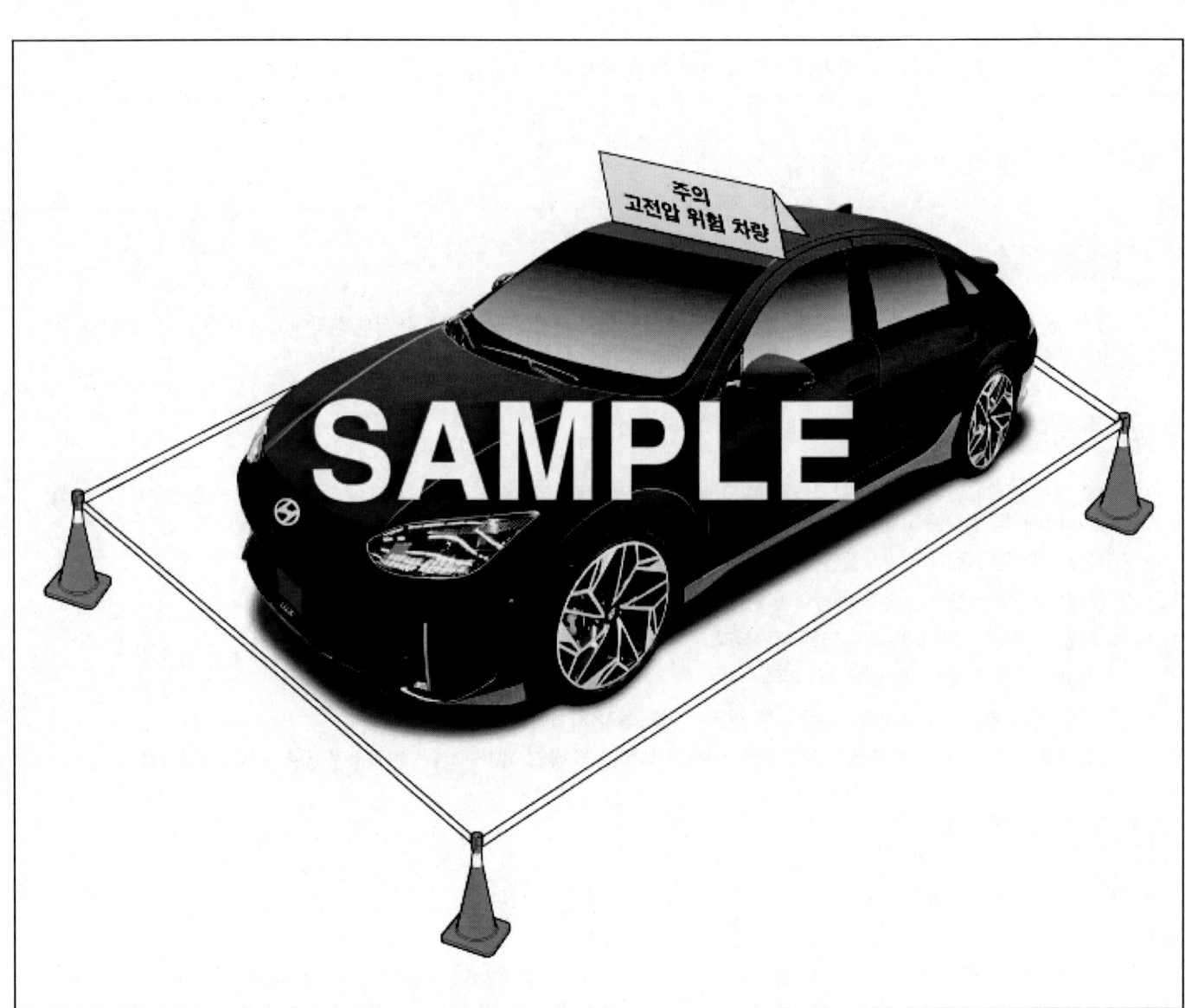

이 페이지를 복사해서 고전압 작업 중인 차량의 지붕 위에 접어서 올려 놓을 것.

경고

고전압 주의 :
차량 작업 중이니 만지지 마시오.

담당자 : _____

위험

고전압 주의 :
차량 작업 중이니 만지지 마시오.

담당자 : _____

이 페이지를 복사해서 고전압 작업 중인 차량의 지붕 위에 접어서 올려 놓을 것.

2. 금속성 물질(시계, 반지, 기타 금속성 제품 등)은 고전압 단락을 유발하여 심각한 신체 상해를 입을 수 있고, 차량이 손상될 수 있으므로 작업 전에 반드시 몸에서 제거한다.
3. 고전압 시스템 관련 작업 전에는 안전 사고 예방을 위해 개인 보호 장비를 착용하도록 한다.
   (배터리 제어 시스템 - "개인 보호 장비(PPE)" 참조)
4. 고전압 시스템을 점검하거나 정비하기 전에는 반드시 고전압 차단 절차를 수행해야 한다.
   (배터리 제어 시스템 - "고전압 차단 절차" 참조)

개인 보호 장비(PPE)

명칭	형상	용도
절연 장갑		고전압 부품 점검 및 관련 작업 시 착용 [절연 성능 : 1000V / 300A 이상]
절연화		
절연복		고전압 부품 점검 및 관련 작업 시 착용
절연 안전모		
보호 안경		아래의 경우에 착용 • 스파크가 발생할 수 있는 고전압 배터리 단자나 와이어링을 탈장착 또는 점검 • 고전압 배터리 시스템 어셈블리(BSA) 작업

안면 보호대		
절연 매트		탈거한 고전압 부품에 의한 감전 사고 예방을 위해 절연 매트 위에 정리하여 보관
절연 덮개		보호 장비 미착용자의 안전 사고 예방을 위해 고전압 부품을 절연 덮개로 차단
경고 테이프		작업 중 사고 발생할 수 있으므로 사람들의 접근을 막기위해 차량 주변에 설치

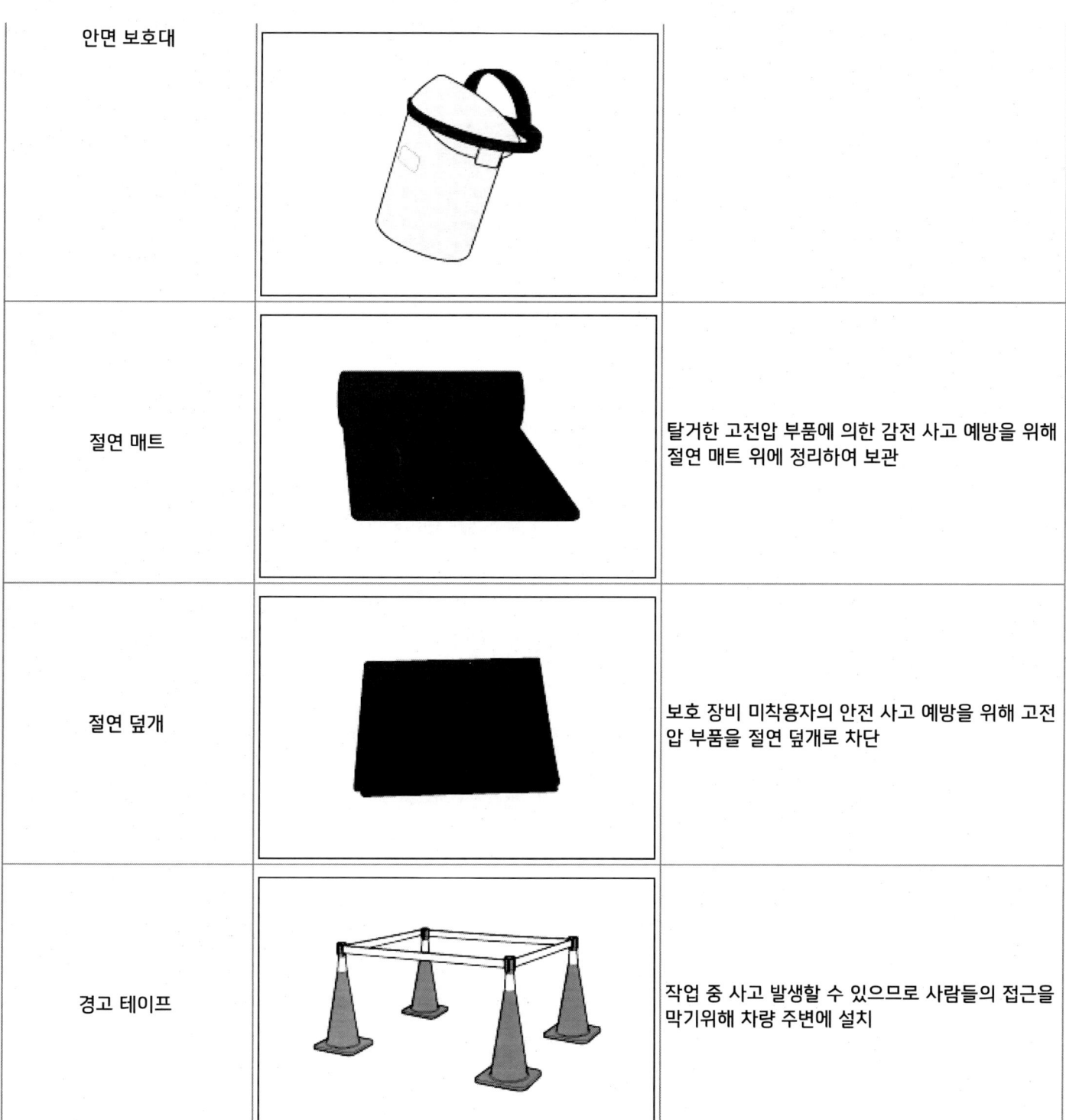

개인 보호 장비(PPE) 점검

- 절연화, 절연복, 절연 안전모, 안전 보호대등도 찢어졌거나 파손되었는지 확인한다.
- 절연 장갑 찢어졌거나 파손되었는지 확인한다.
- 절연 장갑의 물기를 완전히 제거하여 착용한다.

[i] 참 고

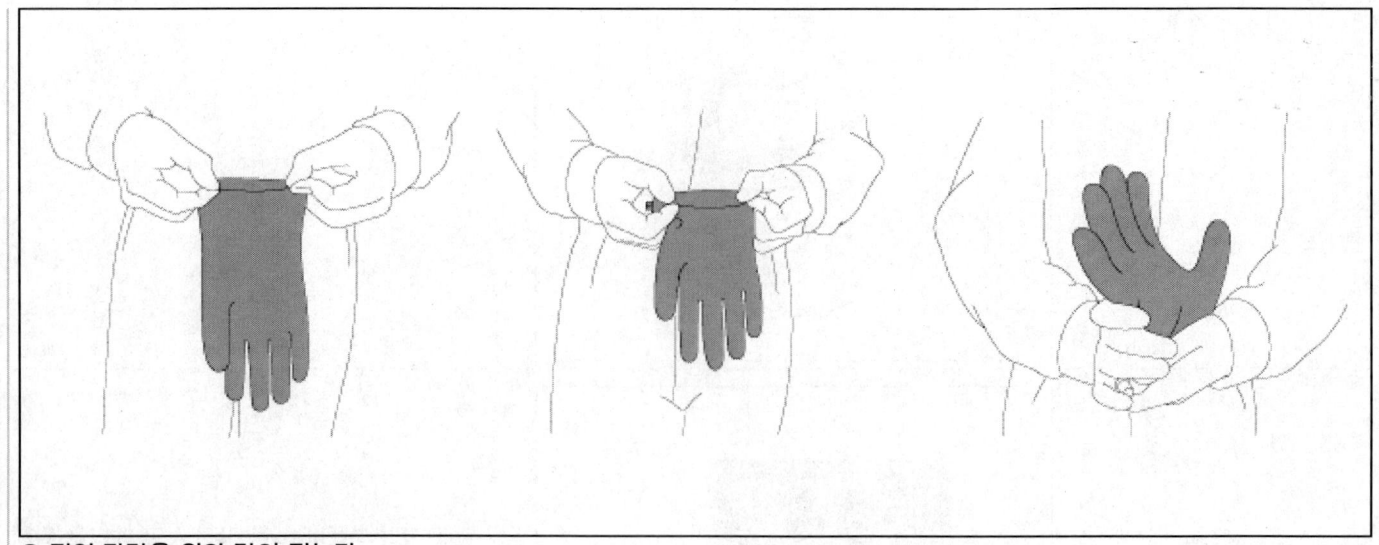

① 절연 장갑을 위와 같이 접는다.
② 공기 배출을 방지하기 위해 3~4번 더 접는다.
③ 찢어지거나 손상된 곳이 있는지 확인한다.

사고 차량 작업 및 취급 주의사항

사고 차량 작업 시 준비사항
- 개인 보호 장비(PPE)
  (배터리 제어 시스템 - "개인 보호 장비(PPE)" 참조)
- 붕소액(Boric Acid Powder or Solution)
- 이산화탄소 소화기 또는 그외 별도의 소화기
- 전해질용 수건
- 비닐 테이프(터미널 절연용)
- 메가옴 테스터(고전압 절연저항 확인용)

사고 차량 취급 시 주의사항
- 개인 보호 장비(PPE)를 착용한다.
- 절연 피복이 벗겨진 파워 케이블은 절대 접촉하지 않는다.
- 차량이 침수된 경우, 고전압 관련 부품에 절대 접근하지 않는다. 불가피한 경우, 차량을 안전한 곳으로 완전히 이동시킨 후 조치한다.
- 가스는 수소 및 알칼리성 증기이므로, 실내일 경우는 즉시 환기를 실시하여 안전한 장소로 대피한다.
- 누출된 액체가 피부에 접촉 시, 즉각 붕소액으로 중화시키고, 흐르는 물 또는 소금물로 환부를 세척한다.
- 고전압 차단이 필요할 경우, "고전압 차단 절차"를 수행한다.
  (배터리 제어 시스템 - "고전압 차단 절차" 참조)

화재시 주의사항
소규모 화재가 발생한 경우 전기 화재용 소화기(ABC 및 BC 소화기)를 사용해 진화한다.
- 초기에 신속하게 화재를 진압하지 못한 경우 안전한 장소로 대피하고 다른 사람들이 차량에 접근하지 않도록 조치한다.
- 소방서에 연락해 전기 차량 화재가 발생했음을 알리고 소방서의 지시를 따른다.

> ⚠️ **주 의**
> - 차량의 진화가 어렵다고 판단되는 경우 신속하게 안전한 장소로 대피해 구조 인력이 도착할 때까지 대기한다.
> - 차량 하부의 구동용 배터리에 화재가 발생한 경우, 화재를 완전히 진압하려면 대량의 물을 긴 시간 동안 지속적으로 공급해야 한다. 충분한 양의 물이나 진화에 적합한 소화기를 사용하지 않으면 진화가 어려우며, 섣불리 차량에 접근하는 경우 감전 등 사고로 인한 인명피해가 발생할 수 있다.

사고 유형 별 조치 사항
1. 외관 점검 후 일반 고장수리 또는 사고차량 수리 해당 여부를 판단한다.
2. 일반적인 고장수리 시 DTC 코드 별 수리절차를 준수하여 고장수리를 진행한다.
3. 사고로 인한 차량수리 시 아래와 같이 사고유형을 판단하여 차량수리를 진행한다.
   (1) 전기적 사고
   - 과충전/과방전 : 배터리 과전압(P0DE7)/저전압(P0DE6) 코드 표출 (DTC 진단가이드 참조)
   - 단락 : 고전압 퓨즈 단선관련 진단(P1B77, P1B25) 코드 표출 (DTC 진단가이드 참조)

   (2) 화재 사고

구분	점검 절차	점검 결과	조치사항
고전압 배터리 탑재부위 외 화재	1. 외관 점검 (변형, 부식, 와이어링 피복 상태, 냄새, 커넥터)	고전압 배터리 손상	고전압 배터리 탈거 후 절연 처리 및 포장
	2. 고전압 차단 후, 고전압 배터리 절연 저항 측정 (고전압 배터리 시스템 - "절연 저항 점검" 참조)	고전압 배터리 절연 파괴	
	3. 고전압 배터리 메인 퓨즈 단선 유무 점검	메인 퓨즈 단선	메인 퓨즈 교환

	점검 절차	점검 결과	조치사항
	(고전압 배터리 컨트롤 시스템 - "메인 퓨즈" 참조)		
	4. 고전압 배터리 메인 릴레이 융착 유무 점검	메인 릴레이 융착	파워 릴레이 어셈블리 (PRA) 교환
	(고전압 배터리 컨트롤 시스템 - "파워 릴레이 어셈블리 (PRA)" 참조)		
	5. 기타 부품 고장 확인	기타 부품 고장	기타 부품 교환
	6. 배터리 매니지먼트 유닛(BMU)의 DTC 코드 확인	DTC 발생	DTC 진단 가이드 수리 절차 수행
고전압 배터리 탑재부위 화재	1. 외관 점검 (변형, 부식, 와이어링 피복 상태, 냄새, 커넥터)	고접압 배터리 손상	고전압 배터리 탈거 후 절연 처리 및 포장
	2. 고전압 배터리 외관 손상 유무 점검	고전압 배터리 외관 손상(열흔, 그을음 등)	고전압 배터리 탈거 후 배터리 폐기 절차 수행
	3. 고전압 차단 후, 고전압 배터리 절연 저항 측정 (고전압 배터리 시스템 - "절연 저항 점검" 참조)	고전압 배터리 절연 파괴	고전압 배터리 탈거 후 절연 처리 및 포장
	4. 고전압 배터리 메인 퓨즈 단선 유무 점검 (고전압 배터리 컨트롤 시스템 - "메인 퓨즈" 참조)	메인 퓨즈 단선	메인 퓨즈 교환
	5. 고전압 배터리 메인 릴레이 융착 유무 점검 (고전압 배터리 컨트롤 시스템 - "파워 릴레이 어셈블리 (PRA)" 참조)	메인 릴레이 융착	파워 릴레이 어셈블리 (PRA) 교환
	6. 기타 부품 고장 확인	기타 부품 고장	기타 부품 교환
	7. 배터리 매니지먼트 유닛(BMU)의 DTC 코드 확인	DTC 발생	DTC 진단 가이드 수리 절차 수행

(3) 충돌 사고

> **참 고**
> - 차량 손상으로 고전압 배터리 탑재 부위로 접근 불가 시 고전압 시스템이 손상되지 않도록 차량 외부를 변형 및 절단하여 점검 및 수리 절차를 수행한다.
> - DTC 미발생 및 배터리 외관이 정상이면 고전압 배터리를 교체하지 않는다(단, 차량 폐차 수준으로 파손 시, 필요에 따라 고전압 배터리 폐기 절차를 수행한다).

점검 절차	점검 결과	조치사항
1. 외관 점검 (변형, 부식, 와이어링 피복 상태, 냄새, 커넥터)	고전압 배터리 손상	고전압 배터리 탈거 후 절연 처리 및 포장
2. 고전압 차단 후, 고전압 배터리 절연 저항 측정 (고전압 배터리 시스템 - "절연 저항 점검" 참조)	고전압 배터리 절연 파괴	
3. 고전압 배터리 메인 퓨즈 단선 유무 점검 (고전압 배터리 컨트롤 시스템 - "메인 퓨즈" 참조)	메인 퓨즈 단선	메인 퓨즈 교환
4. 고전압 배터리 메인 릴레이 융착 유무 점검 (고전압 배터리 컨트롤 시스템 - "파워 릴레이 어셈블리 (PRA)" 참조)	메인 릴레이 융착	파워 릴레이 어셈블리(PRA) 교환
5. 기타 부품 고장 확인	기타 부품 고장	기타 부품 교환
6. 배터리 매니지먼트 유닛(BMU)의 DTC 코드 확인	DTC 발생	DTC 진단 가이드 수리 절차 수행

(4) 침수 사고

> **참 고**
> - 차량이 절반 이상 침수 상태인 경우, 서비스 인터록 커넥터 등 고전압 관련 부품에 절대 접근하지 않는다. 불가피

한 경우라도 차량을 안전한 곳으로 완전히 이동시킨 후 조치한다.

구분	점검 절차	점검 결과	조치사항
고전압 배터리 탑재부위 외 침수	1. 외관 점검 (변형, 부식, 와이어링 피복 상태, 냄새, 커넥터)	고전압 배터리 손상	고전압 배터리 탈거 후 절연 처리 및 포장
	2. 고전압 차단 후, 고전압 배터리 절연 저항 측정 (고전압 배터리 시스템 - "절연 저항 점검" 참조)	고전압 배터리 절연 파괴	
	3. 고전압 배터리 메인 퓨즈 단선 유무 점검 (고전압 배터리 컨트롤 시스템 - "메인 퓨즈" 참조)	메인 퓨즈 단선	메인 퓨즈 교환
	4. 고전압 배터리 메인 릴레이 융착 유무 점검 (고전압 배터리 컨트롤 시스템 - "파워 릴레이 어셈블리 (PRA)" 참조)	메인 릴레이 융착	파워 릴레이 어셈블리 (PRA) 교환
	5. 기타 부품 고장 확인	기타 부품 고장	기타 부품 교환
	6. 배터리 매니지먼트 유닛(BMU)의 DTC 코드 확인	DTC 발생	DTC 진단 가이드 수리 절차 수행
고전압 배터리 탑재부위 침수	1. 외관 점검 (변형, 부식, 와이어링 피복 상태, 냄새, 커넥터)	점검결과와 무관하게 조치사항 수행	고전압 배터리 탈거 후 절연처리/절연포장
	2. 고전압 배터리 외관 손상 유무 점검		
	3. 고전압 차단 후, 고전압 배터리 절연 저항 측정 (고전압 배터리 시스템 - "절연 저항 점검" 참조)		
	4. 고전압 배터리 메인 퓨즈 단선 유무 점검 (고전압 배터리 컨트롤 시스템 - "메인 퓨즈" 참조)		
	5. 고전압 배터리 메인 릴레이 융착 유무 점검 (고전압 배터리 컨트롤 시스템 - "파워 릴레이 어셈블리 (PRA)" 참조)		
	6. 기타 부품 고장 확인		
	7. 배터리 매니지먼트 유닛(BMU)의 DTC 코드 확인		

차량 장기 방치 및 냉매 주의사항

차량 장기 방치 시 주의사항

- 시동 스위치를 OFF 한 후, 의도치 않은 시동 방지를 위해 스마트 키를 차량으로부터 2m이상 떨어진 위치에 보관하도록 한다. (암전류 등으로 인한 고전압 배터리 심방전 방지)
- 고전압 배터리 SOC(State Of Charge, 배터리 충전률)가 30% 이하일 경우, 장기 방치를 금한다.
- 차량을 장기 방치할 경우, 고전압 배터리 SOC의 상태가 0으로 되는 것을 방지하기 위해 3개월에 한 번 보통 충전으로 만충전하여 보관한다.
- 보조 배터리 방전 여부 점검 및 교체 시, 고전압 배터리 SOC 초기화에 따른 문제점을 점검한다.

전기 자동차 냉매 회수/충전 시 주의사항

- 고전압을 사용하는 전기 자동차의 전동식 컴프레서는 절연성능이 높은 POE 오일을 사용한다.
- 냉매 회수/충전 시 일반 차량의 PAG 오일이 혼입되지 않도록 전기 자동차 정비를 위한 별도 전용 장비(냉매 회수/충전기)를 사용한다.

> ⚠️ **경 고**
>
> - 반드시 전동식 컴프레서 전용의 냉매 회수/충전기를 사용하여 지정된 냉매(R-134a)와 냉동유(POE)를 주입한다. 일반 차량의 냉동유(PAG)가 혼입될 경우 컴프레서 손상 및 안전사고가 발생할 수 있다.

2023 > 엔진 > 160kW > 히터 및 에어컨 장치 > 고전압 차단 절차

고전압 차단 절차

> ⚠️ **경 고**
> - 고전압 시스템 관련 작업 시, 반드시 "안전 및 주의사항" 내용을 숙지하여 준수해야 한다. 미준수 시, 감전 또는 누전 등으로 인한 심각한 사고를 초래할 수 있다.
> - 고전압 시스템 관련 작업 시, "고전압 차단절차"에 따라 반드시 고전압을 먼저 차단해야 한다. 미준수 시, 감전 또는 누전 등으로 인한 심각한 사고를 초래할 수있다.

> ℹ️ **참 고**
> - 고전압 시스템 부품 : 배터리 시스템 어셈블리(BSA), 모터 어셈블리, 인버터 어셈블리, 고전압 정션 블록, 파워 케이블 등

1. 진단 기기를 자기 진단 커넥터(DLC)에 연결한다.
2. IG 스위치를 ON 한다.
3. 진단 기기 서비스 데이터의 BMS 융착 상태를 확인한다.

   규정값 : Relay Welding not detection

센서데이터 진단

센서명(514)	센서값	단위	링크업
REC 배터리모니터링14	0	-	
REC 배터리모니터링15	0	-	
REC 배터리모니터링16	0	-	
REC 배터리모니터링17	0	-	
REC 배터리모니터링18	62	-	
BMS 메인 릴레이 ON 상태	Open	-	
배터리 사용가능 상태	Battery Power Unusable	-	
BMS 경고	Normal	-	
BMS 고장	Normal	-	
BMS 융착 상태	Relay Welding not detection	-	
VPD 활성화 ON	NO	-	
OPD 활성화 ON	NO	-	
윈터모드 활성화 상태	Installed & On	-	
MCU 준비상태	Mg1 MCU is Alive	-	
MCU 메인릴레이 OFF 요청	NO	-	
MCU 제어가능 상태	NO	-	
VCU/HCU 준비 상태	Drivable	-	
급속충전 정상 진행 상태	YES	-	
충전 표시등 상태	Normal	-	

4. IG 스위치를 OFF 한다.
5. 12V 배터리 (-) 터미널을 분리한다.
   (차량 제어 시스템 - "보조 배터리 (12V)" 참조)
6. 서비스 인터록 커넥터(A)를 화살표 방향으로 분리한다.

> ⚠ **경 고**
> - 고전압 시스템의 캐패시터가 완전히 방전될 수 있도록 3분 이상 기다린다.

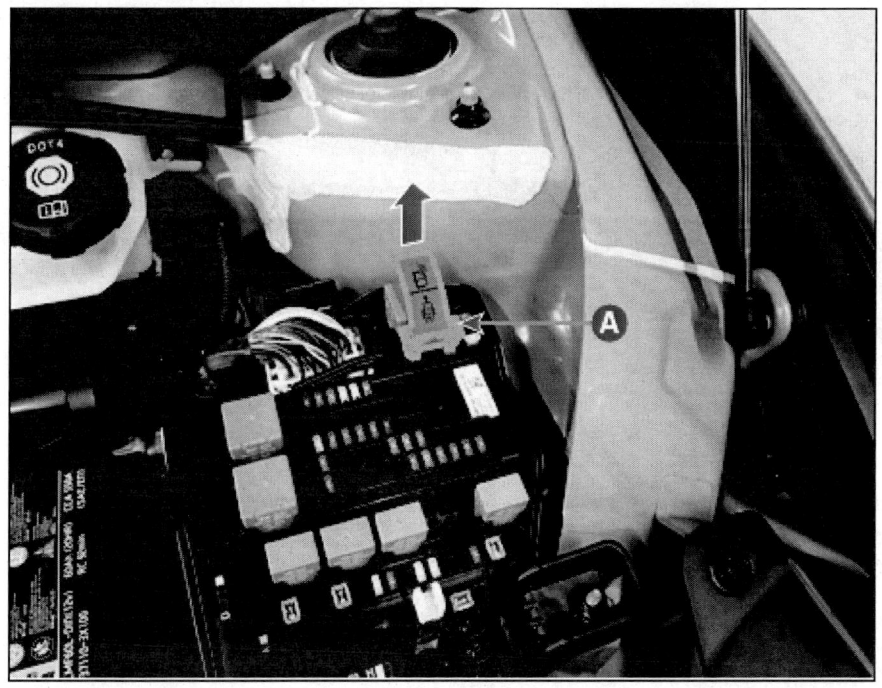

7. 인버터 단자 사이의 전압을 측정하여 인버터 캐패시터가 방전되었는지 확인한다.

   (1) 리프트를 사용하여, 차량을 들어올린다.

   (2) 프런트 언더커버를 탈거한다. [AWD]
       (모터 및 감속기 시스템 - "프런트 언더 커버" 참조)

   (3) 리어 언더커버를 탈거한다.
       (모터 및 감속기 시스템 - "리어 언더 커버" 참조)

   (4) 고전압 커넥터 커버(A)를 탈거한다. [AWD]

   체결 토크 : 0.8 ~ 1.2 kgf.m

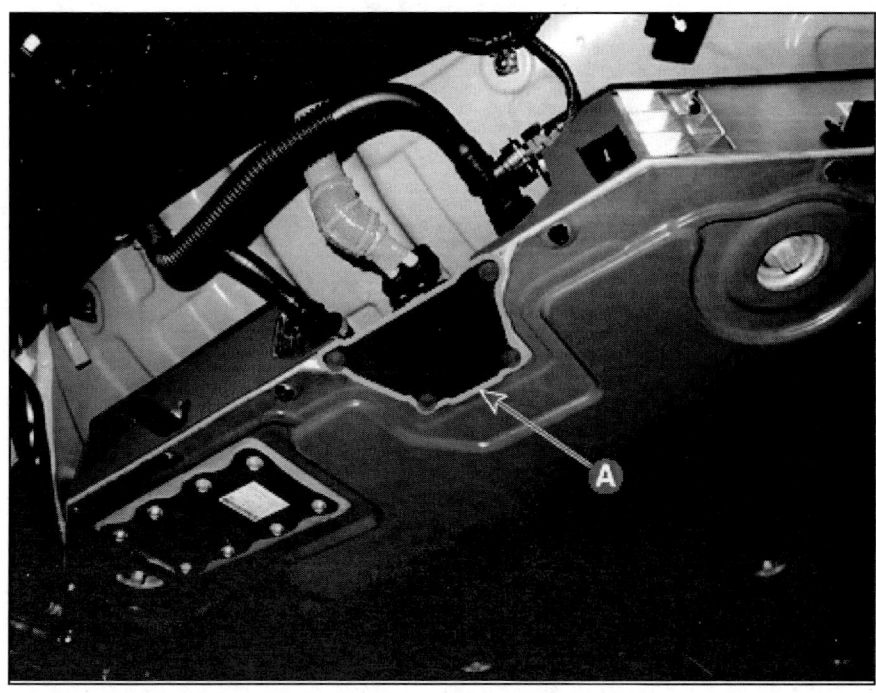

   (5) 고전압 배터리 프런트 커넥터(A)를 분리한다. [AWD]

(6) 고전압 배터리 리어 커넥터(A)를 분리한다.

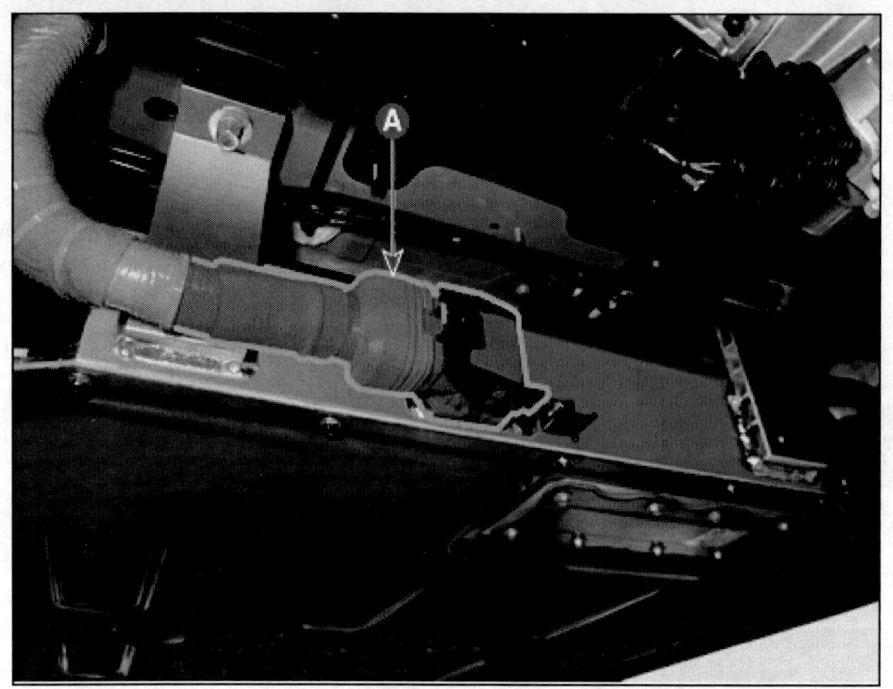

(7) 프런트 인버터 단자 사이의 전압을 측정한다. [AWD]

정상 : 30V 이하

(8) 리어 인버터 단자 사이의 전압을 측정한다.

정상 : 30V 이하

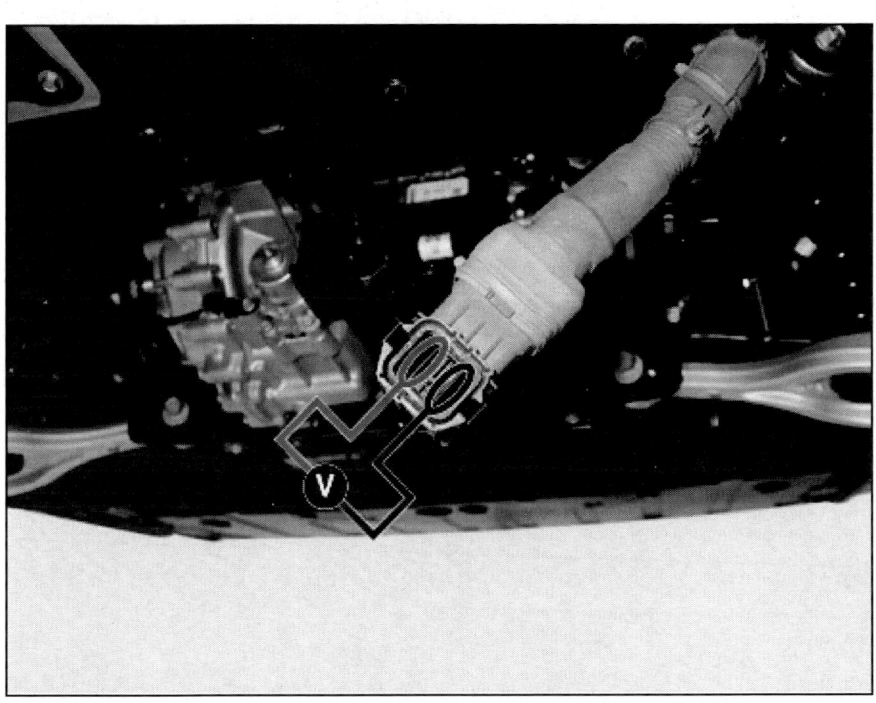

8. 배터리 시스템 어셈블리의 리어 고전압 커넥터 단자 간 전압을 측정하여 파워 릴레이 어셈블리의 융착 유무를 점검한다.

정상 : 0V

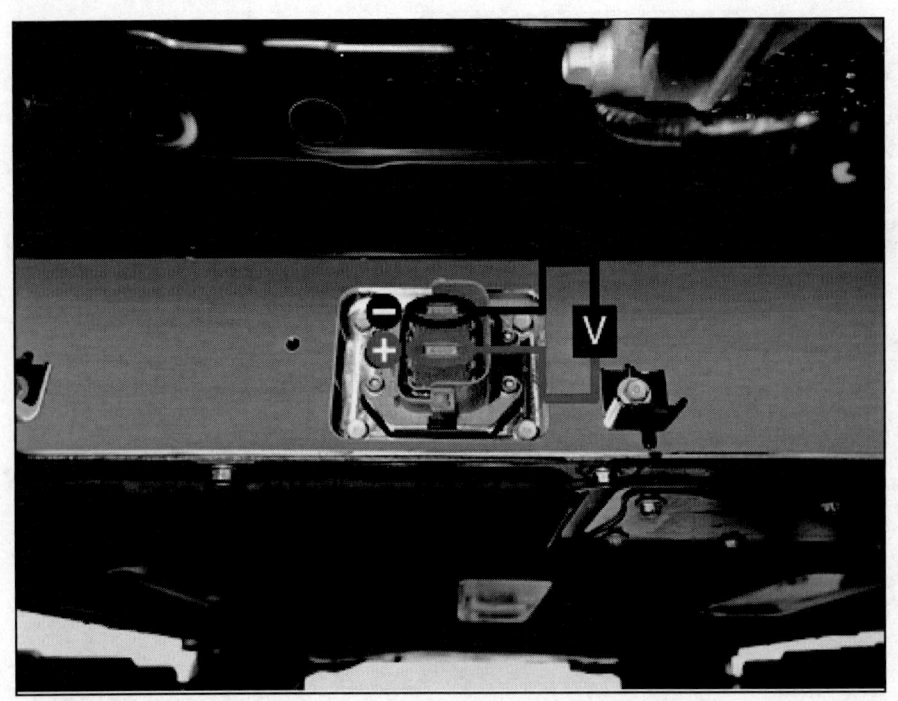

> ⚠️ **경 고**
>
> - 전압이 비정상으로 측정 된 경우, 고전압 차단이 정상적으로 되지 않았을 수 있으므로 메인 퓨즈를 탈거한다.
>   (고전압 배터리 컨트롤 시스템 - "메인 퓨즈" 참조)

고장 진단

에어컨 구성품의 교체 및 수리 이전에 우선 고장이 냉매 충전이나 공기흐름, 컴프레서에 의한 것이 아닌가 확인한다. 고장 수리 후에는 시스템 구성품이 완전한가를 검사한다.
아래의 표는 고장의 증상과 고장 예상 부위를 나열한 표이다. 번호는 예상 원인의 우선순위다. 필요하다면 부품을 교환한다.

증상	고장 예상 부위
블로어가 작동하지 않음	블로어 퓨즈
	블로어 모터
	블로어 스피드 컨트롤 스위치
	와이어링
온도 조절이 되지 않음	고전압 PTC
	전동식 컴프레서
	와이어링
	온도 액추에이터
	히터 컨트롤 어셈블리
컴프레서가 작동하지 않음	냉매량
	에어컨 퓨즈
	쿨링팬
	EV시스템
	전동식 컴프레서
	에어컨 프레셔 트랜스듀서
	에어컨 스위치
	이베퍼레이터 온도 센서
	와이어링
시원한 바람이 나오지 않음	냉매량
	냉매 압력
	전동식 컴프레서
	에어컨 프레셔 트랜스듀서
	이베퍼레이터 온도 센서
	에어컨 스위치
	히터 컨트롤 어셈블리
	온도 액추에이터
	와이어링
불충분한 냉각	냉매량
	전동식 컴프레서
	콘덴서
	팽창 밸브
	이베퍼레이터
	냉매라인
	에어컨 프레셔 트랜스듀서
	히터 컨트롤 어셈블리
공기 순환 조절 되지 않음	히터 컨트롤 어셈블리

모드 조절 되지 않음	흡입 액추에이터	
	히터 컨트롤 어셈블리	
	모드 액추에이터	
쿨링 팬이 작동하지 않음	쿨링 팬 퓨즈	
	팬 모터	
	엔진 ECU	
	와이어링 및 커넥터 접촉	

서비스 정보

에어컨 장치

항목		제원
컴프레서	형식	HES45 (Electric Scroll)
	제어 방식	CAN 통신
	윤활유 타입 및 용량	일반 사양 : POE 150 ± 10g
		히트 펌프 사양 : POE 190 ± 10g
	모터 타입	BLDC
	정격 전압	523 - 697V
	작동 전압 범위	250 - 850V
팽창 밸브	형식	Block type
냉매	종류	R-1234yf
	냉매량	일반 사양 : 700 ± 25g
		히트 펌프 사양 : 900 ± 25g

블로어 유닛

항목		제원
내 / 외기 선택	작동 방식	액추에이터
블로어	형식	시로코 팬
	풍량 조절	오토 + 8단 (오토)
	풍량 조절 방식	BLDC (Automatic)
에어 필터	형식	파티클 필터 / 콤비 필터

히터 및 이베퍼레이터 유닛

항목		제원	
PTC 히터	형식	공기 가열식	
	작동 전압	DC 248 - 865.6V	
	제조사	JAHWA	
이베퍼레이터	온도 작동방식	액추에이터	
	온도 조절방식	이베퍼레이터 온도 센서	
	블로어 단수	E-Comp Not Allowed 온도	E-Comp Allowed 온도
	1 - 4 단	1.5 °C	3.0 °C
	5 - 6 단	1.0 °C	2.5 °C
	7 - 8 단	0.8 °C	2.3 °C

체결토크

항목	규정값 (kgf.m)
콘덴서 - 냉매라인	0.5 ~ 0.8
콘덴서	
컴프레서	2.0 ~ 3.4
컴프레서 - 디스챠지 호스	2.2 ~ 3.3
컴프레서 - 석션 호스	
팽창 밸브 - 이베퍼레이터	0.9 ~ 1.4
칠러 - 팽창 밸브	0.9 ~ 1.4

자가 진단

1. 자가 진단 절차

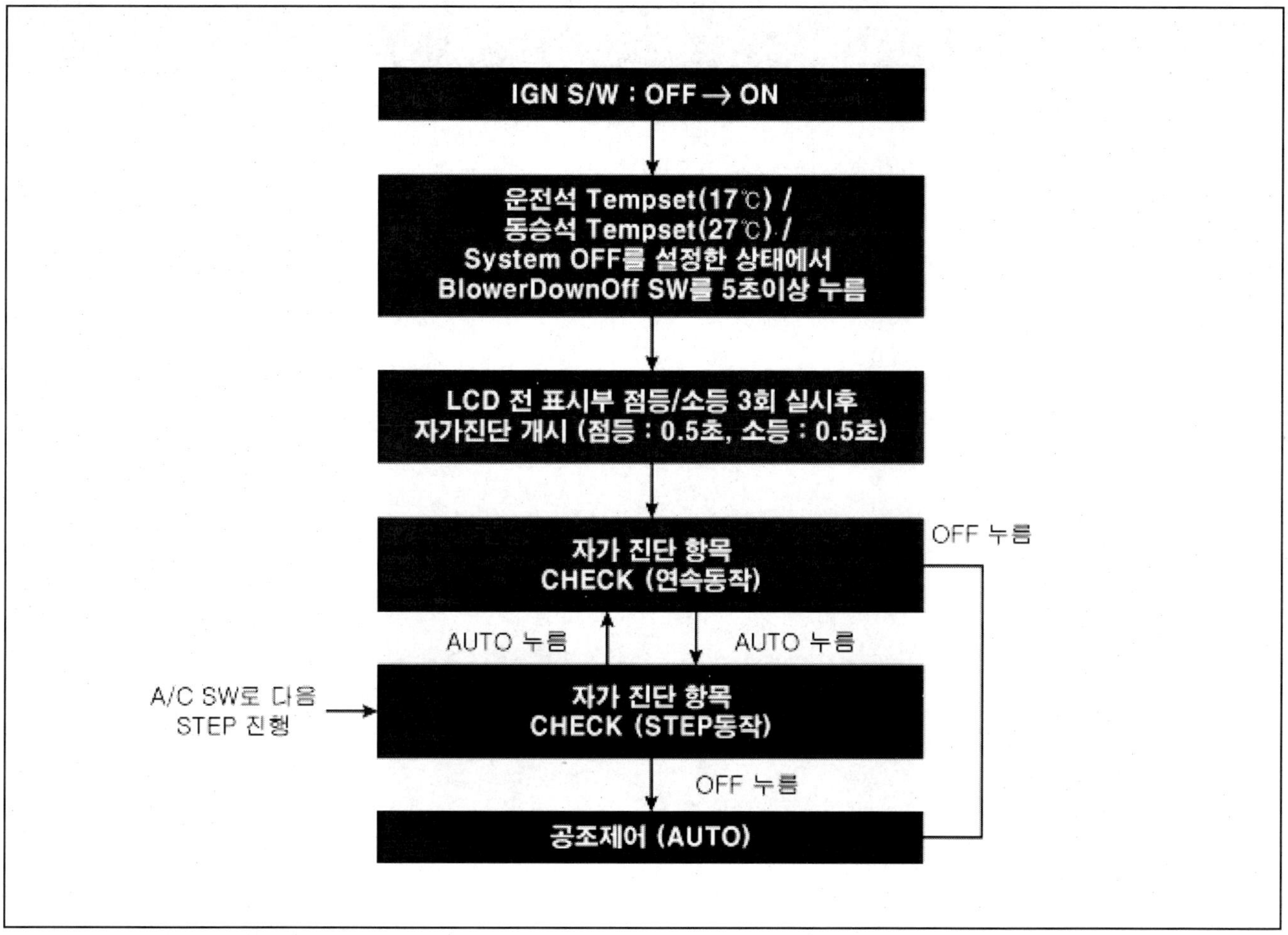

IGN S/W : OFF → ON
운전석 Tempset(17℃) /
동승석 Tempset(27℃) /
System OFF를 설정한 상태에서
BlowerDownOff SW를 5초이상 누름
LCD 전 표시부 점등/소등 3회 실시후
자가진단 개시 (점등 : 0.5초, 소등 : 0.5초)
자가 진단 항목
CHECK (연속동작)
OFF 누름
AUTO 누름
AUTO 누름
A/C SW로 다음
STEP 진행
자가 진단 항목
CHECK (STEP동작)
OFF 누름
공조제어 (AUTO)

(1) 자가 진단 기능 실시중 DATA 표시는 설정 온도 표시부의 2 digit에 DISPLAY하고 나머지는 모두 OFF 한다.

(2) 자가 진단 실시중 공조 제어는 OFF 상태를 유지한다.

(3) 자가 진단 기능 실시중 설정 온도 표시부에 다음의 고장 내용(자가 진단 CODE)를 0.5초 간격으로 점멸하여 DISPLAY 한다.

(4) 자가 진단 기능 수행중 IGN2 OFF -> ON시 SYSTEM OFF 상태로 복귀 한다.

(5) 연속 동작시 DISPLAY 방법은 아래와 같다.
①정상 또는 1개 고장시

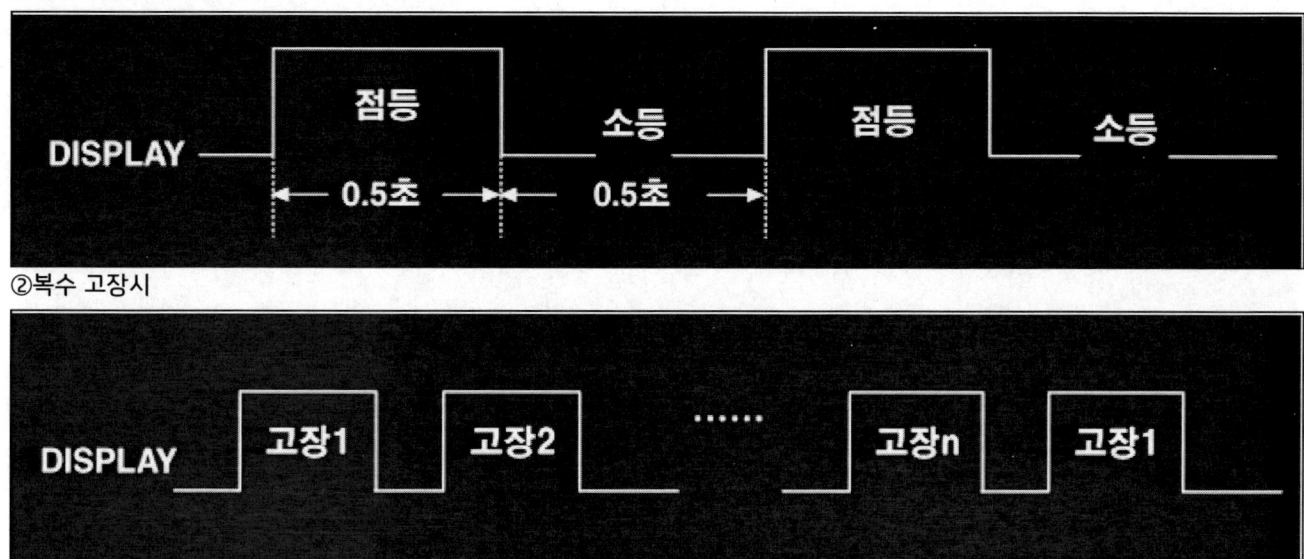

DISPLAY
점등
소등
점등
소등
0.5초
0.5초

②복수 고장시

DISPLAY
고장1
고장2
......
고장n
고장1

(6) STEP 동작시 DISPLAY 방법은 아래와 같다.
①정상 또는 1개 고장시는 연속 동작과 동일하다.

②복수 고장시

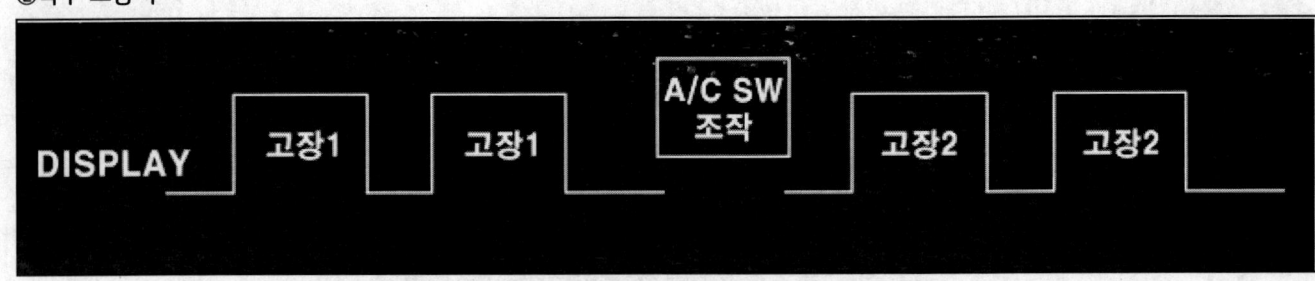

안전사항 및 주의, 경고

작업 시 주의사항

1. R-1234yf 냉매는 휘발성이 강하기 때문에 한 방울 이라도 피부에 닿으면 동상에 걸리는 수가 있다. 냉매를 다룰 때는 반드시 장갑을 착용 해야 한다.
2. 눈을 보호하기 위하여 보호안경을 꼭 착용 해야 한다. 만일 냉매가 눈에 튀었을 때는 깨끗한 물로 즉시 닦아 낸다.
3. R-1234yf 용기는 고압이므로 절대로 뜨거운 곳에 놓지 않아야 한다. 그리고 저장 장소는 52℃이하가 되는지 점검한다.
4. 냉매의 누설 점검을 위해 가스 누설 점검이기를 준비한다. R-1234yf 냉매와 감지기에서 나오는 불꽃이 접하면 유독 가스가 발생되므로 주의 해야 한다.
5. 냉매는 반드시 R-1234yf를 사용해야 한다. 만일 다른 냉매를 사용하면 구성부품에 손상이 일어날 수 있다.
6. 습기는 에어컨에 악영향을 미치므로 비 오는 날에는 작업을 삼가 해야 한다.
7. 차량의 차체에 긁힘 등의 손상을 입지 않도록 꼭 보호 커버를 덮고 작업 해야 한다.
8. R-1234yf 냉매와 R-134a 냉매는 서로 배합되지 않으므로, 극소의 양 일지라도 절대 혼합해서는 안된다. 만일 이 냉매들이 혼합된 경우, 압력상실이 일어날 가능성이 있다.
9. 냉매를 회수 및 충전할 때는 R-1234yf 회수/재생/충전기를 이용한다. 이 때, 절대로 냉매를 대기로 방출하지 않는다.

부품 교환 시 주의사항

1. 수분이 함유된 냉동유가 기어 등 시스템에 혼입되었을 때는 컴프레서의 수명단축 및 에어컨 성능저하의 원인이 되므로 냉동유에 수분이 들어가지 않도록 주의한다.
2. 연결부 O-링의 유무 및 파손여부를 확인한다. O-링 누락 및 파손 시 냉매가 유출된다.
3. 작업 전 O-링 부위에 냉동유를 반드시 도포한다.
4. 볼트나 너트는 규정된 토크로 체결 해야 한다.
5. 호스의 뒤틀림이 없도록 한다.
6. 호스 및 부품의 보호 캡은 작업 직전에 분리한다.
    - 미리 분리할 때에는 이물질 유입으로 인해 고장 또는 성능 저하요인이 된다.
7. 파이프 한쪽을 밀면서 너트와 볼트를 꽉 조인다.

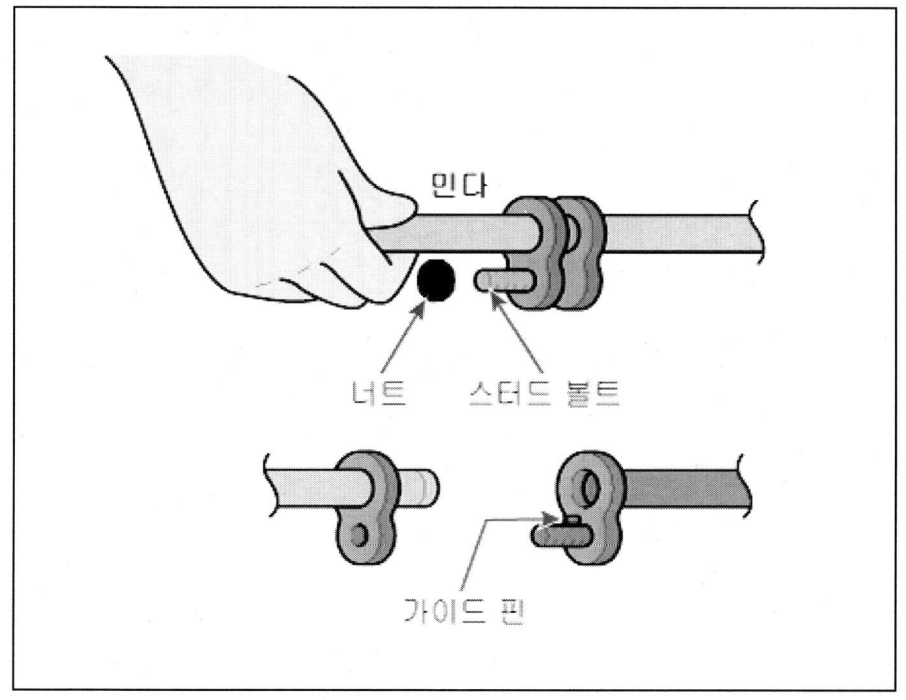

개요 및 작동원리

에어컨의 구성은 기본적으로 아래 그림과 같이 되어 있다. 냉매가 각 부품 사이를 순환하면서 액체→기체→액체로 연속적으로 변하여 냉방효과를 발휘할 수 있도록 해준다

[냉각모드 (에어컨 모드)]

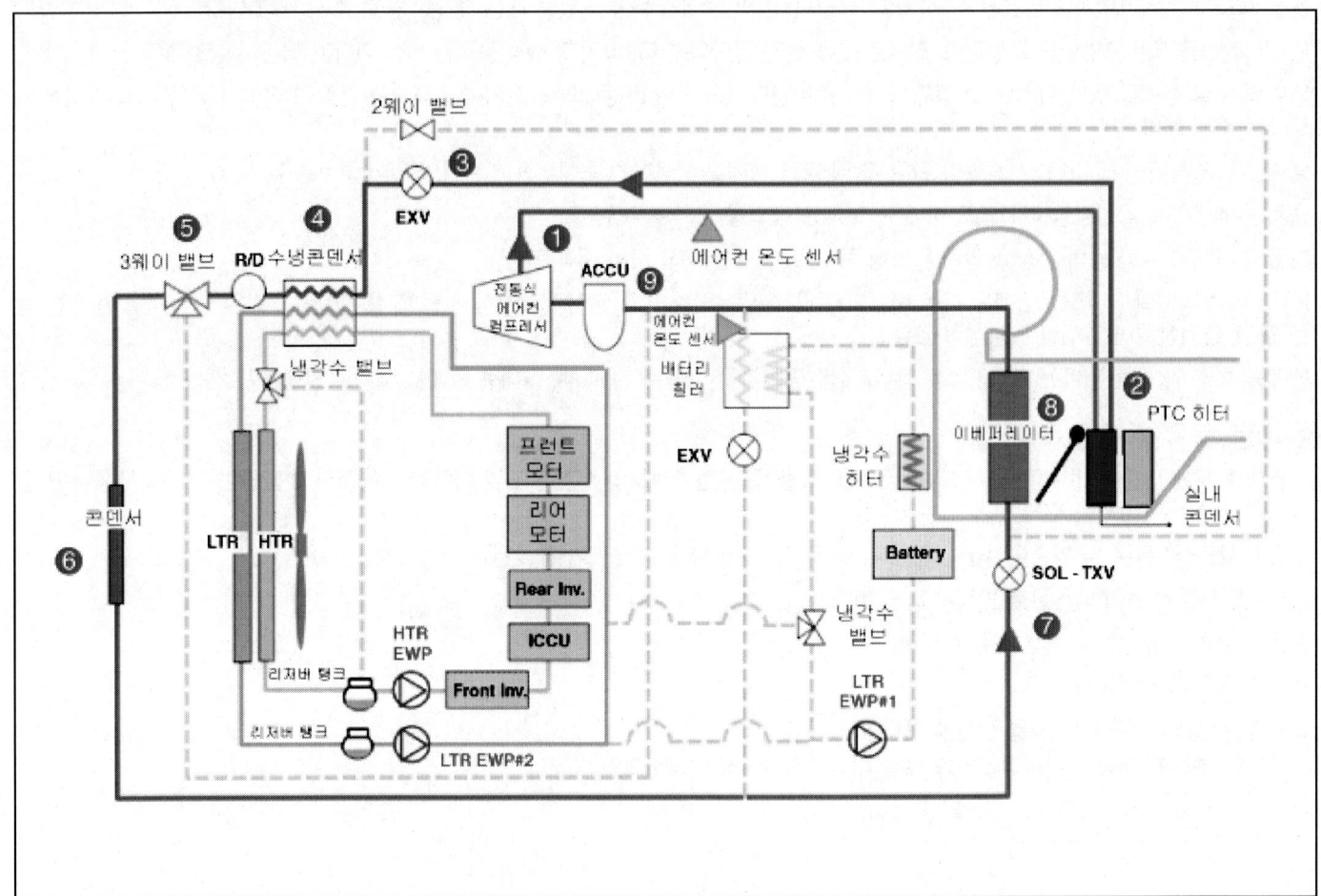

1. 전동식 에어컨 컴프레서 : 전동 모터로 구동 되어지면 저온 저압 가스 냉매를 고온 고압 가스로 만들어 실내 콘덴서로 보내진다.
2. PTC 히터 : 실내 난방을 위한 고전압 전기히터
3. EXV : 냉방모드에서는 냉매를 바이패스 시킨다.
4. R/D 수냉콘덴서 : 고온 고압 가스 냉매를 응축시켜 고온 고압의 액상 냉매로 만든다.
5. 3웨이 밸브 : 냉매를 콘덴서로 이동하게 제어한다.
6. 콘덴서 : R/D 수냉 콘덴서에서 응축한 냉매를 한번 더 응축시켜준다.
7. SOL-TXV : 고온 고압의 액상 냉매를 저온 저압으로 바꾸어주어 상변화에 용이하도록 한다.
8. 이베퍼레이터 : 냉매의 증발되는 효과를 이용하여 공기를 냉각한다.
9. 어큐뮬레이터 : 컴프레서로 기체 냉매만 유입될 수 있게 냉매의 기체/액체를 분리한다.

[냉각모드 (배터리 냉각 모드)]

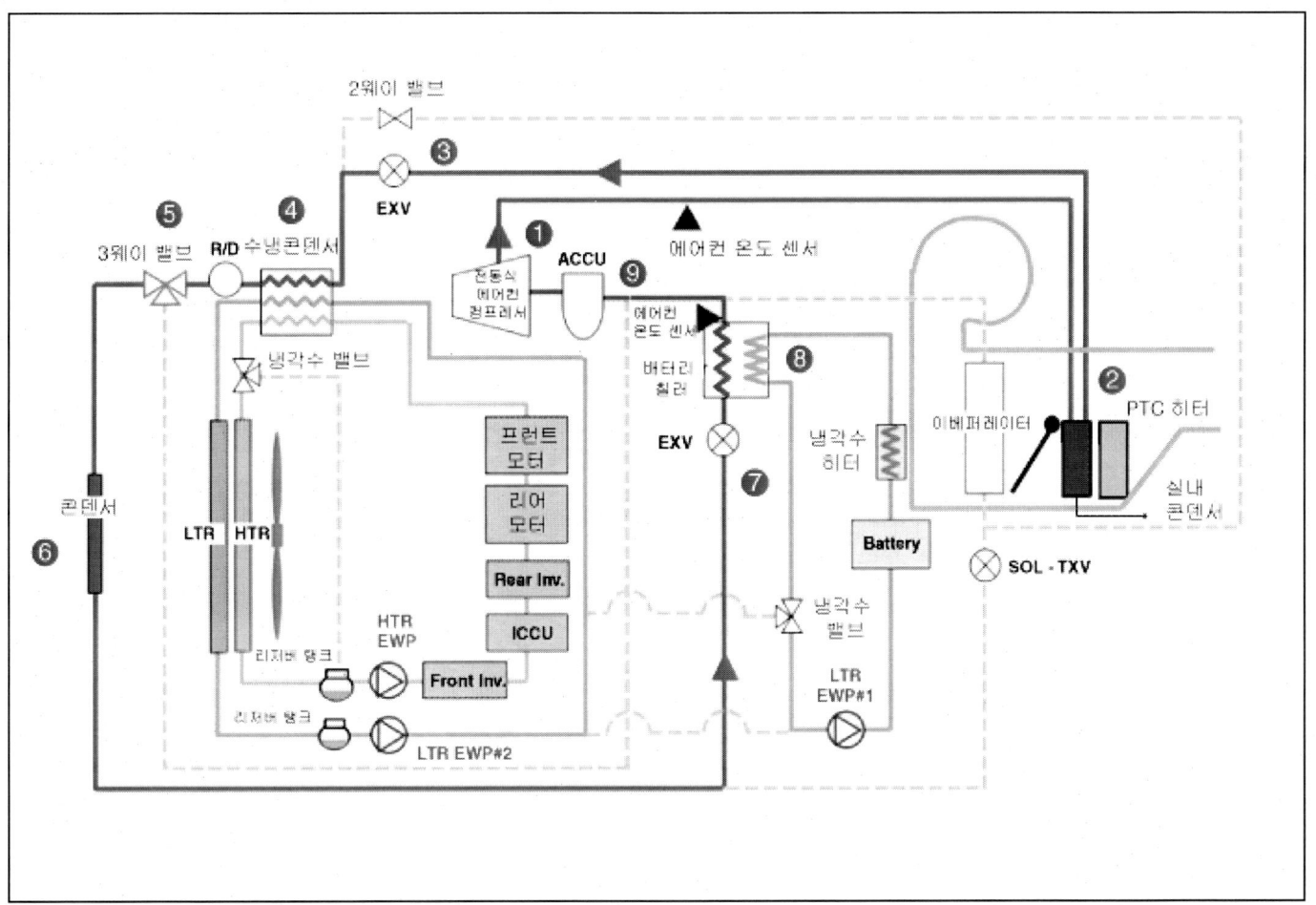

1. 전동식 에어컨 컴프레서 : 전동 모터로 구동 되어지면 저온 저압 가스 냉매를 고온 고압 가스로 만들어 실내 콘덴서로 보내진다.
2. PTC 히터 : 실내 난방을 위한 고전압 전기히터
3. EXV : 냉방모드에서는 냉매를 바이패스 시킨다.
4. R/D 수냉콘덴서 : 고온 고압 가스 냉매를 응축시켜 고온 고압의 액상 냉매로 만든다.
5. 3웨이 밸브 : 냉매를 콘덴서로 이동하게 제어한다.
6. 콘덴서 : R/D 수냉 콘덴서에서 응축한 냉매를 한번 더 응축시켜준다.
7. EXV : 고온 고압의 액상 냉매를 저온 저압으로 바꾸어주어 상변화에 용이하도록 한다.
8. 칠러 : 배터리 냉각수와 냉매가 열교환하여 냉각수 온도를 낮춘다
9. 어큐뮬레이터 : 컴프레서로 기체 냉매만 유입될 수 있게 냉매의 기체/액체를 분리한다.

[냉각 모드 (A/C + 배터리 냉각 모드)]

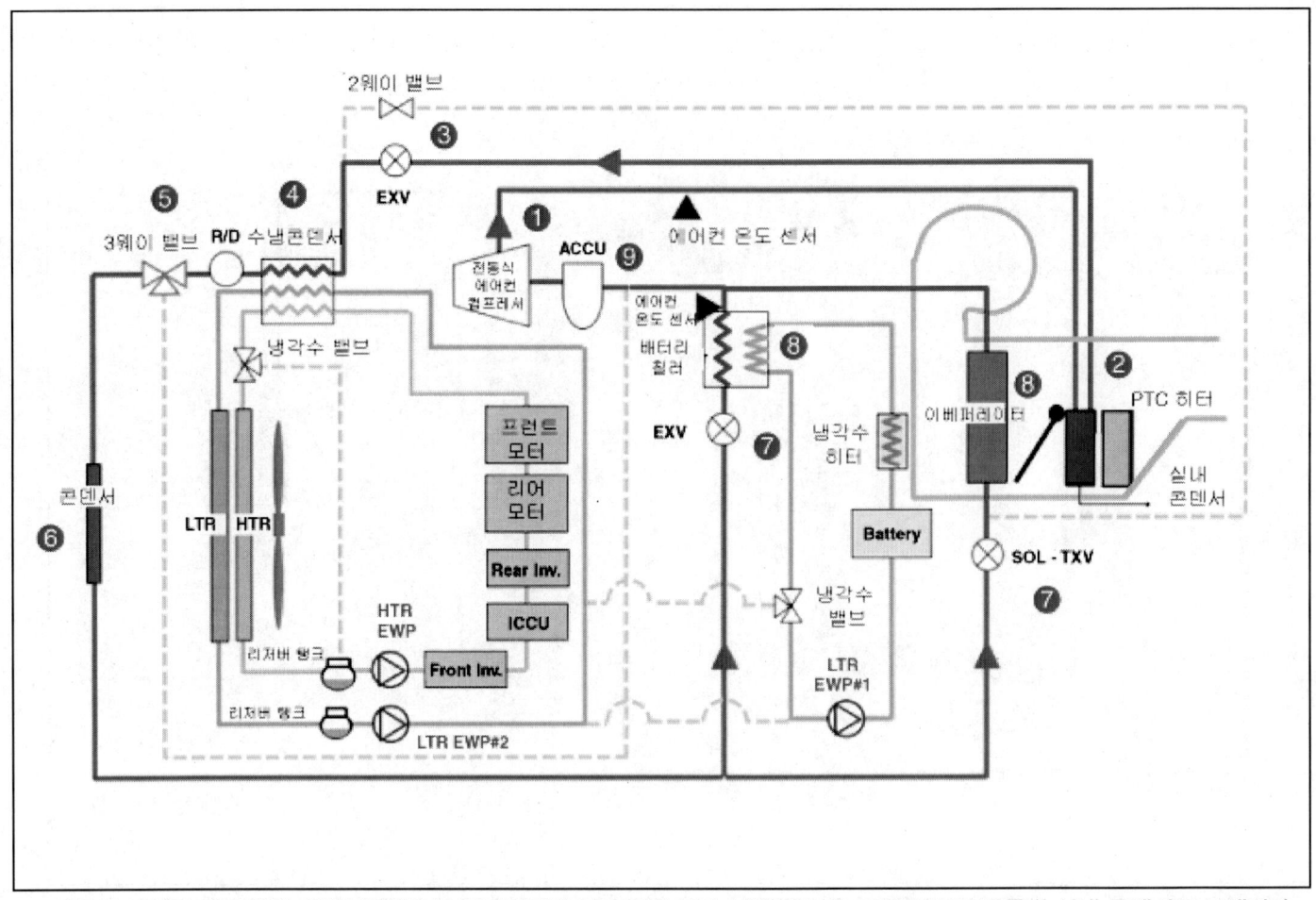

1. 전동식 에어컨 컴프레서 : 전동 모터로 구동 되어지면 저온 저압 가스 냉매를 고온 고압 가스로 만들어 실내 콘덴서로 보내진다.
2. PTC 히터 : 실내 난방을 위한 고전압 전기히터
3. EXV : 냉방모드에서는 냉매를 바이패스 시킨다.
4. R/D 수냉콘덴서 : 고온 고압 가스 냉매를 응축시켜 고온 고압의 액상 냉매로 만든다.
5. 3웨이 밸브 : 냉매를 콘덴서로 이동하게 제어한다.
6. 콘덴서 : R/D 수냉 콘덴서에서 응축한 냉매를 한번 더 응축시켜준다.
7. EXV : 고온 고압의 액상 냉매를 저온 저압으로 바꾸어주어 상변화에 용이하도록 한다. [배터리 냉각시 작동]
8. 이베퍼레이터 : 냉매의 증발되는 효과를 이용하여 공기를 냉각한다.
9. 어큐뮬레이터 : 컴프레서로 기체 냉매만 유입될 수 있게 냉매의 기체/액체를 분리한다.

점검

냉매의 누설 점검

냉매의 누설이 의심스럽거나 연결부위를 분해 또는 푸는 작업을 했을 때에는 전자 누설감지기(A)로 누설시험을 행한다.

1. 연결 부위의 토크를 점검하여 너무 느슨하면 체결 토크로 조인 후에 누설 감지기로 가스의 누설을 점검한다.
2. 연결 부위를 다시 조인 후에도 누설이 계속되면 냉매를 배출시키고 연결 부위를 분리시켜 접촉면의 손상을 점검하여 조금이라도 손상이 되었으면 신품으로 교환한다.
3. 컴프레서 오일을 점검하여 필요 시에는 오일을 보충한다.
4. 계통을 충전시키고 가스 누설을 점검하여 이상이 없으면 계통을 진공시킨 후 충전한다.

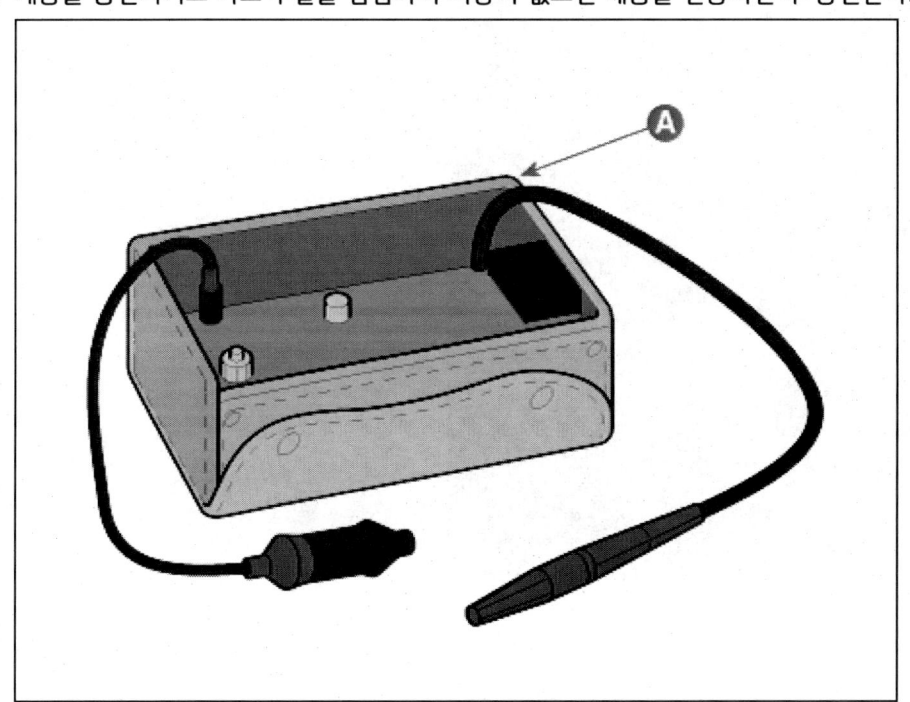

2023 > 엔진 > 160kW > 히터 및 에어컨 장치 > 에어컨 > 냉매 회수/재생/충전/진공

냉매 회수/재생/충전/진공

R-1234yf 회수/재생/충전기의 장착

1. 프런트 트렁크를 탈거한다.
   (바디 (내장 / 외장 / 전장) - "프런트 트렁크" 참조)
2. R-1234yf 회수/재생/충전기를 고압 서비스 포트(A)와 저압 서비스 포트(B)에 장비 제조업자의 지시를 따라 연결한다.

> **유 의**
>
> 냉매 충전장비는 평평한 곳에 설치 되어야 냉매 회수가 용이하고 특히 냉매를 정확하게 주입할 수 있다.

냉매 회수 작업

1. 고압 및 저압 밸브를 개방한 상태에서 R-1234yf 회수/재생/충전기를 이용하여 냉매를 회수한다.

> **⚠ 주 의**
>
> - 냉매를 너무 빨리 회수하면 컴프레서 오일이 계통에서 빠져 나온다.
> - 냉매를 완전히 회수하기 전에는 절대로 에어컨 시스템을 분리해서는 안 된다. 만약 냉매 회수 완료 전에 분리하게 되면 에어컨 시스템 내 압력에 의해 차량 내부로 냉매와 오일이 방출되어 오염시키므로 주의 해야 한다.

> **유 의**
>
> - 냉매 회수 시 반드시 고압 및 저압 밸브를 개방한 상태에서 실시한다. 만약, 밸브를 하나만 개방할 경우에는 냉매 회수 시간이 길어진다.

2. 회수작업 완료 후 에어컨 개통에서 배출된 컴프레서 오일 량을 측정한다. 에어컨 냉매 충전 시 배출된 컴프레서 오일을 보충한다.

냉방 계통 진공 작업

> **유 의**
>
> 냉매를 충전할 경우에는 필히 에어컨 계통을 진공 시켜야 한다. 이 진공 작업은 유닛에 유입된 모든 공기와 습기를 제거하기 위해서 행하는 것이며 각 부품을 장착한 후 계통은 10분 이상 진공 작업을 한다.

1. 고압 및 저압 밸브를 개방한 상태에서 R-1234yf 회수/재생/충전기를 이용하여 진공을 실시한다.
2. 10분 후에 고압 및 저압 밸브를 닫은 상태에서 게이지가 진공영역에서 변함없이 유지하면 진공이 정상적으로 실시된 것이다. 압력이 상승하면 계통 내에서 누설이 되는 것이므로 다음 순서에 의해 누설을 수리한다.
   (1) 냉매 용기로 계통을 충전시킨다. (냉매의 충전 참고)
   (2) 누설 감지기로 냉매의 누설을 점검하여 누설되는 곳이 발견되면 수리한다. (에어컨 - "점검" 참조)
   (3) 냉매를 다시 배출시키고 계통을 진공 시킨다.
3. 10분 이상 진공 작업을 실시한 후 진공을 확인 후 양쪽 고압 및 저압 밸브 닫는다. 이 상태가 충전을 위한 준비 상태이다.

> ⚠ 주 의
>
> 에어컨 부품 조립 시 반드시 O 링에 컴프레서 오일을 도포하여야 하고, 특히 장갑 등에 있는 이물질이 묻지 않도록 청결을 유지해야 한다.

냉매의 충전

1. 계통을 진공 시킨 후에 고압 밸브를 개방한 상태에서 R-1234yf 회수/재생/충전기를 이용하여 배출된 컴프레서 오일량 만큼을 보충한다.

> ⚠ 주 의
>
> 냉매 충전 시 오일을 추가로 주입하지 않을 경우에는 계통 내부의 오일 부족으로 윤활 성이 나빠져 컴프레서 고착 등의 문제를 일으킨다.

2. 고압 밸브를 개방한 상태에서 R-1234yf 회수/재생/충전기를 이용하여 냉매를 규정량 만큼 충전시킨 후 고압 밸브를 닫는다.

> ⚠ 주 의
>
> 냉매를 과충전 하지 말 것. 과충전 시 컴프레서가 손상을 입을 우려가 있습니다.

3. 누설 감지기로 계통에서 냉매가 누설되지 않는가를 점검한다. (에어컨 - "점검" 참조)

점검

오일은 컴프레서를 윤활 시키기 위해 사용 된다. 오일은 컴프레서가 작동 중에 계통 내로 순환하기 때문에 계통내의 부품을 교환하거나 많은 양의 가스가 누설되었을 때는 필히 오일을 보충해 주어 본래 오일의 총량을 유지해야 한다.

계통 내 오일의 총 량
일반 사양 : POE 150 ± 10g
히트 펌프 사양 : POE 190 ± 10g

1. 오일의 취급요령
   (1) 오일에 습기, 먼지, 금속편이 유입되지 않도록 한다.
   (2) 오일을 혼합하지 않는다.
   (3) 오일을 사용한 후에 대기에 장시간 방치해 두면 오일 내에 수분이 흡수되므로 사용 후에는 반드시 용기를 즉시 막아 놓는다.
2. 오일 복원 작동
   오일 수준을 점검 및 조정 할 때는 컨트롤 세트를 최대냉방, 최고 블로어 속도에 놓고 20 ~ 30분간 엔진을 공회전 시켜 오일을 컴프레서로 복원시킨다.
3. 컴프레서 오일 수준 점검 및 조정 사용 중인 컴프레서에 오일을 집어 넣기 전에는 다음 순서로 필히 컴프레서 오일을 점검해야 한다.
   (1) 오일 복원 작동을 행한 후 엔진을 정지시키고 냉매를 배출한 다음 차량에서 컴프레서를 분리한다.
   (2) 계통 라인 연결 구에서 오일을 배출시킨다.

   > **유 의**
   >
   > - 컴프레서가 냉각되어 있을 때 종종 오일을 배출시키기 어려울 때가 있는데 이때는 컴프레서를 조금 가열한 후 (약 40 ~ 50℃)에 오일을 배출시킨다.

   (3) 배출된 오일량을 측정한다. 만일 오일량이 70cc 미만이면 오일이 약간 누설된 것이므로 각 계통의 연결 부에서 누설 시험을 실시하여 필요 시에는 결함 부위를 수리 혹은 교환한다.
   (4) 오일의 오염상태를 점검한 후 다음 순서대로 오일수준을 조정한다.

오일이 깨끗할 때

오일 배출량	조정 방법
70 cc 이상	오일수준이 정상이므로 배출한 양만큼 오일을 주입한다.
70 cc 미만	오일수준이 낮으므로 70 cc 정도 주입한다.

냉매라인 탈장착

작업		H/W	체결토크 (kgf.m)	SST/장비	케미컬	기타
• 탈거						
1	고전압 차단 절차 수행	-	-	진단 기기	-	매뉴얼 참고
2	회수/재생/충전기 냉매 회수	-	-	냉매 회수 장비	-	매뉴얼 참고
3	모터 냉각수 배출 (냉각 시스템 - "냉각수" 참조)	-	-	-	냉각수	-
4	블로어 유닛 탈거 (블로어 - "블로어 유닛" 참조)	-	-	-	-	-
5	팽창 밸브 분리	볼트	0.9 ~ 1.4	-	-	-
6	디스차지 호스 파이프 분리	너트	0.9 ~ 1.4	-	-	-
7	실내 콘덴서 연결 냉매 라인 분리	볼트	0.9 ~ 1.4	-	-	-
8	칠러 연결 냉각수 호스 분리	-	-	-	-	-
9	팽창 밸브 커넥터 분리	-	-	-	-	-
10	칠러 아웃렛 라인 및 칠러 리퀴드 파이프 탈거	볼트	0.9 ~ 1.4	-	-	매뉴얼 참고
11	에어컨 프레셔 트랜스듀서(APT) 커넥터 분리	-	-	-	-	-
12	석션&리퀴드 라인 분리	너트	0.9 ~ 1.4	-	-	-
13	리퀴드 파이프 분리	너트	0.9 ~ 1.4	-	-	-
14	석션&리퀴드 튜브 어셈블리 탈거	볼트	0.9 ~ 1.4	-	-	-
• 장착						
탈거의 역순으로 진행						-
• 부가기능						
• 진단 기기 사용 - 전동식 워터 펌프(EWP) 구동						

2023 > 엔진 > 160kW > 히터 및 에어컨 장치 > 에어컨 > 냉매라인 > 구성부품 및 부품위치

부품위치

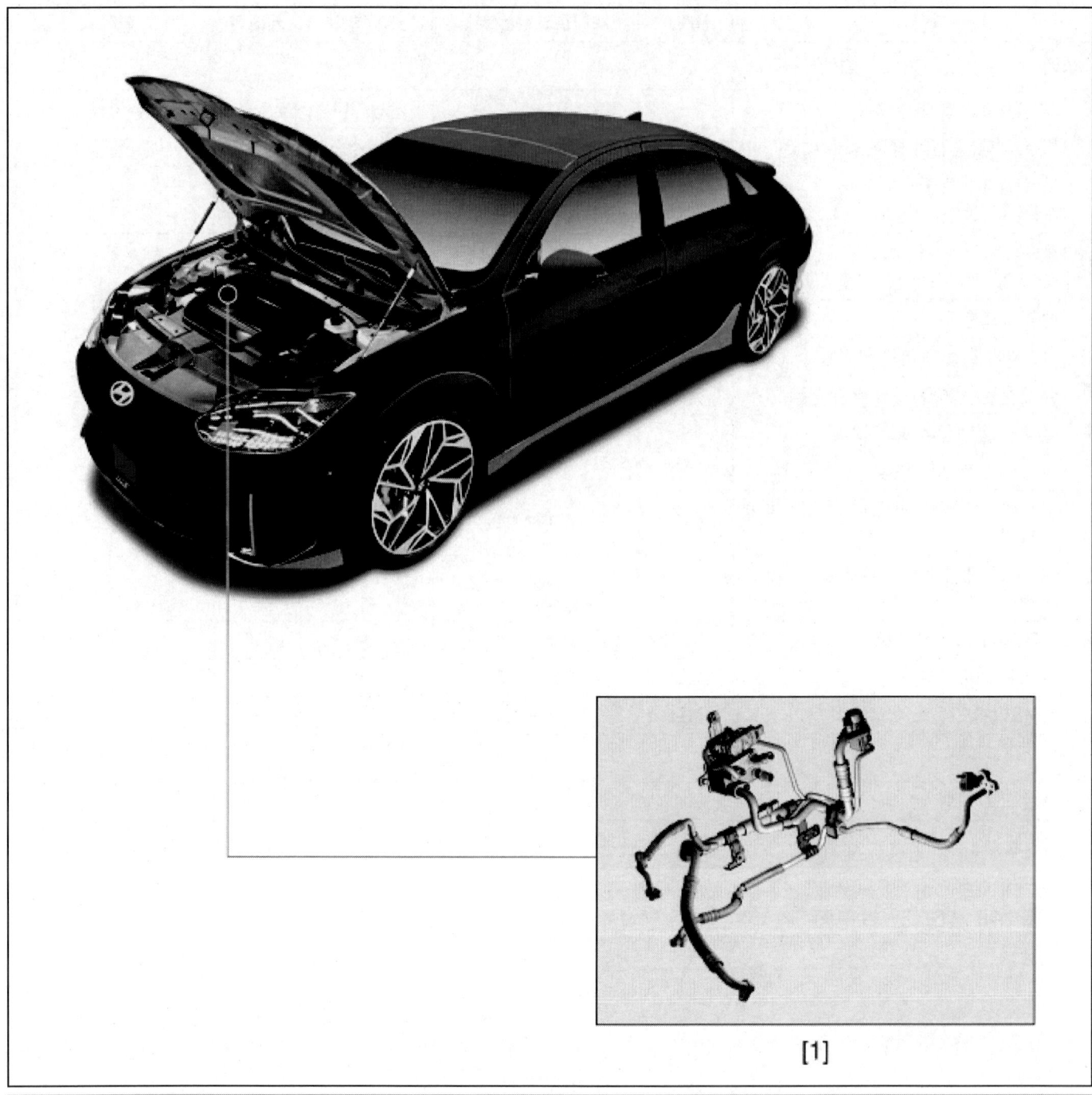

[1]

| 1. 냉매 라인 어셈블리 | |

탈거

> ⚠️ **주 의**
> - 스크류 드라이버 또는 리무버로 탈거할때 부품이 손상되지 않도록 보호 테이프를 감아서 사용한다.
> - 손을 다치지 않도록 장갑을 착용한다.

> **유 의**
> - 트림과 패널에 손상을 주지 않도록 주의한다.

1. 고전압 차단 절차를 수행한다.
   (히터 및 에어컨 장치 - "고전압 차단 절차" 참조)
2. 회수/재생/충전기로 냉매를 회수한다.
   (에어컨 - "냉매 회수/재생/충전/진공" 참조)
3. 모터가 냉각 되었을 때, 냉각수를 라디에이터에서 배출시킨다.
   (냉각 시스템 - "냉각수" 참조)
4. 블로어 유닛 어셈블리를 탈거한다.
   (블로어 - "블로어 유닛" 참조)
5. 장착 볼트를 풀고 팽창 밸브(A)를 이베퍼레이터 코어로부터 분리한다.

   체결 토크 : 0.9 ~ 1.4 kgf.m

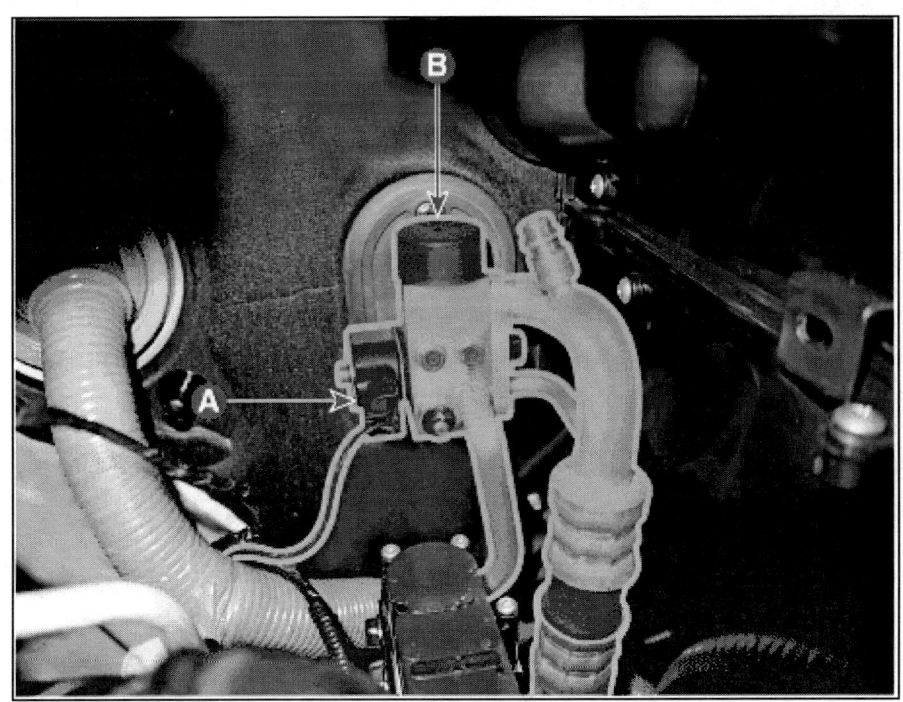

6. 장착 너트를 풀고 디스차지 호스 파이프(A)를 분리한다.

   체결 토크 : 0.9 ~ 1.4 kgf.m

7. 장착 볼트를 풀고 냉매 라인(A)을 실내 콘덴서로부터 분리한다.

체결 토크 : 0.9 ~ 1.4 kgf.m

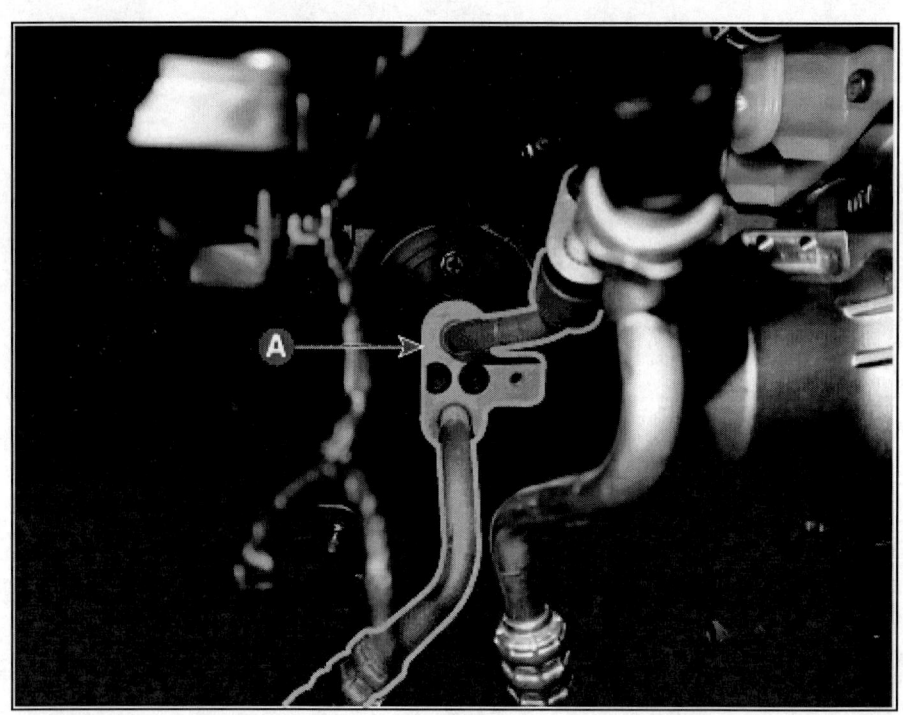

8. 칠러에 연결된 냉각수 호스(A)를 분리한다.

9. 팽창 밸브 커넥터(A)분리한 후 장착 볼트를 풀어 칠러 아웃렛 라인(B)과 칠러 리퀴드 파이프(C)을 탈거한다.

체결 토크 : 0.9 ~ 1.4 kgf.m

> **유 의**
>
> - 라인을 분리할 때는 즉시 플러그나 캡을 씌워 습기와 먼지로부터 시스템을 보호한다.

10. 잠금핀을 눌러 에어컨 프레셔 트랜스듀서(APT : Air conditioning Pressure Transducer) 커넥터(A)를 분리한다.

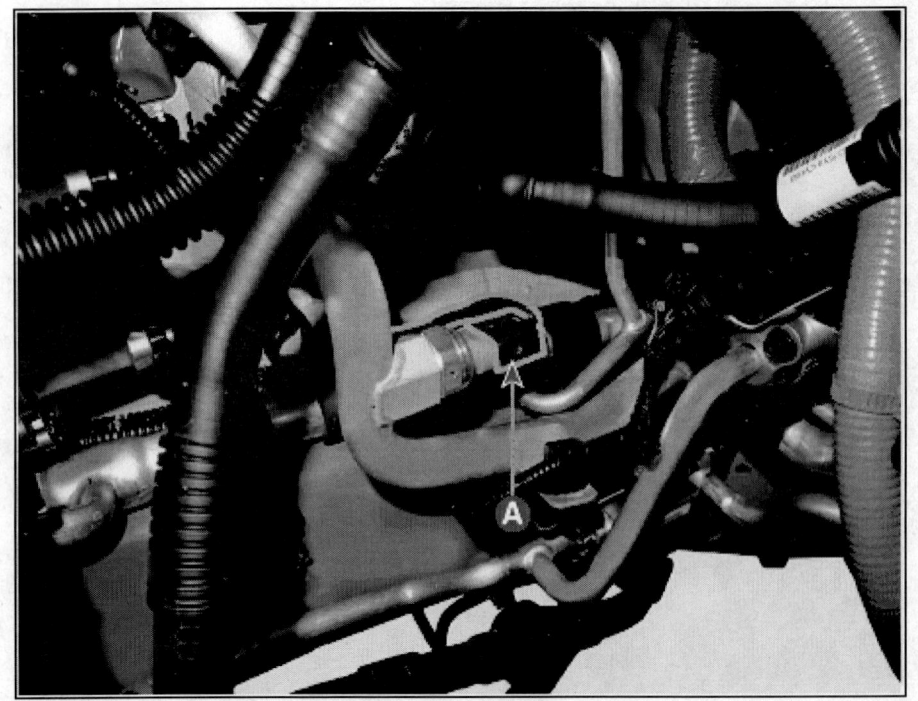

11. 장착 너트를 풀고 석션 & 리퀴드 라인(A)을 분리한다.

12. 장착 너트를 풀고 리퀴드 파이프(A)를 분리한다.

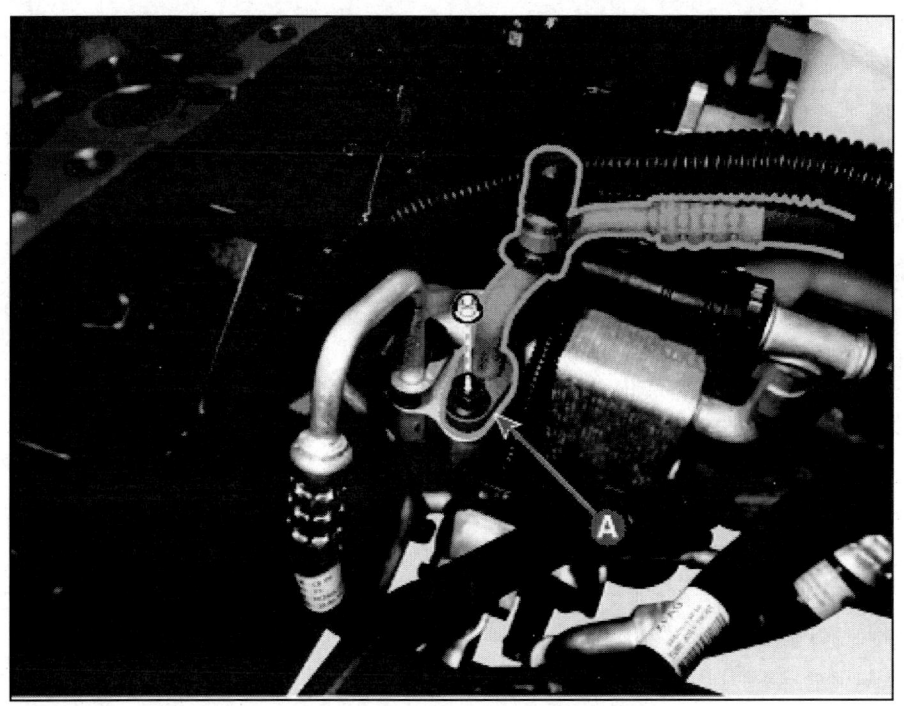

13. 장착 볼트를 풀고 석션 & 리퀴드 튜브 어셈블리(A)를 탈거한다.

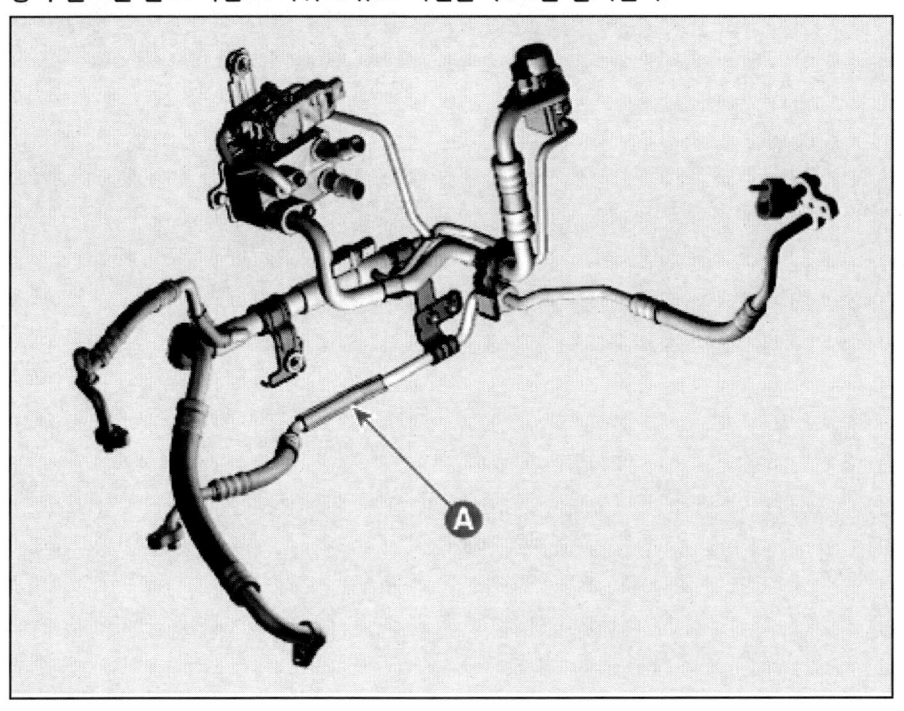

장착

1. 장착은 탈거의 역순으로 진행한다.

> ⚠️ **경고**
>
> - 반드시 전동식 컴프레서 전용의 냉매 회수/충전기를 이용하여 지정된 냉매(R-1234yf)와 냉동유(POE)를 주입한다. 일반 차량의 냉동유(PAG)가 혼입될 경우 컴프레서 손상 및 안전사고가 발생할 수 있다.

> **유 의**
>
> - 단품 장착 시 규정 토크를 준수하여 장착한다.
> - 가스 누출 탐지기를 사용하여 냉매의 누출을 점검한다.
> - 냉각 시스템 안에 공기를 제거하고 냉매를 충전한다.
>
> **규정 충전량 :**
> 일반 사양 : 700 ± 25g
> 히트 펌프 사양 : 900 ± 25g

2023 > 엔진 > 160kW > 히터 및 에어컨 장치 > 에어컨 > 전동식 에어컨 컴프레서 > 1 Page Guide Manual

전동식 에어컨 컴프레서 탈장착

[전동식 에어컨 컴프레서]

	작업	H/W	체결토크 (kgf.m)	SST/장비	케미컬	기타
• 탈거						
1	고전압 차단 절차 수행	-	-	진단 기기	-	매뉴얼 참고
2	회수/재생/충전기 냉매 회수	-	-	냉매 회수 장비	-	매뉴얼 참고
3	프런트 언더 커버를 탈거 (모터 및 감속기 시스템 - "프런트 언더 커버" 참조)	-	-	-	-	-
4	배터리 트레이를 탈거 (차량 제어 시스템 - "보조 배터리 (12V)" 참조)	-	-	-	-	-
5	전동식 에어컨 컴프레서 커넥터 및 고전압 커넥터 분리	-	-	-	-	-
6	석션 라인 및 디스차지 라인 분리	볼트	2.2 ~ 3.3	-	-	-
7	전동식 에어컨 컴프레서 탈거	볼트	2.0 ~ 3.4			
• 장착						
탈거의 역순으로 진행						메뉴얼 참고

[고전압 정션박스 컴프레서 퓨즈]

	작업	H/W	체결토크 (kgf.m)	SST/장비	케미컬	기타
• 탈거						
1	고전압 차단 절차 수행	-	-	진단 기기	-	매뉴얼 참고
3	프런트 트렁크를 탈거 (바디 (내장 / 외장 / 전장) - "프런트 트렁크" 참조)	-	-	-	-	-
4	고전압 정션 박스 어퍼 커버 탈거	볼트	-	-	-	-
5	고전압 컴프레서 퓨즈 탈거	너트	0.4 ~ 0.6	-	-	-
• 장착						
탈거의 역순으로 진행						메뉴얼 참고

• 부가기능

• 전륜 모터 및 감속기 시스템 기밀점검 수행
  - 진단 기기 및 장비를 고전압 정션 블록 기밀 테스트 수행

[전동식 에어컨 컴프레서 인버터]

	작업	H/W	체결토크 (kgf.m)	SST/장비	케미컬	기타
• 분해						
1	전동식 에어컨 컴프레서 탈거 (전동식 에어컨 컴프레서 - "탈거" 참조)	-	-	-	-	-

2	인버터 커버 탈거	스크류	0.5 ~ 0.8	-	-	인버터 커버 및 스크류 재사용 금지
3	인버터 가스켓 탈거	-	-	-	-	가스켓 재사용 금지
4	인버터 커넥터 분리	-	-	-	-	-
5	인버터 탈거	스크류 (A)	0.12	-	-	매뉴얼 참고
		스크류 (B)	0.15			
		스크류 (C)	0.15			
		스크류 (D)	0.20			
6	3상 전원핀 슬리브 및 절연 시트 탈거	-	-	-	-	-

- **조립**

분해의 역순으로 진행	매뉴얼 참고

개요

전동식 에어컨 컴프레서는 연비를 향상시키고 모터 정지 시에도 에어컨을 작동시킬 수 있도록 한다.

부품위치

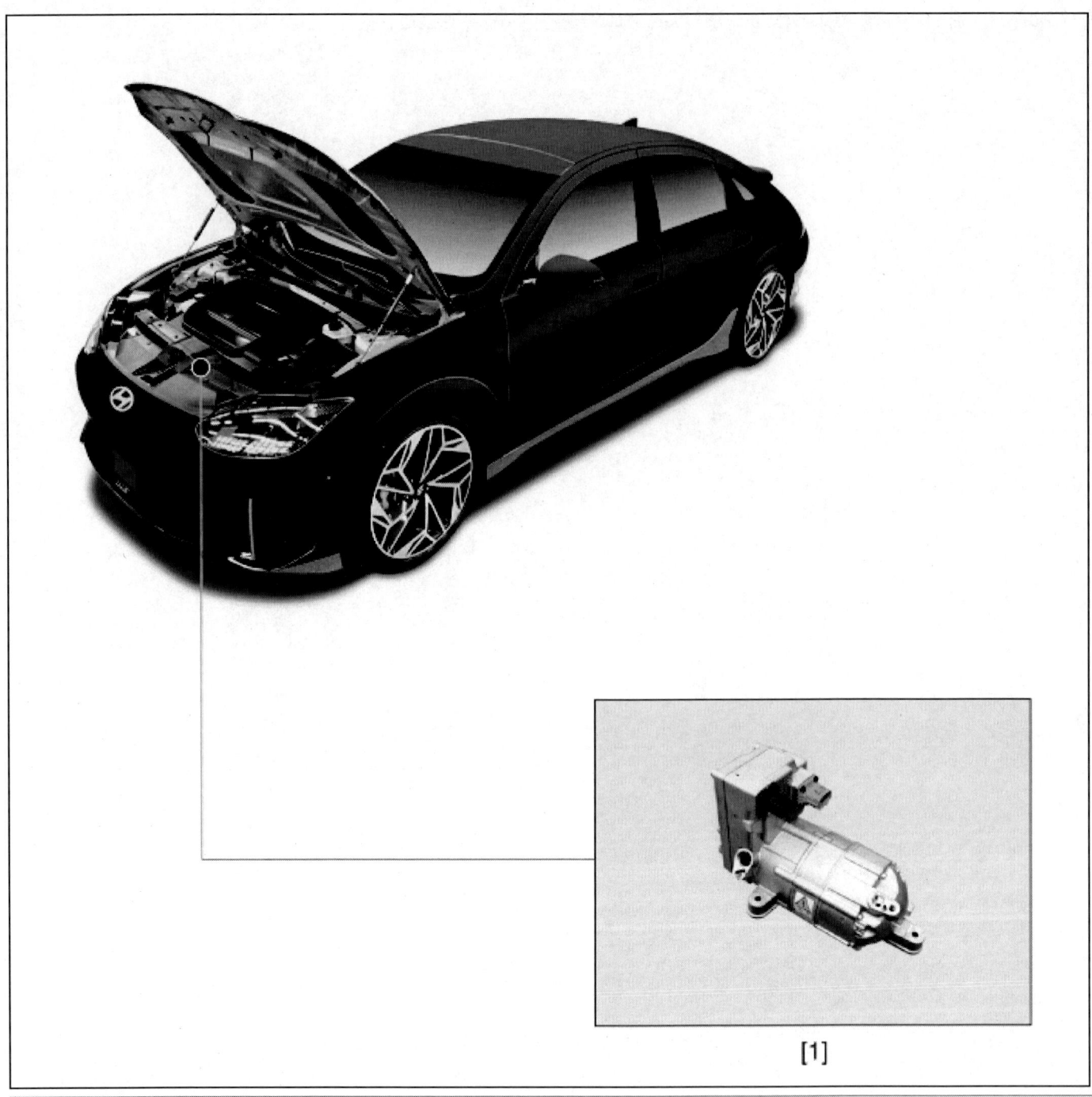

1. 전동식 에어컨 컴프레서

탈거

[전동식 에어컨 컴프레서 어셈블리]

> ⚠ **주 의**
> - 스크류 드라이버 또는 리무버로 탈거할때 부품이 손상되지 않도록 보호 테이프를 감아서 사용한다.
> - 손을 다치지 않도록 장갑을 착용한다.
> - 라인을 분리할 때는 즉시 플러그나 캡을 씌워 습기와 먼지로부터 시스템을 보호한다.

> **유 의**
> - 트림과 패널에 손상을 주지 않도록 주의한다.

1. 고전압 차단 절차를 수행한다.
   (히터 및 에어컨 장치 - "고전압 차단 절차" 참조)
2. 회수/재생/충전기로 냉매를 회수한다.
   (에어컨 - "냉매 회수/재생/충전/진공" 참조)
3. 프런트 언더 커버를 탈거한다.
   (모터 및 감속기 시스템 - "언더 커버" 참조)
4. 배터리 트레이를 탈거한다.
   (차량 제어 시스템 - "보조 배터리(12V)" 참조)
5. 전동식 에어컨 컴프레서 커넥터(A)와 고전압 커넥터(B)를 분리한다.

6. 장착 볼트를 풀고 석션 라인(A)과 디스차지 라인(B)를 분리한다.

   체결 토크 : 2.2 ~ 3.3 kgf.m

7. 장착 볼트를 풀고 전동식 컴프레서(A)를 탈거한다.

체결 토크 : 2.0 ~ 3.4 kgf.m

[고전압 정션박스 컴프레서 퓨즈]

1. 고전압 차단 절차를 수행한다.
   (히터 및 에어컨 장치 - "고전압 차단 절차" 참조)
2. 프런트 트렁크를 탈거한다.
   (바디 (내장 / 외장 / 전장) - "프런트 트렁크" 참조)
3. 고전압 정션 박스 어퍼 커버(A)를 탈거한다.

체결 토크 : 0.5 ~ 0.6 kgf.m

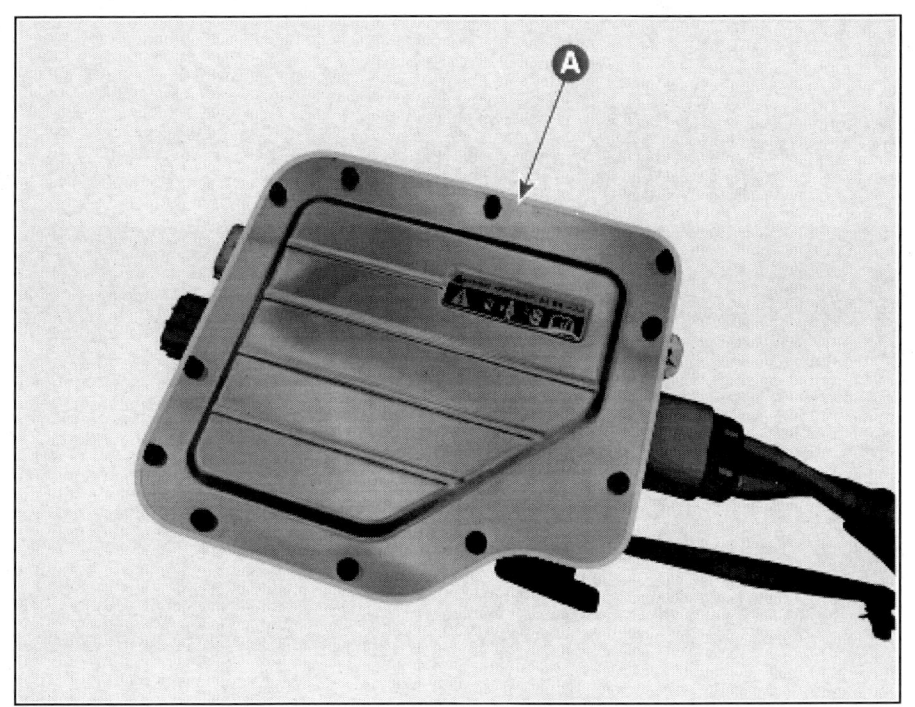

4. 장착 너트를 풀고 고전압 컴프레서 퓨즈(A)를 분리한다.

체결 토크 : 0.4 ~ 0.6kgf.m

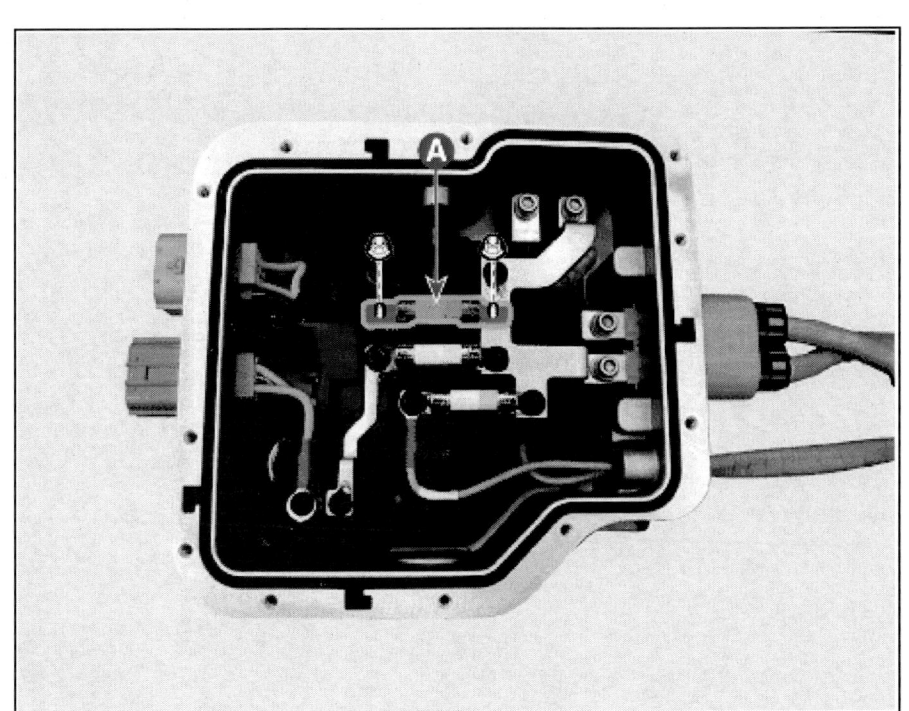

⚠ 주 의

- 버스바 스크류 분리 후 도포되어 있던 록타이트를 (-)드라이버 혹은 기타 공구를 활용하여 제거한다.
- 이물질이나 록타이트 잔여물로 인해 단자간 접촉불량이 발생할 수 있다.

장착

[전동식 에어컨 컴프레서 어셈블리]

1. 아래 순서에 따라 컴프레서 어셈블리 장착 볼트를 체결한다.

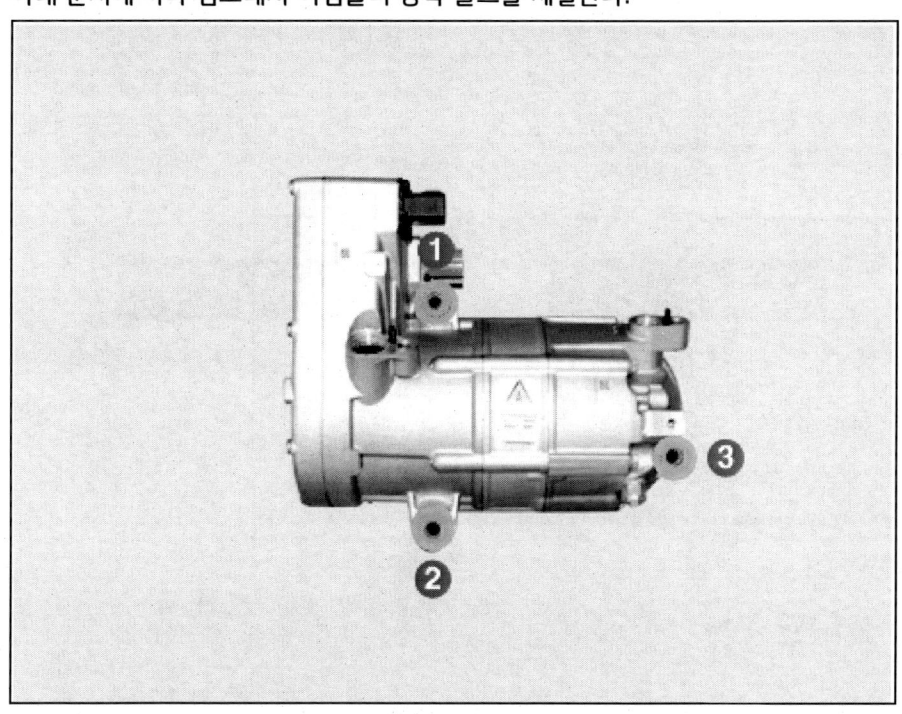

2. 장착은 탈거의 역순이며, 아래를 참고한다.

> **참 고**
> - 호스나 라인을 연결하기 전 O링에 몇 방울의 냉매를 바른다.
> - R-1234yf의 누출을 피하기 위해서는 적당한 O링을 사용한다.
> - 오염을 피하기 위해 한번 사용된 용기의 오일은 다시 사용하지 말아야 하고, 다른 컴프레서 오일과 섞이지 않도록 주의해야 한다.
> - 오일을 사용한 후에 즉시 용기의 캡을 교환하고 습기가 들어가지 않도록 용기를 봉인한다.
> - 차량 위에 컴프레서 오일을 흘리지 않도록 주의 해야 한다.
> - 시스템을 충전 하고, 에어컨 성능을 테스트한다.

[고전압 정션박스 컴프레서 퓨즈]

1. 조립은 분해의 역순으로 진행한다.

> **주 의**
> - 릴레이 접점부 부스바 체결 후, 록타이트를 도포한다.
> - 단품 장착 시, 규정 토크를 준수하여 장착한다.
> - 단품을 떨어뜨렸을 경우, 보이지 않는 손상이 유발될 수 있으므로 성능 확인 후 사용한다.
> - 전륜 모터 및 감속기 시스템 기밀점검을 수행한다.
>   (모터 및 감속기 시스템 - "기밀점검" 참조)

고장진단

[흐름도(Flow Chart)]

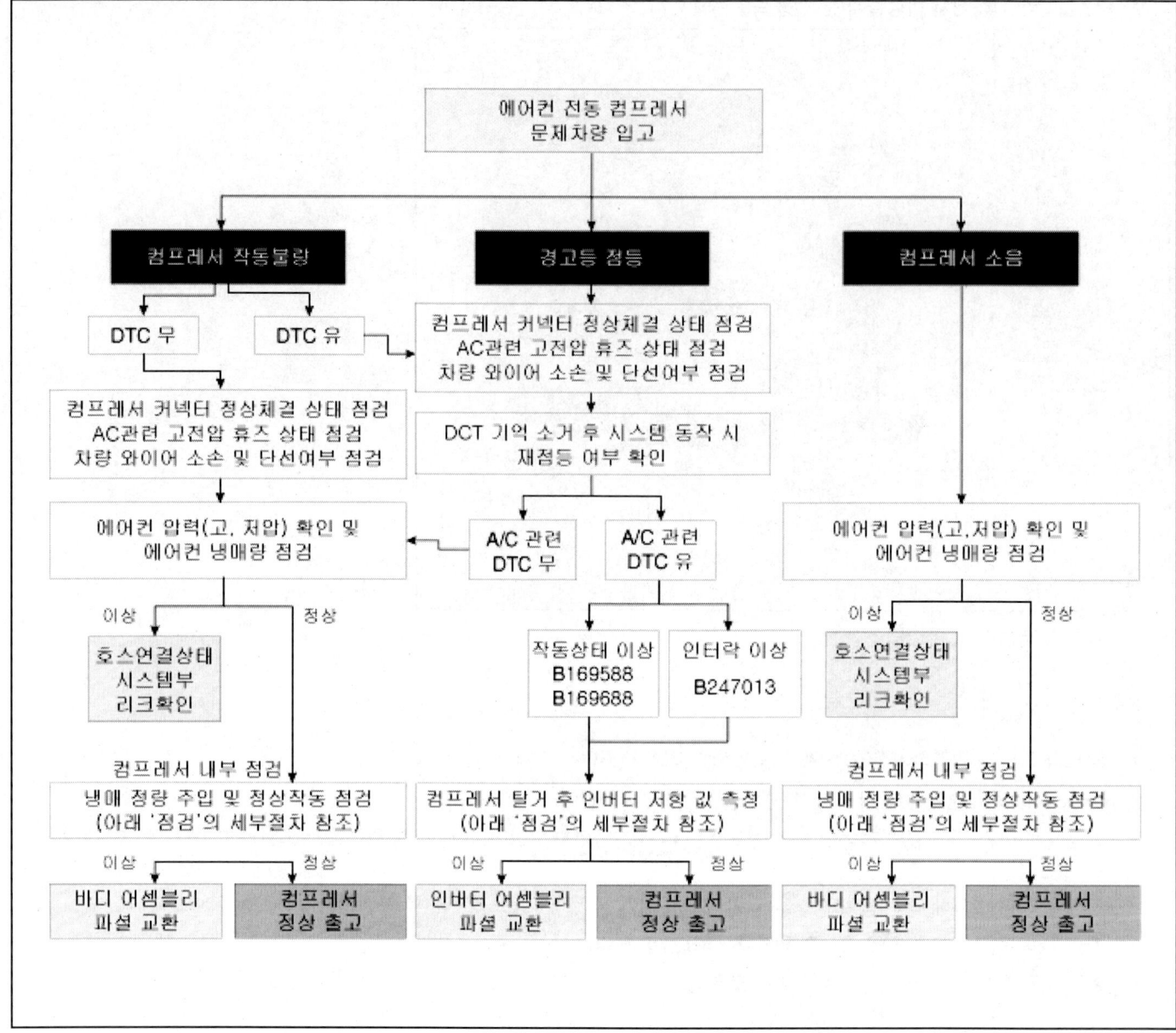

점검

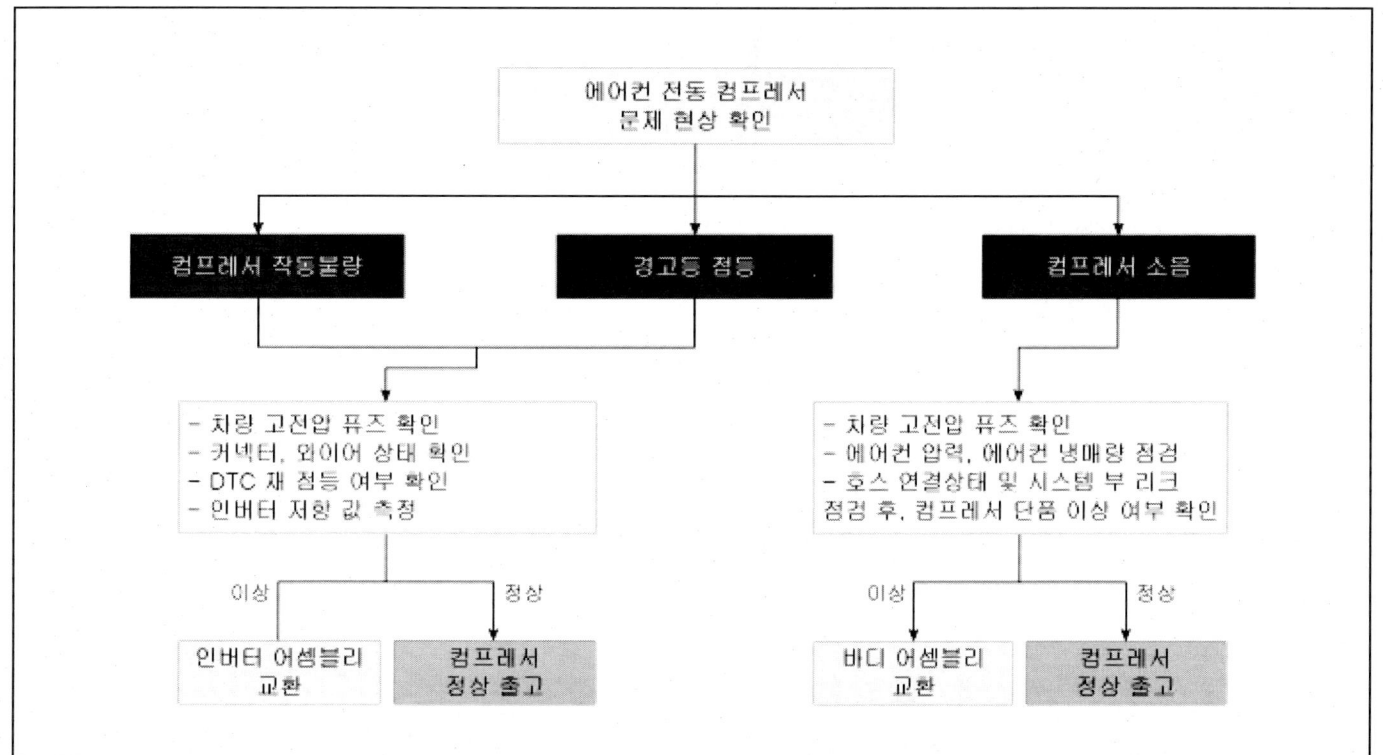

구분	에어컨 고장 유형	재 사용품	신품 (킷)
바디 어셈블리 교환	소음, 작동 불량	인버터	바디, 절연 시트, 3상 전원핀 슬리브, PCB 볼트, 가스켓, 인버터 커버, 인버터 커버 볼트, 고전압 커넥터 링터미널 볼트, 인버터 & 클램프 볼트, ISO BUSH
인버터 교환	A/C 관련 DTC 코드 및 경고등 점등	바디 어셈블리	인버터, 절연 시트, 3상 전원핀 슬리브, PCB 볼트, 가스켓, 인버터 커버, 인버터 커버 볼트, 고전압 커넥터 링터미널 볼트, 인버터 & 클램프 볼트

[전동식 에어컨 컴프레서 바디 내부 점검]

1. 전동식 에어컨 컴프레서 바디 내부 이상 여부 확인 방법
   1) 전동식 에어컨 컴프레서 측 저압 파이프 탈거
   2) 전동식 에어컨 컴프레서 저압 파이프 내부 측 오염 여부 확인

2. 전동식 에어컨 컴프레서 모터의 점검을 위해 3상 전원핀의 저항 값을 측정한다.
   1) 아래에 있는 3상 저항 값이 불량이면 모터의 이상이므로 전동식 에어컨 컴프레서 바디를 교환한다.

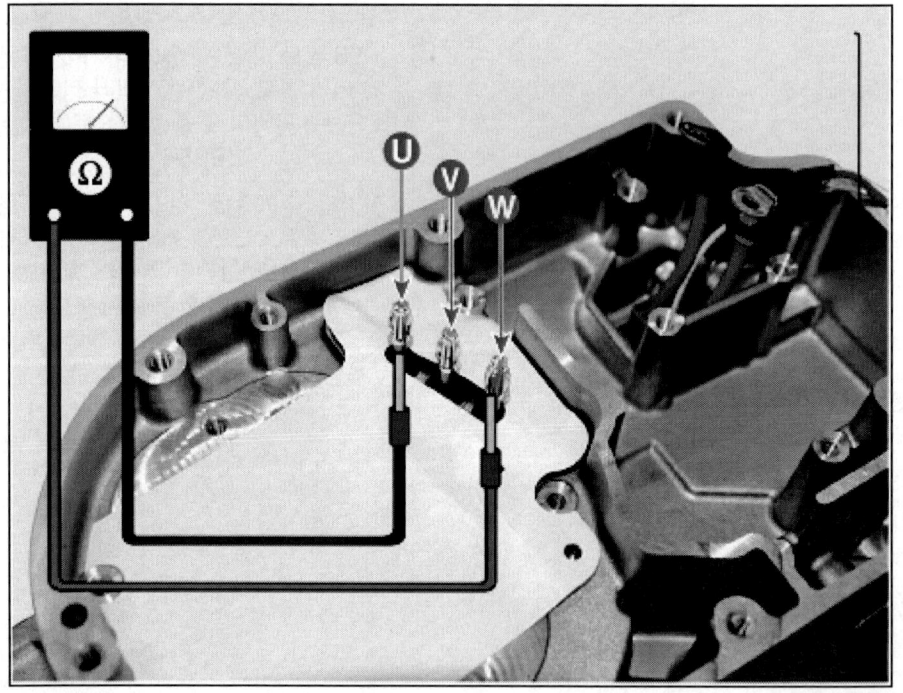

구분	U-V 상	V-W 상	U-W 상
정상 저항 값	0.69 Ω 이하		
불량 저항 값	0.7 Ω 이상		

[전동식 에어컨 컴프레서 인버터 점검]

1. 컴프레서 인버터를 점검하려면 컴프레서의 고전압 핀, 저전압 핀 및 절연체의 저항 값을 측정한다.
   (1) 고전압 핀

정상 : 100 kΩ 이상
불량 : 100 kΩ 이하

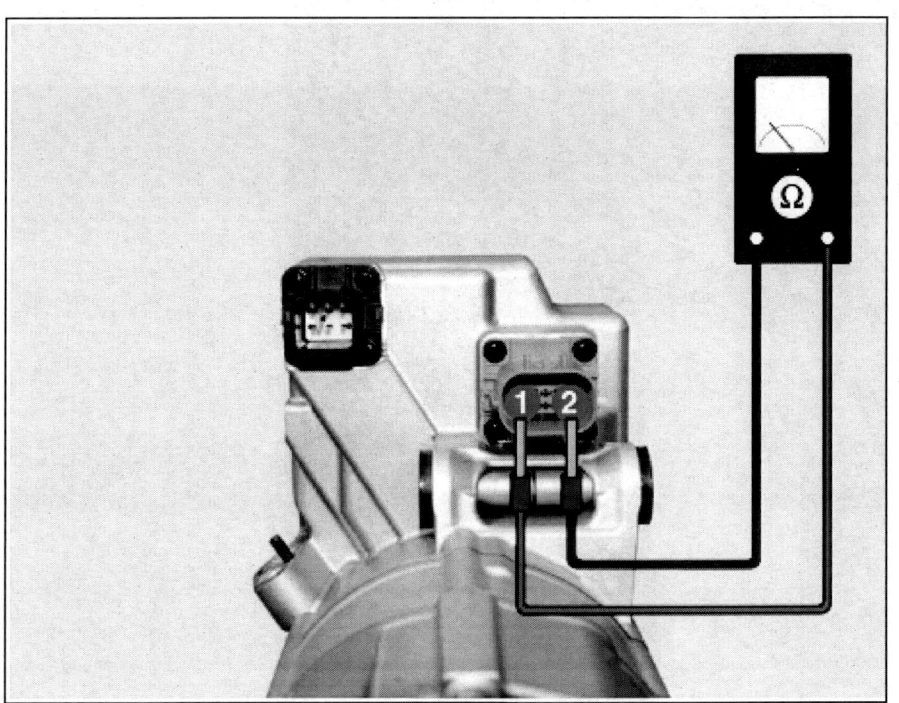

(2) 저전압 핀
   1) 2-5번 단자간 CAN High/Low 저항을 측정한다.

   정상 : 약 120 Ω

   2) CAN 접지 저항을 측정한다.

   1 - 5 : 정상 : 100 kΩ ↑, 불량 : 100 kΩ ↓
   1 - 2 : 정상 : 100 kΩ ↑, 불량 : 100 kΩ ↓

   3) 인터락 High/Low 저항을 측정한다. (저전압 커넥터(A)를 연결하고 고전압(B) 3 및 6 저항을 측정한다.)

   정상 : Below 1.0 Ω
   이상 : MΩ

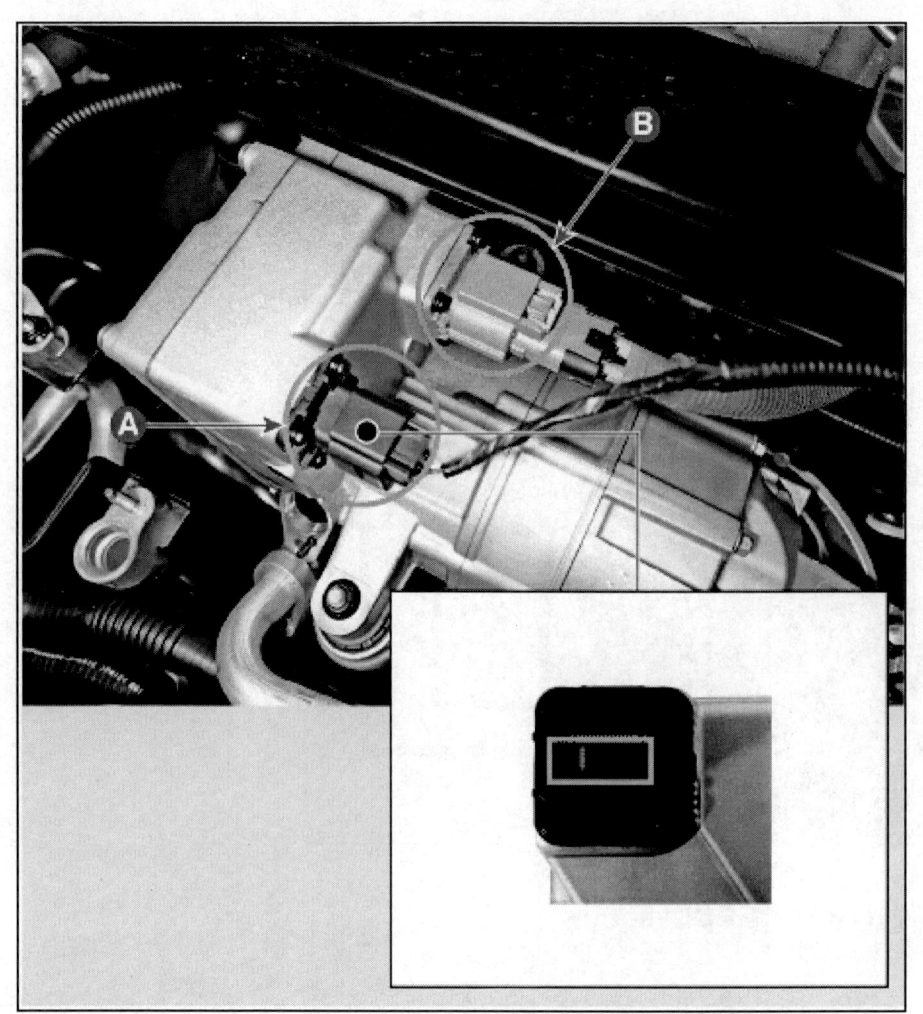

> [i] 참 고

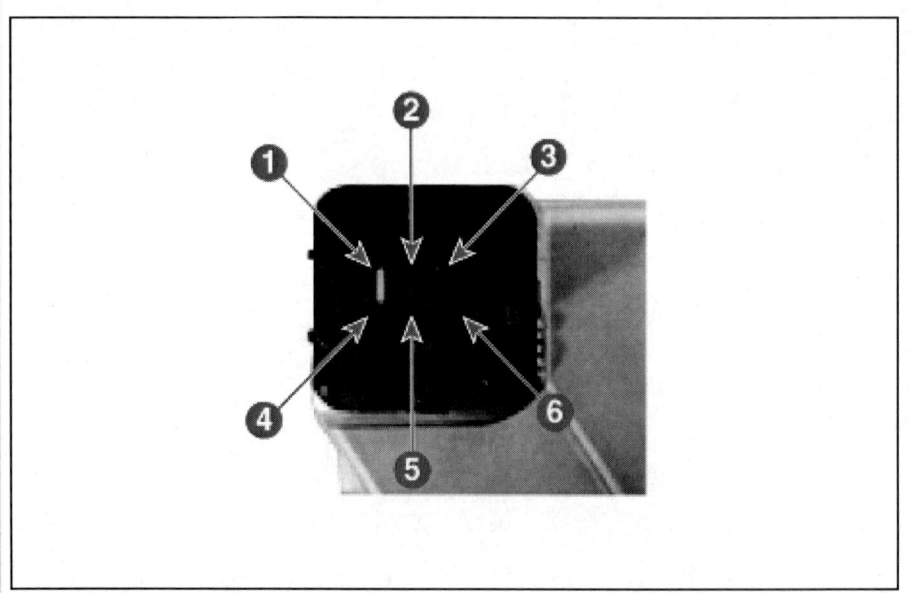

핀 번호	기능	핀 번호	기능
1	12V 접지	4	12V 전원
2	CAN LOW	5	CAN HIGH
3	인터락 (-)	6	인터락 (+)

2. 전동식 에어컨 컴프레서의 절연 저항을 측정한다.

정상 저항 값 : 절연저항 점검(최소값 : 100 MΩ) (@1000 Vdc, 무냉매)

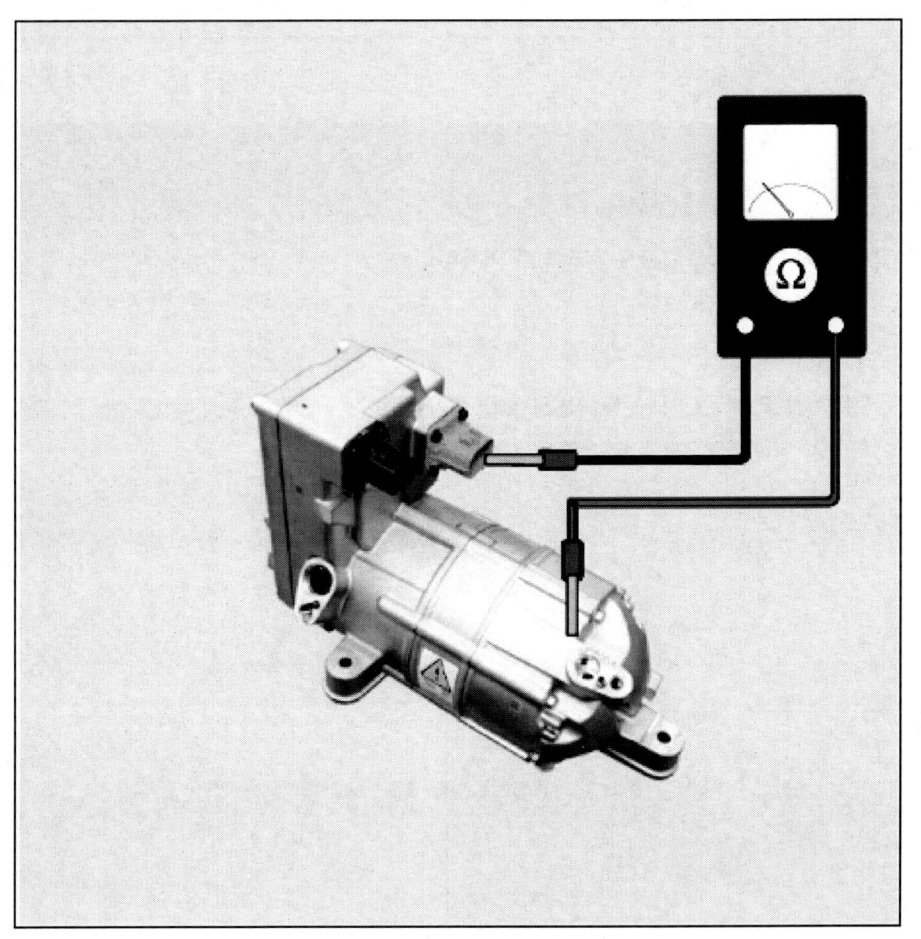

분해

[전동식 에어컨 컴프레서]

1. 전동식 에어컨 컴프레서를 탈거한다.
   (에어컨 - "전동식 에어컨 컴프레서" 참조)
2. 인버터 / 바디 키트는 전자 부품으로 먼지 및 수분에 쉽게 손상되므로 청정실로 이동한다.

> **유 의**
> - 인버터 / 바디 키트의 오염을 막기 위해서 컴프레서 외관의 먼지 및 오물을 제거한다.
> - 인버터 / 바디 키트 신품의 오염을 방지하기 위해 장착 직전까지 포장재를 개봉하지 않는다.

3. 장착 스크류를 풀고 인버터 커버(A)를 탈거한다.

   체결 토크 : 0.5 ~ 0.8 kgf.m

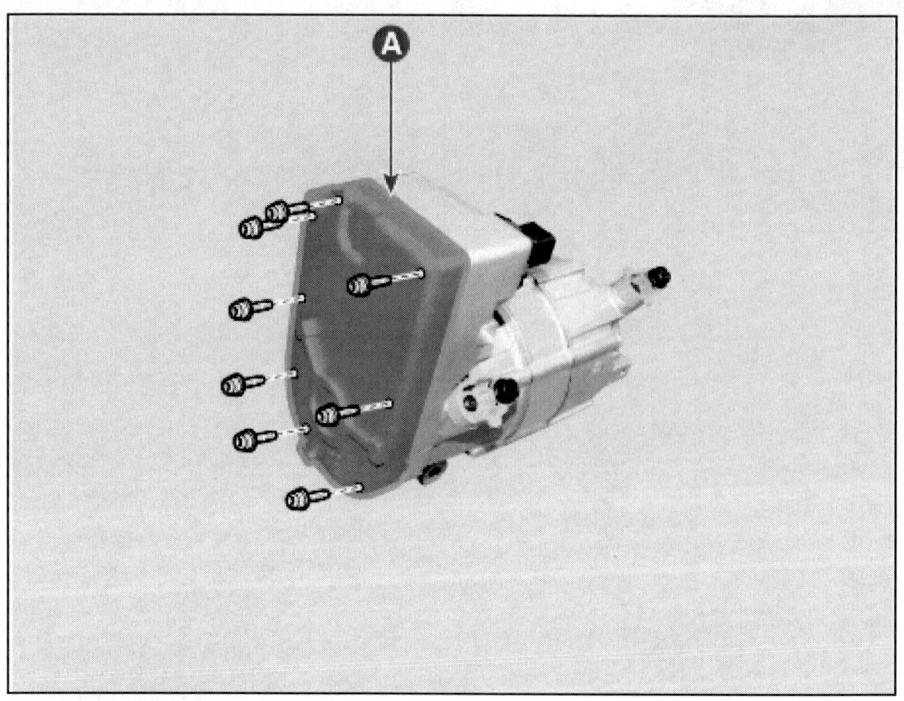

> **유 의**
> - 인버터 커버와 장착 스크류는 재사용하지 않는다.

> **참 고**
> - 컴프레서 바디와 인버터가 손상되지 않도록 주의한다.
> - 인버터 커버의 돌출부(A)에 스크류 드라이버와 해머를 사용하여 분해한다.

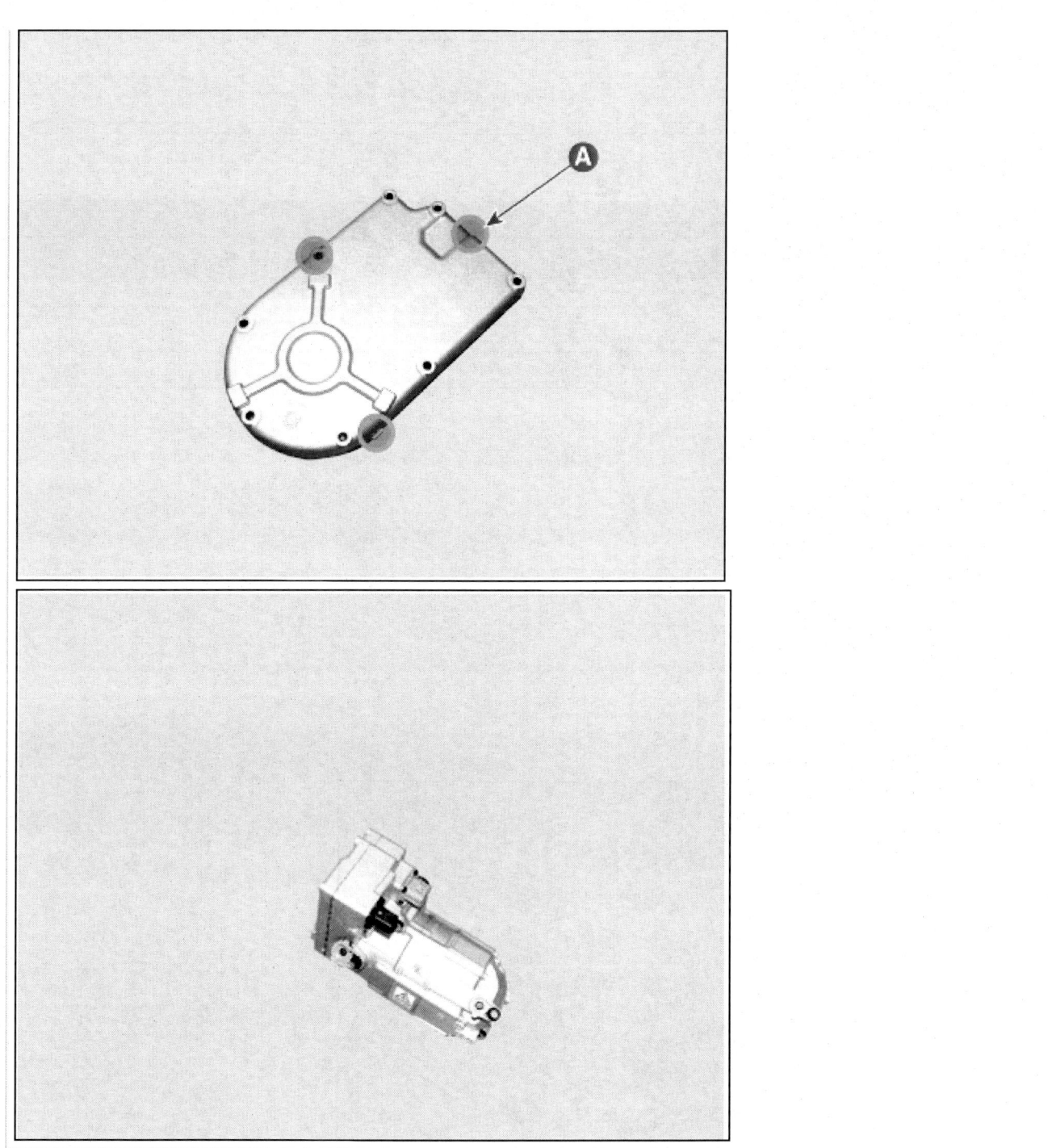

4. 인버터 가스켓(A)를 탈거한다.

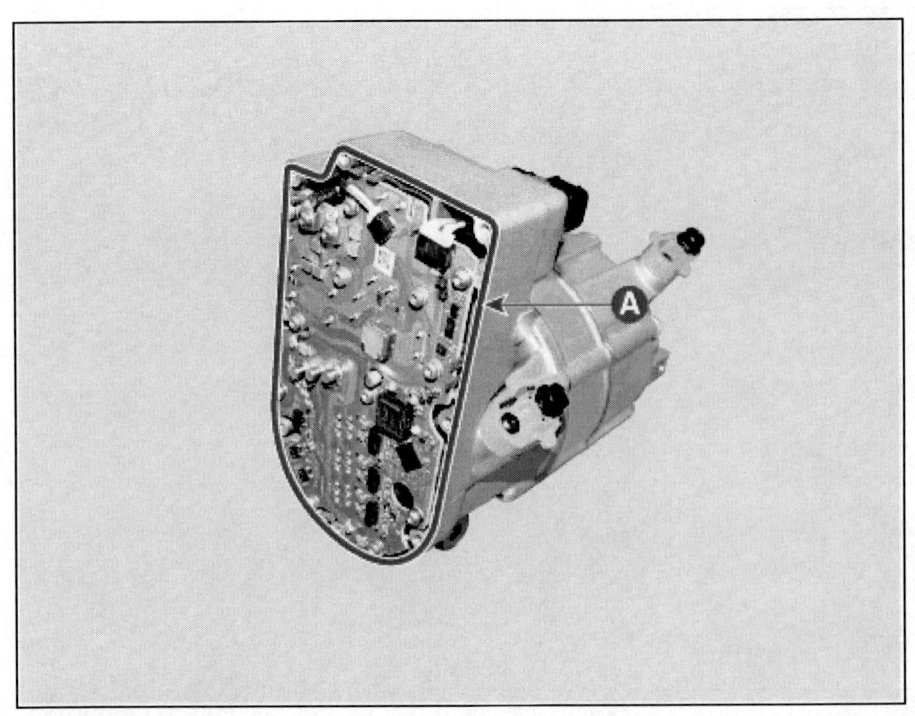

> **유 의**
> - 인버터 가스켓은 재사용하지 않는다.

5. 인버터 커넥터(A)를 분리한다.

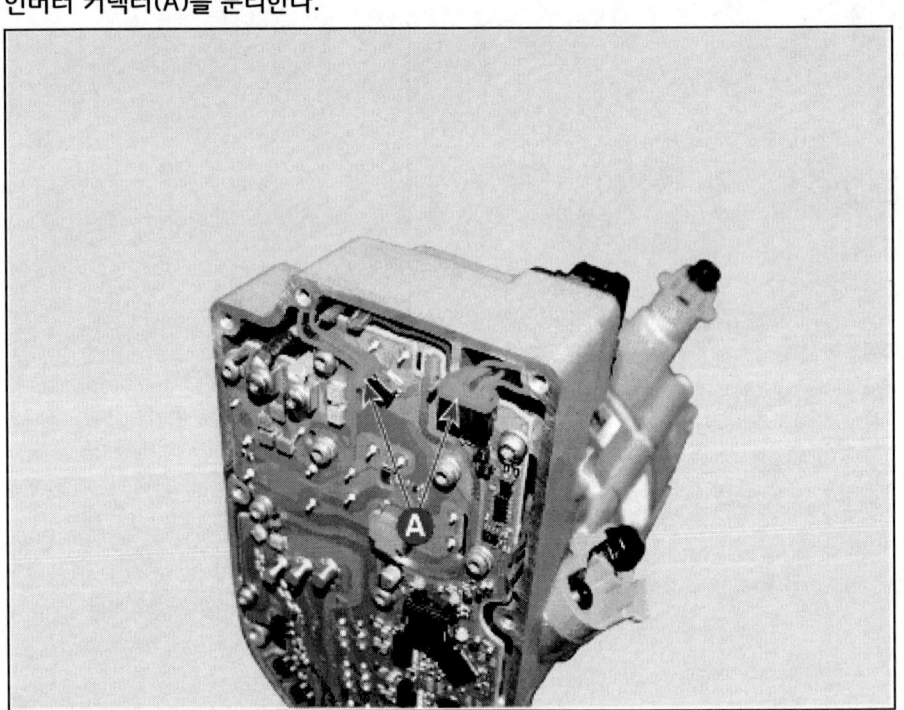

6. 인버터 장착 스크류를 탈거한다.

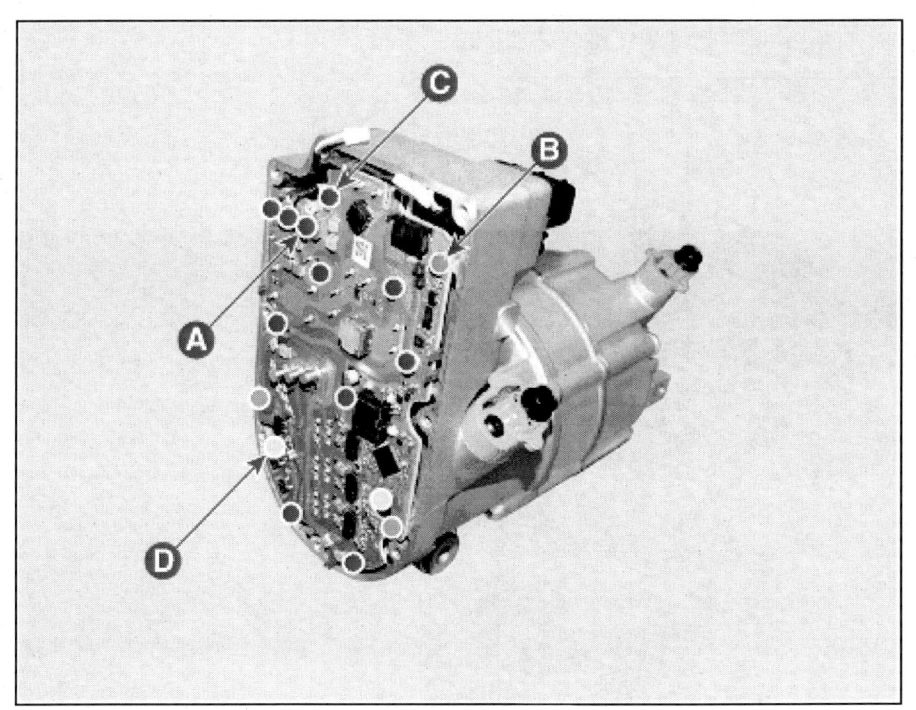

> 📘 **참 고**
>
> - 스크류 A : 0.12 kgf.m
> - 스크류 B : 0.15 kgf.m
> - 스크류 C : 0.15 kgf.m
> - 스크류 D : 0.20 kgf.m

7. 인버터(A)를 탈거한다.

> ⚠️ **주 의**
>
> - 스크류 드라이버 또는 리무버로 탈거할 때 부품이 손상되지 않도록 보호 테이프를 감아서 사용한다.
> - 인버터를 탈거할 때 스크류 드라이버 또는 리무버를 이용하여 (B), (C) 부분을 동시에 들어 올린다.

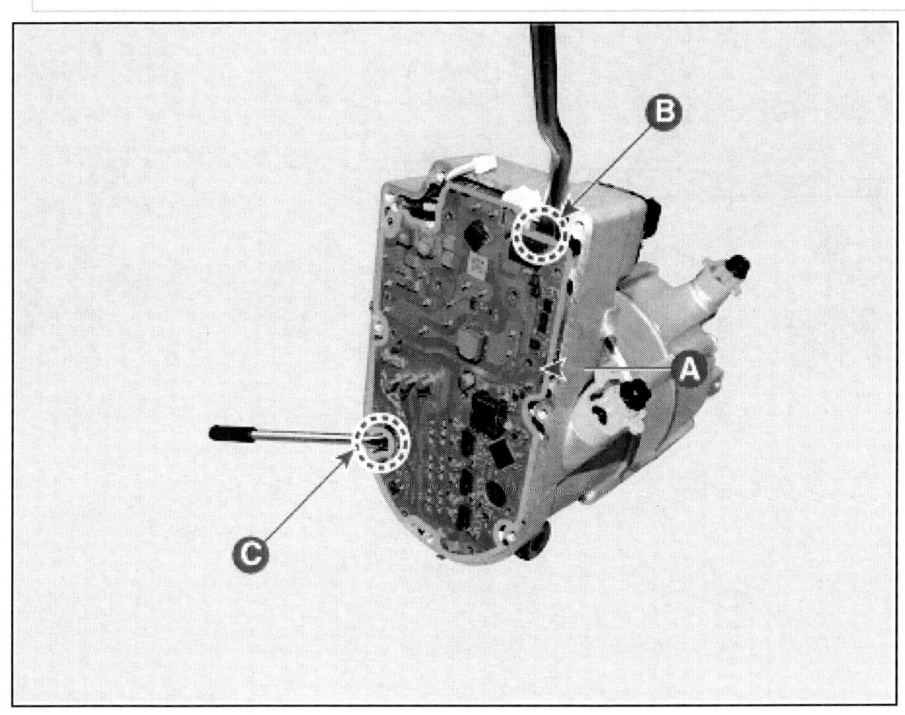

유 의

- 인버터 탈거 시, 3상 전원핀(A) 및 IGBT(B)의 파손, 틀어짐 및 휨에 주의한다.

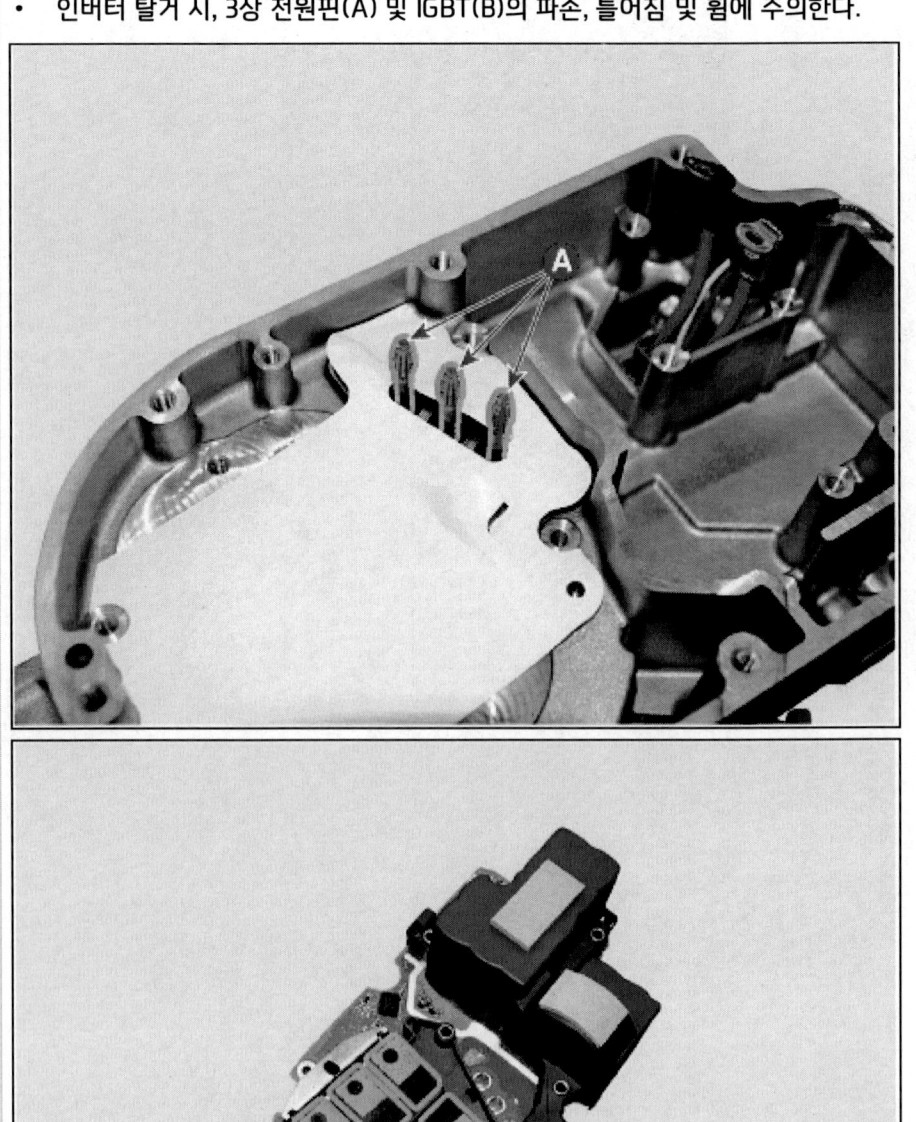

8. 3상 전원핀 슬리브(A)와 절연 시트(B)를 탈거한다.

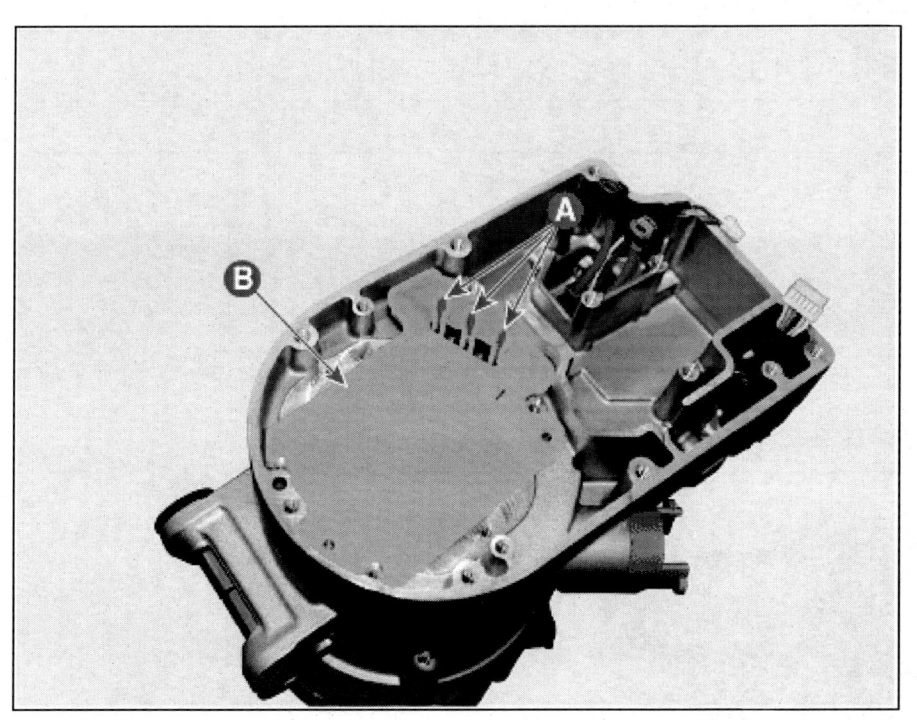

> **유 의**
> - 절연 시트는 재사용하지 않는다.

조립

[전동식 에어컨 컴프레서]

1. 조립은 분해의 역순으로 진행한다.

> **유 의**
>
> - 인버터 장착 시 IGBT 클램프가 정상적으로 조립되어 있어야 한다.(들뜸 및 누락이 없어야 한다.)

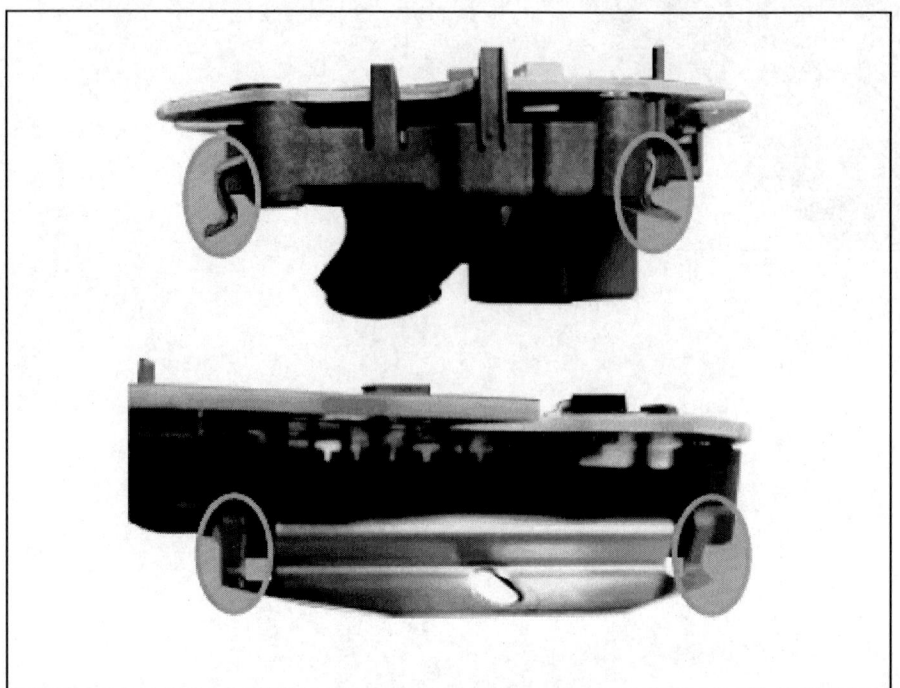

> - 바디부에 절연 시트 장착 시 캐스팅 외형과 형합이 일치해야 한다. (절연 시트의 찢어짐 및 틀어짐이 없어야 한다.)

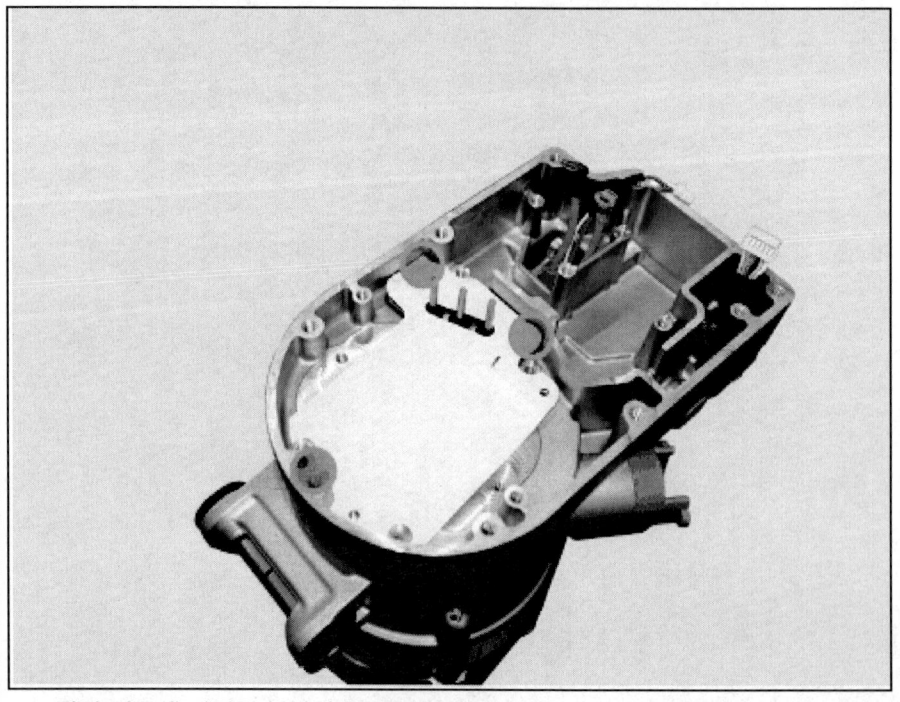

> - 절연 시트에 커팅된 부분이 있으므로 전동식 에어컨 컴프레서 작업 시 해당 부위가 찢어지지 않도록 주의한다.

콘덴서 탈장착

	작업	H/W	체결토크 (kgf.m)	SST/장비	케미컬	기타
• 탈거						
1	12V 배터리 (-) 터미널 분리 (차량 제어 시스템 - "보조 배터리 (12V)" 참조)	-	-	-	-	-
2	회수/재생/충전기 냉매 회수	-	-	냉매 회수 장비	-	매뉴얼 참고
3	프런트 범퍼 어셈블리 탈거 (바디 (내장 / 외장 / 전장) - "프런트 범퍼 어셈블리" 참조)	-	-	-	-	-
4	액티브 에어 플랩(AAF)을 탈거 (냉각 시스템 - "액티브 에어 플랩 (AAF)" 참조)	-	-	-	-	-
5	콘덴서 냉매 라인 분리	볼트	0.5 ~ 0.8	-	-	O-링 재사용 금지
6	콘덴서 탈거	볼트	0.5 ~ 0.8	-	-	-
• 장착						
탈거의 역순으로 진행						-

2023 > 엔진 > 160kW > 히터 및 에어컨 장치 > 에어컨 > 콘덴서 > 구성부품 및 부품위치

부품위치

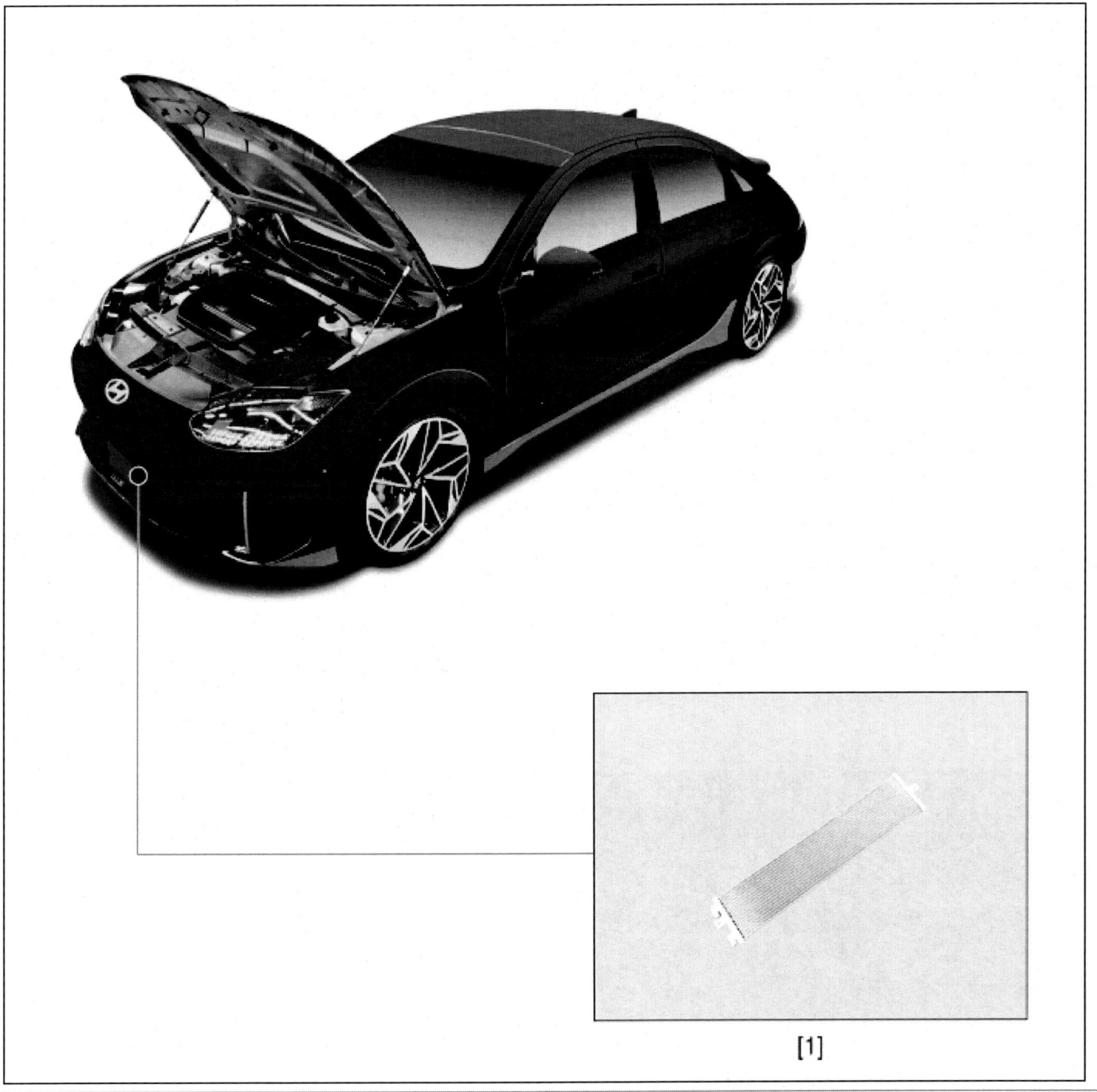

[1]

1. 콘덴서

탈거

> ⚠️ **주 의**
> - 스크류 드라이버 또는 리무버로 탈거할때 부품이 손상되지 않도록 보호 테이프를 감아서 사용한다.
> - 손을 다치지 않도록 장갑을 착용한다.
> - 라인을 분리할 때는 즉시 플러그나 캡을 씌워 습기와 먼지로부터 시스템을 보호한다.

> **유 의**
> - 트림과 패널에 손상을 주지 않도록 주의한다.

1. 12V 배터리 (-) 터미널을 분리한다.
   (차량 제어 시스템 - "보조 배터리 (12V)" 참조)
2. 회수/재생/충전기로 냉매를 회수한다.
   (에어컨 - "냉매 회수/재생/충전/진공" 참조)
3. 프런트 범퍼 어셈블리를 탈거한다.
   (바디 (내장 / 외장 / 전장) - "프런트 범퍼 어셈블리" 참조)
4. 액티브 에어 플랩(AAF)을 탈거한다.
   (냉각 시스템 - "액티브 에어 플랩(AAF)" 참조)
5. 장착 볼트를 풀고 콘덴서 측 냉매 라인(A)을 분리한다.

   체결 토크 : 0.5 ~ 0.8 kgf.m

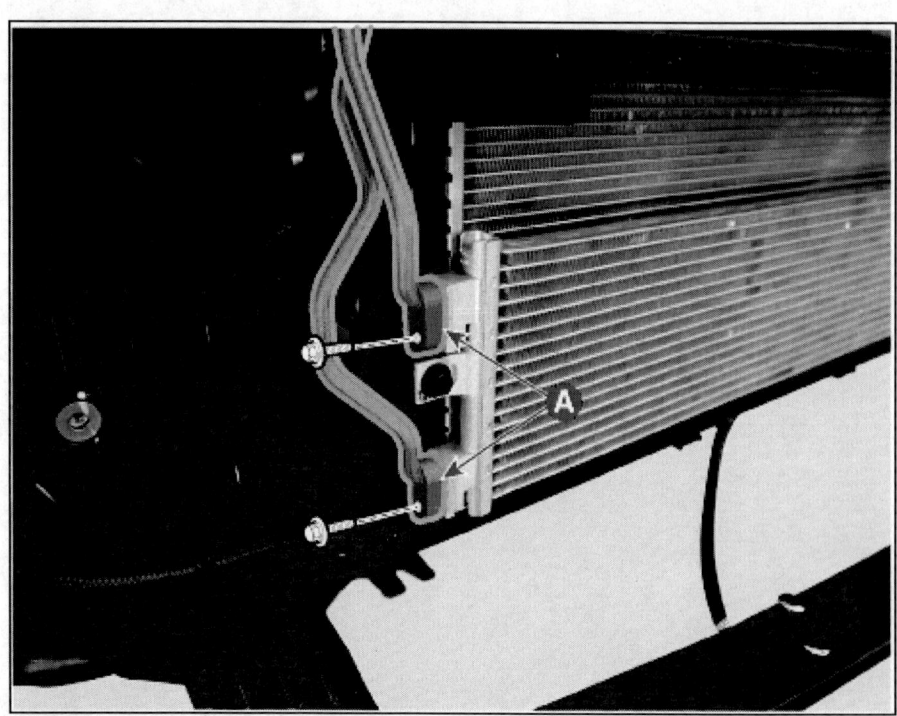

6. 장착 볼트를 풀고 콘덴서(A)를 탈거한다.

   체결 토크 : 0.5 ~ 0.8 kgf.m

장착

1. 장착은 탈거의 역순으로 진행한다.

> **유 의**
> - 새 콘덴서를 장착한다면, 컴프레서 오일(POE OIL)을 보충한다.
> - 각 연결부의 O-링은 새것으로 교환하고, 호스나 라인을 연결하기 전 O-링에 몇 방울의 컴프레서 오일(냉동유)을 바른다. R-1234yf의 누출을 피하기 위해서는 규정된 O-링을 사용한다.
> - 콘덴서를 장착할 때 라디에이터와 콘덴서 핀에 충격이 없도록 주의한다.
> - 시스템을 충전하고, 에어컨 성능을 테스트한다.

> **⚠ 경 고**
> - 반드시 전동식 컴프레서 전용의 냉매 회수/충전기를 이용하여 지정된 냉매(R-1234yf)와 냉동유(POE)를 주입한다. 일반 차량의 냉동유(PAG)가 혼입될 경우 컴프레서 손상 및 안전사고가 발생할 수 있다.

점검

1. 콘덴서 핀이 막혔거나 손상이 있는가를 점검한다.
   핀이 막혔다면 물로 청소하거나 압축공기로 건조시키고, 핀이 휘었으면 드라이버나 플라이어 등으로 곱게 펴준다.
2. 콘덴서 연결 부에 누설이 있는지 점검하고 필요 시 수리 또는 교환한다.

수냉 콘덴서 탈장착

	작업	H/W	체결토크 (kgf.m)	SST/장비	케미컬	기타
• 탈거						
1	12V 배터리 (-) 터미널 분리 (차량 제어 시스템 - "보조 배터리 (12V)" 참조)	-	-	-	-	-
2	회수/재생/충전기 냉매 회수	-	-	냉매 회수 장비	-	매뉴얼 참고
3	모터 냉각수 배출 (냉각 시스템 - "냉각수" 참조)	-	-	-	냉각수	-
4	프런트 트렁크를 탈거 (바디 (내장 / 외장 / 전장) - "프런트 트렁크" 참조)	-	-	-	-	-
5	콘덴서 냉매 라인 분리	볼트	0.5 ~ 0.8	-	-	O-링 재사용 금지
6	수냉 콘덴서 호스 분리	-	-	-	-	-
7	석션&리퀴드 라인 분리	너트	0.8 ~ 1.2	-	-	-
8	3웨이 밸브 커넥터 분리	-	-	-	-	-
9	수냉 콘덴서 탈거	볼트	0.8 ~ 1.2	-	-	-
10	3웨이 밸브를 수냉 콘덴서로 부터 탈거	볼트	1.1 ~ 1.4	-	-	-
• 장착						
탈거의 역순으로 진행						-
• 부가기능거						
• 진단 기기 사용 - 전동식 워터 펌프(EWP) 구동						

부품위치

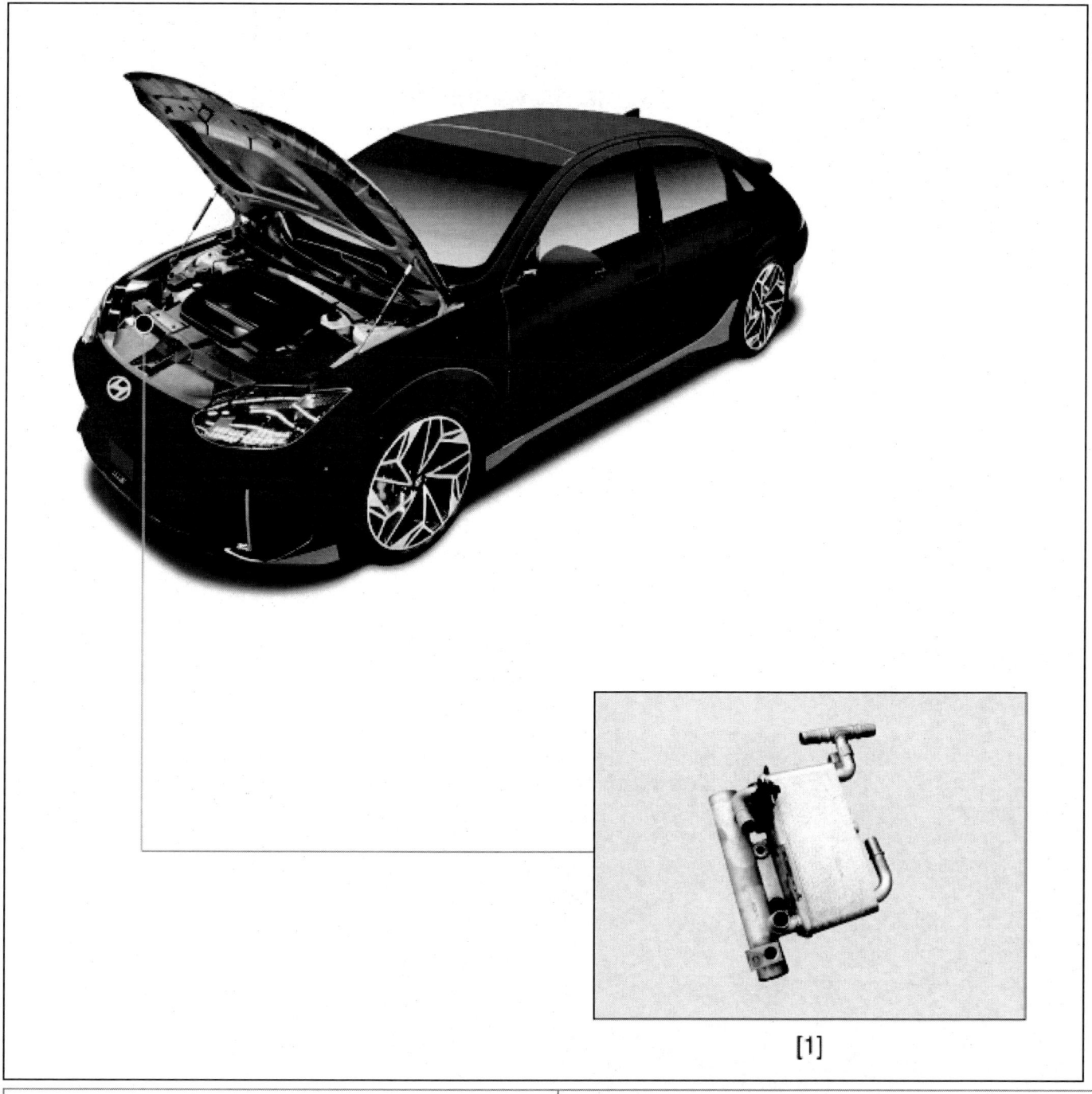

[1]

| 1. 수냉 콘덴서 | |

2023 > 엔진 > 160kW > 히터 및 에어컨 장치 > 에어컨 > 수냉 콘덴서 > 탈거

탈거

> ⚠️ **주 의**
> - 스크류 드라이버 또는 리무버로 탈거할때 부품이 손상되지 않도록 보호 테이프를 감아서 사용한다.
> - 손을 다치지 않도록 장갑을 착용한다.
> - 라인을 분리할 때는 즉시 플러그나 캡을 씌워 습기와 먼지로부터 시스템을 보호한다.

> **유 의**
> - 트림과 패널에 손상을 주지 않도록 주의한다.

1. 12V 배터리 (-) 터미널을 분리한다.
   (차량 제어 시스템 - "보조 배터리 (12V)" 참조)
2. 회수/재생/충전기로 냉매를 회수한다.
   (에어컨 - "냉매 회수/재생/충전/진공" 참조)
3. 모터가 냉각 되었을 때, 냉각수를 라디에이터에서 배출시킨다.
   (냉각 시스템 - "냉각수" 참조)
4. 프런트 트렁크를 탈거한다.
   (바디 (내장 / 외장 / 전장) - "프런트 트렁크" 참조)
5. 수냉 콘덴서 호스(A)를 분리한다.

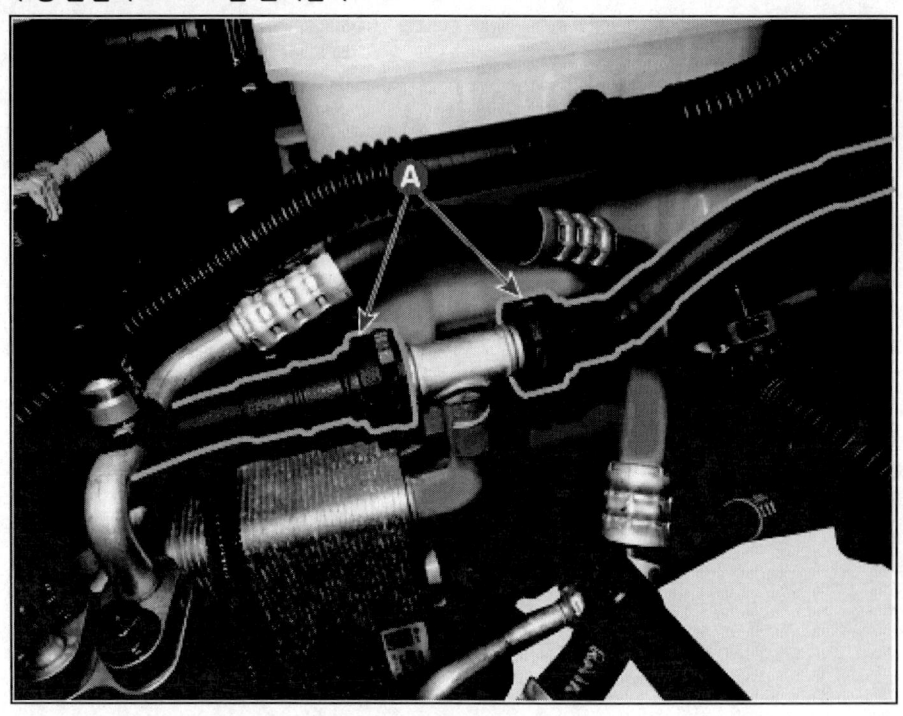

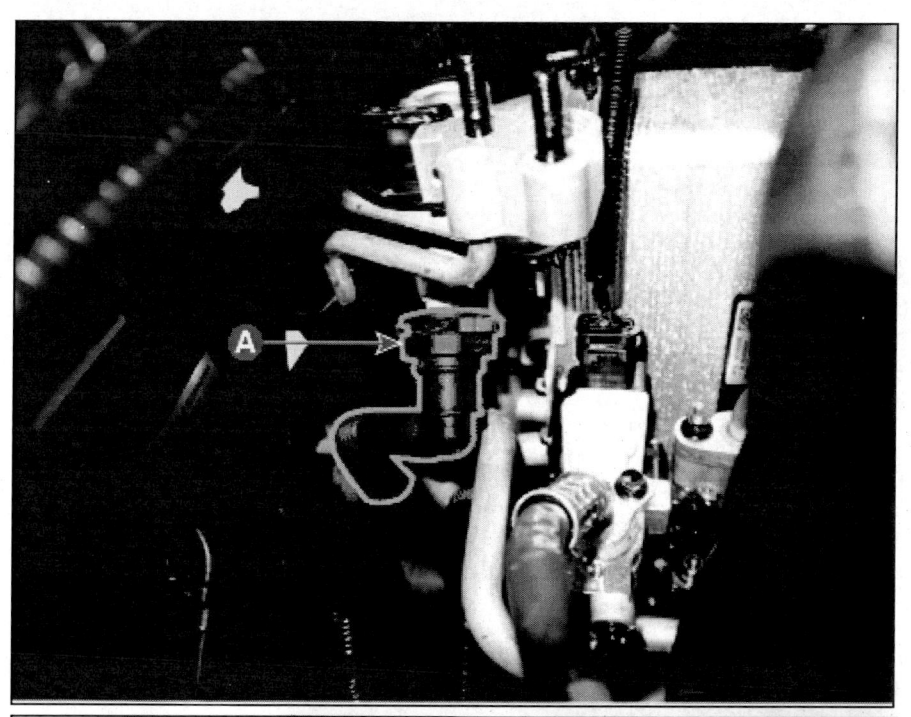
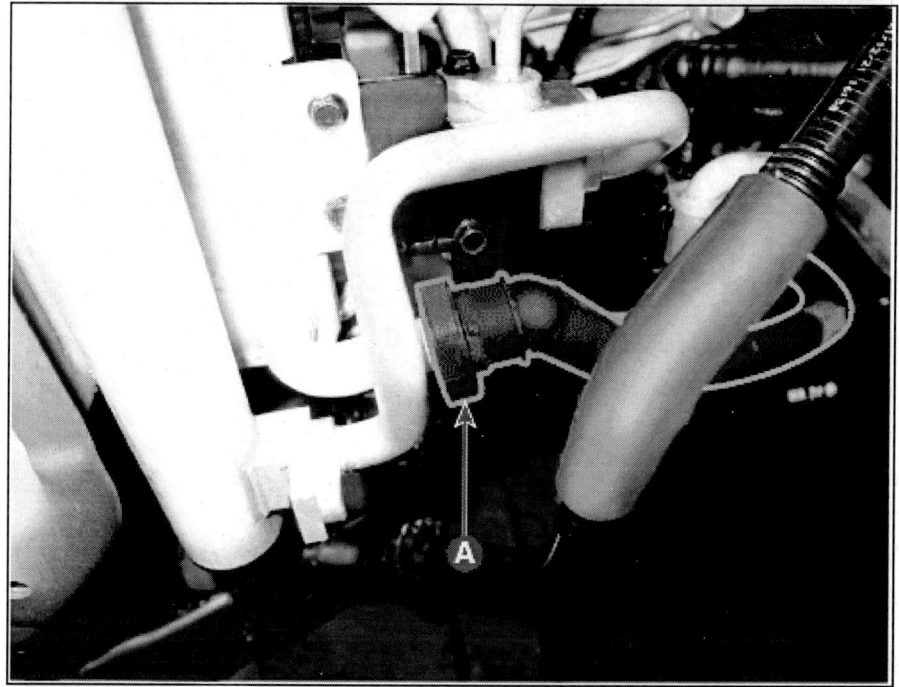
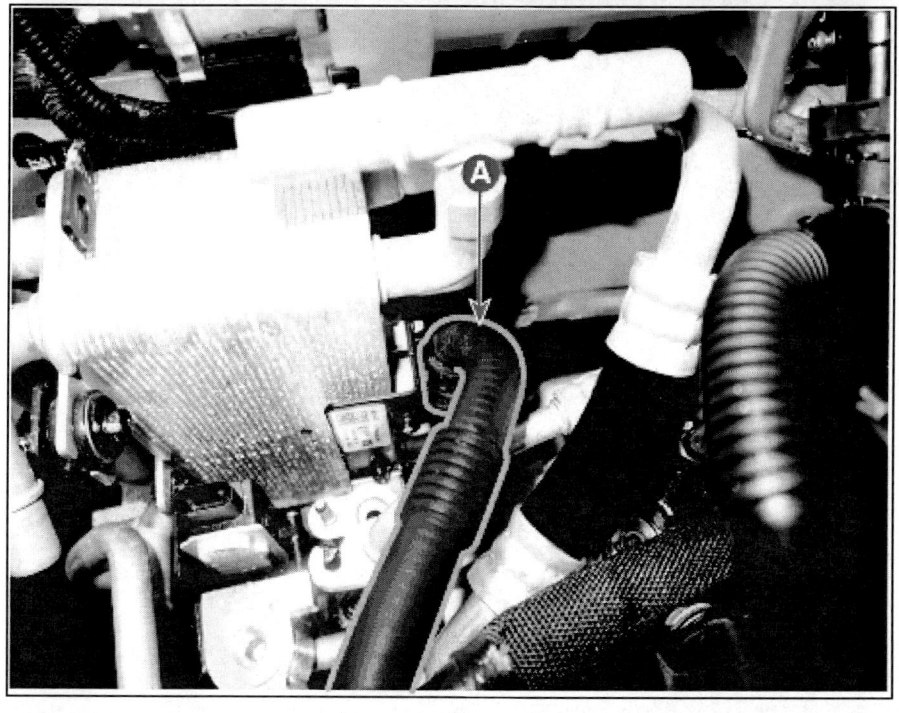

6. 장착 너트를 풀고 석션 & 리퀴드 라인(A)을 분리한다.

   체결 토크 : 0.8 ~ 1.2 kgf.m

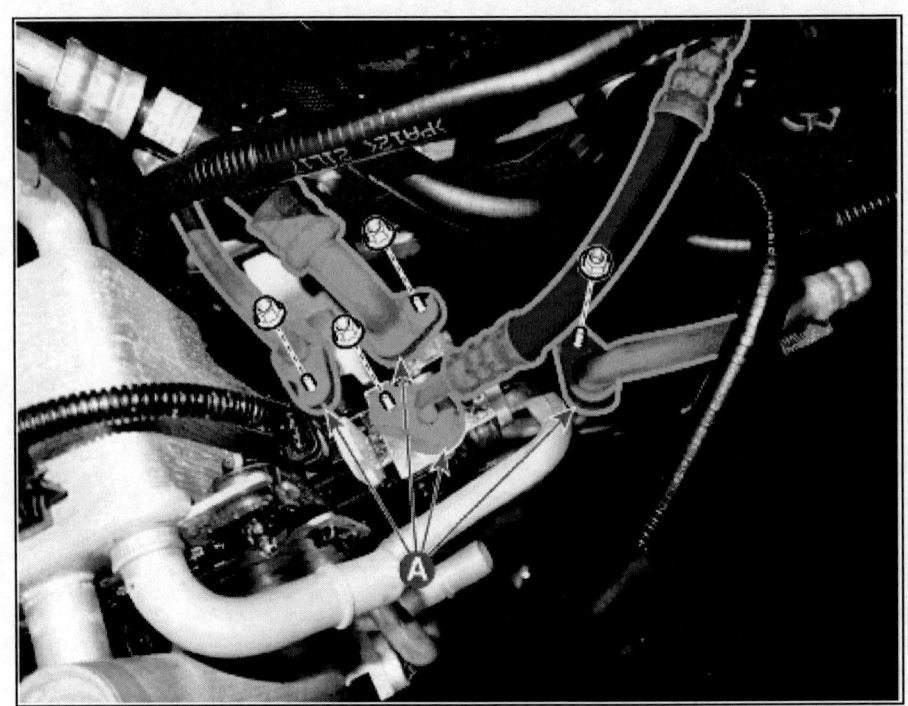

7. 잠금핀을 눌러 3웨이 밸브 커넥터(A)를 분리한다.

8. 장착 볼트를 풀어 수냉 콘덴서(A)를 탈거한다.

   체결 토크 : 0.8 ~ 1.2 kgf.m

9. 장착 볼트를 풀어 3웨이 밸브(A)를 수냉 콘덴서(B)로부터 탈거한다.

체결 토크 : 1.1 ~ 1.4 kgf.m

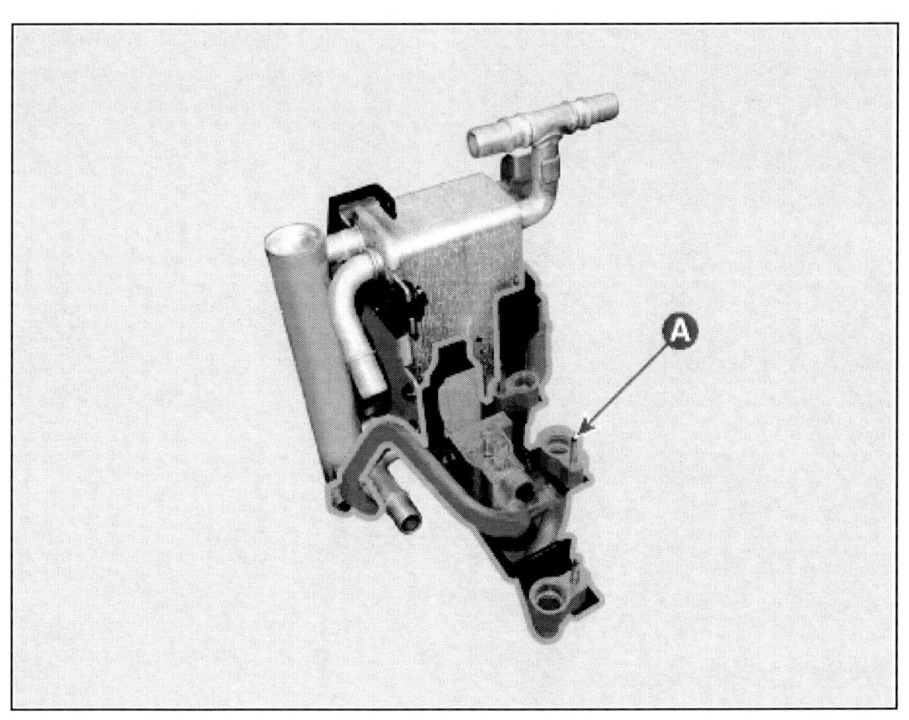

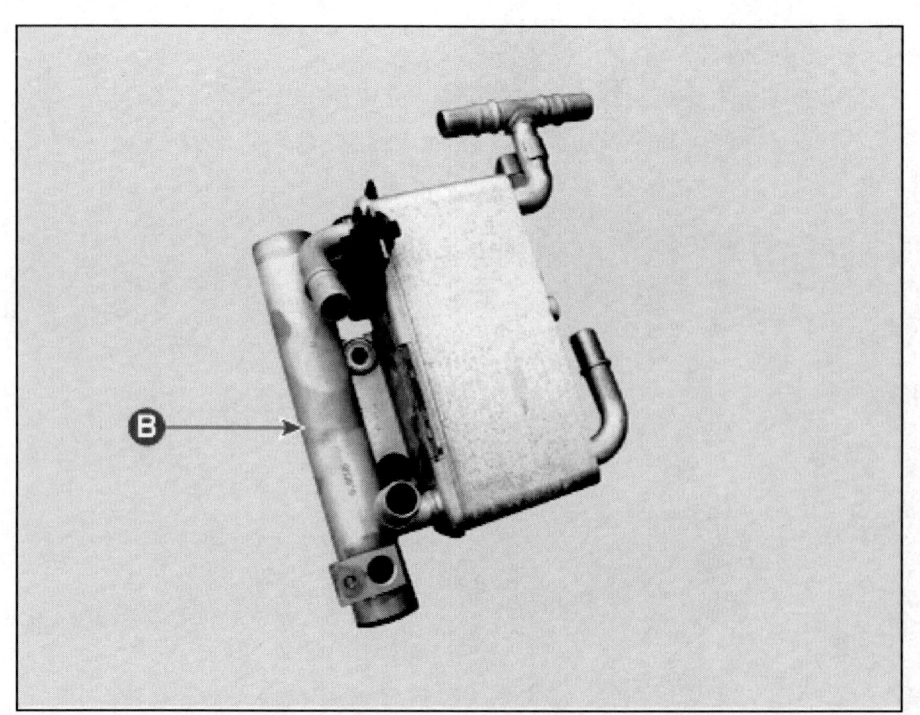

2023 > 엔진 > 160kW > 히터 및 에어컨 장치 > 에어컨 > 수냉 콘덴서 > 장착

장착

1. 장착은 탈거의 역순으로 진행한다.

   > **유 의**
   >
   > - 신품 콘덴서를 장착한다면, 컴프레서 오일(POE OIL)을 보충한다.
   > - 각 연결부의 O-링은 새것으로 교환하고, 호스나 라인을 연결하기 전 O-링에 몇 방울의 컴프레서 오일(냉동유)을 바른다. R-1234yf의 누출을 피하기 위해서는 규정된 O-링을 사용한다.
   > - 시스템을 충전하고, 에어컨 성능을 테스트한다.

   > **⚠ 경 고**
   >
   > - 반드시 전동식 컴프레서 전용의 냉매 회수/충전기를 이용하여 지정된 냉매(R-1234yf)와 냉동유(POE)를 주입한다. 일반 차량의 냉동유(PAG)가 혼입될 경우 컴프레서 손상 및 안전사고가 발생할 수 있다.

실내 콘덴서 탈장착

작업		H/W	체결토크 (kgf.m)	SST/장비	케미컬	기타
• 탈거						
1	고전압 차단 절차 수행	-	-	진단 기기	-	매뉴얼 참고
2	회수/재생/충전기 냉매 회수	-	-	냉매 회수 장비	-	매뉴얼 참고
3	히터 유닛을 탈거 (히터 - "히터 유닛" 참조)	-	-	-	-	-
4	이베퍼레이터 온도 센서 분리	-	-	-	-	-
5	실내 콘덴서 커버 탈거	스크류	-	-	-	-
6	수냉 콘덴서 호스 분리	-	-	-	-	-
7	실내 콘덴서 탈거	-	-	-	-	-
• 장착						
탈거의 역순으로 진행						-

개요

고온 / 고압 냉매를 사용하여 실내를 따뜻하게하는 열원 역할을 한다.

2023 > 엔진 > 160kW > 히터 및 에어컨 장치 > 에어컨 > 실내 콘덴서 > 구성부품 및 부품위치

부품위치

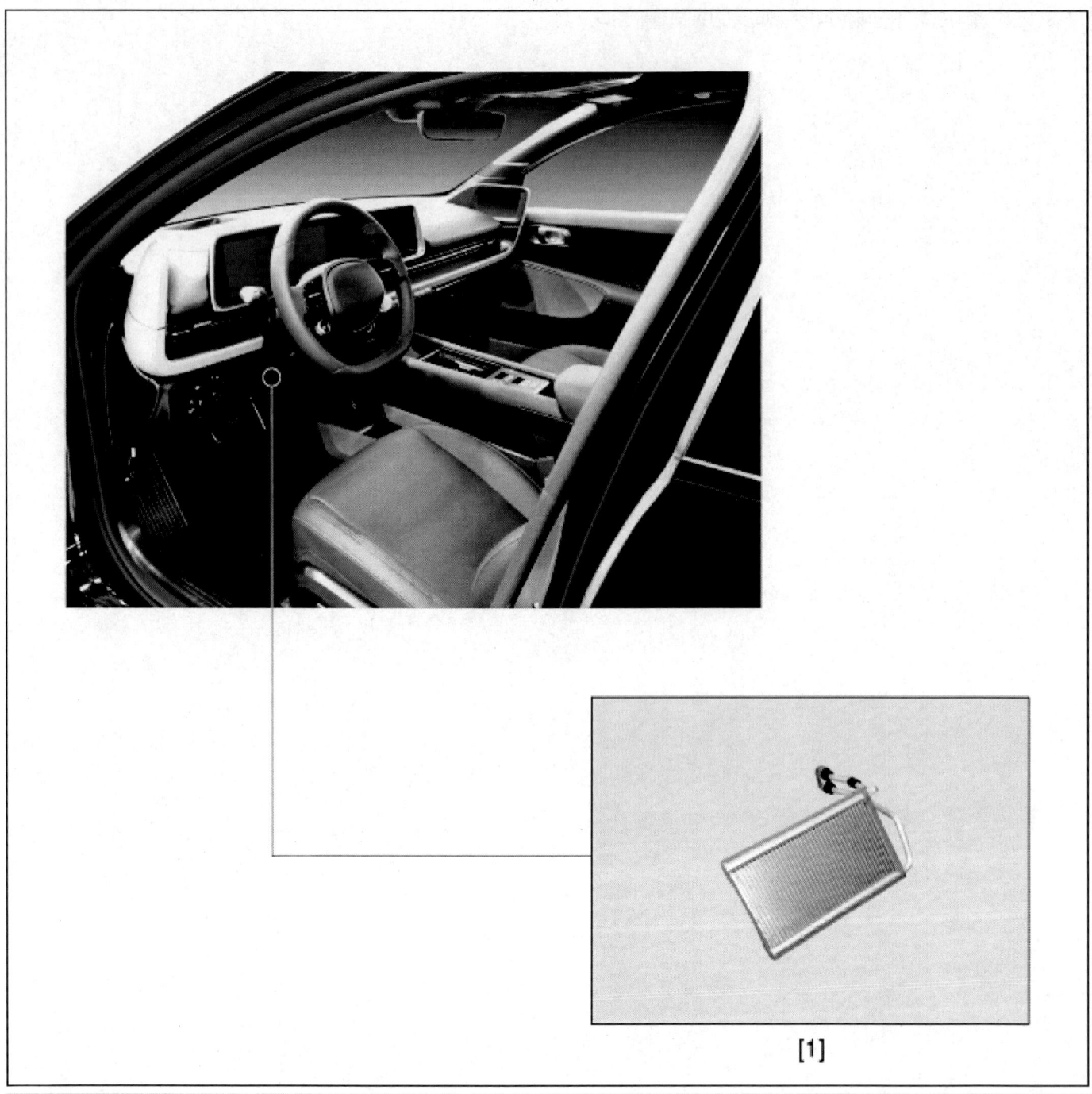

[1]

| 1. 실내 콘덴서 | |

탈거

> **⚠ 주 의**
> - 스크류 드라이버 또는 리무버로 탈거할때 부품이 손상되지 않도록 보호 테이프를 감아서 사용한다.
> - 손을 다치지 않도록 장갑을 착용한다.
> - 라인을 분리할 때는 즉시 플러그나 캡을 씌워 습기와 먼지로부터 시스템을 보호한다.

> **유 의**
> - 트림과 패널에 손상을 주지 않도록 주의한다.

1. 고전압 차단 절차를 수행한다.
   (히터 및 에어컨 장치 - "고전압 차단 절차" 참조)
2. 회수/재생/충전기로 냉매를 회수한다.
   (에어컨 - "냉매 회수/재생/충전/진공" 참조)
3. 히터 유닛을 탈거한다.
   (히터 - "히터 유닛" 참조")
4. 이베퍼레이터 온도센서를 분리하고 스크류를 풀어 실내 콘덴서 커버(A)를 탈거한다.

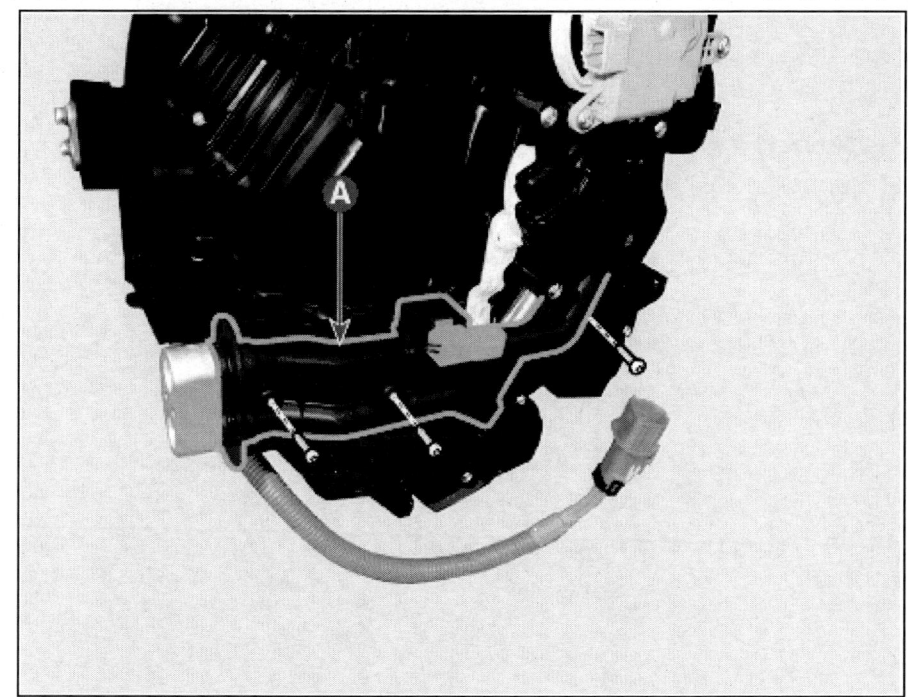

5. 실내 콘덴서(A)를 화살표 방향으로 탈거한다.

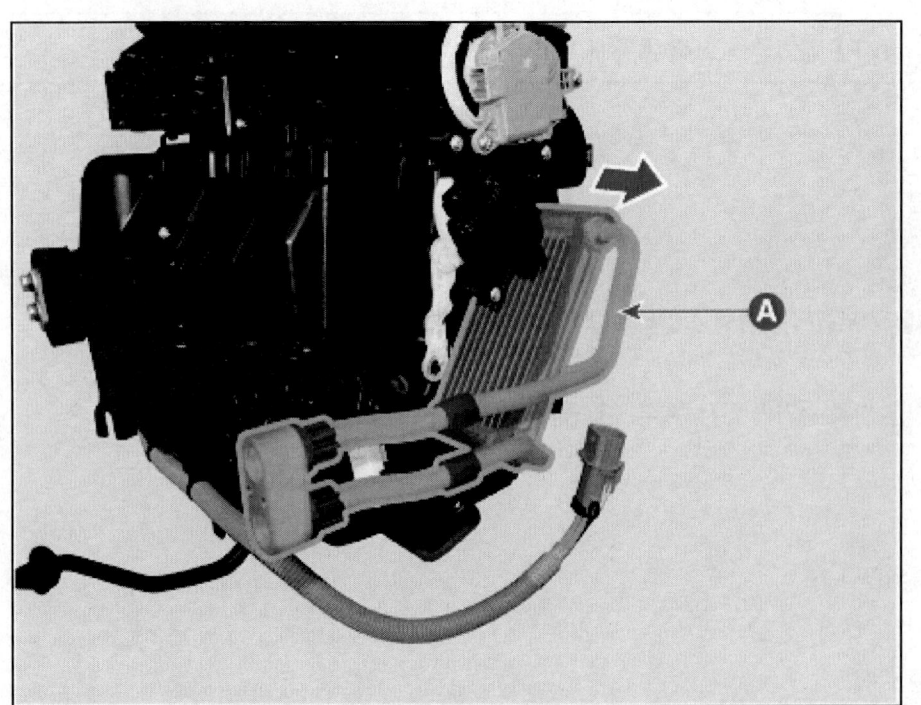

장착

1. 장착은 탈거의 역순으로 진행한다.

> **유 의**
> - 신품 콘덴서를 장착한다면, 컴프레서 오일(POE OIL)을 보충한다.
> - 각 연결부의 O-링은 새것으로 교환하고, 호스나 라인을 연결하기 전 O-링에 몇 방울의 컴프레서 오일(냉동유)을 바른다. R-1234yf의 누출을 피하기 위해서는 규정된 O-링을 사용한다.
> - 시스템을 충전하고, 에어컨 성능을 테스트한다.
> - 콘덴서를 장착할 때 콘덴서 핀에 충격이 없도록 주의한다.

에어컨 온도 센서 탈장착

작업		H/W	체결토크 (kgf.m)	SST/장비	케미컬	기타
• 탈거						
1	12V 배터리 (-) 터미널 분리 (차량 제어 시스템 - "보조 배터리 (12V)" 참조)	-	-	-	-	-
2	회수/재생/충전기 냉매 회수	-	-	냉매 회수 장비	-	매뉴얼 참고
3	모터 냉각수 배출 (냉각 시스템 - "냉각수" 참조)	-	-	-	냉각수	-
4	프런트 트렁크를 탈거 (바디 (내장 / 외장 / 전장) - "프런트 트렁크" 참조)	-	-	-	-	-
5	에어컨 온도 센서 커넥터 분리	-	-	-	-	-
6	에어컨 온도 센서 탈거	센서	1.0 ~ 1.2	-	-	O-링 재사용 금지
• 장착						
탈거의 역순으로 진행						-

부품위치

1. 에어컨 온도 센서

커넥터 및 단자 정보

커넥터

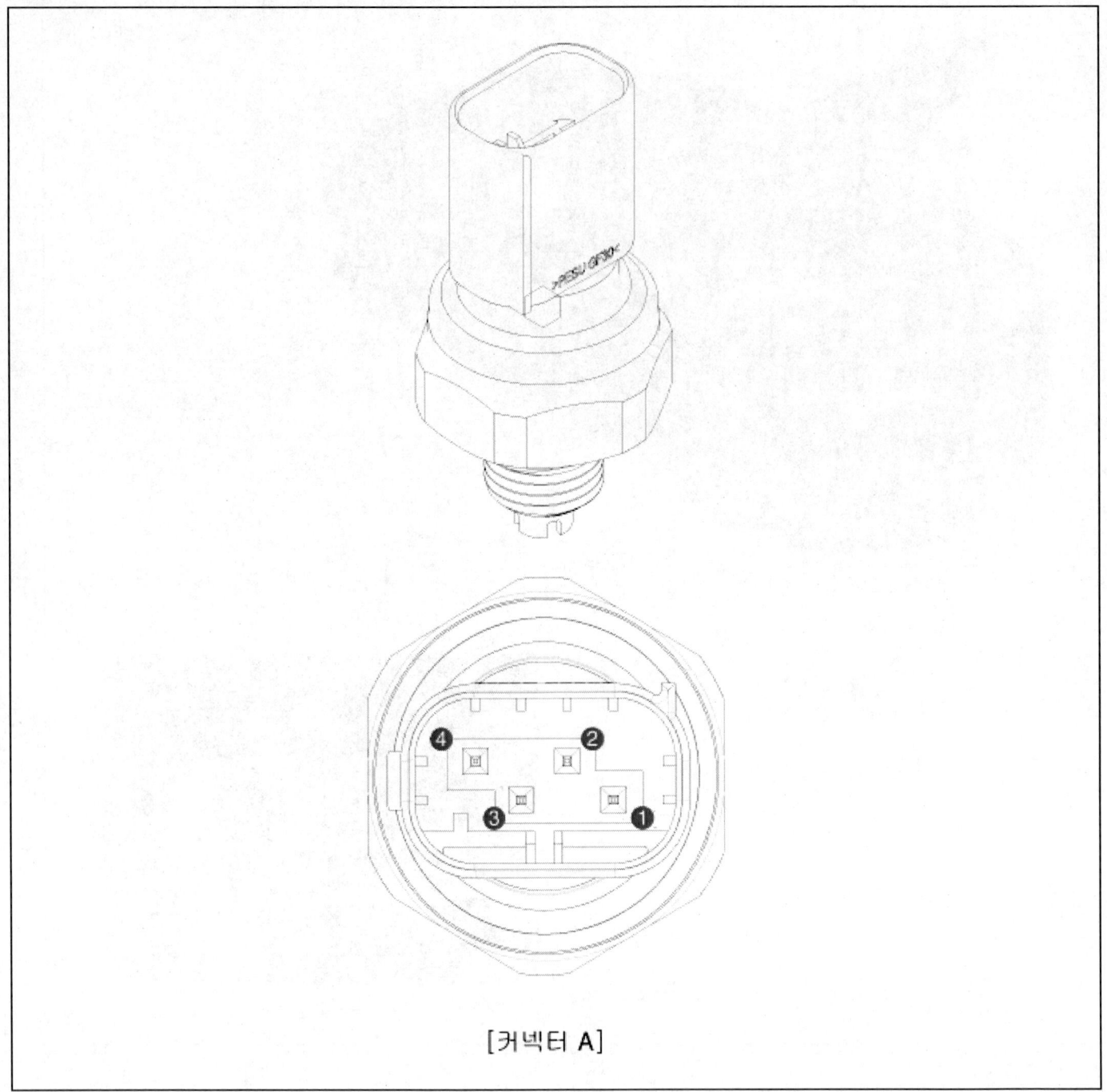

[커넥터 A]

단자 기능

커넥터	핀 번호	기능	핀 번호	기능
A	1	접지	3	서미스터 저항 (Output)
	2	압력 (Output)	4	전원

탈거

> **⚠ 주 의**
> - 스크류 드라이버 또는 리무버로 탈거할때 부품이 손상되지 않도록 보호 테이프를 감아서 사용한다.
> - 손을 다치지 않도록 장갑을 착용한다.
> - 라인을 분리할 때는 즉시 플러그나 캡을 씌워 습기와 먼지로부터 시스템을 보호한다.

> **유 의**
> - 트림과 패널에 손상을 주지 않도록 주의한다.

1. 12V 배터리 (-) 터미널을 분리한다.
   (차량 제어 시스템 - "보조 배터리 (12V)" 참조)
2. 회수/재생/충전기로 냉매를 회수한다.
   (에어컨 - "냉매 회수/재생/충전/진공" 참조)
3. 프런트 트렁크를 탈거한다.
   (바디 (내장 / 외장 / 전장) - "프런트 트렁크" 참조)
4. 잠금핀을 눌러 에어컨 온도 센서 커넥터(A)를 분리한다.

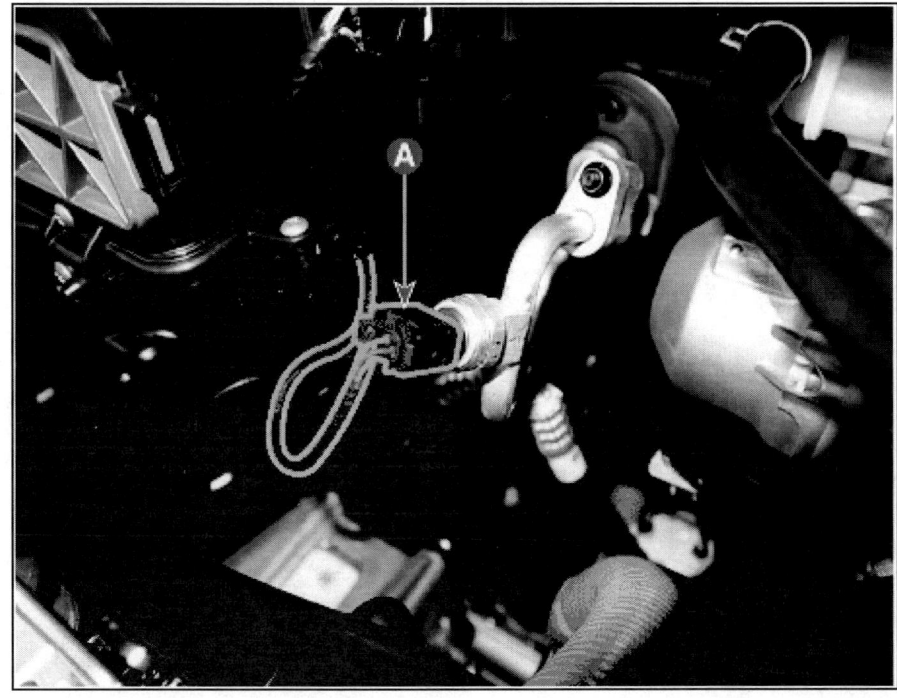

5. 에어컨 온도 센서(A)를 탈거한다.

   체결 토크 : 1.0 ~ 1.2 kgf.m

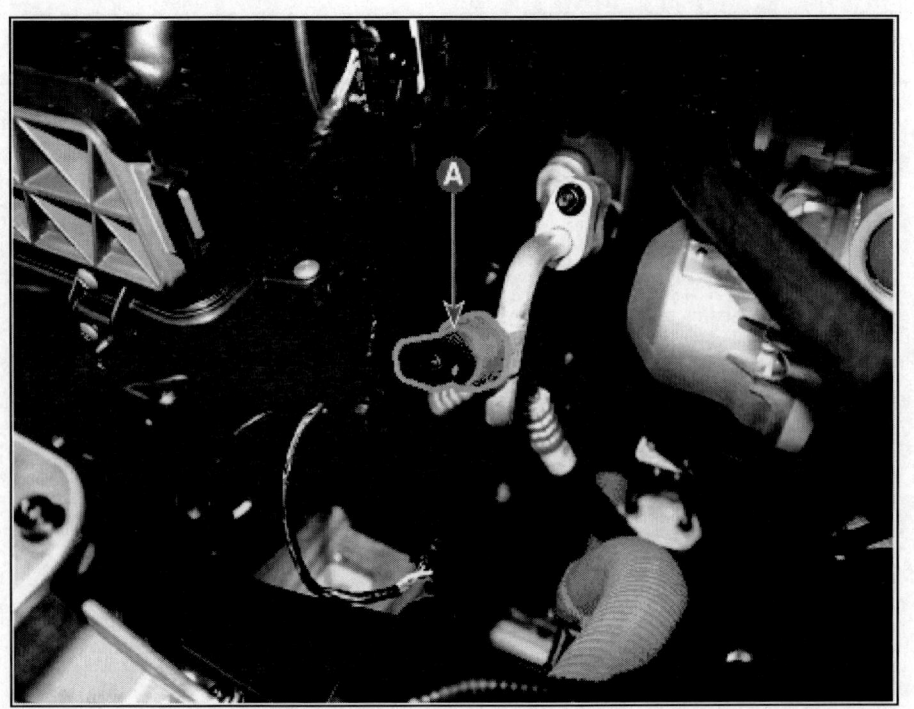

2023 > 엔신 > 160kW > 히터 및 에어컨 장치 > 에어컨 > 에어컨 온도 센서 > 장착

장착

1. 장착은 탈거의 역순으로 진행한다.

    - 장착할 때는 O-링을 신품으로 교환하여 장착한다.

2023 > 엔진 > 160kW > 히터 및 에어컨 장치 > 에어컨 > 에어컨 프레셔 트랜스듀서 > 1 Page Guide Manual

에어컨 프레셔 트랜스듀서 탈장착

	작업	H/W	체결토크 (kgf.m)	SST/장비	케미컬	기타
• 탈거						
1	12V 배터리 (-) 터미널 분리 (차량 제어 시스템 - "보조 배터리 (12V)" 참조)	-	-	-	-	-
2	회수/재생/충전기 냉매 회수	-	-	냉매 회수 장비	-	매뉴얼 참고
3	에어컨 프레셔 트랜스듀서 커넥터 분리	-	-	-	-	-
4	에어컨 프레셔 트랜스듀서 탈거	-	1.0 ~ 1.2	-	-	-
• 장착						
탈거의 역순으로 진행						-

2023 > 엔신 > 160kW > 히터 및 에어컨 장치 > 에어컨 > 에어컨 프레셔 트랜스듀서 > 구성부품 및 부품위치

부품위치

[1]

1. 에어컨 프레셔 트랜스듀서

2023 > 엔진 > 160kW > 히터 및 에어컨 장치 > 에어컨 > 에어컨 프레셔 트랜스듀서 > 개요 및 작동원리

개요

에어컨 프레셔 트랜스듀서는 고압 라인의 압력을 측정하여 전압값으로 변환한다. 변환된 출력값을 VCU로 보내면 VCU는 쿨링 팬을 고속 및 저속으로 구동시켜 압력 상승을 방지하고, 냉매 압력이 너무 높거나 낮으면 컴프레서의 작동을 멈춰 에어컨 시스템을 최적화하며 보호하는 장치이다.

커넥터 및 단자 정보

커넥터

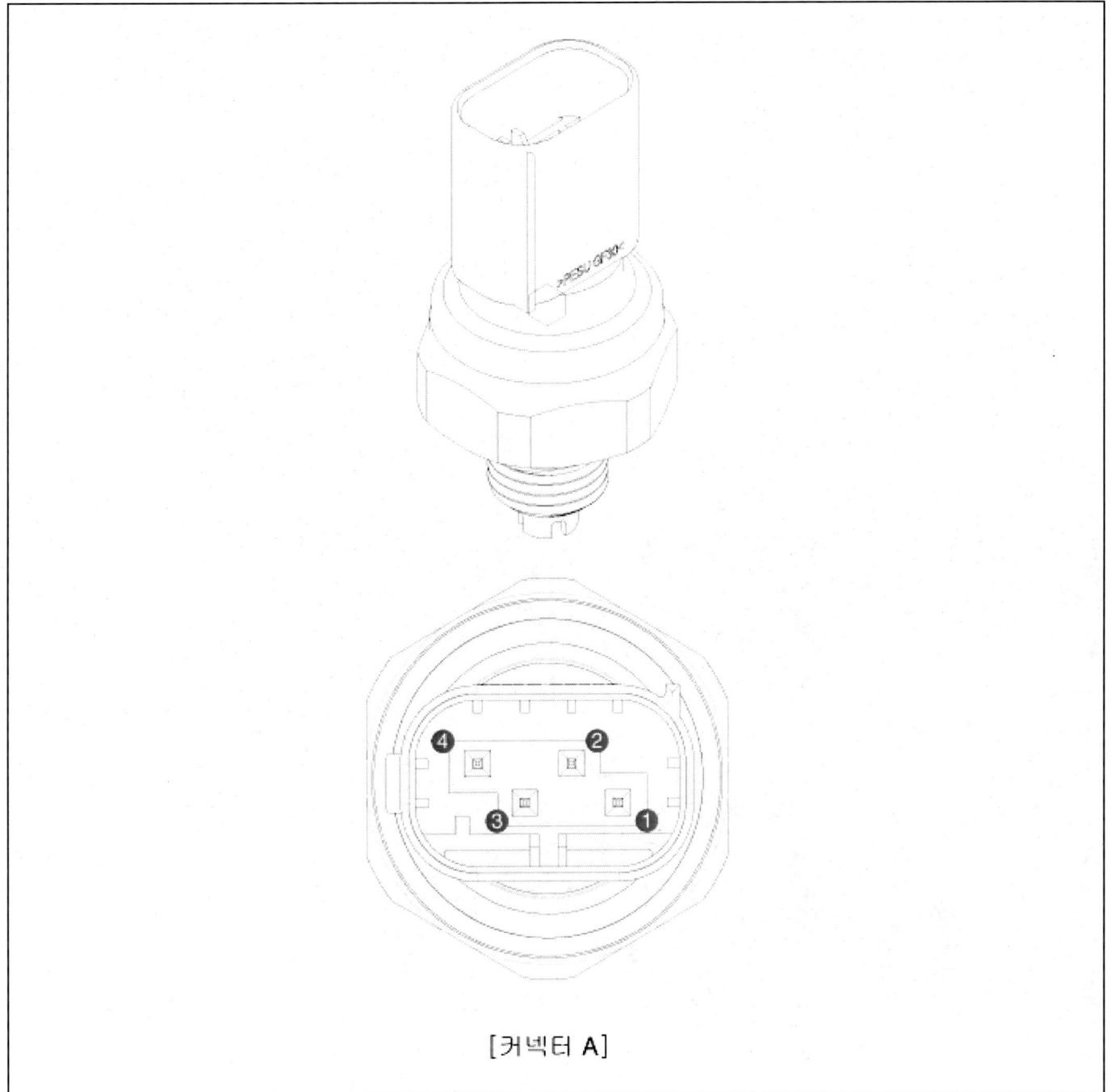

[커넥터 A]

단자 기능

커넥터	핀 번호	기능	핀 번호	기능
A	1	센서 전원 (+5V)	3	P 신호 - B/칠러
	2	T 신호 - B/칠러	4	센서 접지

2023 > 엔진 > 160kW > 히터 및 에어컨 장치 > 에어컨 > 에어컨 프레셔 트랜스듀서 > 탈거

탈거

> **⚠ 주 의**
> - 스크류 드라이버 또는 리무버로 탈거할때 부품이 손상되지 않도록 보호 테이프를 감아서 사용한다.
> - 손을 다치지 않도록 장갑을 착용한다.
> - 라인을 분리할 때는 즉시 플러그나 캡을 씌워 습기와 먼지로부터 시스템을 보호한다.

> **유 의**
> - 트림과 패널에 손상을 주지 않도록 주의한다.

1. 12V 배터리 (-) 터미널을 분리한다.
   (차량 제어 시스템 - "보조 배터리 (12V)" 참조)
2. 회수/재생/충전기로 냉매를 회수한다.
   (에어컨 - "냉매 회수/재생/충전/진공" 참조)
3. 잠금핀을 눌러 에어컨 프레셔 트랜스듀서(APT : Air conditioning Pressure Transducer) 커넥터(A)를 분리한다.

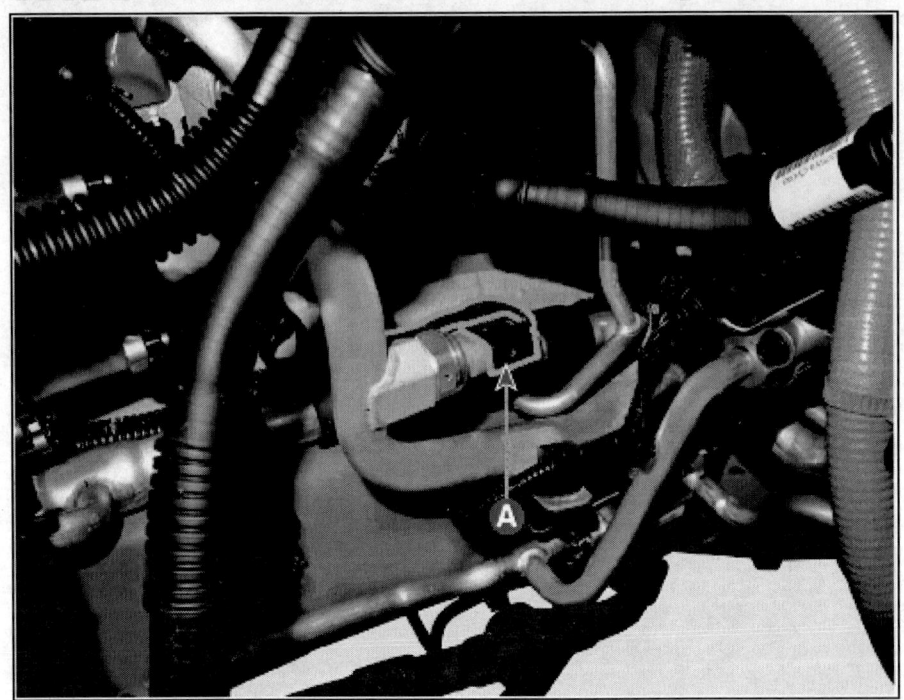

4. 에어컨 프레셔 트랜스듀서(A)를 탈거한다.

체결 토크 : 1.0 ~ 1.2 kgf.m

장착

1. 장착은 탈거의 역순으로 진행한다.

   - 장착할 때는 O-링을 신품으로 교환하여 장착한다.

2023 > 엔진 > 160kW > 히터 및 에어컨 장치 > 에어컨 > 이베퍼레이터 온도 센서 > 1 Page Guide Manual

이베퍼레이터 온도 센서 탈장착

	작업	H/W	체결토크 (kgf.m)	SST/장비	케미컬	기타
• 탈거						
1	고전압 차단 절차 수행	-	-	진단 기기	-	매뉴얼 참고
2	회수/재생/충전기 냉매 회수	-	-	냉매 회수 장비	-	매뉴얼 참고
3	이베퍼레이터 코어 탈거 (히터 - "이베퍼레이터 코어" 참조)	-	-	-	-	-
4	이베퍼레이터 코어에서 이베퍼레이터 온도 센서 분리	-	-	-	-	-
• 장착						
탈거의 역순으로 진행						-

개요

이베퍼레이터 온도 센서는 이베퍼레이터 코어의 온도를 감지하여 이베퍼레이터의 결빙을 방지할 목적으로 이베퍼레이터에 장착된다. 센서 내부는 부특성 서미스터가 장착되어 있어 온도가 낮아지면 저항값은 높아지고 온도가 높아지면 저항값은 낮아진다.

점검

1. 시동을 건다.
2. 에어컨 스위치를 ON시킨다.
3. 멀티테스터를 이베퍼레이터 온도 센서에 연결한 후 "+" 와 "-" 단자의 저항을 측정한다.

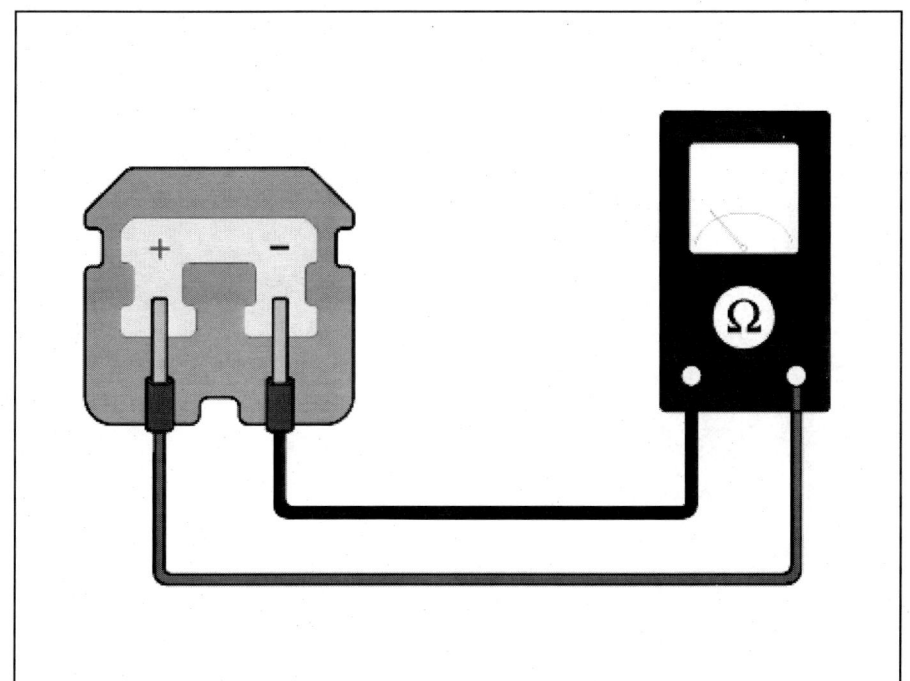

이베퍼레이터 코어 온도[°C]	저항 [KΩ]
-2	30.16
0	27.62
2	25.32
4	23.24
6	21.35

탈거 및 장착

1. 고전압 차단 절차를 수행한다.
   (히터 및 에어컨 장치 - "고전압 차단 절차" 참조)
2. 이베퍼레이터 코어를 탈거한다.
   (히터 - "이베퍼레이터 코어" 참조)
3. 이베퍼레이터 코어에서 이베퍼레이터 온도 센서(A)를 분리한다.

4. 장착은 탈거의 역순으로 진행한다.

2023 > 엔신 > 160kW > 히터 및 에어컨 장치 > 에어컨 > 외기 온도 센서 > 1 Page Guide Manual

외기 온도 센서 탈장착

작업	H/W	체결토크 (kgf.m)	SST/장비	케미컬	기타
• 탈거					
1	12V 배터리 (-) 터미널 분리 (차량 제어 시스템 - "보조 배터리 (12V)" 참조)	-	-	-	-	-
2	프런트 범퍼 어셈블리 탈거 (바디 (내장 / 외장 / 전장) - "프런트 범퍼 어셈블리" 참조)	-	-	-	-	-
3	외기 온도 센서 커넥터 분리	-	-	-	-	-
4	외기 온도 센서 탈거	-	-	-	-	-
• 장착					
탈거의 역순으로 진행					-

개요

콘덴서 전방부에 장착되어 있으며 외기의 온도를 감지한다. 온도가 올라가면 저항값이 내려가고 온도가 내려가면 저항값이 올라가는 부특성 서미스터 타입이다.
토출 온도제어, 센서 보정, 온도 조절 도어 제어, 블로어 모터 속도제어, 믹스 모드 제어, 차내 습도 제어 등에 이용된다.

부품위치

1. 외기 온도 센서

점검

1. 외기 온도 센서에 공기의 온도 변화를 주어 1번과 2번의 저항값이 변하는지 점검한다.

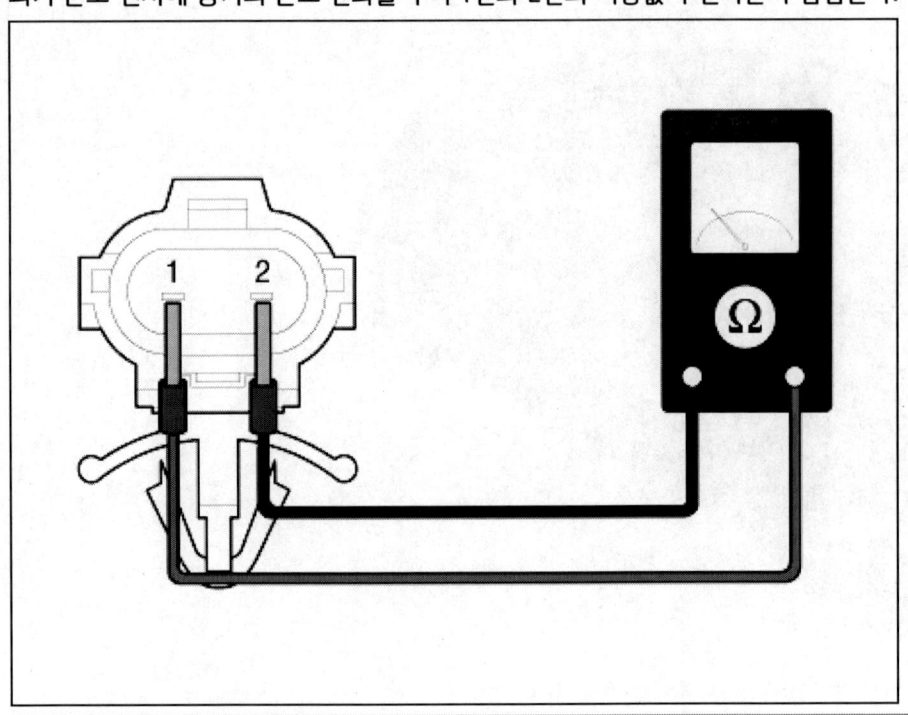

| 1. 외기 온도 센서 (+) | 2. 센서 접지 |

센서 저항

온도 [°C]	최소 저항 (kΩ)	저항 (kΩ)	최대 저항 (kΩ)
-40	811.09	881.03	956.78
-30	447.67	480.41	515.43
-20	255.63	271.21	287.67
-10	150.71	158.18	165.98
0	91.53	95.1	98.76
10	57.14	58.8	60.49
20	36.6	37.32	38.04
30	23.8	24.26	24.73
40	15.69	16.13	16.58
50	10.57	10.95	11.34
60	7.24	7.58	7.91

탈거 및 장착

1. 12V 배터리 (-) 터미널을 분리한다.
   (차량 제어 시스템 - "보조 배터리 (12V)" 참조)
2. 프런트 범퍼 어셈블리를 탈거한다.
   (바디 (내장 / 외장 / 전장) - "프런트 범퍼 어셈블리" 참조)
3. 잠금핀을 눌러 커넥터(A)를 분리한다.

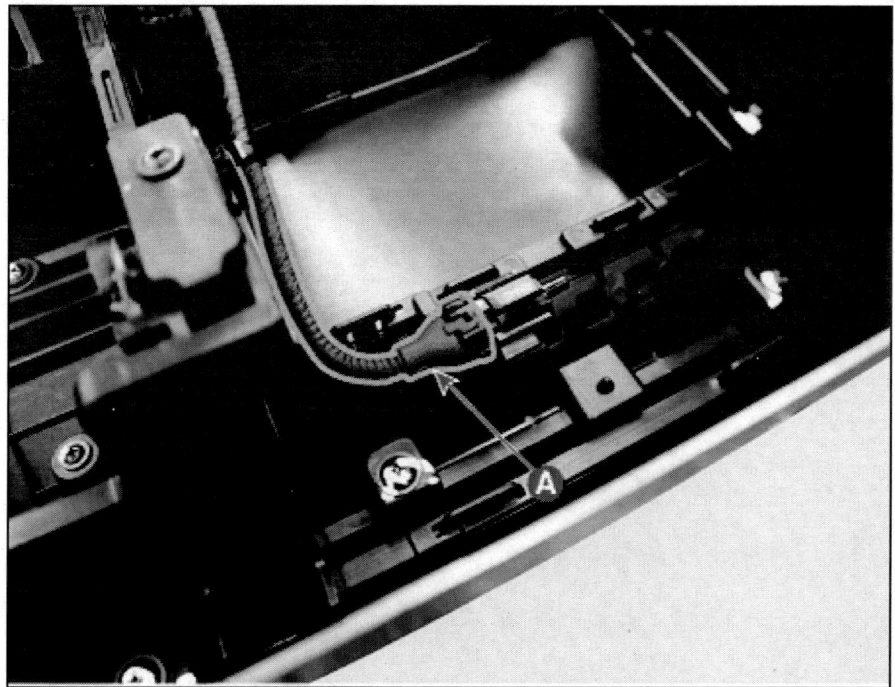

4. 외기 온도 센서(A)를 탈거한다.

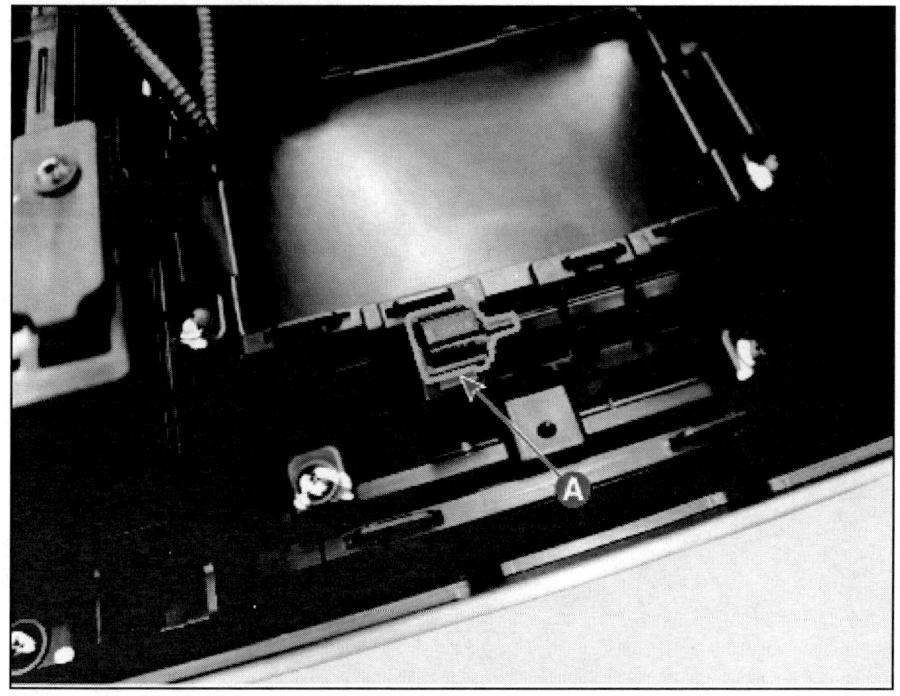

5. 장착은 탈거의 역순으로 진행한다.

오토 디포깅 센서 탈장착

작업	H/W	체결토크 (kgf.m)	SST/장비	케미컬	기타
• 탈거					
1	12V 배터리 (-) 터미널 분리 (차량 제어 시스템 - "보조 배터리 (12V)" 참조)	-	-	-	-	-
2	인사이드 미러 커넥터 보호 커버 탈거	-	-	-	-	-
3	멀티 센서 커버 탈거	-	-	-	-	-
3	오토 디포깅 센서 커넥터 분리	-	-	-	-	-
4	오토 디포깅 센서 탈거	-	-	-	-	-
• 장착					
탈거의 역순으로 진행					-

2023 > 엔진 > 160kW > 히터 및 에어컨 장치 > 에어컨 > 오토 디포깅 센서 > 개요 및 작동원리

개요

오토 디포깅 센서는 차량 앞유리에 장착되어 습기를 감지하여 포깅 발생 전 조기에 제거 기능을 수행하며 시계확보 및 쾌적성을 향상 시킨다.

탈거

> ⚠ 주 의
> - 스크류 드라이버 또는 리무버로 탈거할때 부품이 손상되지 않도록 보호 테이프를 감아서 사용한다.
> - 손을 다치지 않도록 장갑을 착용한다.
> - 라인을 분리할 때는 즉시 플러그나 캡을 씌워 습기와 먼지로부터 시스템을 보호한다.

> 유 의
> - 트림과 패널에 손상을 주지 않도록 주의한다.

1. 12V 배터리 (-) 터미널을 분리한다.
   (차량 제어 시스템 - "보조 배터리 (12V)" 참조)
2. 인사이드 미러 커넥터 보호 커버(A)를 탈거한다.

3. 멀티 센서 커버(A)를 탈거한다.

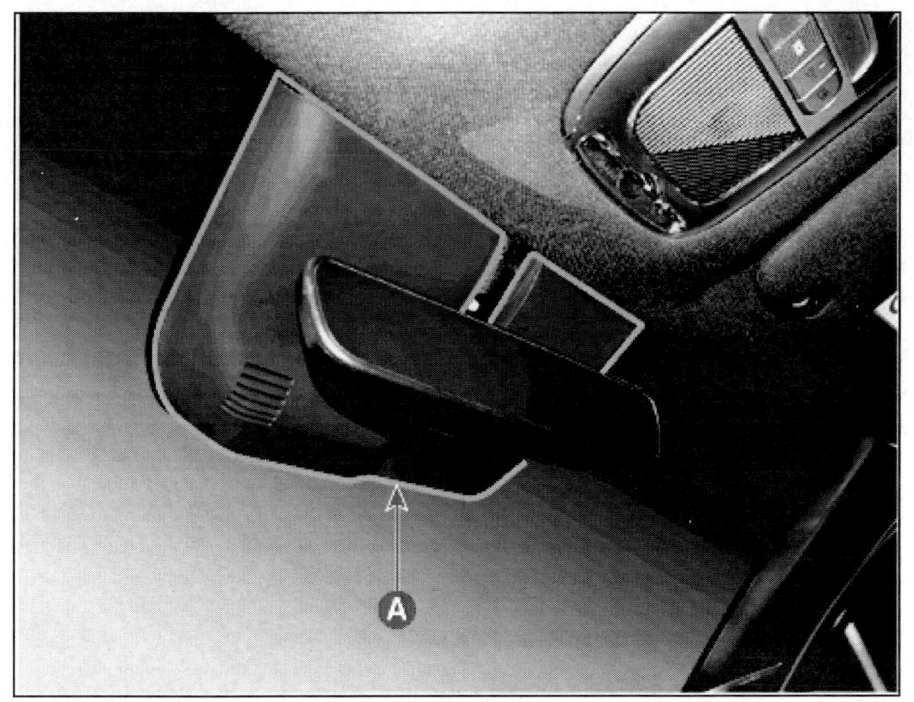

> **유 의**
>
> • 탈거 시 커버가 손상되지 않도록 주의한다.

4. 잠금핀을 눌러 오토 디포깅 센서 커넥터(A)를 분리한다.

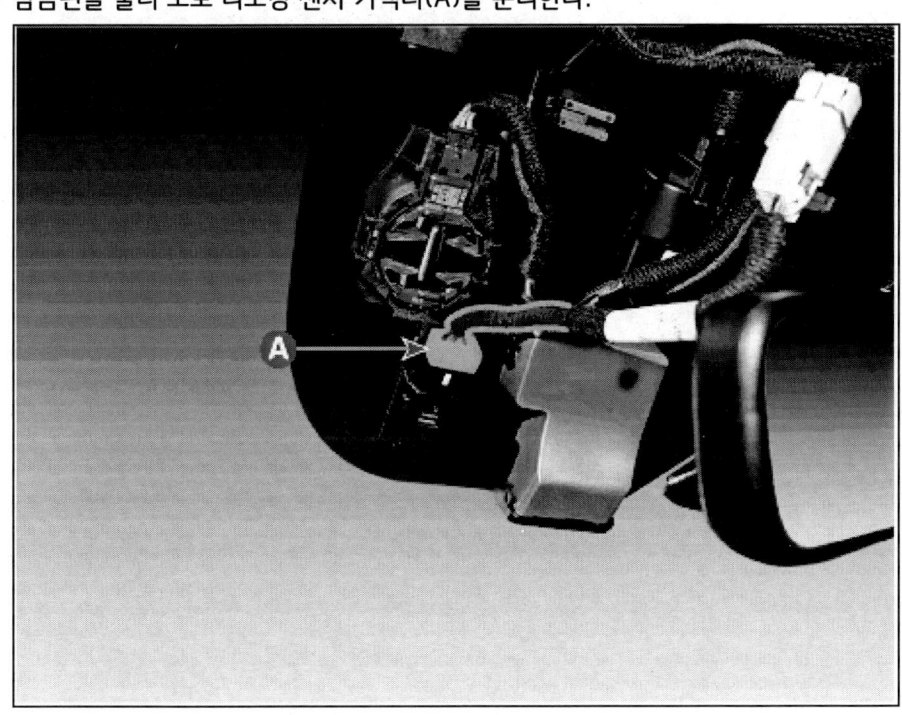

5. 오토 디포깅 센서(A)를 탈거한다.

장착

1. 장착은 탈거의 역순으로 진행한다.

   > ⚠ **주 의**
   >
   > - 탈거 및 장착 시 윈드쉴드 글라스 손상에 주의한다.
   > - 커넥터를 확실히 조립한다.

2023 > 엔진 > 160kW > 히터 및 에어컨 장치 > 에어컨 > 실내 온도 센서 > 1 Page Guide Manual

실내 온도 센서 탈장착

	작업	H/W	체결토크 (kgf.m)	SST/장비	케미컬	기타
• 탈거						
1	12V 배터리 (-) 터미널 분리 (차량 제어 시스템 - "보조 배터리 (12V)" 참조)	-	-	-	-	-
2	크래쉬 패드 센터 패널을 탈거 (바디 (내장 및 외장) - "크래쉬 패드 센터 패널" 참조)	-	-	-	-	-
3	실내 온도 센서 탈거	스크류	-	-	-	-
• 장착						
탈거의 역순으로 진행						-

2023 > 엔진 > 160kW > 히터 및 에어컨 장치 > 에어컨 > 실내 온도 센서 > 개요 및 작동원리

개요

실내 온도 센서는 히터 및 에어컨 컨트롤 유닛내에 장착되어 있으며 실내 온도를 감지하여, 토출 온도제어, 센서 보정, 믹스 도어 제어, 블러워 모터 속도제어, 에어컨 오토 제어, 난방 기동 제어 등에 이용된다.
실내의 공기를 흡입하여 온도를 감지하여 저항치를 변화시키면 그에 상응한 전압치가 자동온도 조절 모듈에 전달된다.

2023 > 엔신 > 160kW > 히터 및 에어컨 장치 > 에어컨 > 실내 온도 센서 > 구성부품 및 부품위치

부품위치

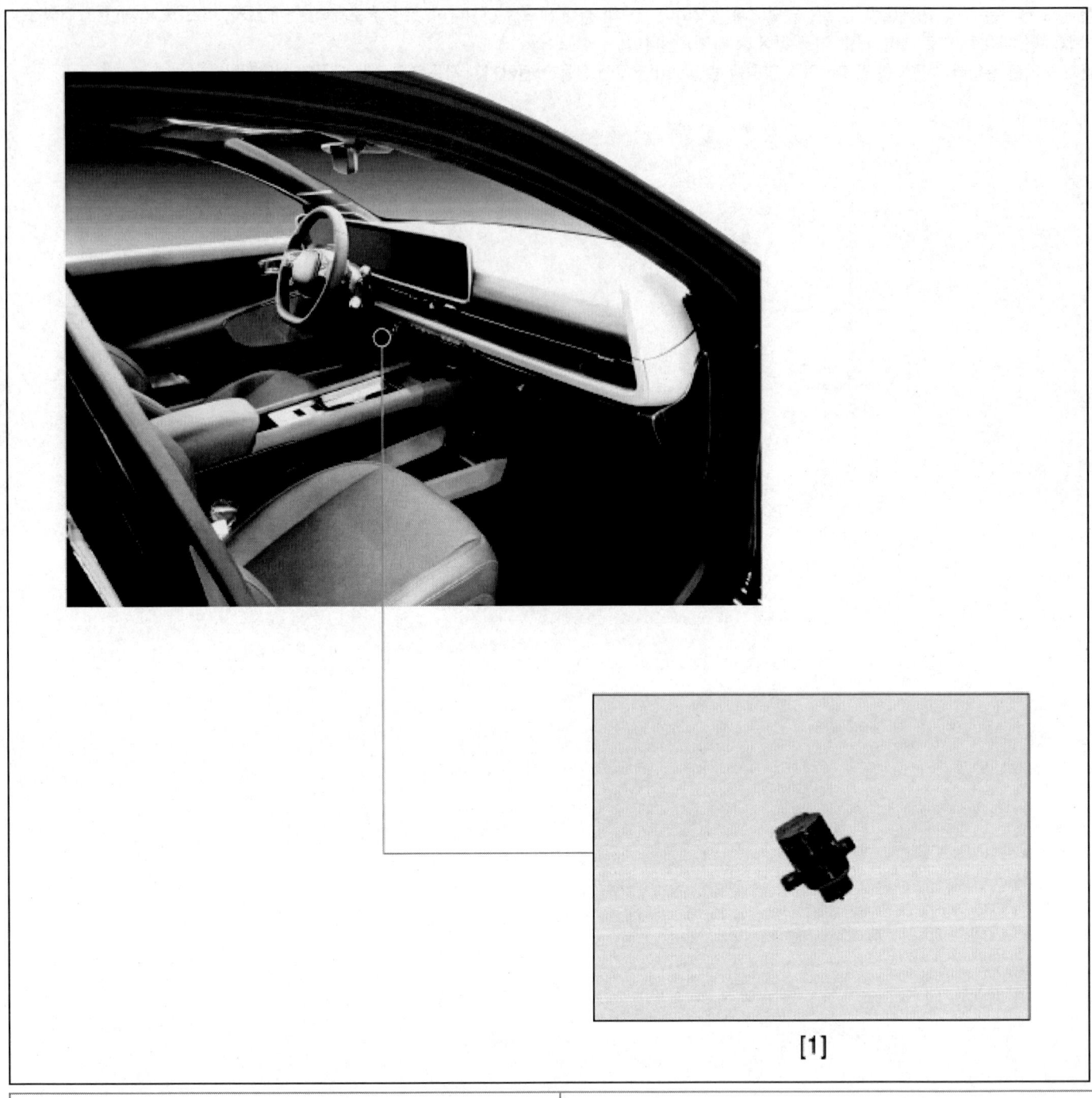

[1]

1. 실내 온도 센서

탈거 및 장착

1. 12V 배터리 (-) 터미널을 분리한다.
   (차량 제어 시스템 - "보조 배터리 (12V)" 참조)
2. 크래쉬 패드 센터 패널을 탈거한다.
   (바디 (내장 및 외장) - "크래쉬 패드 센터 패널" 참조)
3. 장착 스크류를 풀고 실내 온도 센서(A)를 탈거한다.

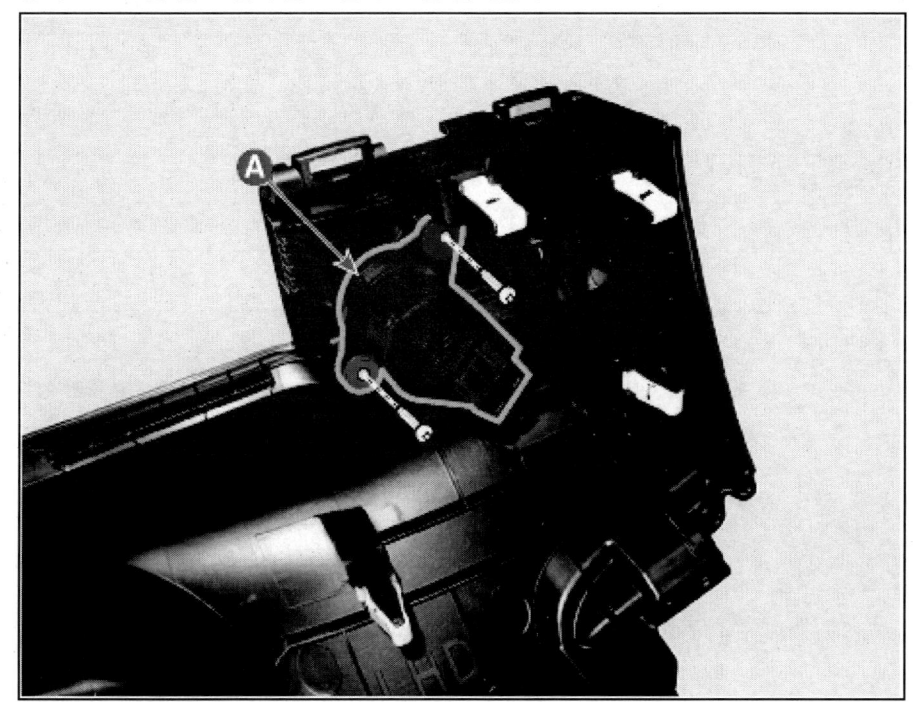

4. 장착은 탈거의 역순으로 진행한다.

PM 센서 탈장착

	작업	H/W	체결토크 (kgf.m)	SST/장비	케미컬	기타
• 탈거						
1	12V 배터리 (-) 터미널 분리 (차량 제어 시스템 - "보조 배터리 (12V)" 참조)	-	-	-	-	-
2	크래쉬 패드 에어 벤트 탈거 (바디 (내장 및 외장) - "크래쉬 패드 에어 벤트" 참조)	-	-	-	-	-
3	PM 센서 탈거	스크류	-	-	-	-
4	PM 센서 커넥터 분리	-	-	-	-	-
• 장착						
탈거의 역순으로 진행						-

개요 및 작동원리

블로어 ON 시 차량 내부의 공기질을 실시간으로 모니터링(미세먼지 센서) 및 화면에 상태 표시한다.
히터컨트롤 공기청정 버튼 입력 상태에서 미세 먼지 농도가 높을시 미세먼지 농도에 따라 자동으로 작동 (조건 : 내기 모드 + A/C ON + 풍량 1~5단)

부품위치

| 1. PM 센서 | |

2023 > 엔신 > 160kW > 히터 및 에어컨 장치 > 에어컨 > PM 센서 > 탈거

탈거

> **⚠ 주 의**
> - 스크류 드라이버 또는 리무버로 탈거할때 부품이 손상되지 않도록 보호 테이프를 감아서 사용한다.
> - 손을 다치지 않도록 장갑을 착용한다.
> - 라인을 분리할 때는 즉시 플러그나 캡을 씌워 습기와 먼지로부터 시스템을 보호한다.

> **유 의**
> - 트림과 패널에 손상을 주지 않도록 주의한다.

1. 12V 배터리 (-) 터미널을 분리한다.
   (차량 제어 시스템 - "보조 배터리 (12V)" 참조)
2. 크래쉬 패드 에어 벤트를 탈거한다.
   (바디 (내장 / 외장 / 전장) - "크래쉬 패드 에어 벤트" 참조)
3. 장착 스크류를 풀고 PM 센서(A)를 탈거한다.

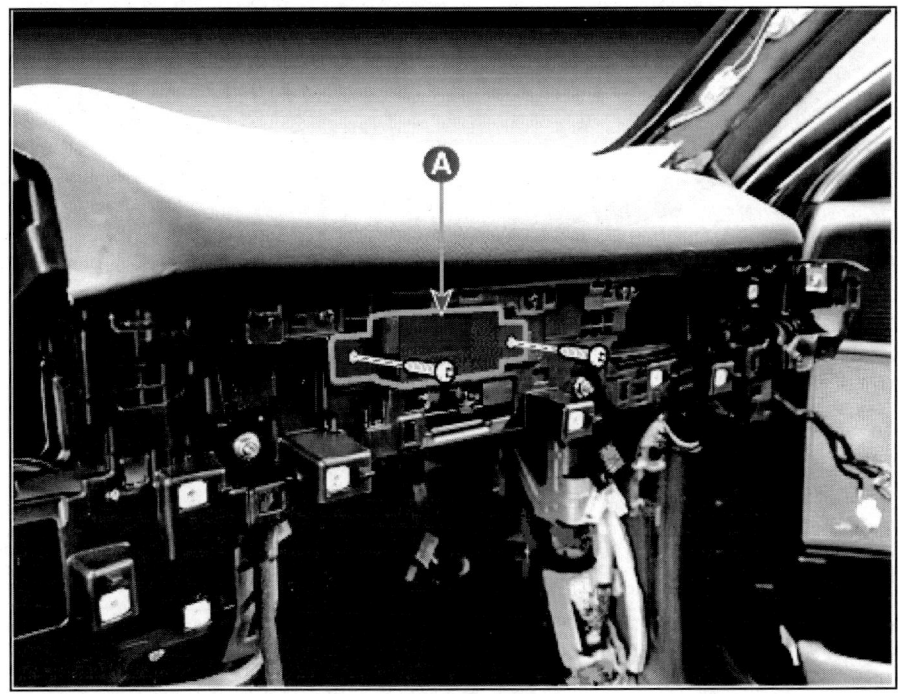

4. 잠금핀을 눌러 PM 센서 커넥터(A)를 분리한다.

장착

1. 장착은 탈거의 역순으로 진행한다.

   > ⚠️ **주 의**
   >
   > - 손상된 클립은 교환한다.
   > - 커넥터를 확실히 조립한다.

덕트 센서 탈장착

[덕트 센서 - 벤트(CTR)]

작업		H/W	체결토크 (kgf.m)	SST/장비	케미컬	기타
• 탈거						
1	12V 배터리 (-) 터미널 분리 (차량 제어 시스템 - "보조 배터리 (12V)" 참조)	-	-	-	-	-
2	메인 크래쉬 패드 어셈블리를 탈거 (바디 (내장 / 외장 / 전장) - "메인 크래쉬 패드 어셈블리" 참조)	-	-	-	-	-
3	프런트 히팅 덕트 탈거	스크류	-	-	-	-
4	덕트 센서 커넥터 분리	-	-	-	-	-
5	덕트 센서 탈거	-	-	-	-	-
• 장착						
탈거의 역순으로 진행						-

[덕트 센서 - 벤트(LH)]

작업		H/W	체결토크 (kgf.m)	SST/장비	케미컬	기타
• 탈거						
1	12V 배터리 (-) 터미널 분리 (차량 제어 시스템 - "보조 배터리 (12V)" 참조)	-	-	-	-	-
2	크래쉬 패드 로어 패널을 탈거 (바디 (내장 / 외장 / 전장) - "크래쉬 패드 로어 패널" 참조)	-	-	-	-	-
3	덕트 센서 탈거	-	-	-	-	-
4	덕트 센서 커넥터 분리	-	-	-	-	-
• 장착						
탈거의 역순으로 진행						-

[덕트 센서 - 벤트(RH)]

작업		H/W	체결토크 (kgf.m)	SST/장비	케미컬	기타
• 탈거						
1	12V 배터리 (-) 터미널 분리 (차량 제어 시스템 - "보조 배터리 (12V)" 참조)	-	-	-	-	-
2	글러브 박스 하우징 커버을 탈거 (바디 (내장 / 외장 / 전장) - "글러브 박스 하우징 커버" 참조)	-	-	-	-	-
3	덕트 센서 탈거		-	-	-	-
4	덕트 센서 커넥터 분리	-	-	-	-	-

	장착					
탈거의 역순으로 진행						-

[덕트 센서 - 벤트]

	작업	H/W	체결토크 (kgf.m)	SST/장비	케미컬	기타
•	탈거					
1	12V 배터리 (-) 터미널 분리 (차량 제어 시스템 - "보조 배터리 (12V)" 참조)	-	-	-	-	-
2	메인 크래쉬 패드 어셈블리를 탈거 (바디 (내장 / 외장 / 전장) - "메인 크래쉬 패드 어셈블리" 참조)	-	-	-	-	-
3	덕트 센서 탈거	-	-	-	-	-
4	덕트 센서 커넥터 분리	-	-	-	-	-
•	장착					
탈거의 역순으로 진행						-

2023 > 160kW > 히터 및 에어컨 장치 > 에어컨 > 덕트 센서 > 구성부품 및 부품위치

부품위치 (1)

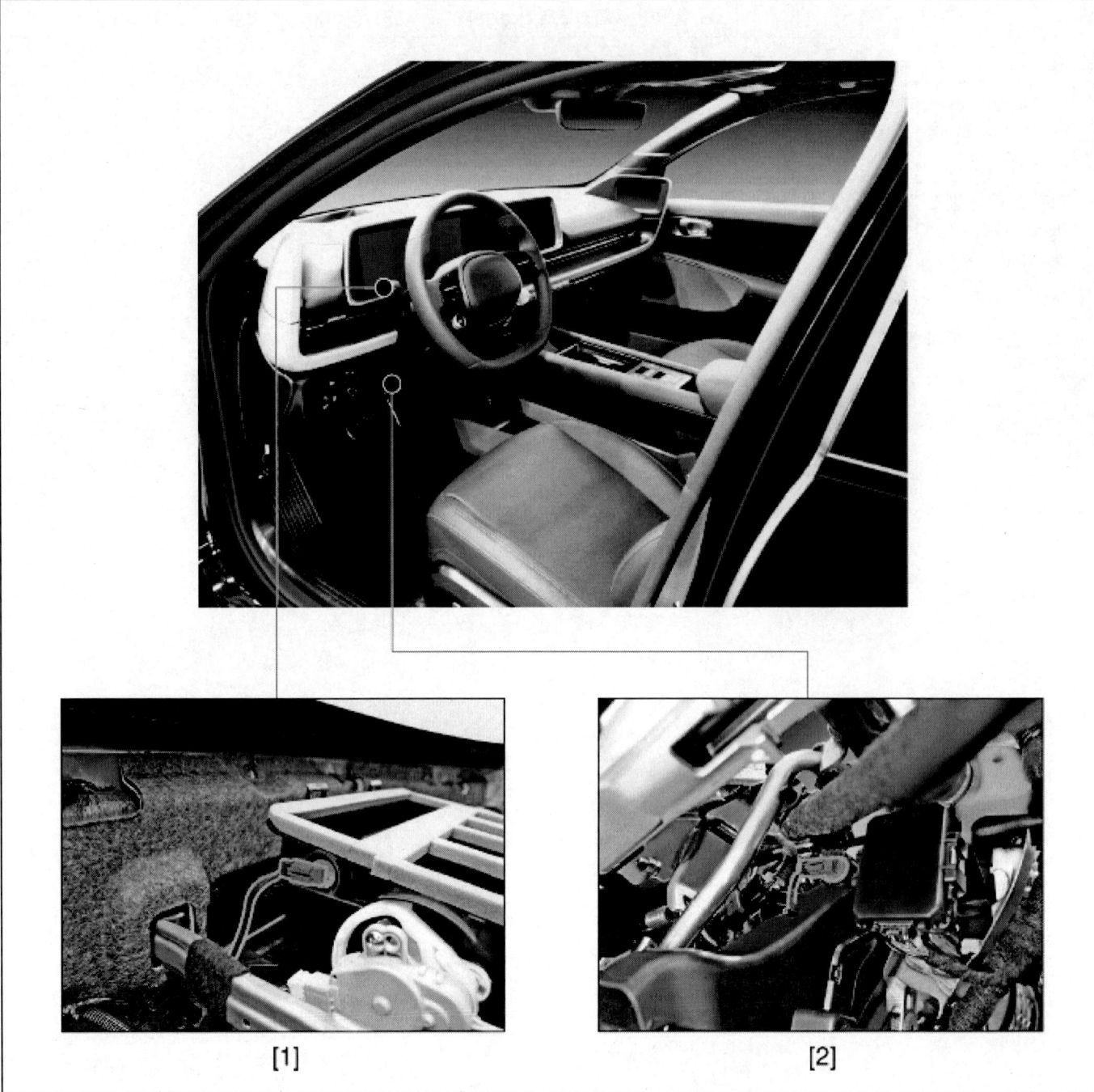

| 1. 덕트 센서 (벤트) | 2. 덕트 센서 (플로어) |

부품위치 (2)

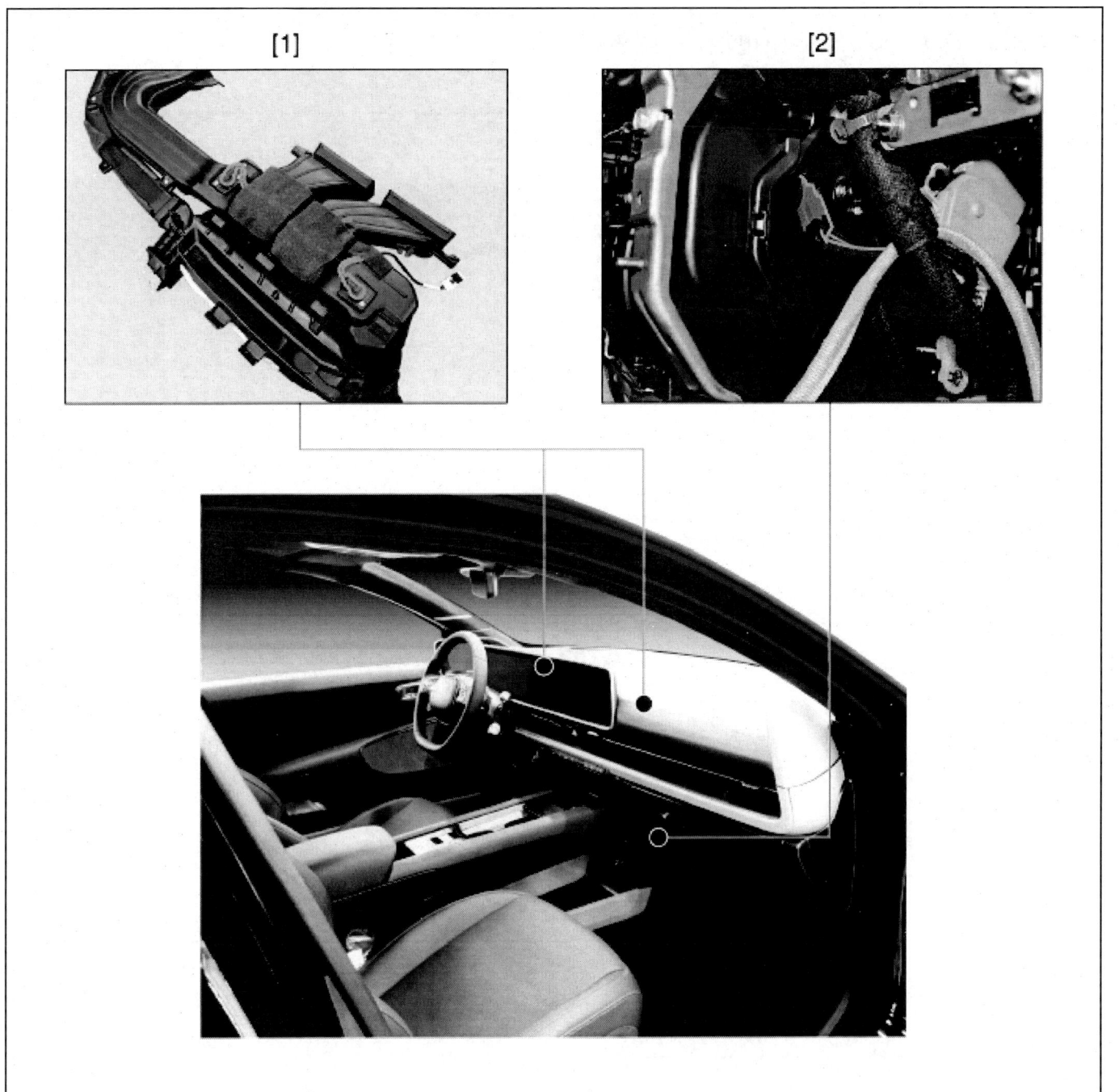

| 1. 덕트 센서 (벤트) | 2. 덕트 센서 (플로어) |

점검

1. 덕트 센서의 공기 온도 변화를 주어 1번 3번의 저항값이 변화는지 점검한다.

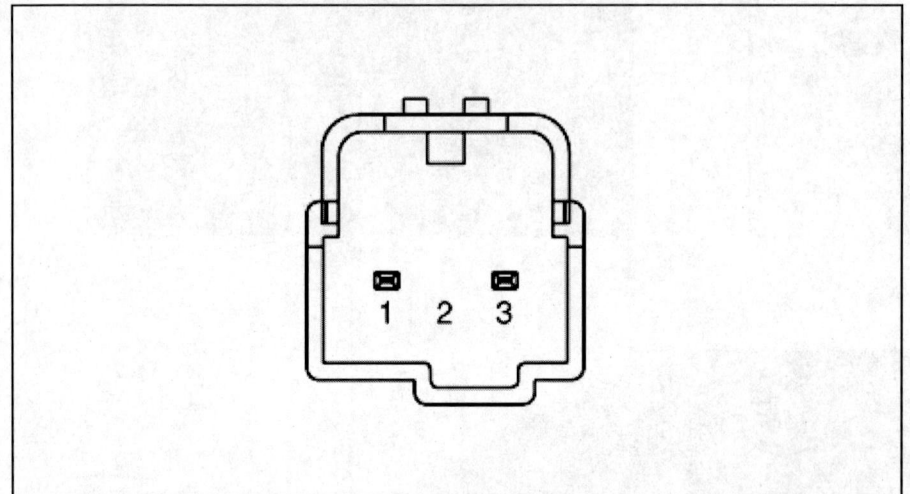

단자	기능
1	배터리 전원
2	-
3	접지

센서 저항

온도 (°C)	저항 (kΩ)	전압 (V)
50	1.08	0.87
30	2.42	1.61
10	5.96	2.69
0	9.73	3.28
-20	28.01	4.23
-40	87.72	4.73

탈거

> ⚠️ **주 의**
> - 스크류 드라이버 또는 리무버로 탈거할때 부품이 손상되지 않도록 보호 테이프를 감아서 사용한다.
> - 손을 다치지 않도록 장갑을 착용한다.
> - 라인을 분리할 때는 즉시 플러그나 캡을 씌워 습기와 먼지로부터 시스템을 보호한다.

> **유 의**
> - 트림과 패널에 손상을 주지 않도록 주의한다.

[덕트 센서 - 벤트(CTR)]

1. 12V 배터리 (-) 터미널을 분리한다.
   (차량 제어 시스템 - "보조 배터리 (12V)" 참조)
2. 메인 크래쉬 패드 어셈블리를 탈거한다.
   (바디 (내장 / 외장 / 전장) - "메인 크래쉬 패드 어셈블리" 참조)
3. 스크류를 풀어 프런트 히팅 덕트(A)를 탈거한다.

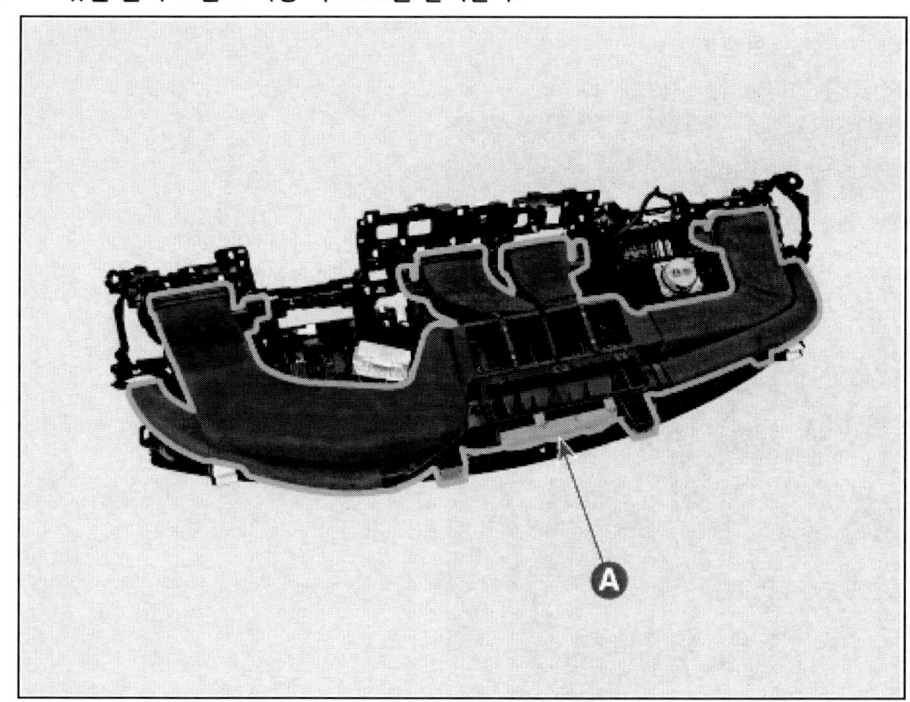

4. 잠금핀을 눌러 커넥터를 해제하고 덕트 센서(A)를 분리한다.

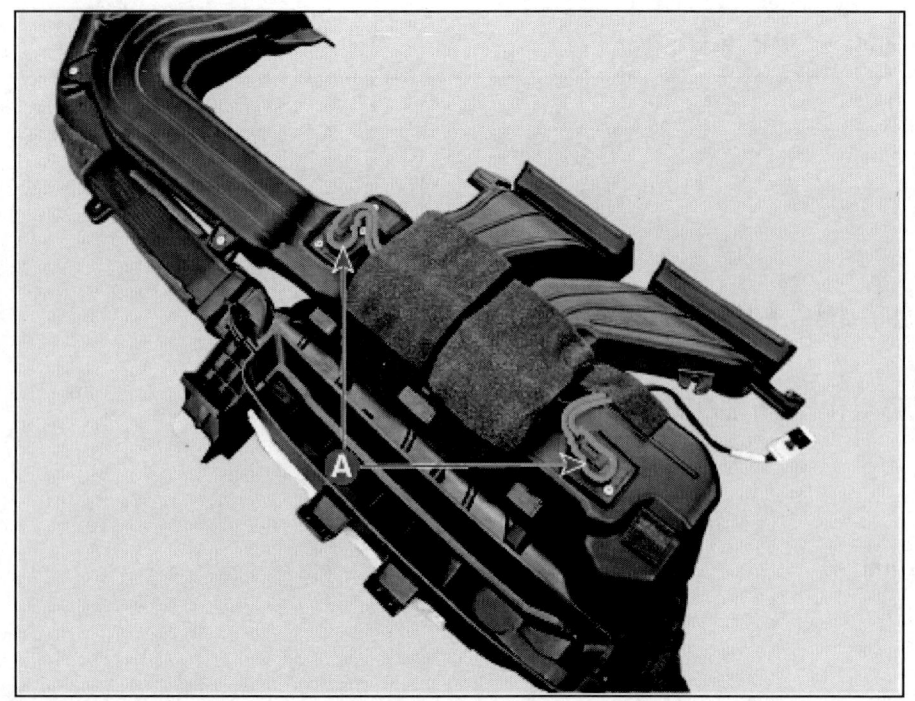

[덕트 센서 - 플로어(LH)]

1. 12V 배터리 (-) 터미널을 분리한다.
   (차량 제어 시스템 - "보조 배터리 (12V)" 참조)
2. 크래쉬 패드 로어 패널을 탈거한다.
   (바디 (내장 / 외장 / 전장) - "크래쉬 패드 로어 패널" 참조)
3. 잠금핀을 눌러 커넥터를 해제하고 덕트 센서(A)를 분리한다.

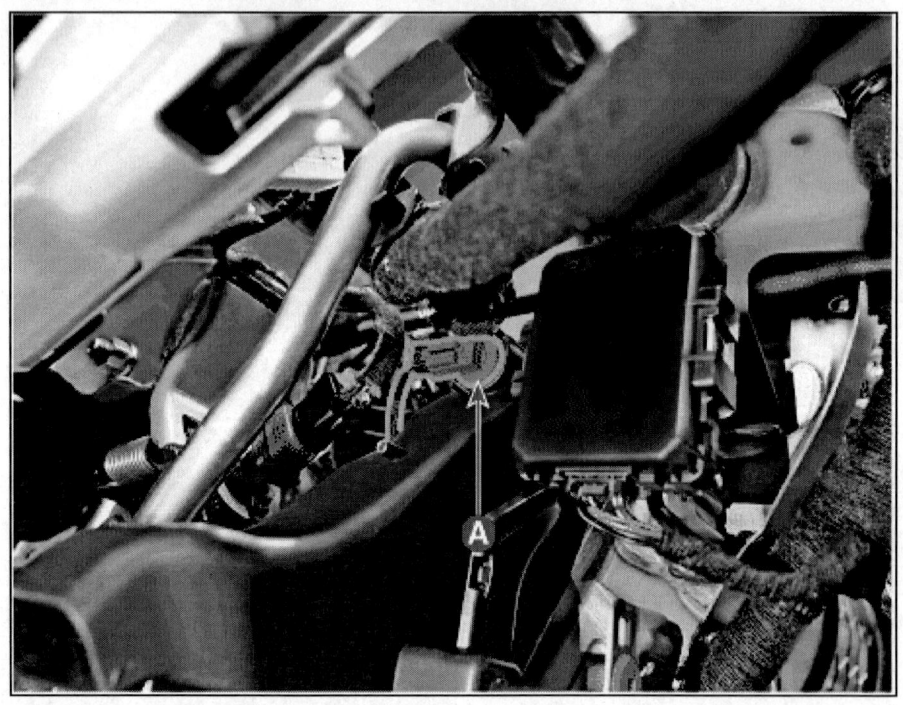

[덕트 센서 - 플로어(RH)]

1. 12V 배터리 (-) 터미널을 분리한다.
   (차량 제어 시스템 - "보조 배터리 (12V)" 참조)
2. 글러브 박스 하우징 커버을 탈거한다.
   (바디 (내장 / 외장 / 전장) - "글러브 박스 하우징 커버" 참조)
3. 잠금핀을 눌러 커넥터를 해제하고 덕트 센서(A)를 분리한다.

[덕트 센서 - 벤트]

1. 12V 배터리 (-) 터미널을 분리한다.
   (차량 제어 시스템 - "보조 배터리 (12V)" 참조)

2. 메인 크래쉬 패드 어셈블리를 탈거한다.
   (바디 (내장 / 외장 / 전장) - "메인 크래쉬 패드 어셈블리" 참조)

3. 잠금핀을 눌러 커넥터를 해제하고 덕트 센서(A)를 분리한다.

장착

1. 장착은 탈거의 역순으로 진행한다.

   ⚠ 주 의
   - 손상된 클립은 교환한다.
   - 커넥터를 확실히 조립한다.

칠러 탈장착

작업		H/W	체결토크 (kgf.m)	SST/장비	케미컬	기타
• 탈거						
1	12V 배터리 (-) 터미널 분리 (차량 제어 시스템 - "보조 배터리 (12V)" 참조)	-	-	-	-	-
2	회수/재생/충전기 냉매 회수	-	-	냉매 회수 장비	-	매뉴얼 참고
3	모터 냉각수 배출 (냉각 시스템 - "냉각수" 참조)	-	-	-	냉각수	-
4	프런트 트렁크를 탈거 (바디 (내장 / 외장 / 전장) - "프런트 트렁크" 참조)	-	-	-	-	-
5	냉각수 호스 분리	-	-	-	-	-
6	칠러 인렛 라인&아웃렛 라인 탈거	볼트	0.9 ~ 1.4	-	-	매뉴얼 참고
7	칠러 탈거	볼트	0.9 ~ 1.4	-	-	-
• 장착						
탈거의 역순으로 진행						-
• 부가기능						
• 진단 기기 사용 - 전동식 워터 펌프(EWP) 구동						

2023 > 160kW > 히터 및 에어컨 장치 > 에어컨 > 칠러 > 개요 및 작동원리

개요

모터 전장 폐열을 이용하여 저온의 냉매를 열교환 시키는 히트 펌프 시스템으로 전장 폐열을 회수하는 역할을 한다.

부품위치

1. 칠러

탈거

> **⚠ 주 의**
> - 스크류 드라이버 또는 리무버로 탈거할때 부품이 손상되지 않도록 보호 테이프를 감아서 사용한다.
> - 손을 다치지 않도록 장갑을 착용한다.
> - 라인을 분리할 때는 즉시 플러그나 캡을 씌워 습기와 먼지로부터 시스템을 보호한다.

> **유 의**
> - 트림과 패널에 손상을 주지 않도록 주의한다.

1. 12V 배터리 (-) 터미널을 분리한다.
   (차량 제어 시스템 - "보조 배터리 (12V)" 참조)
2. 회수/재생/충전기로 냉매를 회수한다.
   (에어컨 - "냉매 회수/재생/충전/진공" 참조)
3. 모터가 냉각 되었을 때, 냉각수를 라디에이터에서 배출시킨다.
   (냉각 시스템 - "냉각수" 참조)
4. 프런트 트렁크를 탈거한다.
   (바디 (내장 / 외장 / 전장) - "프런트 트렁크" 참조)
5. 칠러에 연결된 냉각수 호스(A)를 분리한다.

6. 볼트를 풀고 칠러 인렛 라인(A)과 칠러 아웃렛 라인(B)을 탈거한다.

   체결 토크 : 0.9 ~ 1.4 kgf.m

> **유 의**
>
> - 라인을 분리할 때는 즉시 플러그나 캡을 씌워 습기와 먼지로부터 시스템을 보호한다.

7. 볼트를 풀고 칠러(A)를 탈거한다.

체결 토크 : 0.9 ~ 1.4 kgf.m

2023 > 160kW > 히터 및 에어컨 장치 > 에어컨 > 칠러 > 장착

장착

1. 장착은 탈거의 역순으로 진행한다.

   > ⚠ 주 의
   > - 단품 장착 시, 규정 토크를 준수하여 장착한다.
   > - 가스 누출 탐지기를 사용하여 냉매의 누출을 점검한다.
   > - 냉각 시스템 안에 공기를 제거하고 냉매를 충전한다.

히터 유닛 탈장착

	작업	H/W	체결토크 (kgf.m)	SST/장비	케미컬	기타
• 탈거						
1	고전압 차단 절차 수행	-	-	진단 기기	-	매뉴얼 참고
2	회수/재생/충전기 냉매 회수	-	-	냉매 회수 장비	-	매뉴얼 참고
3	카울 크로스 바 어셈블리를 탈거 (바디 (내장 및 외장) - "카울 크로스 바 어셈블리" 참조)	-	-	-	-	-
4	이베퍼레이터 코어로부터 팽창 밸브 분리	볼트	0.9 ~ 1.4	-	-	-
5	실내 콘덴서로부터 냉매 라인 분리	볼트	0.9 ~ 1.4			
6	실내 드레인 호스 분리	-	-			
7	히터 유닛 볼트 탈거	볼트	0.4 ~ 0.6	-	-	-
8	히터 유닛 탈거	-	-	-	-	-
• 장착						
탈거의 역순으로 진행						-

2023 > 엔진 > 160kW > 히터 및 에어컨 장치 > 히터 > 히터 유닛 > 구성부품 및 부품위치

부품위치

1. 히터 유닛 어셈블리

탈거 및 장착

> ⚠️ **주 의**
> - 스크류 드라이버 또는 리무버로 탈거할때 부품이 손상되지 않도록 보호 테이프를 감아서 사용한다.
> - 손을 다치지 않도록 장갑을 착용한다.
> - 라인을 분리할 때는 즉시 플러그나 캡을 씌워 습기와 먼지로부터 시스템을 보호한다.

> 📘 **유 의**
> - 트림과 패널에 손상을 주지 않도록 주의한다.

1. 고전압 차단 절차를 수행한다.
   (히터 및 에어컨 장치 - "고전압 차단 절차" 참조)
2. 회수/재생/충전기로 냉매를 회수한다.
   (에어컨 - "냉매 회수/재생/충전/진공" 참조)
3. 카울 크로스 바 어셈블리를 탈거한다.
   (바디 (내장 및 외장) - "카울 크로스 바 어셈블리" 참조)
4. 장착 볼트를 풀고 팽창 밸브(A)를 이베퍼레이터 코어로부터 분리한다.

   체결 토크 : 0.9 ~ 1.4 kgf.m

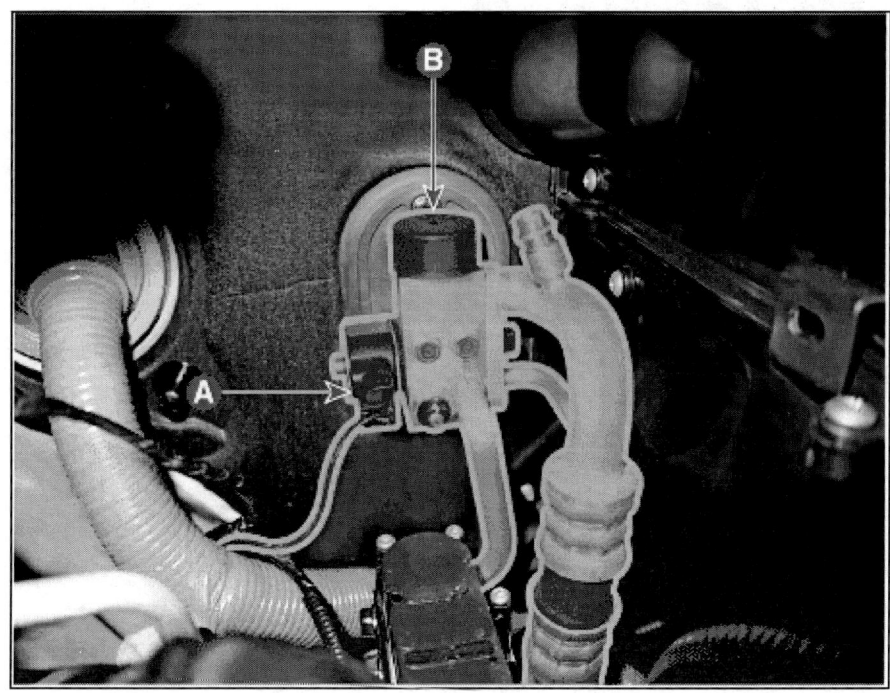

5. 장착 볼트를 풀고 냉매 라인(A)을 실내 콘덴서로부터 분리한다.

   체결 토크 : 0.9 ~ 1.4 kgf.m

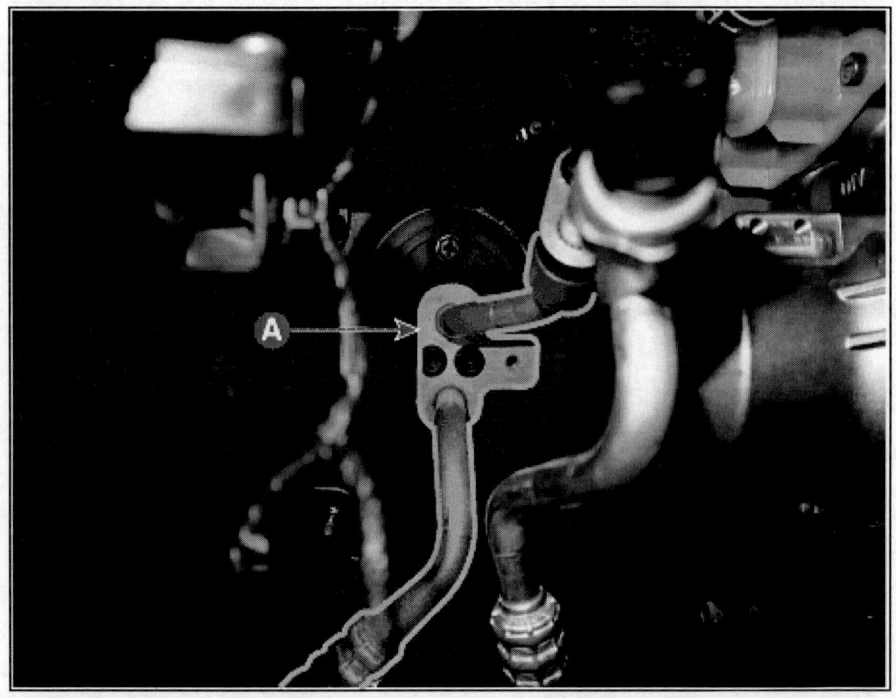

6. 드레인 호스(A)를 분리한다.

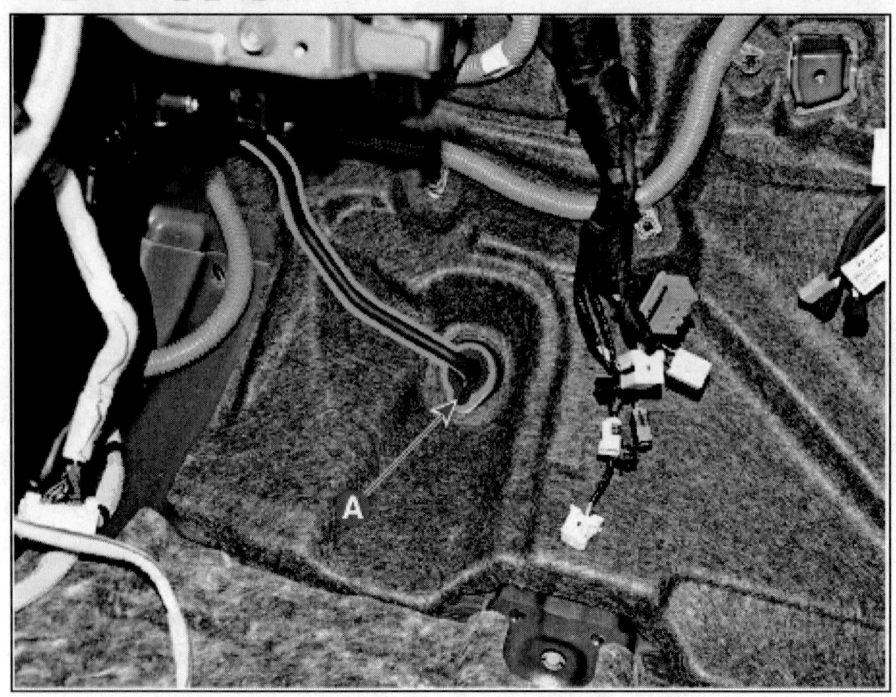

7. 히터 유닛 하단의 장착 볼트(A)를 탈거한다.

   체결 토크 : 0.4 ~ 0.6 kgf.m

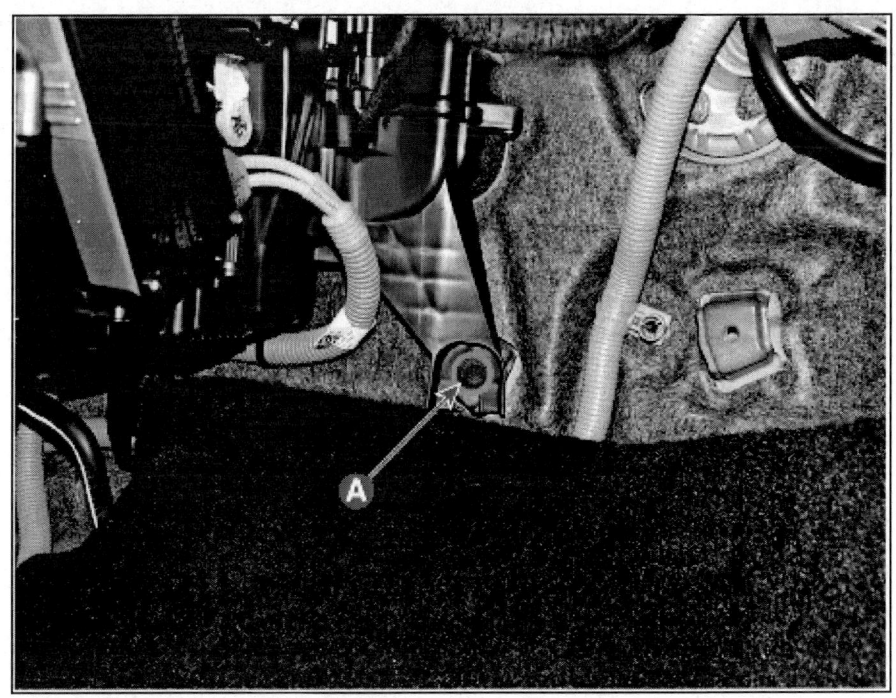

8. 히터 유닛(A)을 차체로부터 탈거한다.

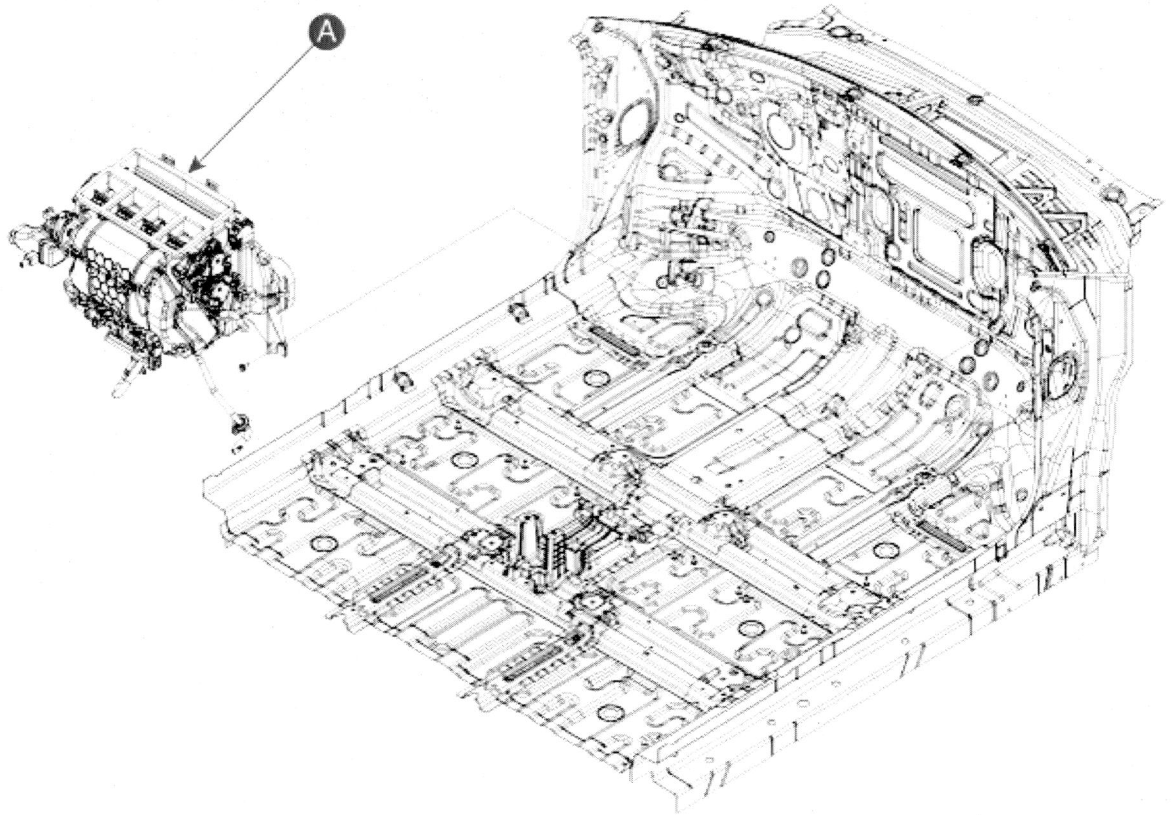

2023 > 엔진 > 160kW > 히터 및 에어컨 장치 > 히터 > 히터 유닛 > 장착

장착

1. 장착은 탈거의 역순으로 진행한다.

   유 의
   - 단품 장착 시, 규정 토크를 준수하여 장착한다.
   - 가스 누출 탐지기를 사용하여 냉매의 누출을 점검한다.
   - 냉각 시스템 안에 공기를 제거하고 냉매를 충전한다.

이베퍼레이터 코어 탈장착

	작업	H/W	체결토크 (kgf.m)	SST/장비	케미컬	기타
• 탈거						
1	고전압 차단 절차 수행	-	-	진단 기기	-	매뉴얼 참고
2	회수/재생/충전기 냉매 회수	-	-	냉매 회수 장비	-	매뉴얼 참고
3	히터 유닛을 탈거 (히터 - "히터 유닛" 참조")	-	-	-	-	-
4	PTC 히터 와이어링 클립 분리	클립	-	-	-	-
5	히터 유닛 사이드 커버 탈거	스크류	-	-	-	-
6	이베퍼레이터 코어 커버 탈거	스크류	-	-	-	-
7	이베퍼레이터 코어 탈거	-	-	-	-	-
8	이베퍼레이터 코어에서 이베퍼레이터 온도 센서 분리	-	-	-	-	-
• 장착						
탈거의 역순으로 진행						-

탈거

> ⚠️ **주 의**
> - 스크류 드라이버 또는 리무버로 탈거할때 부품이 손상되지 않도록 보호 테이프를 감아서 사용한다.
> - 손을 다치지 않도록 장갑을 착용한다.
> - 라인을 분리할 때는 즉시 플러그나 캡을 씌워 습기와 먼지로부터 시스템을 보호한다.

> **유 의**
> - 트림과 패널에 손상을 주지 않도록 주의한다.

1. 고전압 차단 절차를 수행한다.
   (히터 및 에어컨 장치 - "고전압 차단 절차" 참조)
2. 회수/재생/충전기로 냉매를 회수한다.
   (에어컨 - "냉매 회수/재생/충전/진공" 참조)
3. 히터 유닛을 탈거한다.
   (히터 - "히터 유닛" 참조")
4. PTC 히터 와이어링 클립(A)을 분리한다.

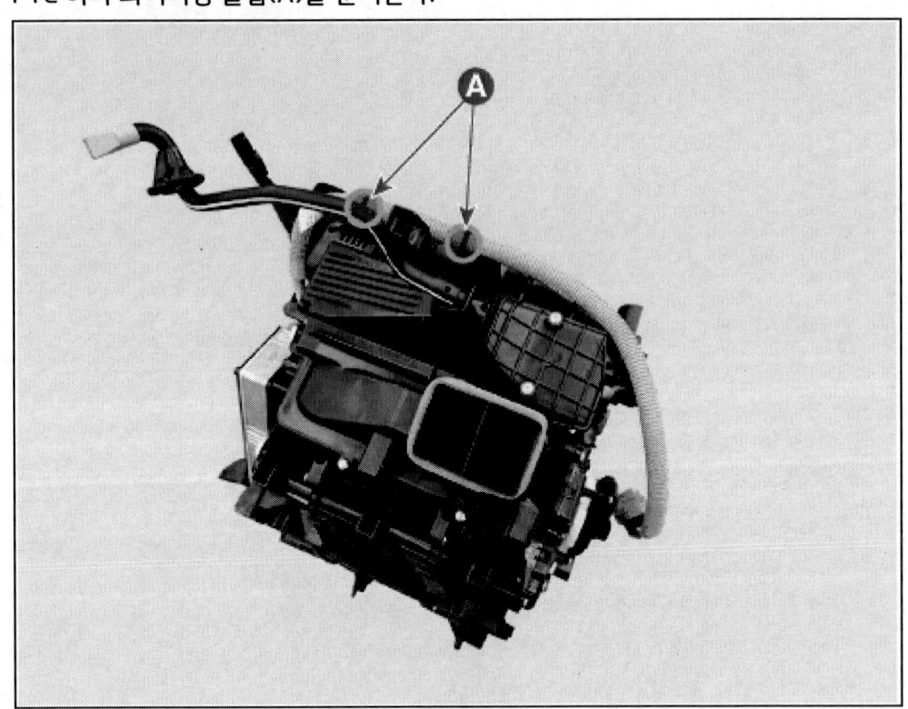

5. 장착 스크류를 풀고 사이드 커버(A)를 탈거한다.

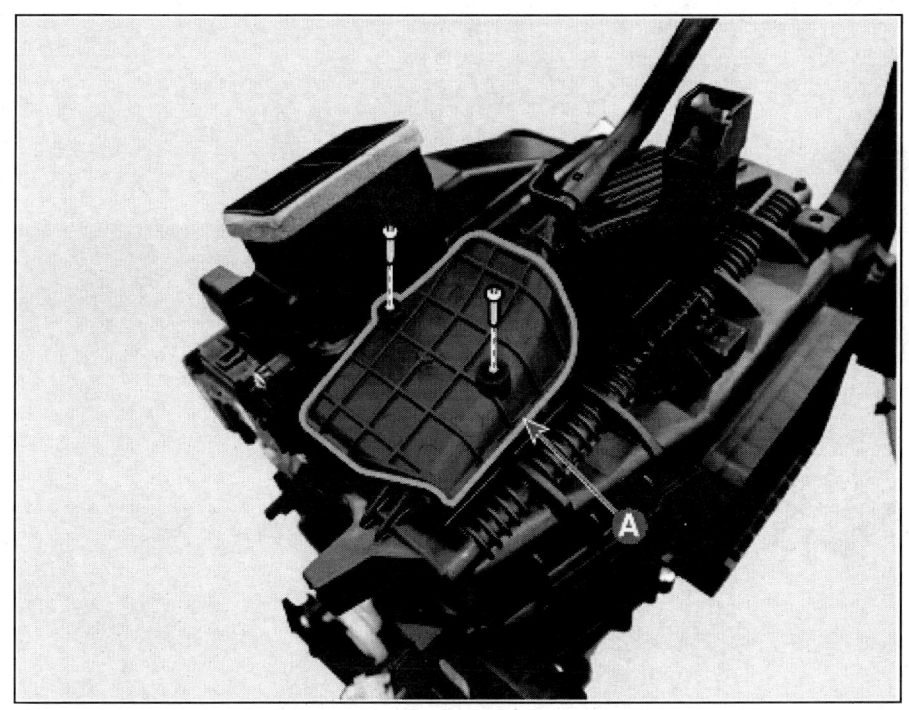

6. 장착 스크류를 풀고 이베퍼레이터 코어 커버(A)를 탈거한다.

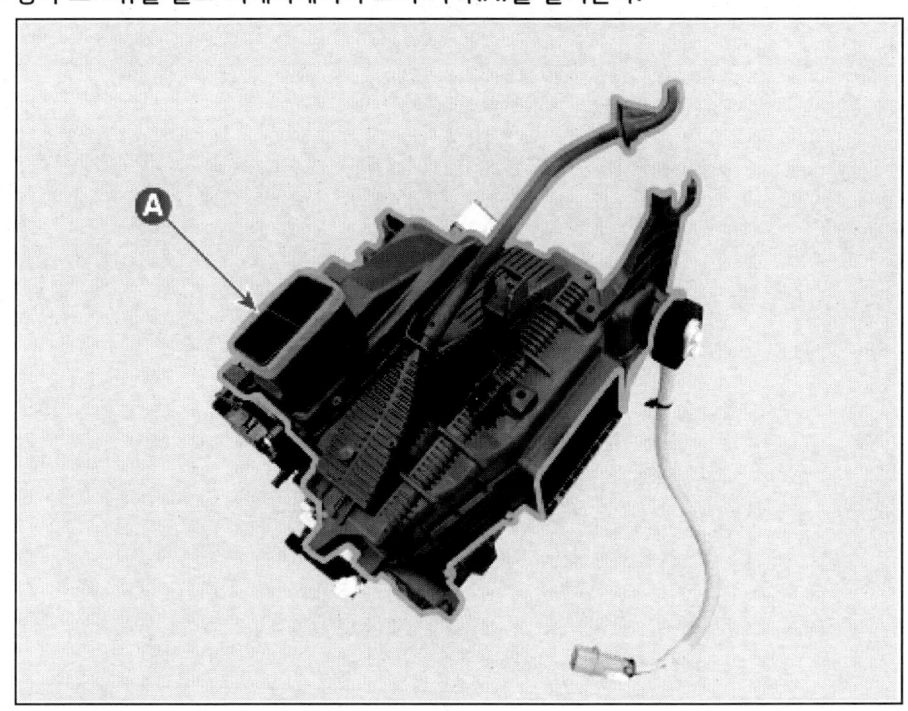

7. 이베퍼레이터 코어(A)를 탈거한다.

8. 이베퍼레이터 온도 센서를 탈거한다.
   (에어컨 - "이베퍼레이터 온도 센서" 참조)

장착

1. 장착은 탈거의 역순으로 진행한다.

   > **유 의**
   >
   > - 새 콘덴서를 장착한다면, 컴프레서 오일(POE OIL)을 보충한다.
   > - 각 연결부의 O-링은 새것으로 교환하고, 호스나 라인을 연결하기 전 O-링에 몇 방울의 컴프레서 오일(냉동유)을 바른다. R-1234yf의 누출을 피하기 위해서는 규정된 O-링을 사용한다.
   > - 콘덴서를 장착할 때 라디에이터와 콘덴서 핀에 충격이 없도록 주의한다.
   > - 시스템을 충전하고, 에어컨 성능을 테스트한다.

PTC 히터 탈장착

[PTC 히터 어셈블리]

	작업	H/W	체결토크 (kgf.m)	SST/장비	케미컬	기타
• 탈거						
1	고전압 차단 절차 수행	-	-	진단 기기	-	매뉴얼 참고
2	회수/재생/충전기 냉매 회수	-	-	냉매 회수 장비	-	매뉴얼 참고
3	히터 유닛을 탈거 (히터 - "히터 유닛" 참조)	-	-	-	-	-
4	PTC 히터 메인 커넥터 분리	클립	-	-	-	-
5	PTC 히터 와이어링 클립 분리	클립	-	-	-	-
6	PTC 히터 탈거	스크류	-	-	-	-
• 장착						
탈거의 역순으로 진행						-

[고전압 정션박스 PTC 히터 퓨즈(2WD)]

	작업	H/W	체결토크 (kgf.m)	SST/장비	케미컬	기타
• 탈거						
1	고전압 차단 절차 수행	-	-	진단 기기	-	매뉴얼 참고
2	고전압 정션 블록을 탈거 (배터리 제어 시스템 - "고전압 정션 블록" 참조)	-	-	-	-	-
3	고전압 정션 박스 어퍼 커버 탈거	볼트	0.5 ~ 0.6	-	-	-
4	고전압 PTC 히터 퓨즈 탈거	너트	0.5 ~ 0.6	-	-	-
• 장착						
탈거의 역순으로 진행						매뉴얼 참고
• 부가기능						
• 프런트 고전압 정션 블록 기밀점검 수행 - 진단 기기 및 장비를 고전압 정션 블록 기밀 테스트 수행						

[고전압 정션박스 PTC 히터 퓨즈(4WD)]

	작업	H/W	체결토크 (kgf.m)	SST/장비	케미컬	기타
• 탈거						
1	고전압 차단 절차 수행	-	-	진단 기기	-	매뉴얼 참고
2	고전압 정션 블록을 탈거 (배터리 제어 시스템 - "고전압 정션 블록" 참조)	-	-	-	-	-
3	고전압 정션 박스 어퍼 커버 탈거	볼트	0.5 ~ 0.6	-	-	-
4	고전압 PTC 히터 퓨즈 탈거	너트	0.5 ~ 0.6	-	-	-
• 장착						

탈거의 역순으로 진행	메뉴얼 참고
• 부가기능	
• 전륜 모터 및 감속기 시스템 기밀점검 수행 - 진단 기기 및 장비를 고전압 정션 블록 기밀 테스트 수행	

개요

히터 내부의 다수의 PTC 써미스터에 고전압 배터리 전원을 인가하여 써미스터의 발열을 이용해 난방의 열원으로 사용한다. 난방을 필요로 하는 조건에서 고전압이 인가되고 블러워가 작동시에 찬공기를 따뜻한 공기로 변환한다.

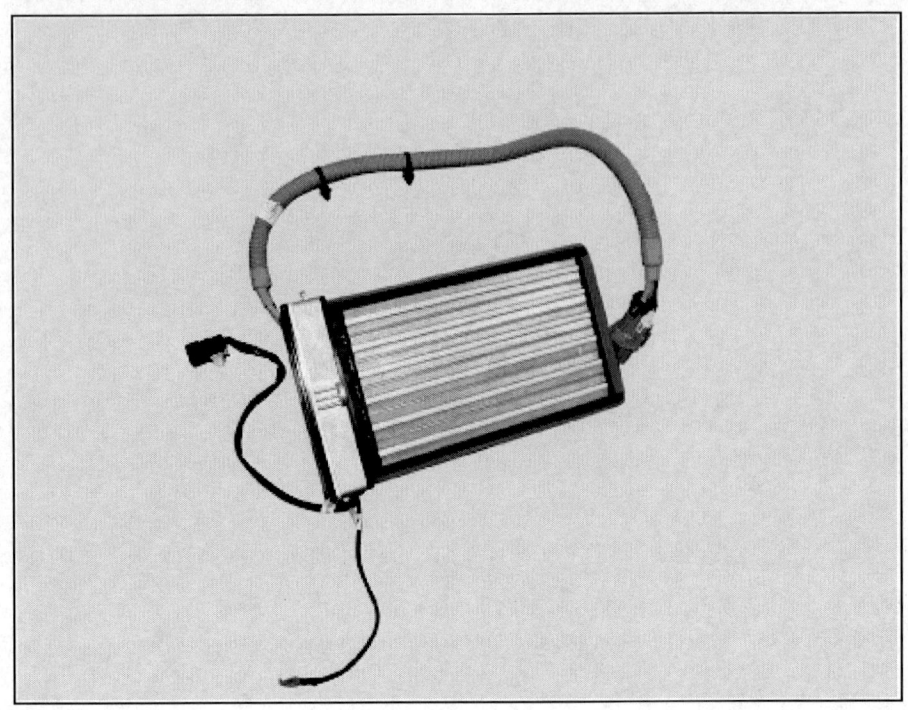

점검

1. A/C 컨트롤러에서 출력 신호 (작동 요청)가 있는지 확인한다.
2. 인터락에 문제가 없는지 진단기기로 검사한다.
3. 저전압(12.0V)이 공급되는지 확인한다.
4. 점검은 자기진단과 Fail safe를 참조한다.

[메인 파워 커넥터]

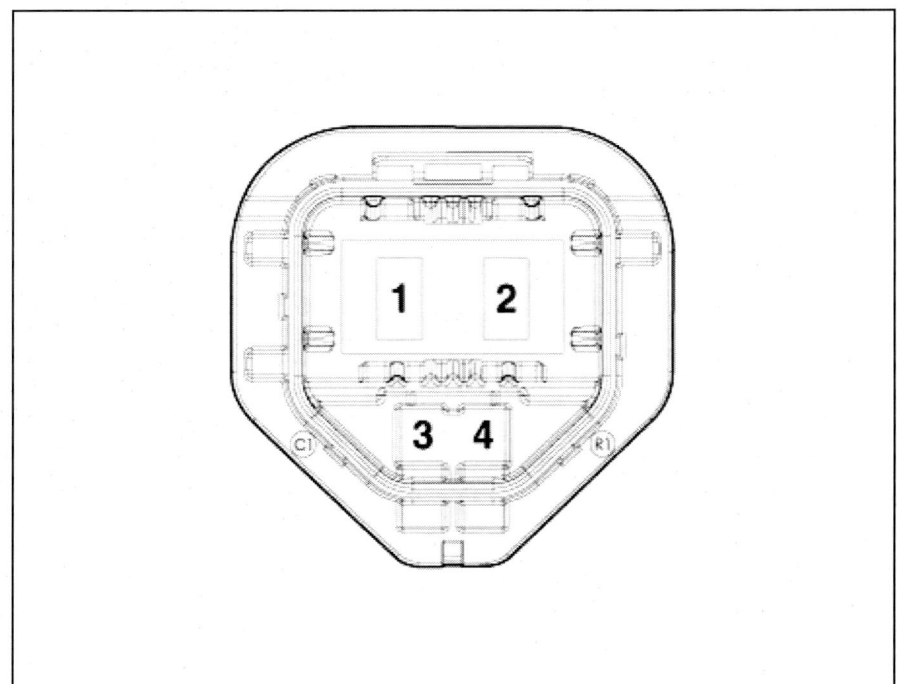

핀 번호	기능
1	HV (+)
2	HV (-)
3	인터락 (+)
4	인터락 (-)

[신호선 커넥터]

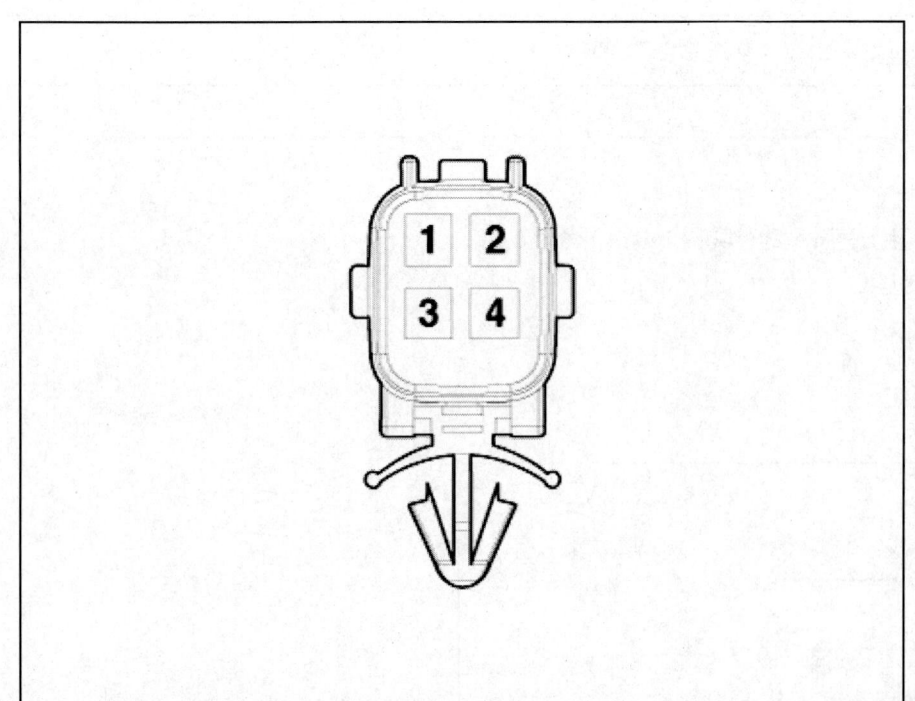

핀 번호	기능
1	IGN 3
2	Climate_CAN High
3	Climate_CAN Low
4	접지

2023 > 엔진 > 160kW > 히터 및 에어컨 장치 > 히터 > PTC 히터 > 탈거

탈거

> **⚠ 경 고**
> - 고전압 시스템 관련 작업 시, 반드시 "안전사항 및 주의, 경고" 내용을 숙지하고 준수해야 한다.
>   미준수 시, 감전 또는 누전 등으로 인한 심각한 사고를 초래할 수 있다.
> - 고전압 시스템 관련 작업 시, "고전압 차단절차"에 따라 반드시 고전압을 먼저 차단해야 한다.
>   미준수 시, 감전 또는 누전 등으로 인한 심각한 사고를 초래할 수 있다.

> **⚠ 주 의**
> - 스크류 드라이버 또는 리무버로 탈거할때 부품이 손상되지 않도록 보호 테이프를 감아서 사용한다.
> - 손을 다치지 않도록 장갑을 착용한다.

> **유 의**
> - 트림과 패널에 손상을 주지 않도록 주의한다.

[PTC 히터 어셈블리]

1. 고전압 차단 절차를 수행한다.
   (히터 및 에어컨 장치 - "고전압 차단 절차" 참조)
2. 크래쉬 패드와 히터 및 블로어 유닛을 차체로부터 탈거한다.
   (히터 - "히터 유닛" 참조")
3. 장착 클립을 풀어 PTC 히터 메인 커넥터 와이어링(A)을 분리한다.

4. 케이블 고정 클립(A)을 히터 유닛으로 부터 탈거한다.

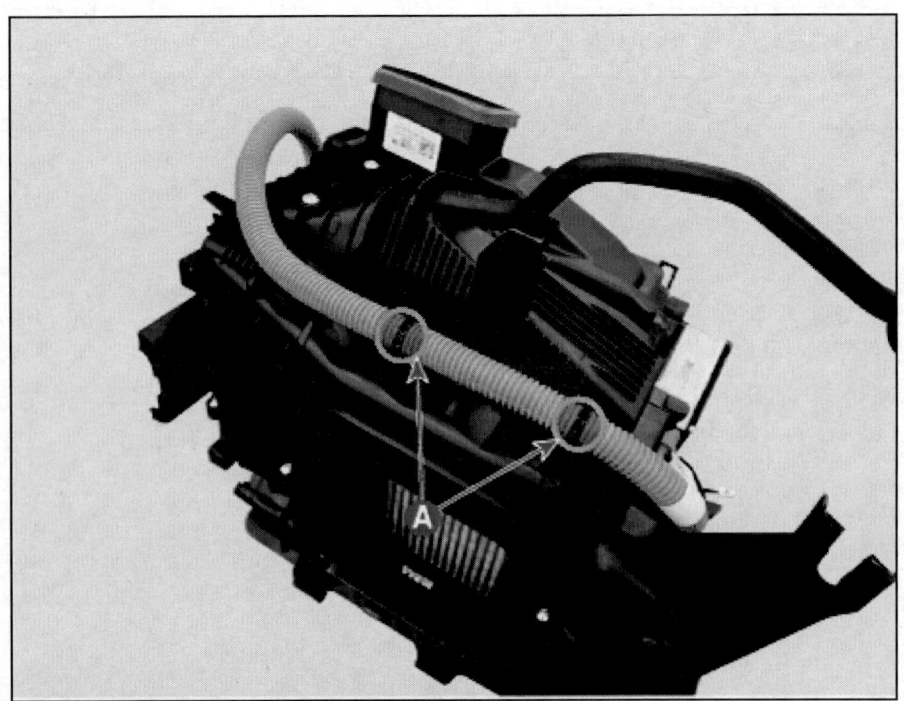

5. 장착 스크류를 풀어 PTC 히터(A)를 탈거한다.

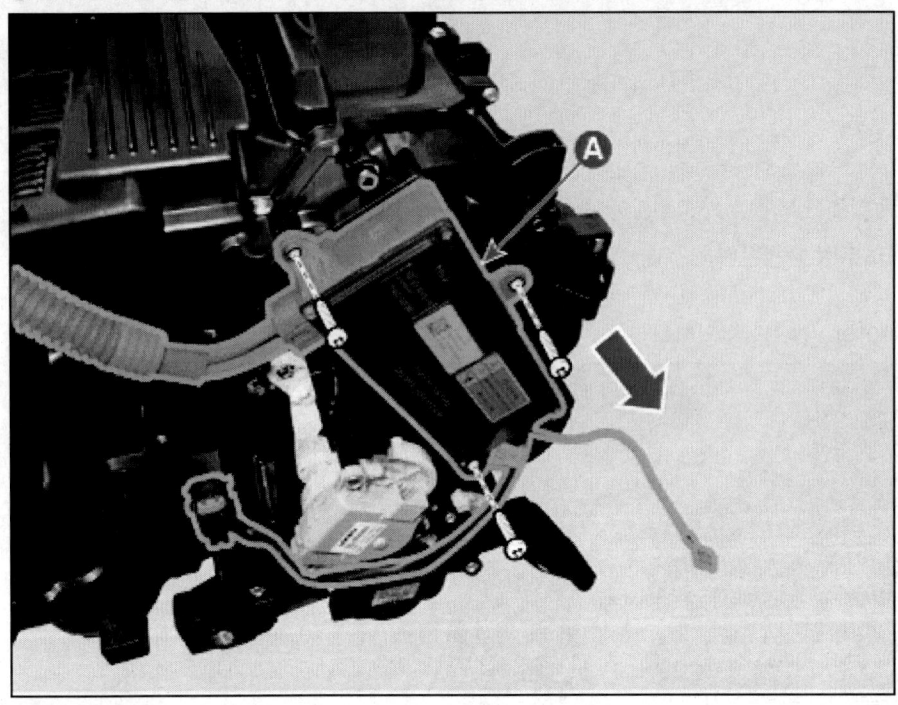

[고전압 정션박스 PTC 히터 퓨즈]

1. 고전압 차단 절차를 수행한다.
   (히터 및 에어컨 장치 - "고전압 차단 절차" 참조)
2. 고전압 정션 블록을 탈거한다.
   (배터리 제어 시스템 - "고전압 정션 블록" 참조)
3. 장착 볼트를 고전압 정션 박스 어퍼 커버(A)를 탈거한다.

체결 토크 : 0.5 ~ 0.6 kgf.m

[2WD]

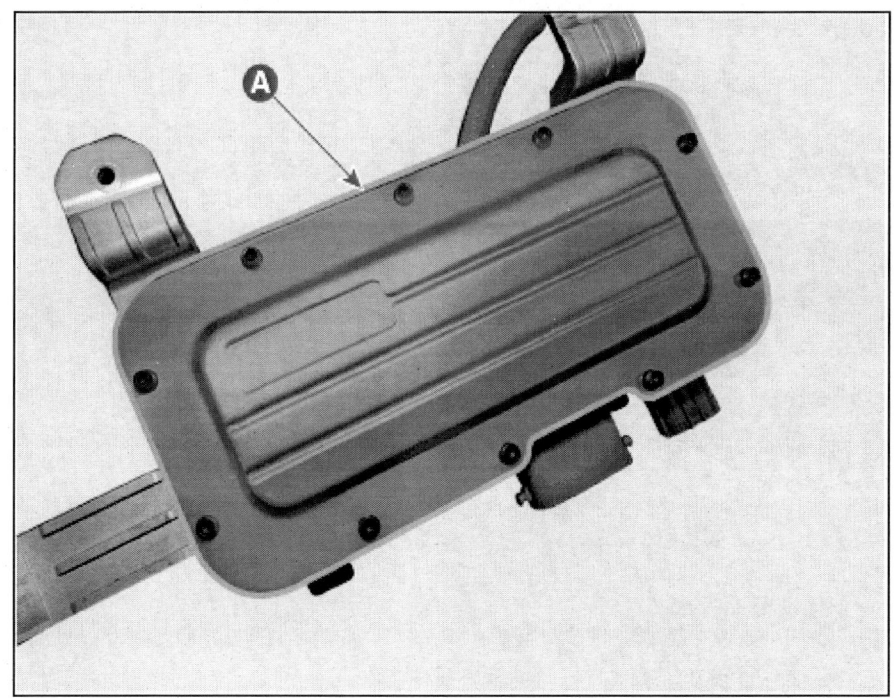

[4WD]

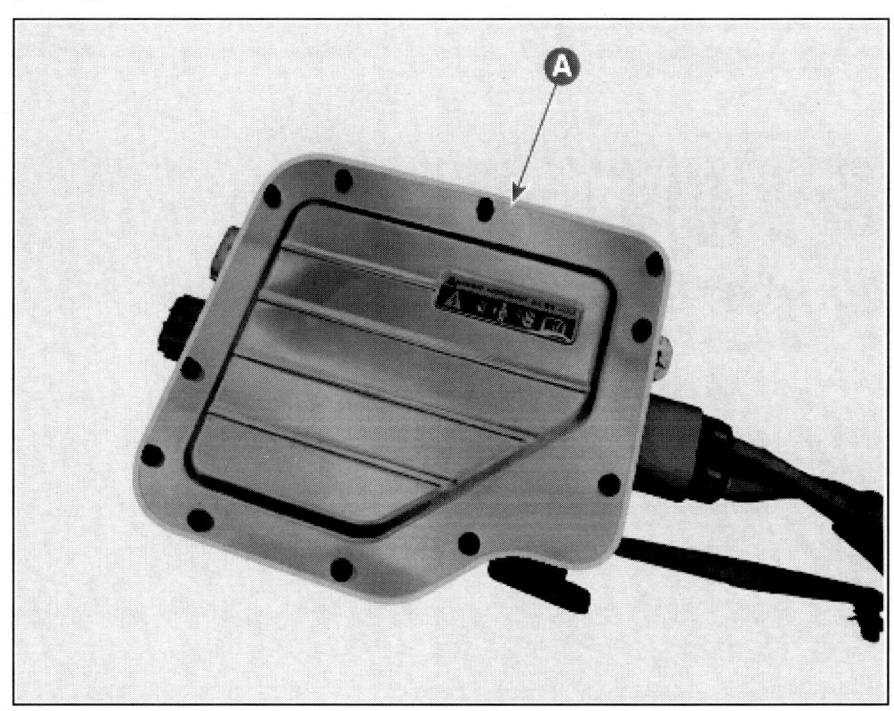

4. 장착 너트를 풀고 고전압 정션박스 PTC 히터 퓨즈(A)를 분리한다.

체결 토크 : 0.5 ~ 0.6 kgf.m

[2WD]

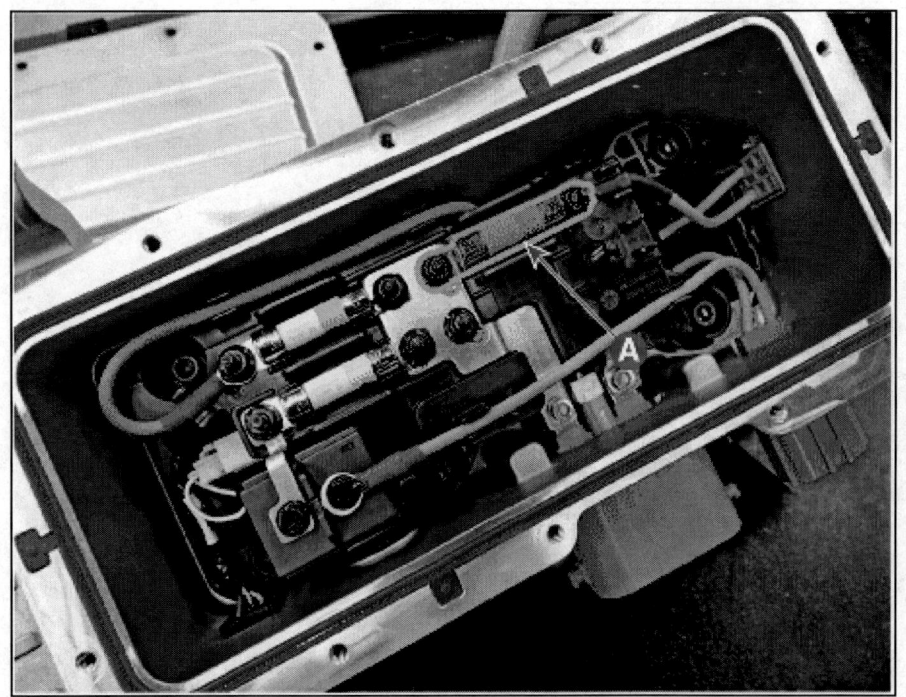

[4WD]

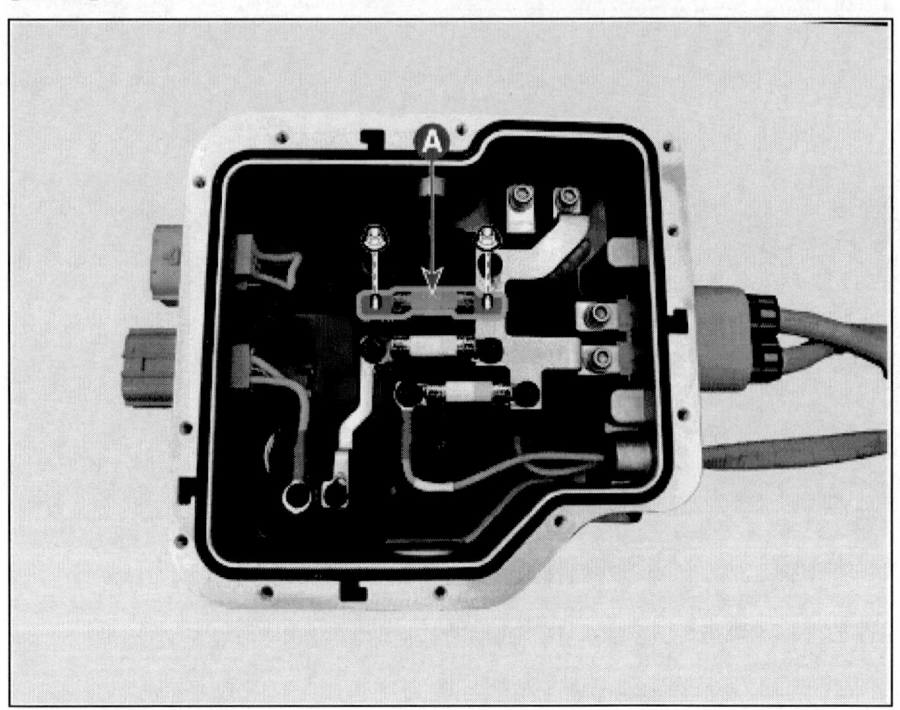

> ⚠ 주 의
>
> - 버스바 스크류 분리 후 도포도어 있던 록타이트를 (-)드라이버 혹은 기타 공구를 활용하여 제거한다.
> - 이물질이나 록타이트 잔여물로 인해 단자간 접촉불량이 발생할 수 있다.

장착

1. 장착은 탈거의 역순으로 진행한다.

   > ⚠ **주 의**
   >
   > - 손상된 클립은 교환한다.
   > - 릴레이 접점부 부스바 체결 후, 록타이트를 도포한다.
   > - 단품 장착 시, 규정 토크를 준수하여 장착한다.
   > - 단품을 떨어뜨렸을 경우, 보이지 않는 손상이 유발될 수 있으므로 성능 확인 후 사용한다.

온도 조절 액추에이터 탈장착

[운전석]

	작업	H/W	체결토크 (kgf.m)	SST/장비	케미컬	기타
•	탈거					
1	12V 배터리 (-) 터미널 분리 (차량 제어 시스템 - "보조 배터리 (12V)" 참조)	-	-	-	-	-
2	메인 크래쉬 패드 어셈블리를 탈거 (바디 (내장 / 외장 / 전장) - "메인 크래쉬 패드 어셈블리" 참조)	-	-	-	-	-
3	샤워 덕트 탈거	스크류	-	-	-	-
4	운전석 온도 조절 액추에이터 커넥터 분리	-	-	-	-	-
5	운전석 온도 조절 액추에이터 탈거	스크류	-	-	-	-
•	장착					
탈거의 역순으로 진행						-

[동승석]

	작업	H/W	체결토크 (kgf.m)	SST/장비	케미컬	기타
•	탈거					
1	12V 배터리 (-) 터미널 분리 (차량 제어 시스템 - "보조 배터리 (12V)" 참조)	-	-	-	-	-
2	메인 크래쉬 패드 어셈블리를 탈거 (바디 (내장 / 외장 / 전장) - "메인 크래쉬 패드 어셈블리" 참조)	-	-	-	-	-
3	샤워 덕트 탈거	스크류	-	-	-	-
4	동승석 온도 조절 액추에이터 커넥터 분리	-	-	-	-	-
5	동승석 온도 조절 액추에이터 탈거	스크류	-	-	-	-
•	장착					
탈거의 역순으로 진행						-

개요

히터 유닛에는 모드 조절 액추에이터와 온도 조절 액추에이터가 장착되어 있다.
컨트롤 스위치에 의해 작동되며, 온도 조절 도어의 위치를 제어하여 토출 공기의 온도를 조절한다.

점검

1. 점화 스위치를 OFF 한다.
2. 온도 조절 액추에이터 커넥터를 분리한다.
3. 전원 (+) 단자를 온도 조절 액추에이터 커넥터 3번 단자에 (-) 단자를 7단자에 접속하여 액추에이터가 냉방 위치로 구동하는지 점검하고 반대로 접속하였을 때 역구동 하는지 점검한다.

[운전석/동승석]

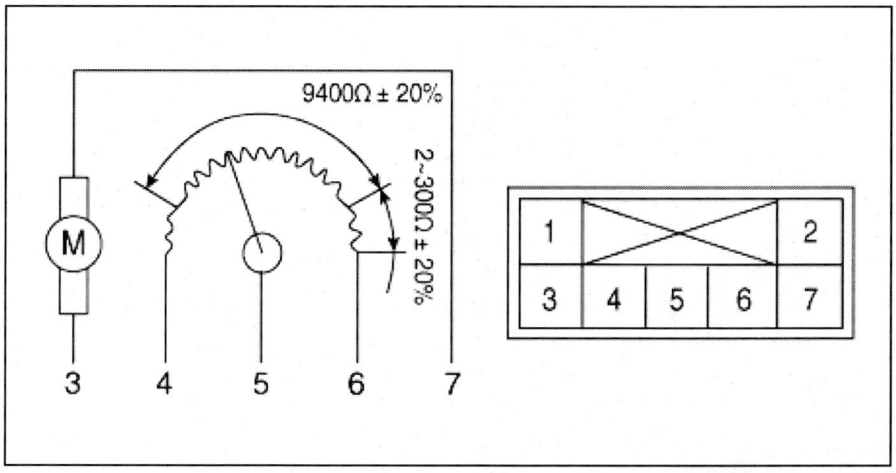

1. -
2. -
3. 벤트 모드
4. 센서 전원 (+5V)
5. 피드백 신호
6. 센서 접지
7. 디프로스트 모드

4. 온도 조절 액추에이터 커넥터를 연결한다.
5. 점화 스위치를 ON 한다.
6. 5-6번간 단자 전압을 측정 한다.

도어위치	전압 (5-6)	에러 검출
최대 냉방	0.3 ± 0.15V	저전압 : 0.1V미만
최대 난방	4.7 ± 0.15V	고전압 : 4.9V초과

7. 만약 측정 전압이 사양과 일치하지 않으면 정품의 온도 조절 액추에이터로 교체하여 작동을 확인한다.
8. 온도 조절 액추에이터 작동이 정상이면 온도 조절 액추에이터를 교환한다.

탈거 및 장착

[운전석]

1. 12V 배터리 (-) 터미널을 분리한다.
   (차량 제어 시스템 - "보조 배터리 (12V)" 참조)

2. 메인 크래쉬 패드 어셈블리를 탈거한다.
   (바디 (내장 / 외장 / 전장) - "메인 크래쉬 패드 어셈블리" 참조)

3. 장착 스크류를 풀어 샤워 덕트(A)를 탈거한다.

4. 커넥터를 분리하여 스크류를 풀어 온도 조절 액추에이터(A)를 탈거한다.

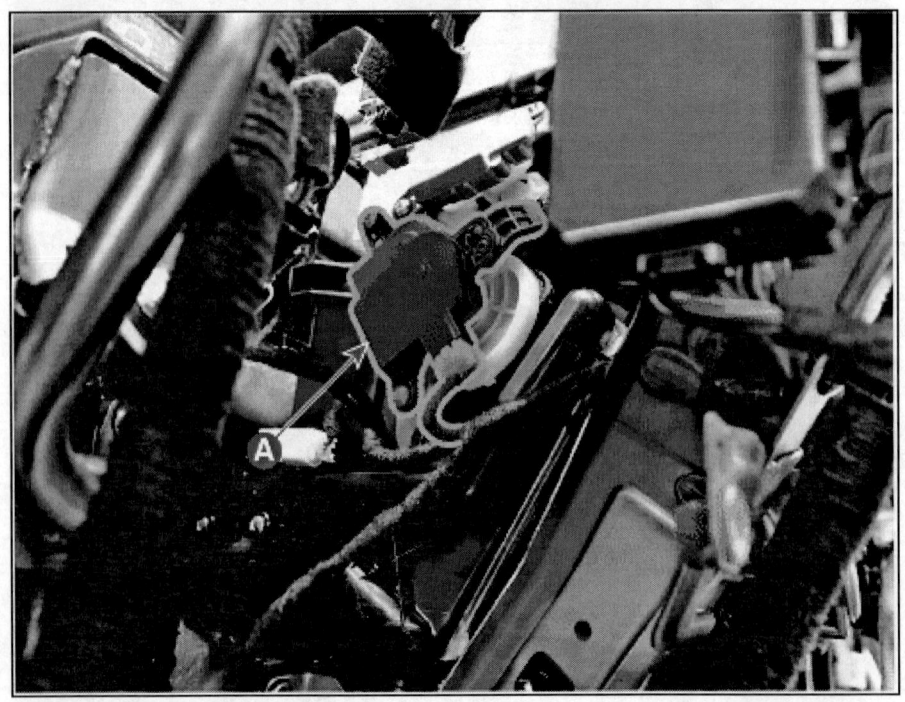

5. 장착은 탈거의 역순으로 진행한다.

[동승석]

1. 12V 배터리 (-) 터미널을 분리한다.
   (차량 제어 시스템 - "보조 배터리 (12V)" 참조)

2. 메인 크래쉬 패드 어셈블리를 탈거한다.
   (바디 (내장 / 외장 / 전장) - "메인 크래쉬 패드 어셈블리" 참조)
3. 와이어링 하네스 고정 클립(B)를 탈거하고 장착 스크류를 풀어 샤워 덕트(A)를 탈거한다.

4. 커넥터를 분리하여 스크류를 풀어 온도 조절 액추에이터(A)를 탈거한다.

5. 장착은 탈거의 역순으로 진행한다.

모드 조절 액추에이터 탈장착

[운전석]

작업		H/W	체결토크 (kgf.m)	SST/장비	케미컬	기타
• 탈거						
1	12V 배터리 (-) 터미널 분리 (차량 제어 시스템 - "보조 배터리 (12V)" 참조)	-	-	-	-	-
2	메인 크래쉬 패드 어셈블리를 탈거 (바디 (내장 / 외장 / 전장) - "메인 크래쉬 패드 어셈블리" 참조)	-	-	-	-	-
3	운전석 모드 조절 액추에이터 커넥터 분리	-	-	-	-	-
4	운전석 모드 조절 액추에이터 탈거	스크류	-	-	-	-
• 장착						
탈거의 역순으로 진행						-

[동승석]

작업		H/W	체결토크 (kgf.m)	SST/장비	케미컬	기타
• 탈거						
1	12V 배터리 (-) 터미널 분리 (차량 제어 시스템 - "보조 배터리 (12V)" 참조)	-	-	-	-	-
2	메인 크래쉬 패드 어셈블리를 탈거 (바디 (내장 / 외장 / 전장) - "메인 크래쉬 패드 어셈블리" 참조)	-	-	-	-	-
3	동승석 모드 조절 액추에이터 커넥터 분리	-	-	-	-	-
4	동승석 모드 조절 액추에이터 탈거	스크류	-	-	-	-
• 장착						
탈거의 역순으로 진행						-

[리어]

작업		H/W	체결토크 (kgf.m)	SST/장비	케미컬	기타
• 탈거						
1	12V 배터리 (-) 터미널 분리 (차량 제어 시스템 - "보조 배터리 (12V)" 참조)	-	-	-	-	-
2	플로어 콘솔 어셈블리를 탈거 (바디 (내장 / 외장/ 전장) - "플로어 콘솔 어셈블리"참조)	-	-	-	-	-
3	리어 모드 조절 액추에이터 커넥터 분리	-	-	-	-	-

| 4 | 리어 모드 조절 액추에이터 탈거 | 스크류 | - | - | - | - |

- **장착**

| 탈거의 역순으로 진행 | - |

개요 및 작동원리

히터 유닛에 장착된 모드 조절 액추에이터는 운전자가 컨트롤 판넬에 입력한 신호에 따라 에어컨의 풍향 모드를 조절한다.
모드 도어를 움직이는 액추에이터 모터와 모드 도어의 위치를 감지하는 포텐셔미터로 구성되어 있으며, 컨트롤 판넬의 조작에 따라 모드 조절 액추에이터는 Vent → Bi-Level → Floor → Mix의 순서로 풍향 모드를 변경한다.

점검

[프런트]

1. 점화 스위치를 OFF 한다.
2. 모드 조절 액추에이터 커넥터를 분리한다.
3. 전원 (+) 단자를 모드 액추에이터 커넥터 7번 단자에 (-) 단자를 3번 단자에 접지 시키면서 모터가 벤트 모드로 구동하는지 점검한다. 반대로 접속하였을 때 역 구동하는지 점검한다.
   [운전석/동승석]

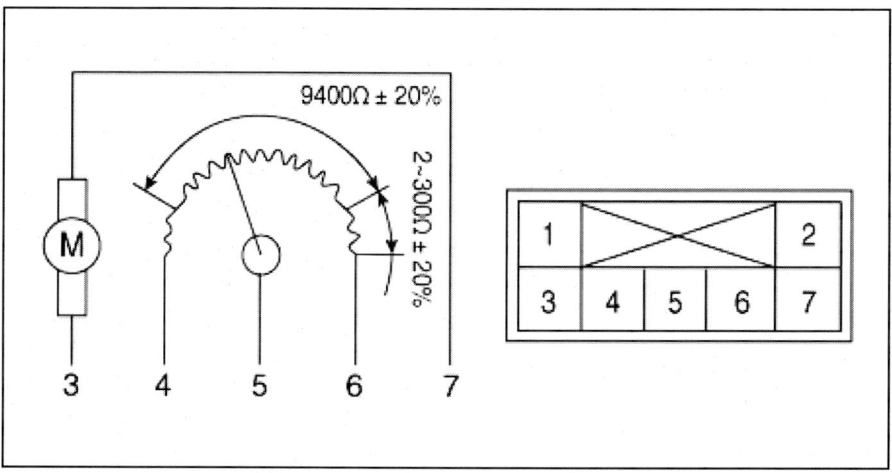

1. -	5. 피드백 신호
2. -	6. 센서 접지
3. 벤트 모드	7. 디프로스트 모드
4. 센서 전원 (+5V)	

4. 모드 조절 액추에이터 커넥터를 연결한다.
5. 점화 스위치를 ON 한다.
6. 4-5번간 단자 전압을 측정한다.

도어 위치	전 압	에러검출
벤트	0.3 ± 0.15V	저전압 : 0.1V 미만
디프로스트	4.7 ± 0.15V	고전압 : 4.9V 초과

* 액추에이터의 현재 위치를 컨트롤에 피드백 한다.

7. 만약 측정 전압이 사양과 일치하지 않으면 정품의 모드 조절 액추에이터로 교체하여 작동을 확인한다.
8. 모드 조절 액추에이터 작동이 정상이면 모드 조절 액추에이터를 교환한다.

[리어]

1. 점화 스위치를 OFF한다.
2. 리어 모드 액추에이터 커넥터를 분리한다.
3. 전원 (+)단자를 리어 모드 액추에이터 커넥터 3번 단자에 (-)단자를 7번 단자에 접속하여 액추에이터가 구동하는지 점검하여 반대로 접속하였을 때 역 구동하는지 점검한다.

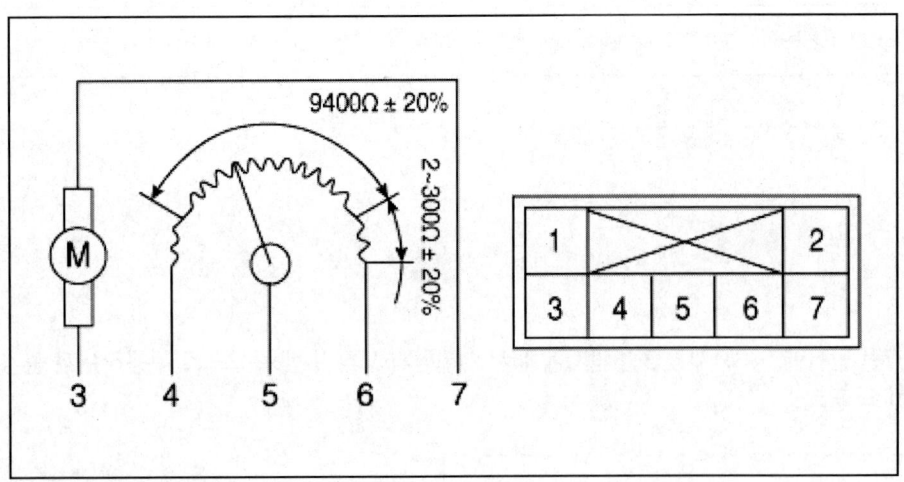

[운전석/동승석]

1. -	5. 피드백 신호
2. -	6. 센서 접지
3. 벤트 모드	7. 플로어 모드
4. 센서 전원 (+5V)	

[리어 모드 액추에이터]

도어 위치	전 압	에러검출
벤트	0.3 ± 0.15V	저전압 : 0.1V 미만
플로어	4.3 ± 0.15V	고전압 : 4.5V 초과

탈거 및 장착

[운전석]

1. 12V 배터리 (-) 터미널을 분리한다.
   (차량 제어 시스템 - "보조 배터리 (12V)" 참조)
2. 메인 크래쉬 패드 어셈블리를 탈거한다.
   (바디 (내장 / 외장 / 전장) - "메인 크래쉬 패드 어셈블리" 참조)
3. 커넥터를 분리하여 스크류를 풀어 모드 조절 액추에이터(A)를 탈거한다.

4. 장착은 탈거의 역순으로 진행한다.

[동승석]

1. 12V 배터리 (-) 터미널을 분리한다.
   (차량 제어 시스템 - "보조 배터리 (12V)" 참조)
2. 메인 크래쉬 패드 어셈블리를 탈거한다.
   (바디 (내장 / 외장 / 전장) - "메인 크래쉬 패드 어셈블리" 참조)
3. 커넥터를 분리하여 스크류를 풀어 모드 조절 액추에이터(A)를 탈거한다.

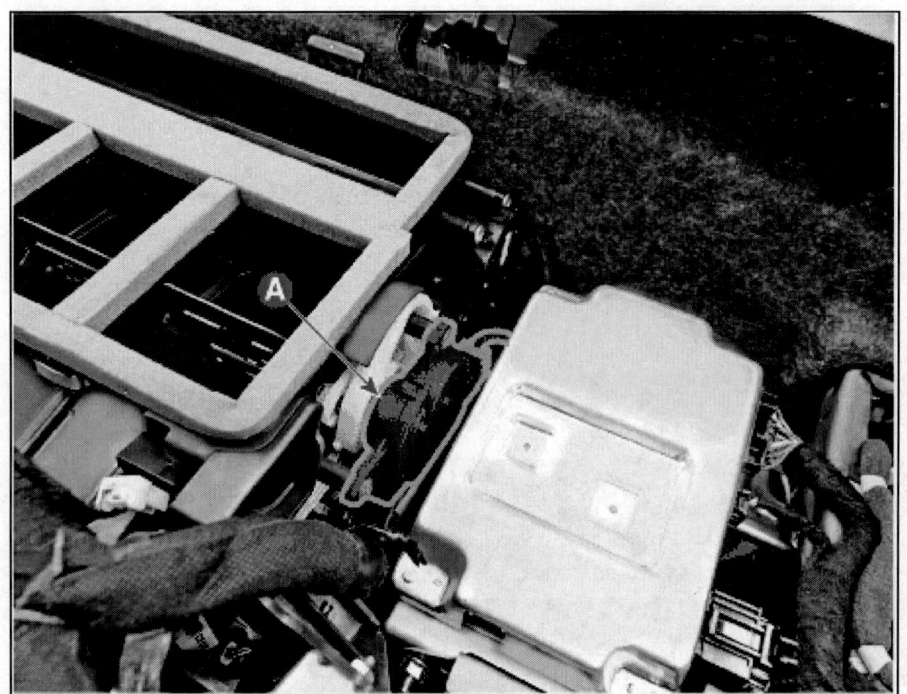

4. 장착은 탈거의 역순으로 진행한다.

[리어]

1. 12V 배터리 (-) 터미널을 분리한다.
   (차량 제어 시스템 - "보조 배터리 (12V)" 참조)

2. 플로어 콘솔 어셈블리를 탈거한다.
   (바디 (내장 / 외장/ 전장) - "플로어 콘솔 어셈블리"참조)

3. 커넥터를 분리하여 스크류를 풀어 모드 조절 액추에이터(A)를 탈거한다.

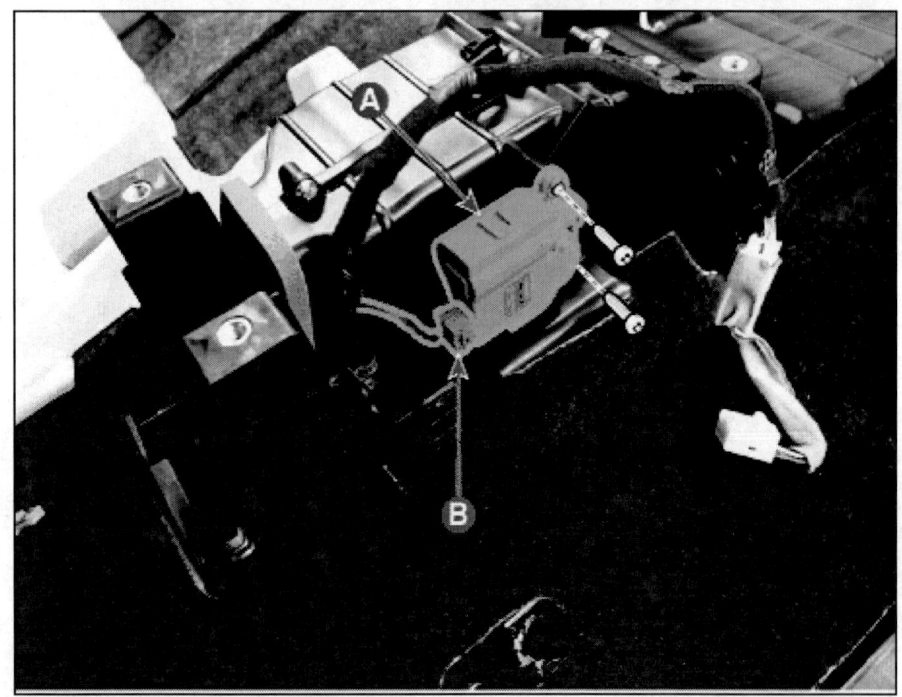

4. 장착은 탈거의 역순으로 진행한다.

리어 온도 조절 액추에이터 탈장착

[리어 온도 조절 액추에이터 (난방)]

작업	H/W	체결토크 (kgf.m)	SST/장비	케미컬	기타
• 탈거					
1 고전압 차단 절차 수행	-	-	진단 기기	-	매뉴얼 참고
2 카울 크로스 바 어셈블리를 탈거 (바디 (내장 및 외장) - "카울 크로스 바 어셈블리" 참조)	-	-	-	-	-
3 리어 온도(난방) 조절 액추에이터 탈거	스크류	-	-	-	-
• 장착거					
탈거의 역순으로 진행					-

[리어 온도 조절 액추에이터 (냉방)]

작업	H/W	체결토크 (kgf.m)	SST/장비	케미컬	기타
• 탈거					
1 고전압 차단 절차 수행	-	-	진단 기기	-	매뉴얼 참고
2 카울 크로스 바 어셈블리를 탈거 (바디 (내장 및 외장) - "카울 크로스 바 어셈블리" 참조)	-	-	-	-	-
3 리어 온도(냉방) 조절 액추에이터 탈거	스크류	-	-	-	-
• 장착					
탈거의 역순으로 진행					-

2023 > 엔진 > 160kW > 히터 및 에어컨 장치 > 히터 > 리어 온도 조절 액추에이터 > 개요 및 작동원리

개요

컨트롤 스위치에 의해 작동되며, 온도 조절 도어의 위치를 제어하여 토출 공기의 온도를 조절한다.

점검

1. 점화 스위치를 OFF 한다.
2. 리어 온도 조절 액추에이터 커넥터를 분리한다.
3. 전원(+) 단자를 리어 온도 조절 액추에이터 커넥터 7번 단자에 (-) 단자를 3단자에 접속하여 액추에이터가 냉방 위치로 구동하는지 점검하고 반대로 접속하였을 때 역구동 하는지 점검한다.

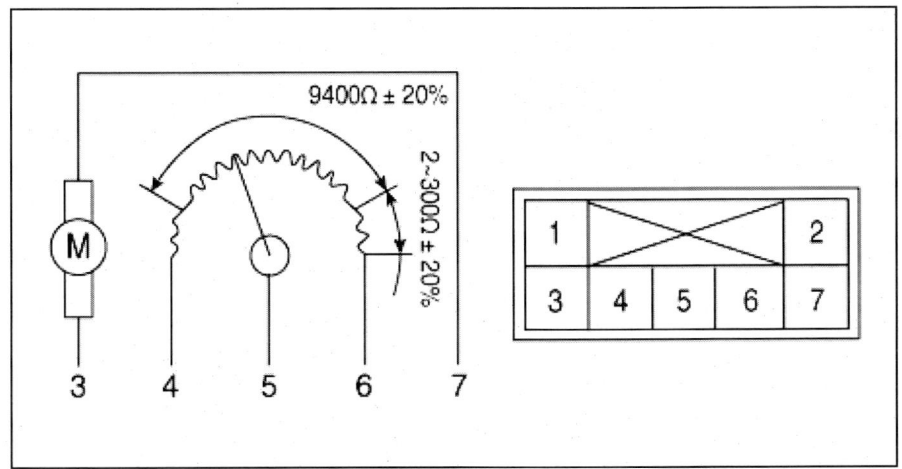

[리어 온도 조절 액추에이터 (난방)]

단자	기능
1	-
2	-
3	난방
4	센서 접지
5	피드백 신호
6	센서 전원 (+5V)
7	냉방

도어 위치	전압 (V)	에러 검출
냉방	2.15 ± 0.15	저전압 : 1.95V 미만
난방	4.7 ± 0.15	고전압 : 3.9V 초과

[리어 온도 조절 액추에이터 (냉방)]

단자	기능
1	-
2	-
3	냉방
4	센서 전원 (+5V)
5	피드백 신호
6	센서 접지
7	난방

도어 위치	전압 (V)	에러 검출

| 냉방 | 2.0 ± 0.15 | 저전압 : 1.8V 미만 |
| 난방 | 3.5 ± 0.15 | 고전압 : 3.7V 초과 |

탈거 및 장착

[리어 온도 조절 액추에이터 (난방)]

1. 고전압 차단 절차를 수행한다.
   (히터 및 에어컨 장치 - "고전압 차단 절차" 참조)
2. 카울 크로스 바 어셈블리를 탈거한다.
   (바디 (내장 / 외장 / 전장) - "카울 크로스 바 어셈블리" 참조)
3. 장착 스크류를 풀고 리어 온도 조절 액추에이터(A)를 탈거한다.

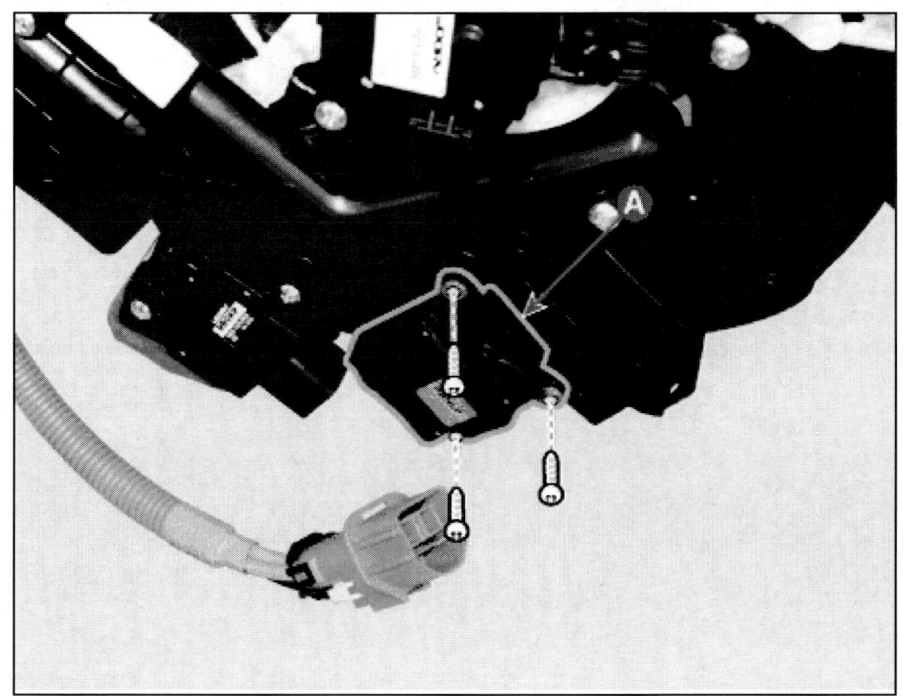

4. 장착은 탈거의 역순으로 진행한다.

[리어 온도 조절 액추에이터 (냉방)]

1. 고전압 차단 절차를 수행한다.
   (히터 및 에어컨 장치 - "고전압 차단 절차" 참조)
2. 카울 크로스 바 어셈블리를 탈거한다.
   (바디 (내장 / 외장 / 전장) - "카울 크로스 바 어셈블리" 참조)
3. 장착 스크류를 풀고 리어 온도 조절 액추에이터(A)를 탈거한다.

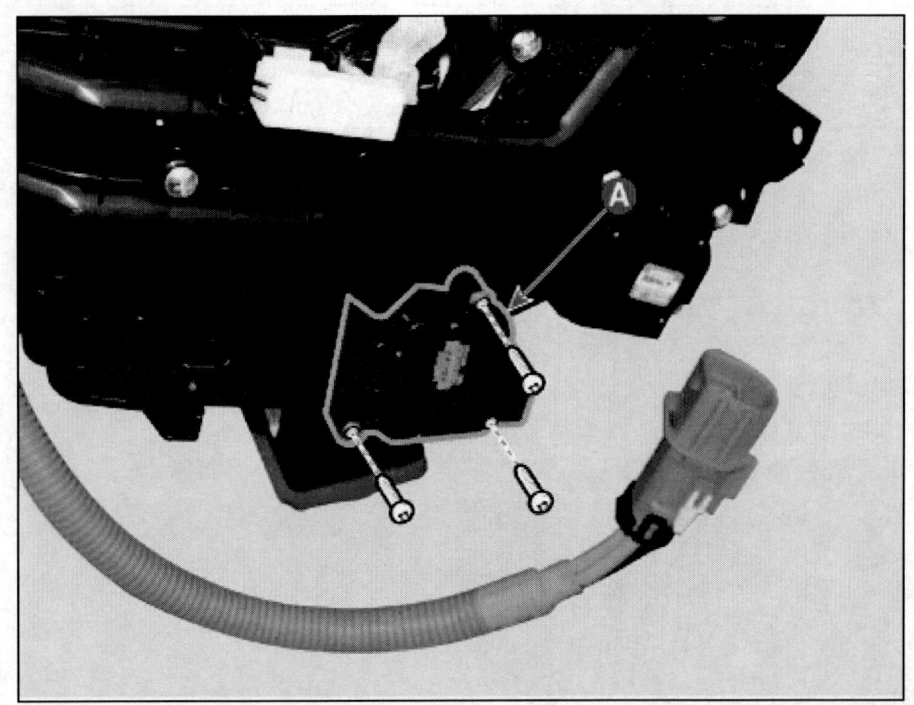

4. 장착은 탈거의 역순으로 진행한다.

오토 디포깅 액추에이터 탈장착

	작업	H/W	체결토크 (kgf.m)	SST/장비	케미컬	기타
•	탈거					
1	12V 배터리 (-) 터미널 분리 (차량 제어 시스템 - "보조 배터리 (12V)" 참조)	-	-	-	-	-
2	메인 크래쉬 패드 어셈블리를 탈거 (바디 (내장 / 외장 / 전장) - "메인 크래쉬 패드 어셈블리" 참조)	-	-	-	-	-
3	오토 디포깅 액추에이터 커넥터 분리	-	-	-	-	-
4	오토 디포깅 액추에이터 탈거	스크류	-	-	-	-
•	장착					
탈거의 역순으로 진행						-

개요

오토 디포깅 시스템은 김서림을 미리 감지해서 없애주는 시스템이다. 김서림을 센서가 감지해서, 외부공기유입이나 공조시스템을 알아서 작동시켜서 김이 서리지 않도록 해 주는 오토 디포깅 엑추에이터가 장착되어 있다.

점검

1. 점화 스위치를 OFF 한다.
2. 오토 디포깅 액추에이터 커넥터를 분리한다.
3. 전원 (+) 단자를 오토 디포깅 액추에이터 커넥터 3번 단자에 (-) 단자를 7번 단자에 접지 시키면서 모터가 디프 모드로 구동하는지 점검한다. 반대로 접속하였을 때 역 구동하는지 점검한다.

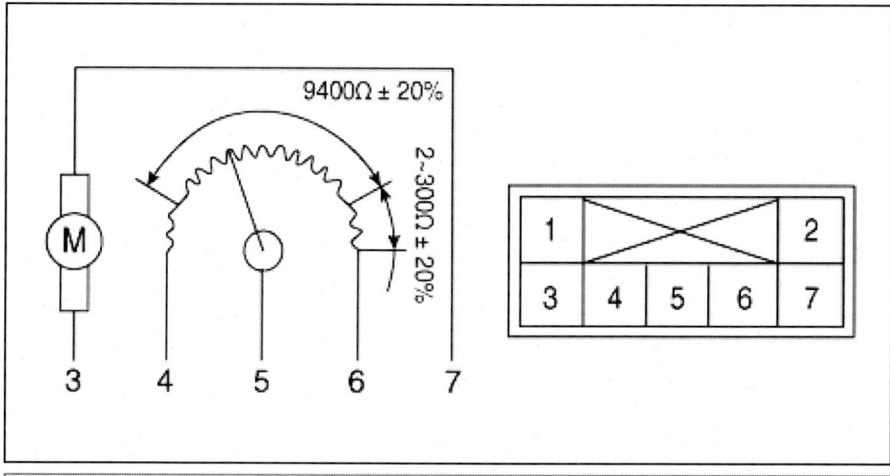

1. -	5. 피드백 신호
2. -	6. 센서 접지
3. DEF (닫힘)	7. DEF (열림)
4. 센서 전원(+5V)	

4. 오토 디포깅 액추에이터 커넥터를 연결한다.
5. 점화 스위치를 ON 한다.
6. 4-5번간 단자 전압을 측정한다.

도어 위치	전압	에러검출
DEF (ON)	1.65 ± 0.15 V	저전압 : 1.45V 미만
DEF (OFF)	4.5 ± 0.15 V	고전압 : 4.7V 초과

* 액추에이터의 현재 위치를 컨트롤에 피드백 한다.

7. 만약 측정 전압이 사양과 일치하지 않으면 정품의 오토 디포깅 액추에이터로 교체하여 작동을 확인한다.
8. 오토 디포깅 액추에이터 작동이 정상이면 오토 디포깅 액추에이터를 교환한다.

탈거 및 장착

1. 12V 배터리 (-) 터미널을 분리한다.
   (차량 제어 시스템 - "보조 배터리 (12V)" 참조)
2. 메인 크래쉬 패드 어셈블리를 탈거한다.
   (바디 (내장 / 외장 / 전장) - "메인 크래쉬 패드 어셈블리" 참조)
3. 커넥터를 해제하고 장착 스크류를 풀어 오토 디포깅 액추에이터(A)를 탈거한다.

4. 장착은 탈거의 역순으로 진행한다.

블로어 유닛 탈장착

	작업	H/W	체결토크 (kgf.m)	SST/장비	케미컬	기타
• 탈거						
1	고전압 차단 절차 수행	-	-	진단 기기	-	매뉴얼 참고
2	프런트 트렁크를 탈거 (바디 (내장 / 외장 / 전장) - "프런트 트렁크" 참조)	-	-	-	-	-
3	고전압 정션 블록을 탈거 (배터리 제어 시스템 - "고전압 정션 블록" 참조)	-	-	-	-	-
4	흡입 액추에이터 커넥터 분리	-	-	-	-	-
5	블로어 모터 커넥터 분리	-	-	-	-	-
6	블로어 유닛 탈거	너트	0.8 ~ 1.2	-	-	-
• 장착						
탈거의 역순으로 진행						-
• 부가기능						

- 전륜 모터 및 감속기 시스템 기밀점검 수행
  - 진단 기기 및 장비를 고전압 정션 블록 기밀 테스트 수행

부품위치

[1]

1. 블로어 유닛

탈거

> **⚠ 주 의**
> - 스크류 드라이버 또는 리무버로 탈거할때 부품이 손상되지 않도록 보호 테이프를 감아서 사용한다.
> - 손을 다치지 않도록 장갑을 착용한다.
> - 라인을 분리할 때는 즉시 플러그나 캡을 씌워 습기와 먼지로부터 시스템을 보호한다.

> **유 의**
> - 트림과 패널에 손상을 주지 않도록 주의한다.

1. 고전압 차단 절차를 수행한다.
   (히터 및 에어컨 장치 - "고전압 차단 절차" 참조)
2. 프런트 트렁크를 탈거한다.
   (바디 (내장 / 외장 / 전장) - "프런트 트렁크" 참조)
3. 고전압 정션 블록을 탈거한다.
   (배터리 제어 시스템 (EV Battery System) - "고전압 정션 블록"참조)
   (배터리 제어 시스템 (일반형) (배터리제어) - "고전압 정션 블록"참조)
4. 흡입 액추에이터 커넥터(A)와 블로어 모터 커넥터(B)를 분리하고 와이어링 클립을 탈거한다.

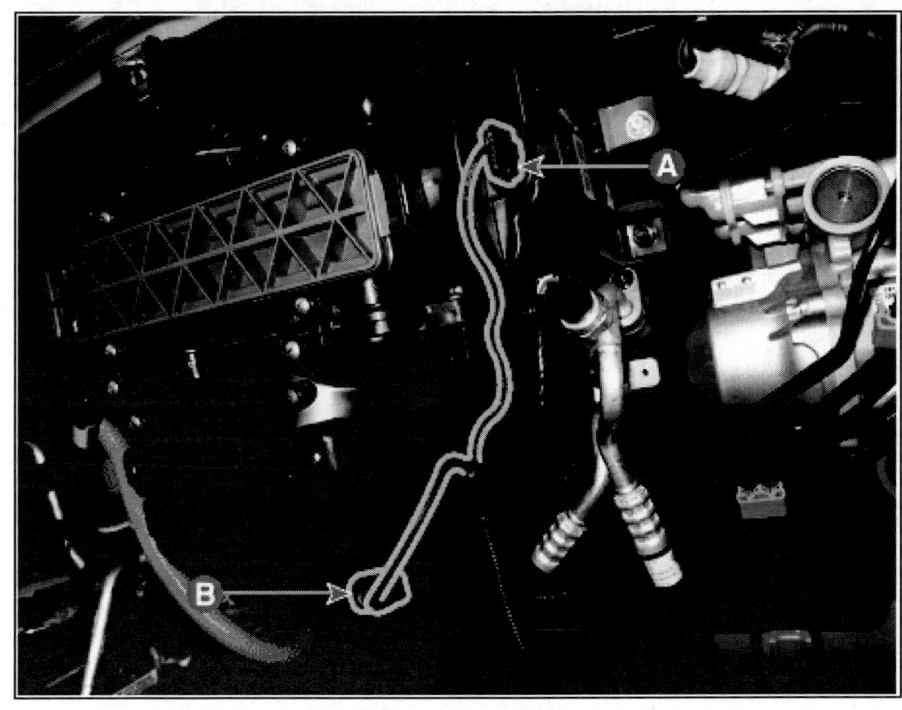

5. 장착 너트를 풀고 블로어 유닛 어셈블리(A)를 탈거한다.

체결 토크 : 0.8 ~ 1.2 kgf.m

2023 > 엔진 > 160kW > 히터 및 에어컨 장치 > 블로어 > 블로어 유닛 > 장착

장착

1. 장착은 탈거의 역순으로 진행한다.

   > **유 의**
   > - 커넥터를 확실히 조립한다.
   > - 손상된 클립은 교환한다.

블로어 모터 탈장착

작업		H/W	체결토크 (kgf.m)	SST/장비	케미컬	기타
• 탈거						
1	고전압 차단 절차 수행	-	-	진단 기기	-	매뉴얼 참고
2	로어 블로어 유닛을 탈거 (블로어 - "블로어 유닛" 참조)	-	-	-	-	-
3	로어 블로어 하우징 탈거	스크류	-	-	-	-
4	블로어 모터 탈거	스크류	-	-	-	-
• 장착						
탈거의 역순으로 진행						-

점검

1. IG OFF를 한다.
2. 블로어 모터 커넥터를 분리한다.
3. 1번 단자에 전압을 가하고, 4번 단자는 접지시켜 모터가 구동하는지 점검한다.

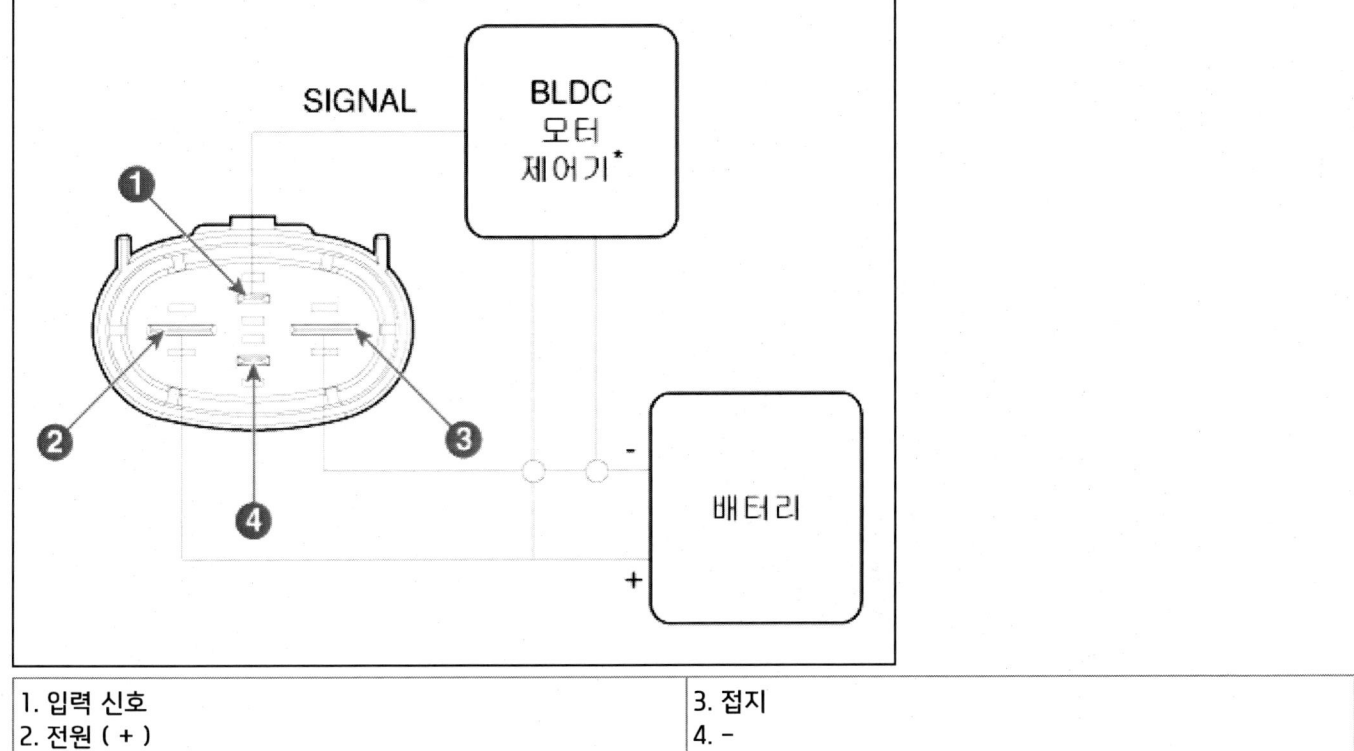

1. 입력 신호	3. 접지
2. 전원 (+)	4. -

4. 만약 기존 블로어 모터가 작동하지 않으면 신품 블로어 모터로 교환한다.

탈거 및 장착

1. 고전압 차단 절차를 수행한다.
   (히터 및 에어컨 장치 - "고전압 차단 절차" 참조)
2. 로어 블로어 유닛을 탈거한다.
   (블로어 - "블로어 유닛" 참조)
3. 장착 스크류를 풀고 로어 블로어 하우징(A)을 탈거한다.

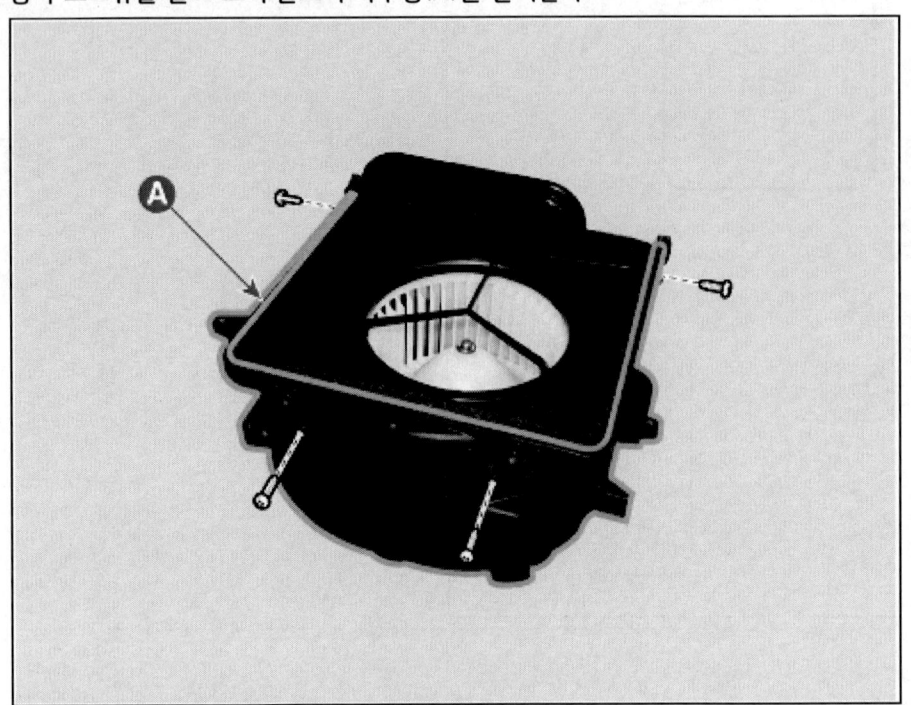

4. 장착 스크류를 풀고 블로어 모터(A)를 탈거한다.

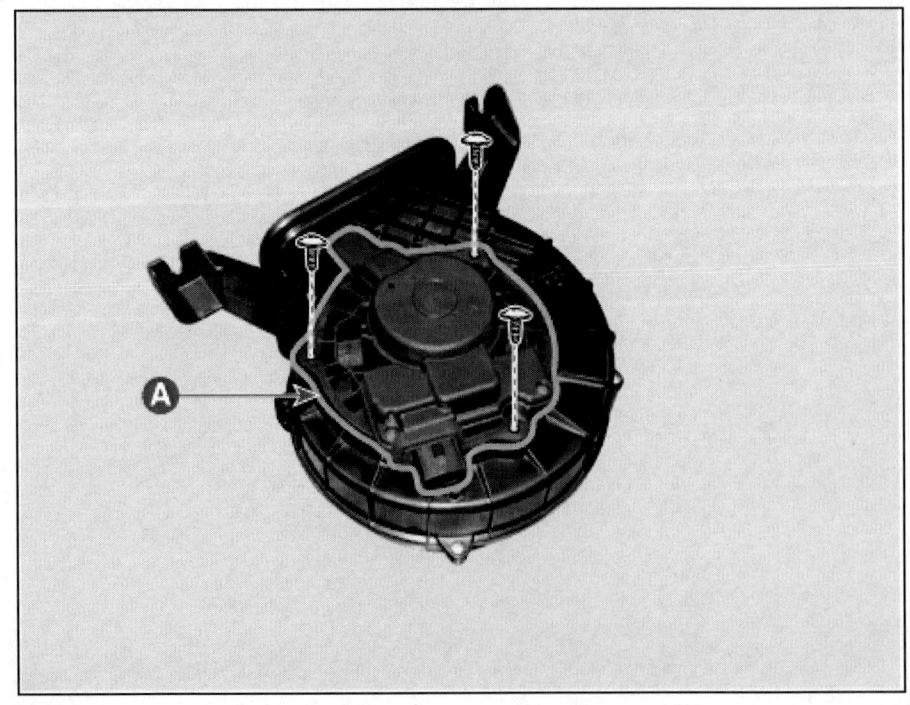

5. 장착은 탈거의 역순으로 진행한다.

공조 장치용 에어필터 탈장착

[2WD]

작업	H/W	체결토크 (kgf.m)	SST/장비	케미컬	기타
• 탈거					
1 서비스 커버 탈거	-	-	-	-	-
2 공조 장치용 에어 필터 커버 탈거	-	-	-	-	-
3 공조 장치용 에어 필터 탈거	-	-	-	-	-
• 장착					
탈거의 역순으로 진행					-

[4WD]

작업	H/W	체결토크 (kgf.m)	SST/장비	케미컬	기타
• 탈거					
1 프런트 트렁크 매트 탈거	-	-	-	-	-
2 서비스 커버 탈거	-	-	-	-	-
3 공조 장치용 에어 필터 커버 탈거	-	-	-	-	-
4 공조 장치용 에어 필터 탈거	-	-	-	-	-
• 장착					
탈거의 역순으로 진행					-

2023 > 엔진 > 160kW > 히터 및 에어컨 장치 > 블로어 > 공조 장치용 에어필터 > 개요 및 작동원리

개요

공조 장치용 에어필터는 블로어 유닛에 장착되어 이물질 또는 냄새 등을 제거한다.

탈거

[2WD]

1. 서비스 커버(A)를 연다

2. 화살표 방향으로 필터 커버 노브를 눌러 공조 장치용 에어필터 커버(A)를 탈거한다.

3. 공조 장치용 에어필터(A)를 교환한다.

[4WD]
1. 프런트 트렁크 매트(A)를 탈거한다.

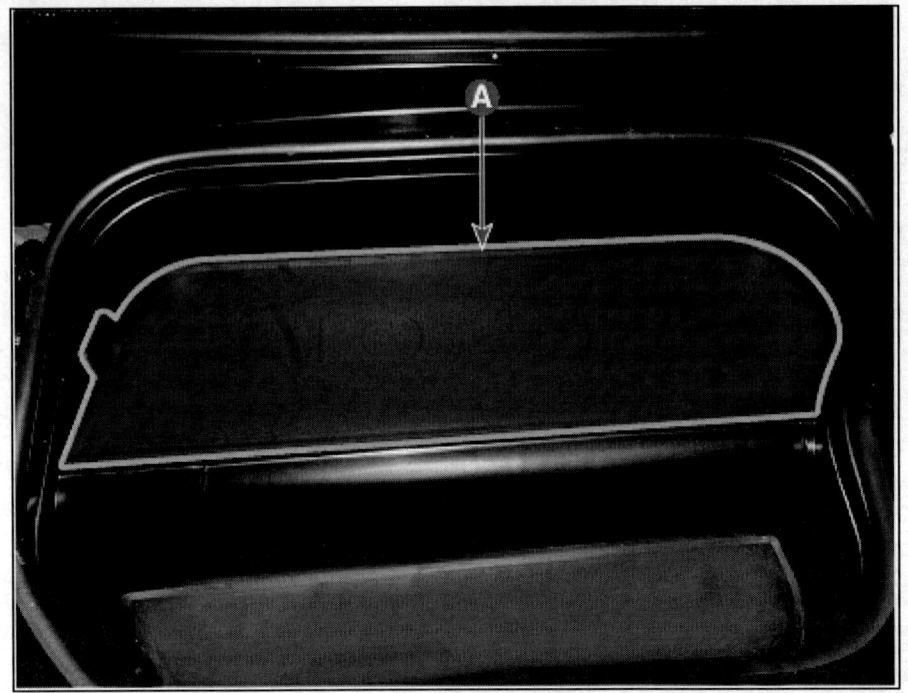

2. 서비스 커버(A)를 연다

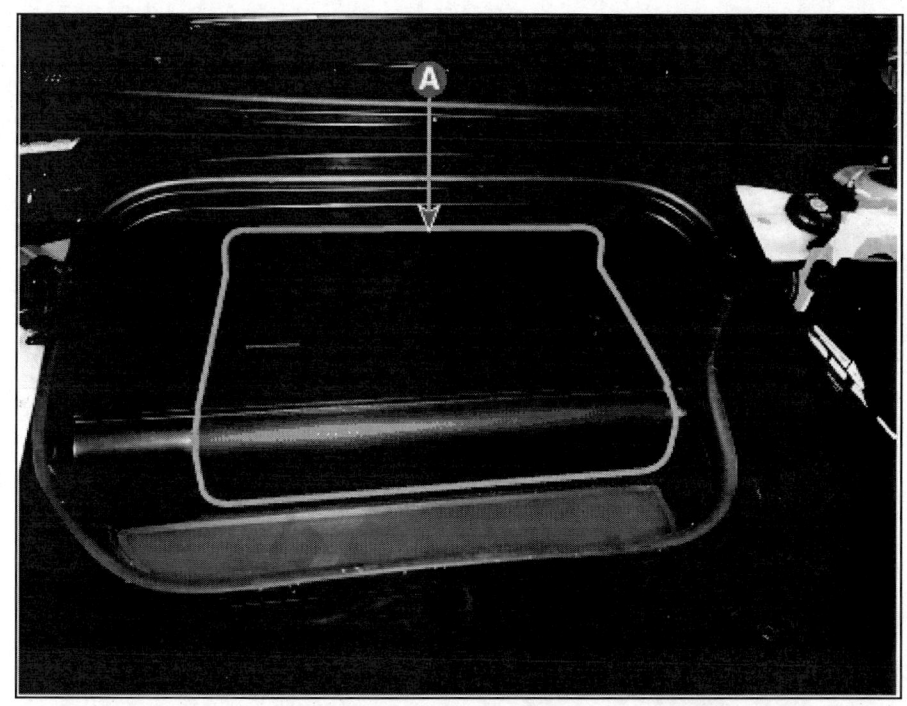

3. 스크류를 풀고 화살표 방향으로 필터 커버 노브를 눌러 공조 장치용 에어필터 커버(A)를 탈거한다.

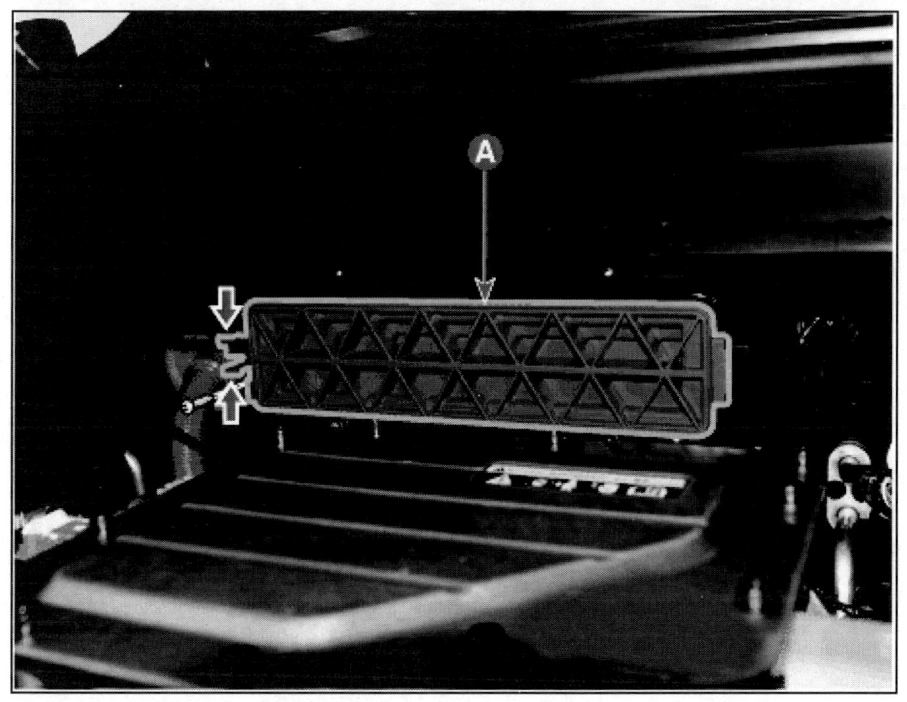

4. 공조 장치용 에어필터(A)를 교환한다.

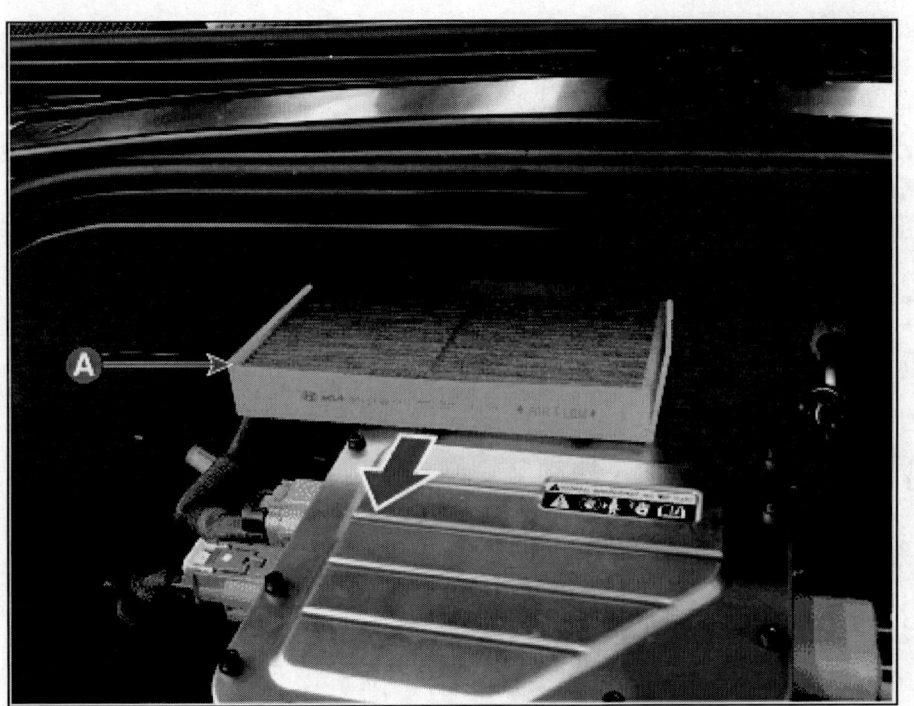

2023 > 엔진 > 160kW > 히터 및 에어컨 장치 > 블로어 > 공조 장치용 에어필터 > 장착

장착

1. 장착은 탈거의 역순으로 진행한다.

> **유 의**
>
> - 취급 설명서의 교환 주기에 맞춰 공조용 에어필터를 교환한다.
> - 대기 오염이 심한 지역이나 도로 조건이 나빠서 매연 등이 많이 발생하는 지역 운행 시는 수시 점검 및 교환해 주어야 한다.

흡입 액추에이터 탈장착

작업		H/W	체결토크 (kgf.m)	SST/장비	케미컬	기타
• 탈거						
1	고전압 차단 절차 수행	-	-	진단 기기	-	매뉴얼 참고
2	어퍼 블로어 유닛을 탈거 (블로어 - "블로어 유닛" 참조)	-	-	-	-	-
3	어퍼 블로어 하우징 탈거	스크류	-	-	-	-
4	흡입 액추에이터 탈거	스크류	-	-	-	-
• 장착						
탈거의 역순으로 진행						-

2023 > 엔진 > 160kW > 히터 및 에어컨 장치 > 블로어 > 흡입 액추에이터 > 개요 및 작동원리

개요

흡입 액추에이터는 블로어 유닛에 장착되어 컨트롤 유닛의 신호에 따라 인테이크 도어를 조절한다.
실내/외기 선택 스위치를 누르면 실내 순환 또는 외기 유입 모드로 전환된다.

2023 > 엔진 > 160kW > 히터 및 에어컨 장치 > 블로어 > 흡입 액추에이터 > 구성부품 및 부품위치

부품위치

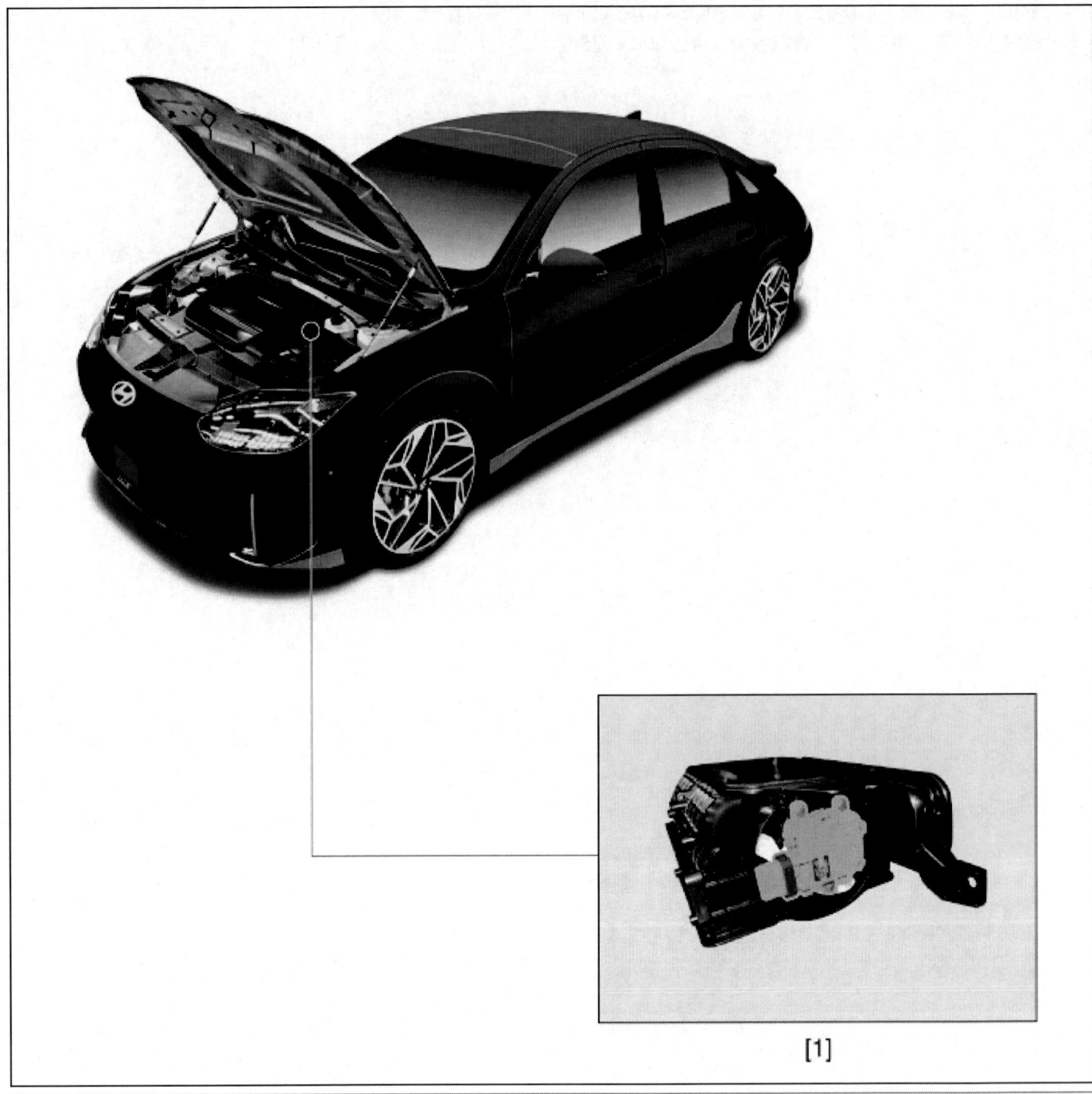

[1]

1. 흡입 액추에이터

점검

1. 점화 스위치를 OFF 한다.
2. 흡입 액추에이터 커넥터를 분리한다.
3. 전원 (+) 단자를 흡입 액추에이터 커넥터 1번 단자에 (-) 단자를 2단자에 접속하여 액추에이터가 외기 위치로 구동하는지 점검하고 반대로 접속하였을 때 역구동 하는지 점검한다.

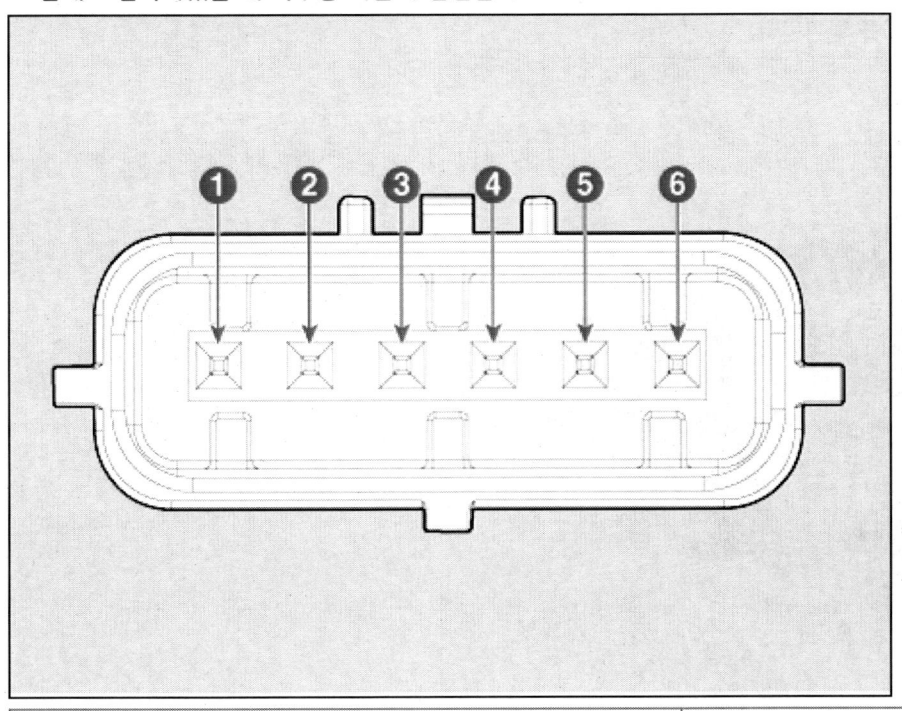

1. 내기	4. 센서 접지
2. 외기	5. 피드백 신호
3. -	6. 센서 전원 (+5V)

4. 흡입 액추에이터 커넥터를 연결한다.
5. 점화 스위치를 ON 한다.
6. 흡입 액추에이터 5-6번간 단자 전압을 측정 한다.

도어 위치	전압(V)	에러 검출
외기 유입	0.3 ± 0.15V	저전압 : 0.1V 미만
실내 순환	4.7 ± 0.15V	고전압 : 4.9V 초과

*액추에이터의 현재 위치를 컨트롤에 피드백한다.

7. 만약 측정 전압이 사양과 일치하지 않으면 정품의 흡입 액추에이터로 교체하여 작동을 확인한 후 교환한다.

2023 > 엔진 > 160kW > 히터 및 에어컨 장치 > 블로어 > 흡입 액추에이터 > 탈거 및 장착

탈거 및 장착

1. 고전압 차단 절차를 수행한다.
   (히터 및 에어컨 장치 - "고전압 차단 절차" 참조)
2. 어퍼 블로어 유닛을 탈거한다.
   (블로어 - "블로어 유닛" 참조)
3. 장착 스크류를 풀어 어퍼 블로어 하우징(A)를 탈거한다.

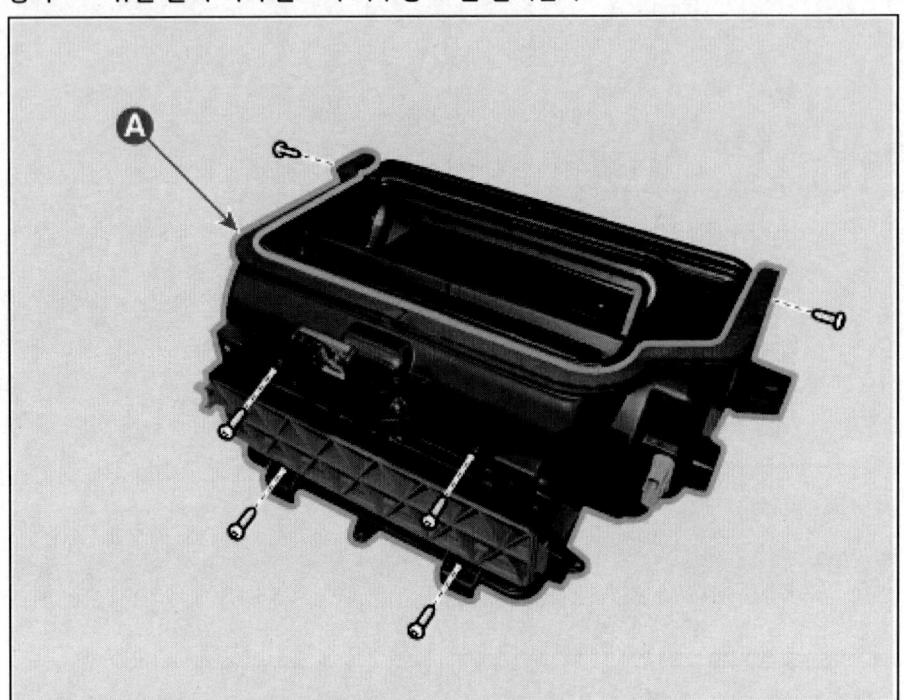

4. 장착 스크류를 풀어 흡입 액추에이터(A)를 탈거한다.

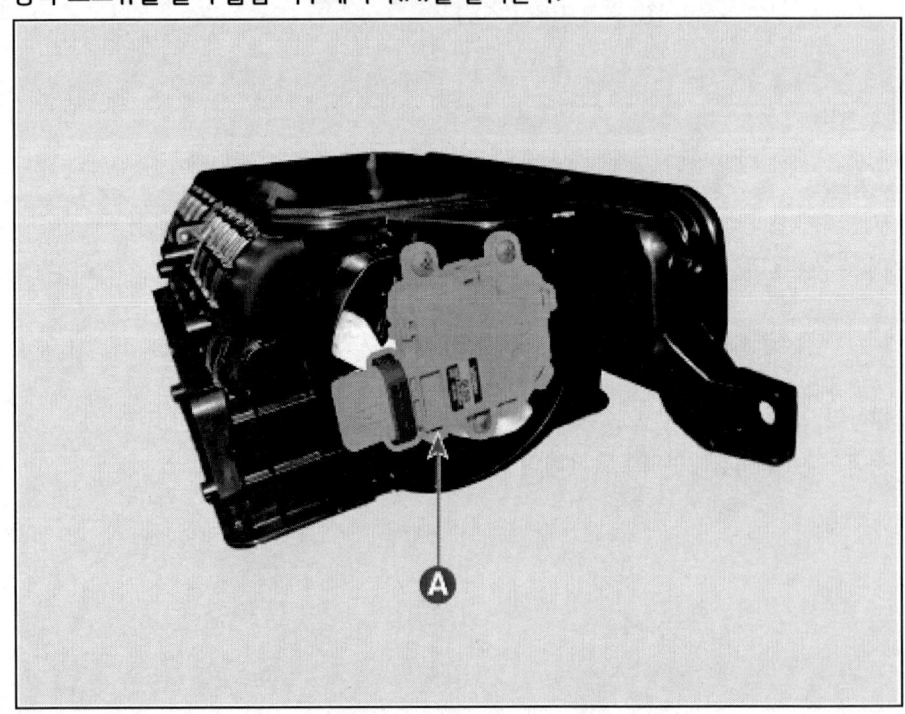

5. 장착은 탈거의 역순으로 진행한다.

개요 및 작동원리

히트 펌프의 구성은 냉매의 흐름을 전환하여 냉방, 난방이 가능하게 하는 기능을 한다.
이는 난방 시 배터리 소모를 최소화 하여 전기차의 주행거리를 향상시키는 역할을 한다.

[냉각모드 (에어컨 모드)]

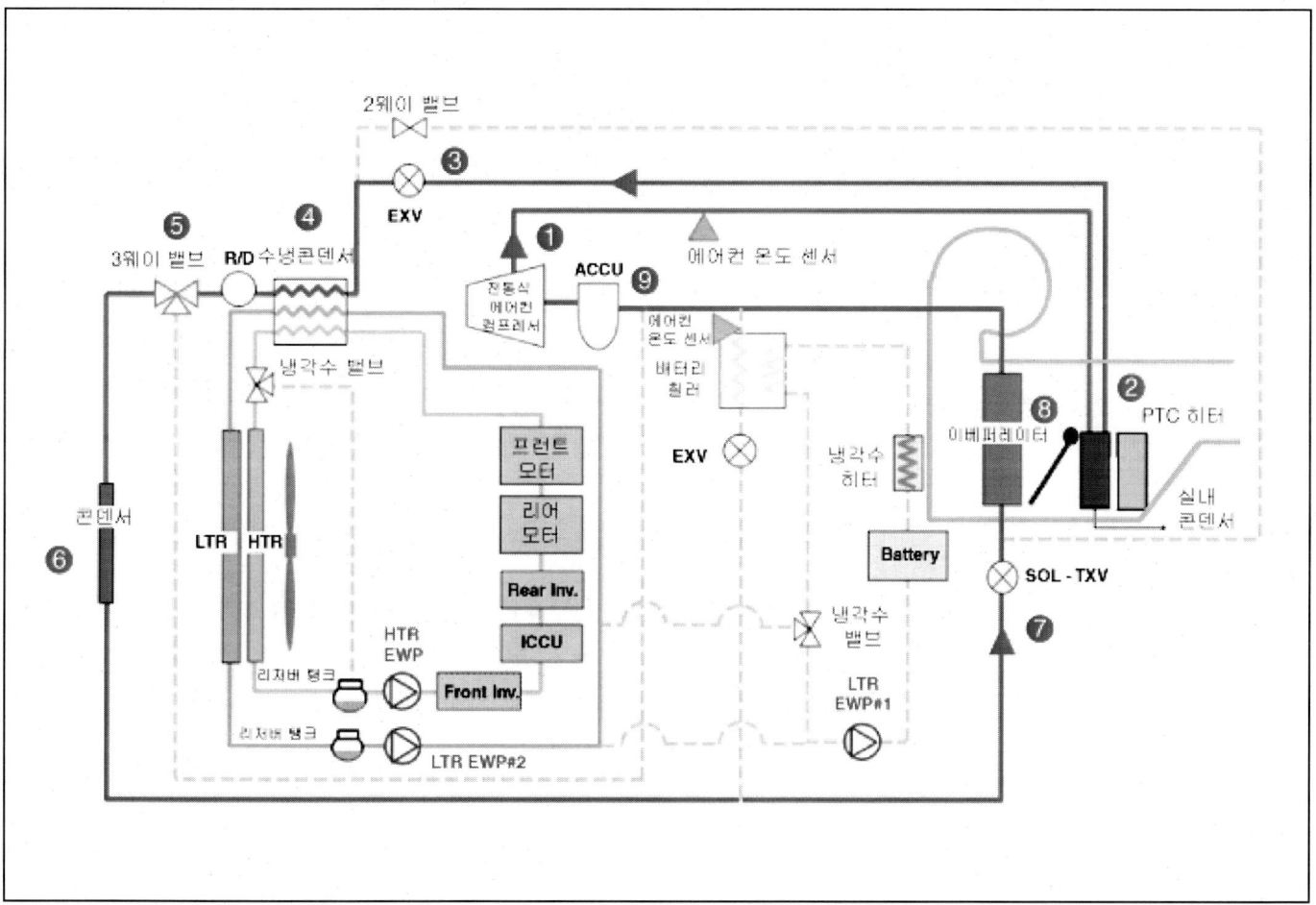

1. 전동식 에어컨 컴프레서 : 전동 모터로 구동 되어지면 저온 저압 가스 냉매를 고온 고압 가스로 만들어 실내 콘덴서로 보내진다.
2. PTC 히터 : 실내 난방을 위한 고전압 전기히터
3. EXV : 냉방모드에서는 냉매를 바이패스 시킨다.
4. 수냉콘덴서 & R/D : 고온 고압 가스 냉매를 응축시켜 고온 고압의 액상 냉매로 만든다.
5. 3웨이 밸브 : 냉매를 콘덴서로 이동하게 제어한다.
6. 콘덴서 : 수냉콘덴서 & R/D에서 응축한 냉매를 한번 더 응축시켜준다.
7. SOL-TXV : 고온 고압의 액상 냉매를 저온 저압으로 바꾸어주어 상변화에 용이하도록 한다.
8. 이베퍼레이터 : 냉매의 증발되는 효과를 이용하여 공기를 냉각한다.
9. 어큐뮬레이터 : 컴프레서로 기체 냉매만 유입될 수 있게 냉매의 기체/액체를 분리한다.

[냉각모드 (배터리 냉각 모드)]

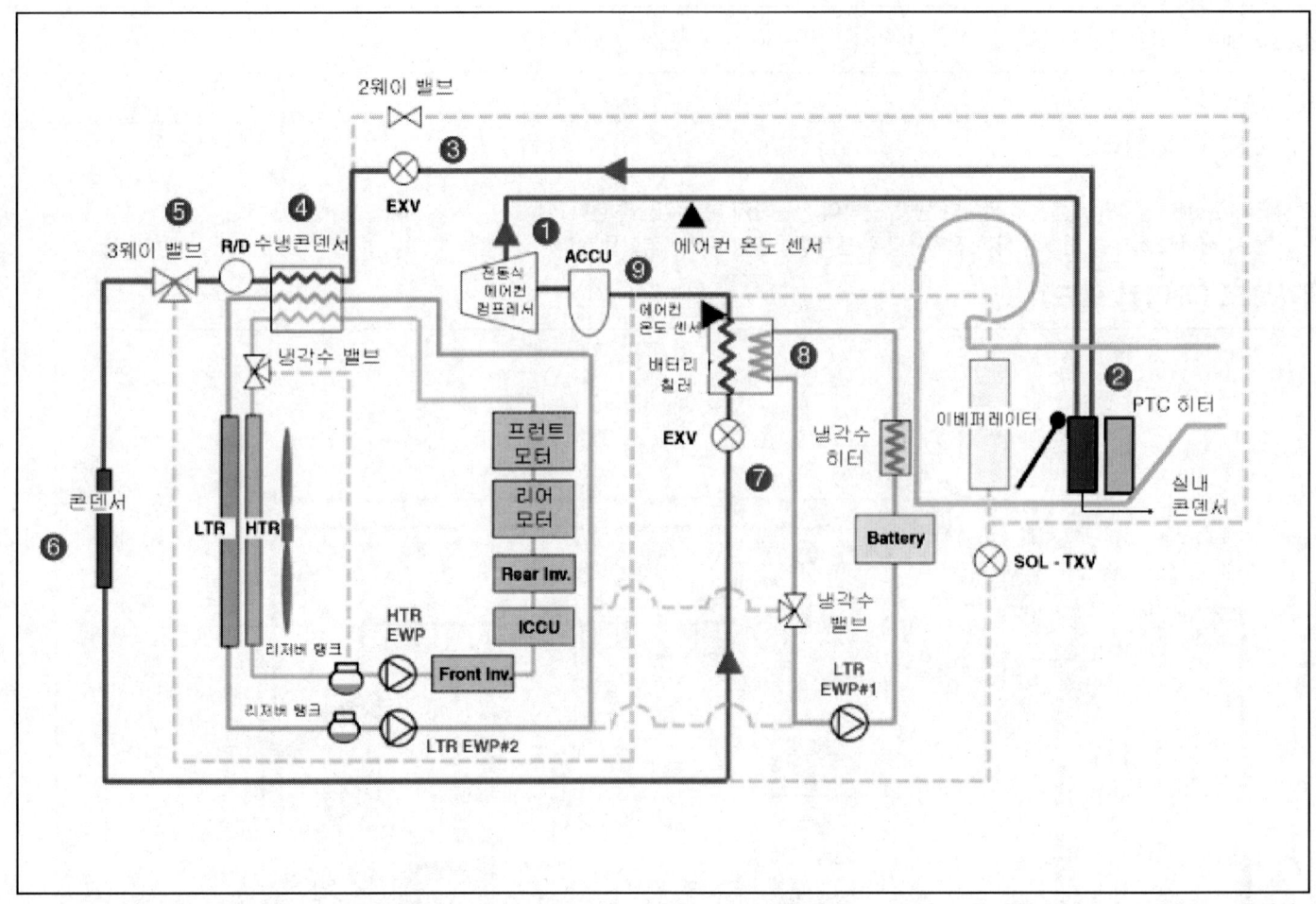

1. 전동식 에어컨 컴프레서 : 전동 모터로 구동 되어지면 저온 저압 가스 냉매를 고온 고압 가스로 만들어 실내 콘덴서로 보내진다.
2. PTC 히터 : 실내 난방을 위한 고전압 전기히터
3. EXV : 냉방모드에서는 냉매를 바이패스 시킨다.
4. 수냉콘덴서 & R/D : 고온 고압 가스 냉매를 응축시켜 고온 고압의 액상 냉매로 만든다.
5. 3웨이 밸브 : 냉매를 콘덴서로 이동하게 제어한다.
6. 콘덴서 : 수냉콘덴서 & R/D에서 응축한 냉매를 한번 더 응축시켜준다.
7. EXV : 고온 고압의 액상 냉매를 저온 저압으로 바꾸어주어 상변화에 용이하도록 한다.
8. 칠러 : 배터리 냉각수와 냉매가 열교환하여 냉각수 온도를 낮춘다
9. 어큐뮬레이터 : 컴프레서로 기체 냉매만 유입될 수 있게 냉매의 기체/액체를 분리한다.

[냉각 모드 (A/C + 배터리 냉각 모드)]

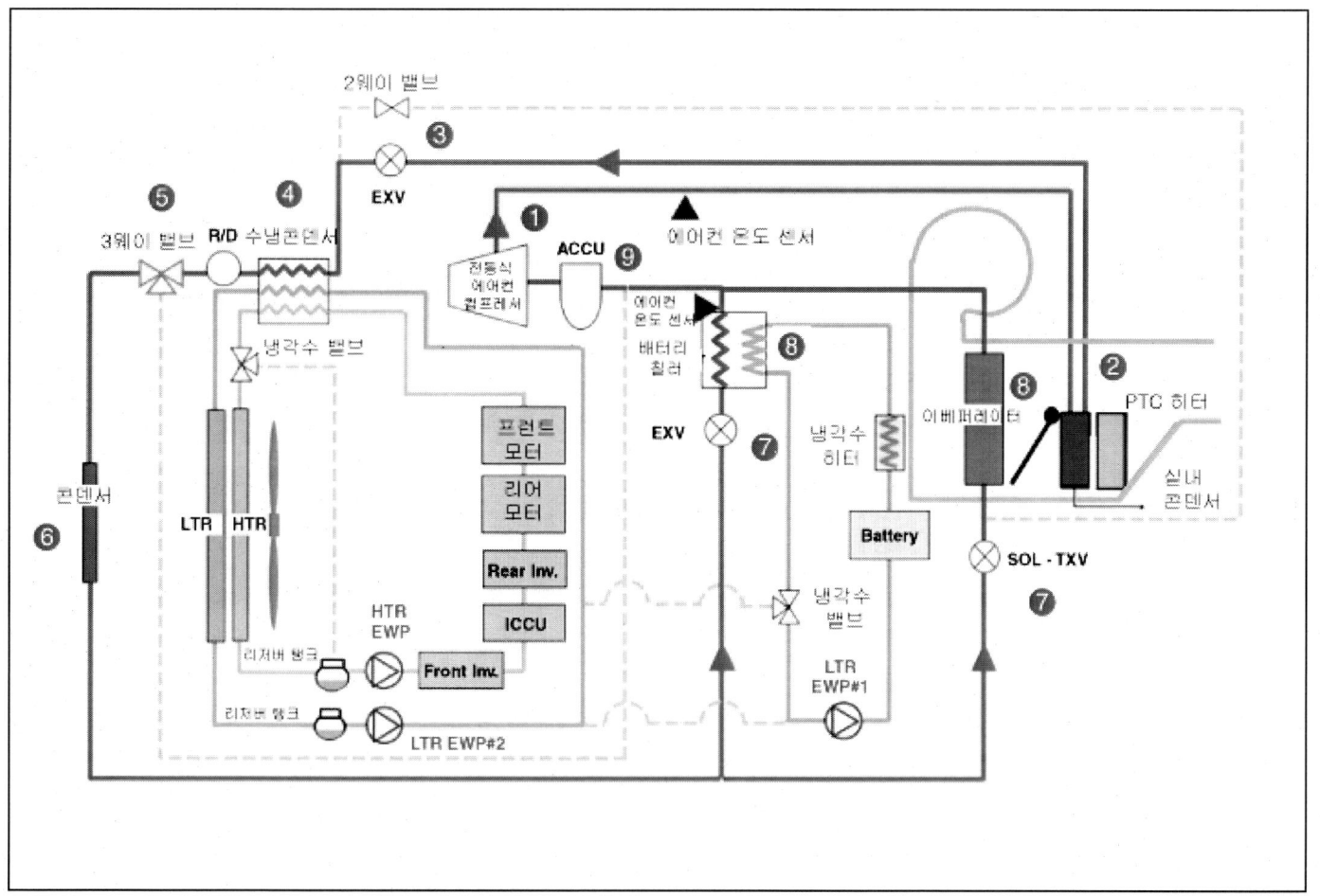

1. 전동식 에어컨 컴프레서 : 전동 모터로 구동 되어지면 저온 저압 가스 냉매를 고온 고압 가스로 만들어 실내 콘덴서로 보내진다.
2. PTC 히터 : 실내 난방을 위한 고전압 전기히터
3. EXV : 냉방모드에서는 냉매를 바이패스 시킨다.
4. 수냉콘덴서 & R/D : 고온 고압 가스 냉매를 응축시켜 고온 고압의 액상 냉매로 만든다.
5. 3웨이 밸브 : 냉매를 콘덴서로 이동하게 제어한다.
6. 콘덴서 : 수냉콘덴서 & R/D에서 응축한 냉매를 한번 더 응축시켜준다.
7. EXV : 고온 고압의 액상 냉매를 저온 저압으로 바꾸어주어 상변화에 용이하도록 한다. [배터리 냉각시 작동]
8. 이베퍼레이터 : 냉매의 증발되는 효과를 이용하여 공기를 냉각한다.
9. 어큐뮬레이터 : 컴프레서로 기체 냉매만 유입될 수 있게 냉매의 기체/액체를 분리한다.

[난방 모드(실내 난방 모드)]

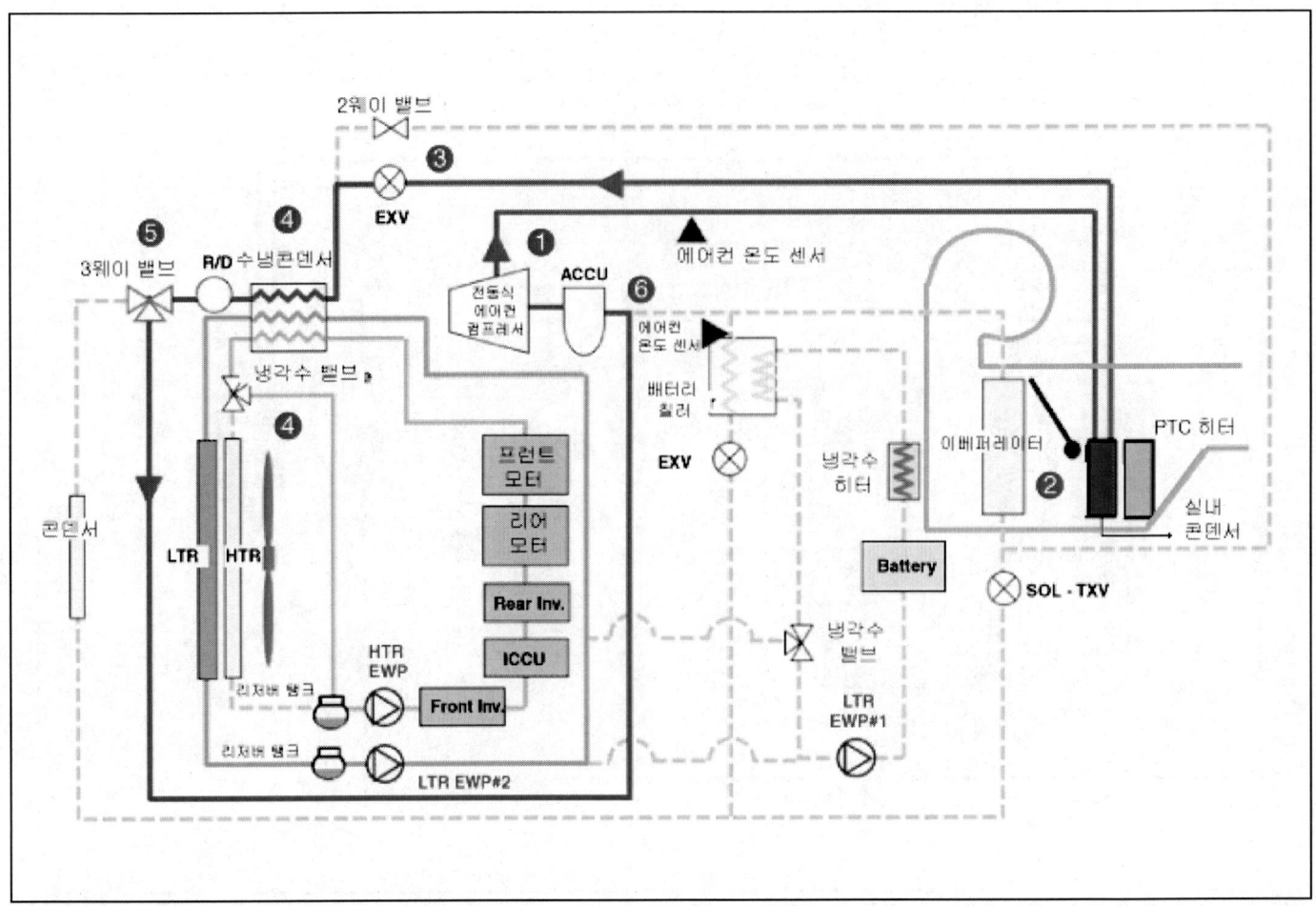

1. 전동식 에어컨 컴프레서 : 전동 모터로 구동 되어지면 저온 저압 가스 냉매를 고온 고압 가스로 만들어 실내 콘덴서로 보내진다.
2. 이베퍼레이터 : 냉매의 증발되는 효과를 이용하여 공기를 냉각한다.
3. EXV : 난방모드에서는 고온 고압의 액상 냉매를 저온 저압으로 바꾸어주어 상변화에 용이하도록 한다.
4. 수냉콘덴서 & R/D : 저온 저압의 액상 냉매를 저온 저압의 기상 냉매로 팽창시킨다.
5. 3웨이 밸브 : 냉매를 어큐뮬레이터로 이동하게 제어한다.
6. 어큐뮬레이터 : 컴프레서로 기체 냉매만 유입될 수 있게 냉매의 기체/액체를 분리한다.

[난방 모드(실내 난방 + 제습 모드)]

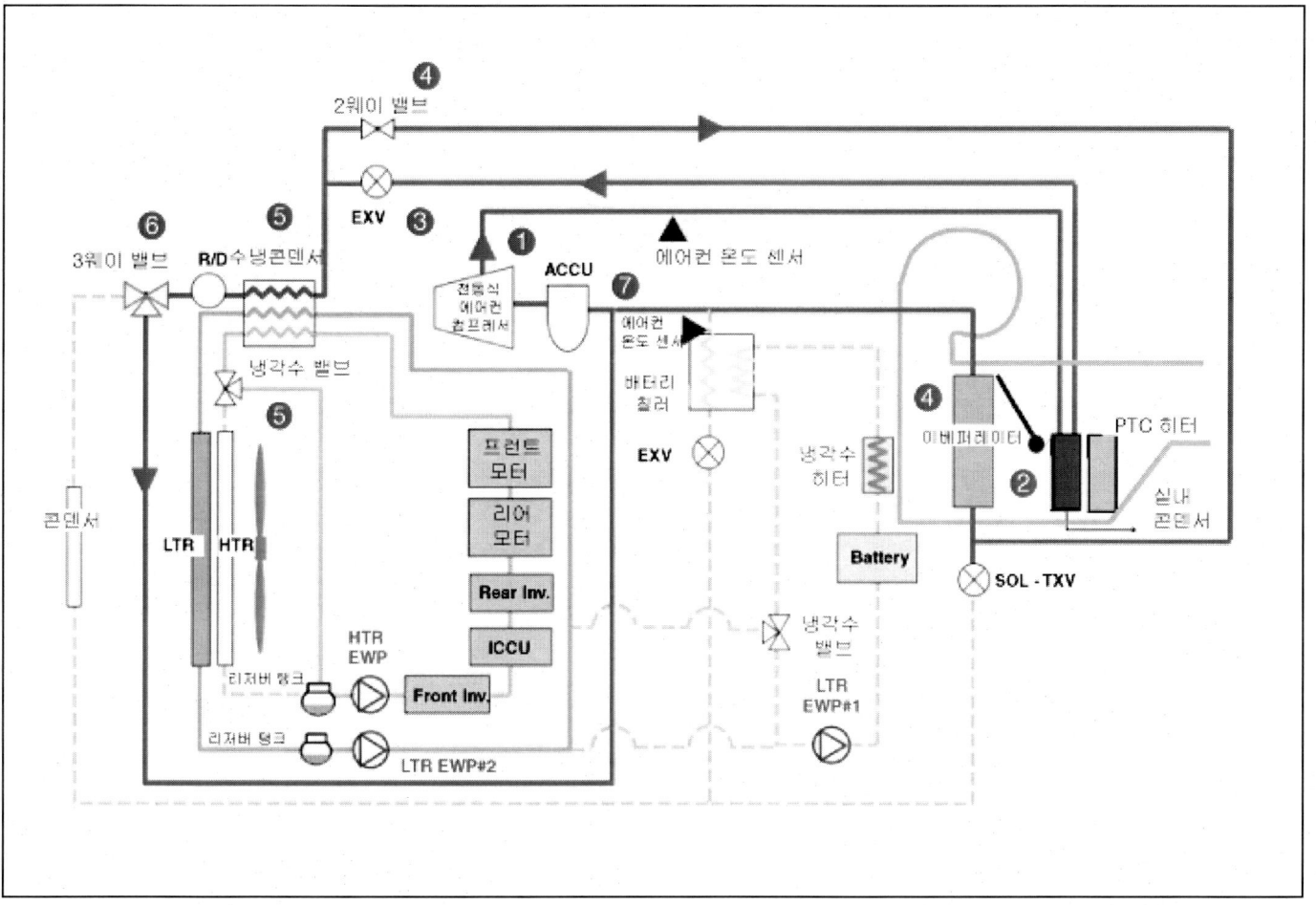

1. 전동식 에어컨 컴프레서 : 전동 모터로 구동 되어지면 저온 저압 가스 냉매를 고온 고압 가스로 만들어 실내 콘덴서로 보내진다.
2. 이베퍼레이터 : 냉매의 증발되는 효과를 이용하여 공기를 냉각한다.
3. EXV : 난방 모드에서는 고온 고압의 액상 냉매를 저온 저압으로 바꾸어주어 상변화에 용이하도록 한다.
4. 2웨이 밸브 : 저온 저압의 액상냉매를 에바퍼레이터로 흐르게 제어한다.
5. 수냉콘덴서 & R/D : 저온 저압의 액상 냉매를 저온 저압의 기상 냉매로 팽창시킨다.
6. 3웨이 밸브 : 냉매를 어큐뮬레이터로 이동하게 제어한다.
7. 어큐뮬레이터 : 컴프레서로 기체 냉매만 유입될 수 있게 냉매의 기체/액체를 분리한다.

냉매 방향 전환 밸브 탈장착

	작업	H/W	체결토크 (kgf.m)	SST/장비	케미컬	기타
• 탈거						
1	12V 배터리 (-) 터미널 분리 (차량 제어 시스템 - "보조 배터리 (12V)" 참조)	-	-	-	-	-
2	수냉 콘덴서를 탈거 (에어컨 - "수냉 콘덴서" 참조)	-	-	-	-	-
3	냉매 방향 전환 밸브를 수냉 콘덴서로부터 탈거	볼트	1.1 ~ 1.4	-	-	-
• 장착						
탈거의 역순으로 진행						-

부품위치

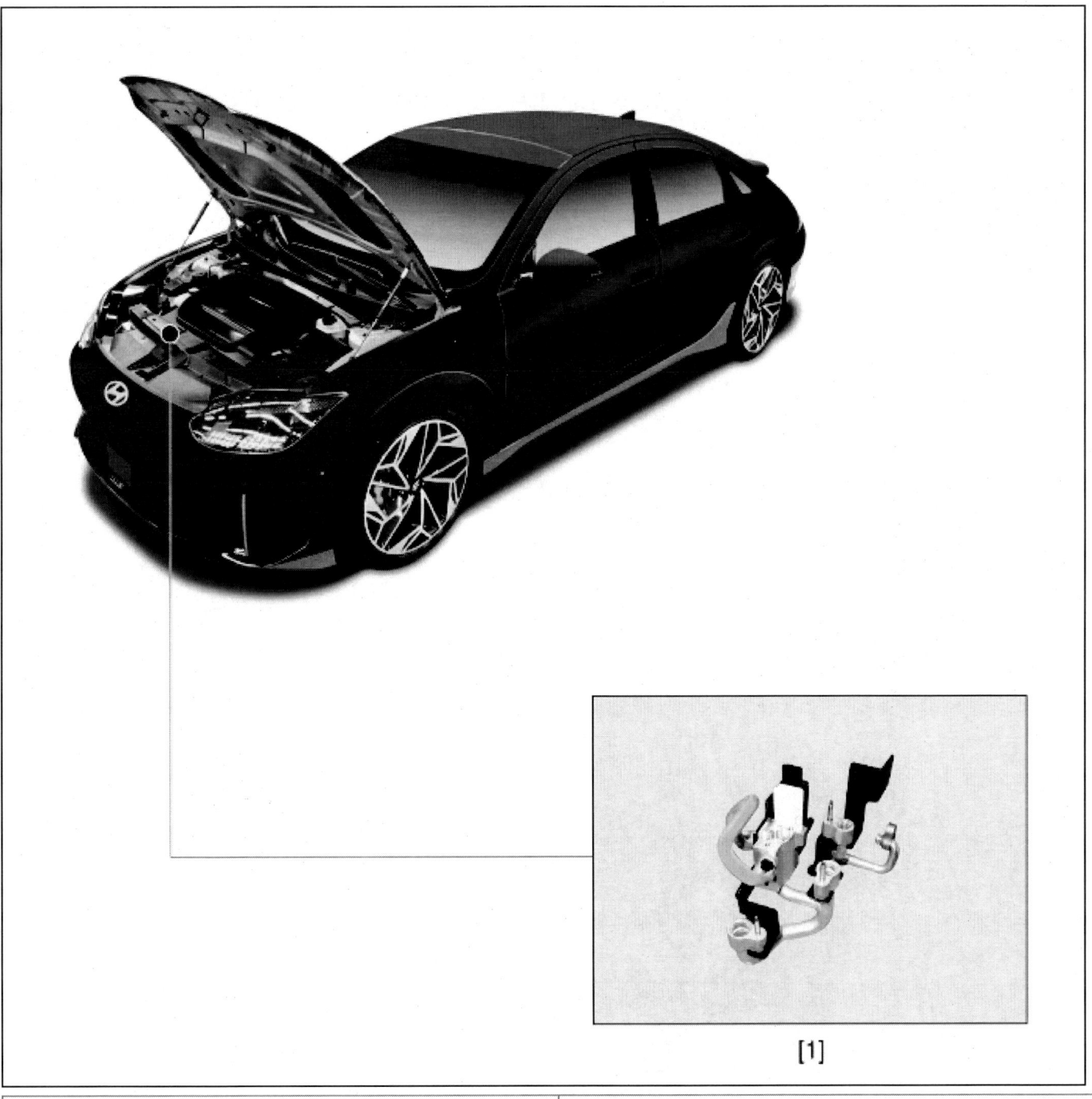

1. 냉매 방향 전환 밸브

2023 > 엔진 > 160kW > 히터 및 에어컨 장치 > 히트 펌프 > 냉매 방향 전환 밸브 > 탈거

탈거

> ⚠️ **주 의**
> - 스크류 드라이버 또는 리무버로 탈거할때 부품이 손상되지 않도록 보호 테이프를 감아서 사용한다.
> - 손을 다치지 않도록 장갑을 착용한다.
> - 라인을 분리할 때는 즉시 플러그나 캡을 씌워 습기와 먼지로부터 시스템을 보호한다.

> **유 의**
> - 트림과 패널에 손상을 주지 않도록 주의한다.

1. 12V 배터리 (-) 터미널을 분리한다.
   (차량 제어 시스템 - "보조 배터리 (12V)" 참조)
2. 수냉 콘덴서를 탈거한다.
   (에어컨 - "수냉 콘덴서" 참조)
3. 장착 볼트를 풀고 냉매 방향 전환 밸브(A)를 수냉 콘덴서로부터 탈거한다.

   체결 토크 : 1.1 ~ 1.4 kgf.m

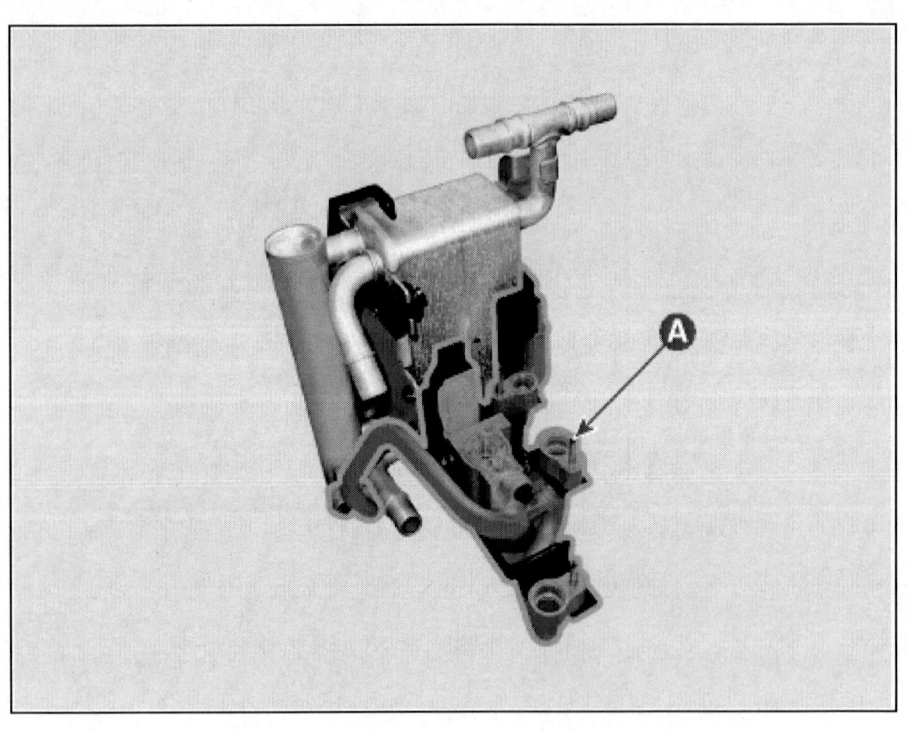

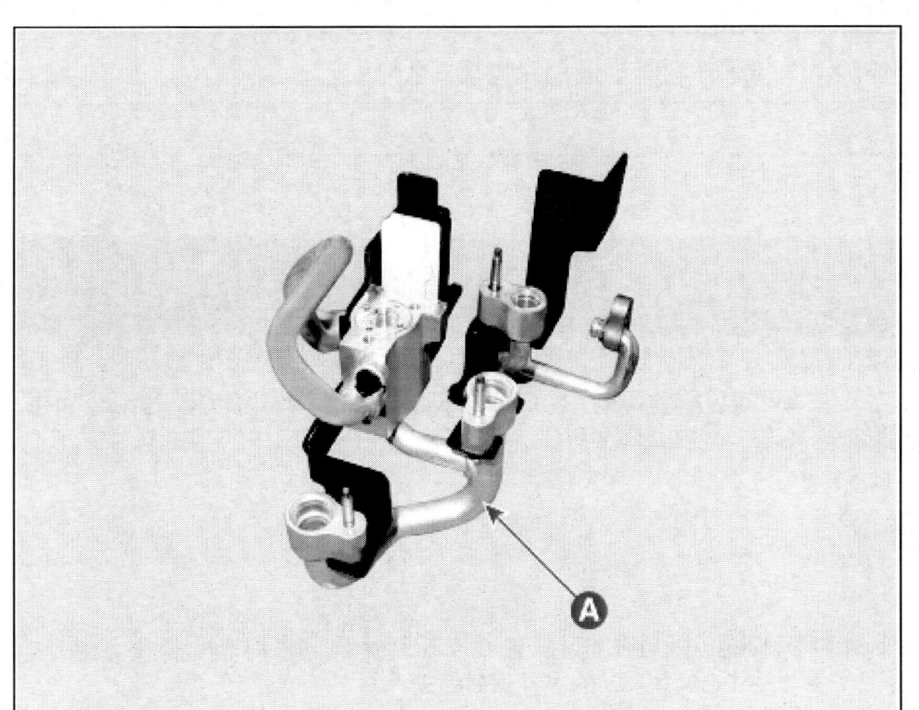

장착

1. 장착은 탈거의 역순이다.

   > **유 의**
   > - 각 연결부의 O-링은 새것으로 교환하고, 호스나 라인을 연결하기 전 O-링에 몇 방울의 컴프레서 오일(냉동유)을 바른다. R-1234yf의 누출을 피하기 위해서는 규정된 O-링을 사용한다.
   > - 시스템을 충전하고, 에어컨 성능을 테스트한다.

   > **⚠ 경 고**
   > - 반드시 전동식 컴프레서 전용의 냉매 회수/충전기를 이용하여 지정된 냉매(R-1234yf)와 냉동유(POE)를 주입한다. 일반 차량의 냉동유(PAG)가 혼입될 경우 컴프레서 손상 및 안전사고가 발생할 수 있다.

어큐뮬레이터 탈장착

	작업	H/W	체결토크 (kgf.m)	SST/장비	케미컬	기타
• 탈거						
1	12V 배터리 (-) 터미널 분리 (차량 제어 시스템 - "보조 배터리 (12V)" 참조)	-	-	-	-	-
2	프런트 트렁크를 탈거 (바디 (내장 / 외장 / 전장) - "프런트 트렁크" 참조)	-	-	-	-	-
3	회수/재생/충전기 냉매 회수	-	-	냉매 회수 장비	-	매뉴얼 참고
4	어큐뮬레이터 호스 및 석션 호스 분리	너트	0.9 ~ 1.4	-	-	-
5	어큐뮬레이터 탈거	볼트	0.7 ~ 1.2	-	-	-
• 장착						
탈거의 역순으로 진행						-

2023 > 엔진 > 160kW > 히터 및 에어컨 장치 > 히트 펌프 > 어큐뮬레이터 > 개요 및 작동원리

개요

컴프레서 측으로 기체 냉매만 유입될 수 있도록 냉매의 기체/액체를 분리 한다.

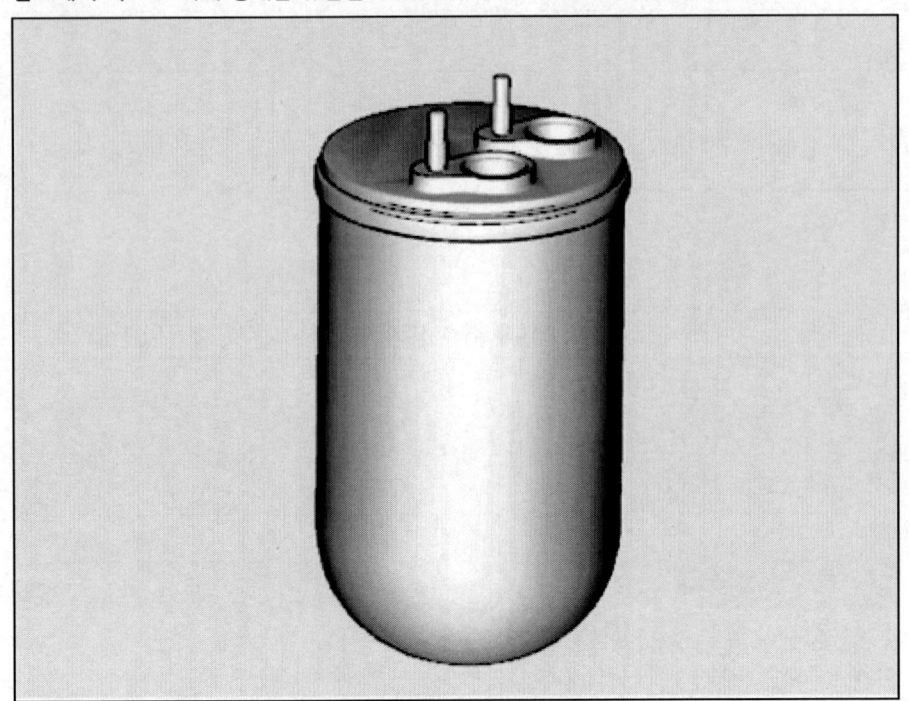

부품위치

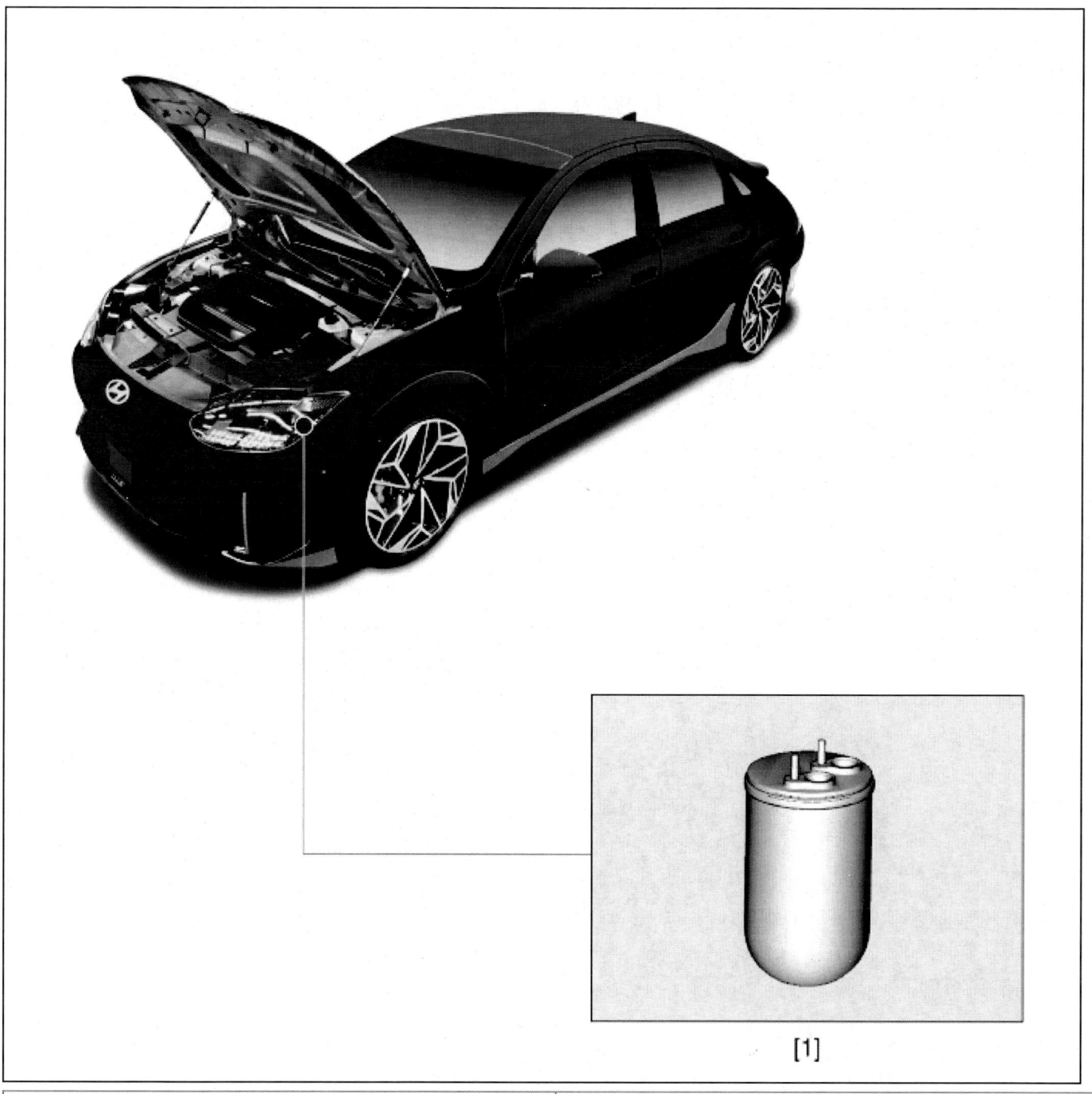

1. 어큐뮬레이터

2023 > 엔진 > 160kW > 히터 및 에어컨 장치 > 히트 펌프 > 어큐뮬레이터 > 탈거

탈거

> ⚠ **주 의**
> - 스크류 드라이버 또는 리무버로 탈거할때 부품이 손상되지 않도록 보호 테이프를 감아서 사용한다.
> - 손을 다치지 않도록 장갑을 착용한다.
> - 라인을 분리할 때는 즉시 플러그나 캡을 씌워 습기와 먼지로부터 시스템을 보호한다.

> **유 의**
> - 트림과 패널에 손상을 주지 않도록 주의한다.

1. 12V 배터리 (-) 터미널을 분리한다.
   (차량 제어 시스템 - "보조 배터리 (12V)" 참조)
2. 프런트 트렁크를 탈거한다.
   (바디 (내장 / 외장 / 전장) - "프런트 트렁크" 참조)
3. 회수/재생/충전기로 냉매를 회수한다.
   (에어컨 - "냉매 회수/재생/충전/진공" 참조)
4. 너트를 풀어 어큐뮬레이터 호스(A)와 석션 호스(B)를 분리한다.

   체결 토크 : 0.9 ~ 1.4 kgf.m

5. 고정 브라켓 볼트를 풀어 어큐뮬레이터(A)를 탈거한다.

   체결 토크 : 0.7 ~ 1.2 kgf.m

장착

1. 장착은 탈거의 역순으로 진행한다.

> **유 의**
>
> - 단품 장착 시 규정 토크를 준수하여 장착한다.
> - 가스 누출 탐지기를 사용하여 냉매의 누출을 점검한다.
> - 냉각 시스템 안에 공기를 제거하고 냉매를 충전한다.

> ⚠ **경 고**
>
> - 반드시 전동식 컴프레서 전용의 냉매 회수/충전기를 이용하여 지정된 냉매(R-1234yf)와 냉동유(POE)를 주입한다. 일반 차량의 냉동유(PAG)가 혼입될 경우 컴프레서 손상 및 안전사고가 발생할 수 있다.

히터 및 에어컨 컨트롤 유닛(DATC) 탈장착

작업		H/W	체결토크 (kgf.m)	SST/장비	케미컬	기타
• 탈거						
1	12V 배터리 (-) 터미널 분리 (차량 제어 시스템 - "보조 배터리 (12V)" 참조)	-	-	-	-	-
2	글러브 박스 하우징 커버를 탈거 (바디 (내장 / 외장 / 전장) - "글러브 박스 하우징 커버" 참조)	-	-	-	-	-
3	히터 & 에어컨 컨트롤 유닛 탈거	스크류	-	-	-	-
4	히터 & 에어컨 컨트롤 유닛 커넥터 분리	-	-	-	-	-
• 장착						
탈거의 역순으로 진행						-

2023 > 엔진 > 160kW > 히터 및 에어컨 장치 > 컨트롤러 > 히터 및 에어컨 컨트롤 유닛(DATC) > 구성부품 및 부품위치

부품위치

[1]

1. 히터 및 에어컨 컨트롤 유닛

커넥터 및 단자 정보

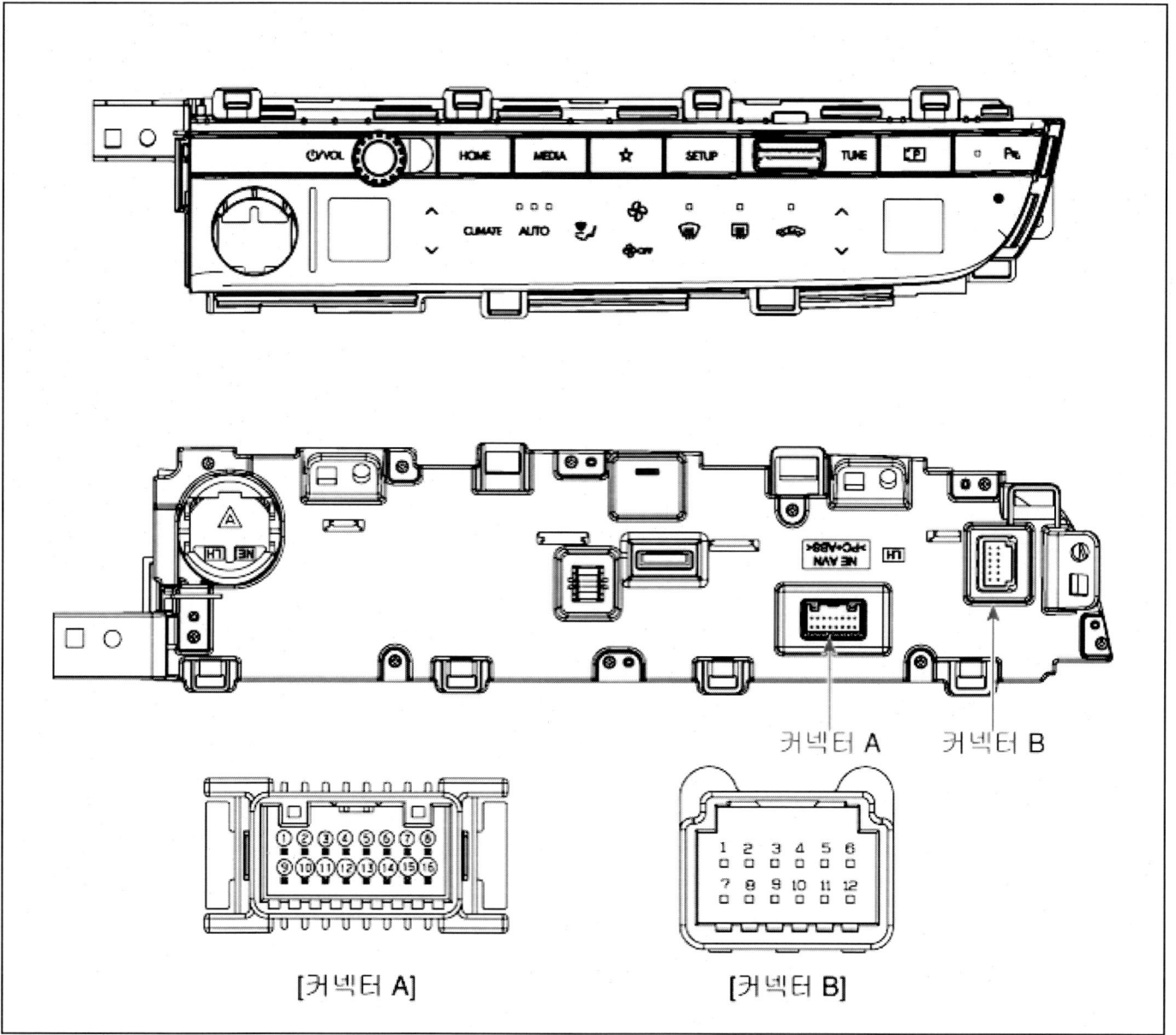

[커넥터 A] [커넥터 B]

커넥터 A

핀 번호	기능
1	-
2	접지
3	-
4	-
5	-
6	-
7	-
8	-
9	-
10	-
11	접지

12	PARK SW_Input
13	PDW SW_Input
14	PARK SW IND_Output
15	-
16	-

커넥터 B

핀 번호	기능
1	-
2	키보드 전원
3	ACC
4	-
5	조명 (-)
6	조명 (+)
7	HS M-CAN Low
8	HS M-CAN High
9	-
10	키보드 접지
11	-
12	RESET

탈거

> ⚠️ **주 의**
> - 손을 다치지 않도록 장갑을 착용한다.

> **유 의**
> - 리무버를 이용하여 탈거할 때 부품이 손상되지 않도록 주의한다.
> - 트림과 패널에 손상을 주지 않도록 주의한다.

1. 12V 배터리 (-) 터미널을 분리한다.
   (차량 제어 시스템 - "보조 배터리 (12V)" 참조)
2. 글러브 박스 하우징 커버를 탈거한다.
   (바디 (내장 / 외장 / 전장) - "글러브 박스 하우징 커버" 참조)
3. 장착 스크류를 풀고 히터 & 에어컨 컨트롤 유닛(A)를 탈거한다.

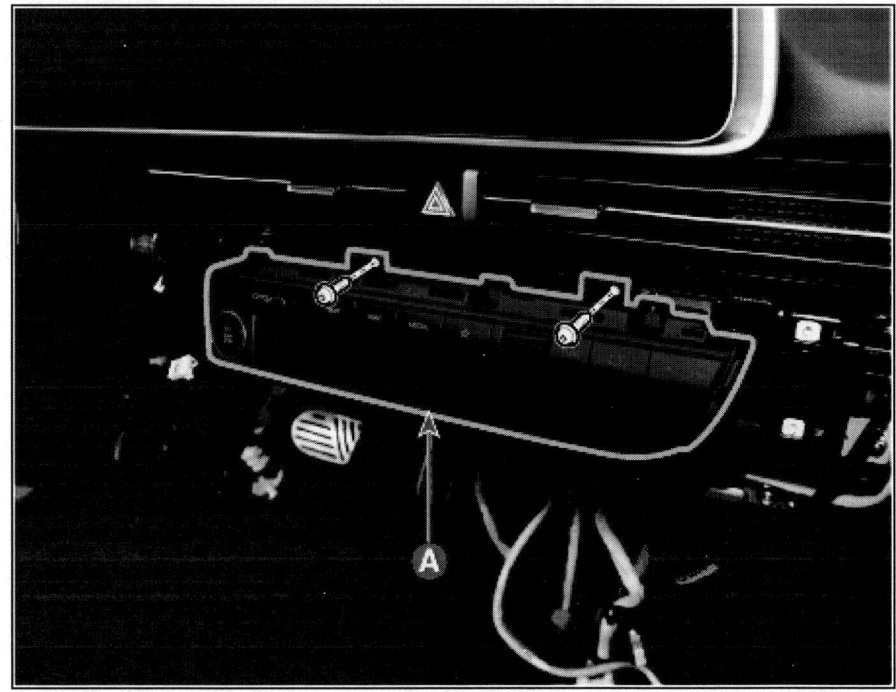

4. 커넥터(A)를 분리하고 오디오 & 키보드 어셈블리를 탈거한다.

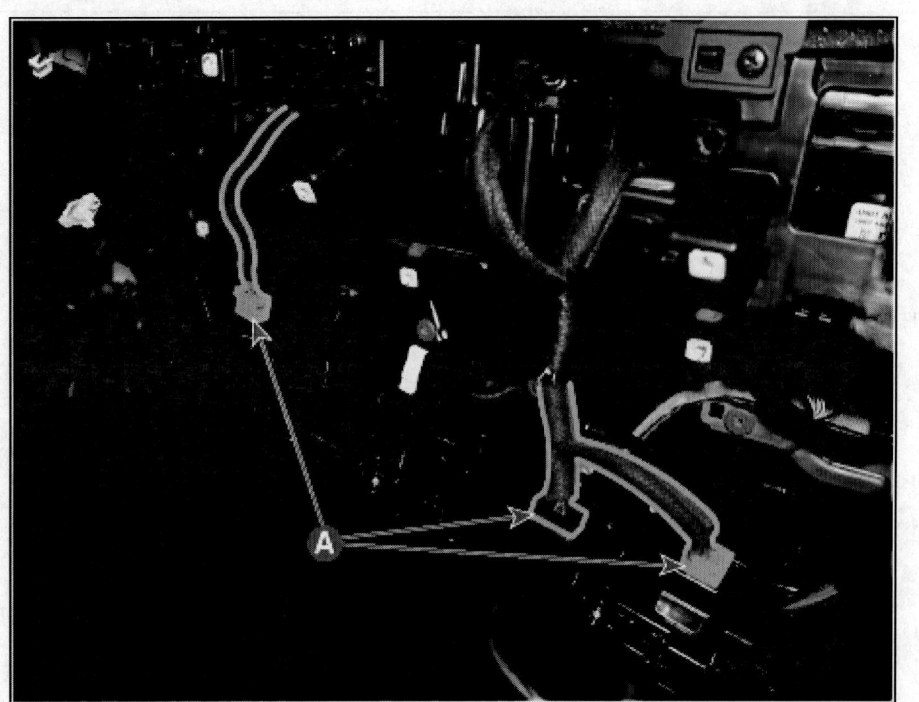

2023 > 엔진 > 160kW > 히터 및 에어컨 장치 > 컨트롤러 > 히터 및 에어컨 컨트롤 유닛(DATC) > 장착

장착

1. 장착은 탈거의 역순으로 진행한다.

   > **유 의**
   >
   > - 커넥터를 확실히 조립한다.
   > - 손상된 클립은 교환한다.

히터 컨트롤 유닛 탈장착

작업	H/W	체결토크 (kgf.m)	SST/장비	케미컬	기타
• 탈거					
1	12V 배터리 (-) 터미널 분리 (차량 제어 시스템 - "보조 배터리 (12V)" 참조)	-	-	진단 기기	-	매뉴얼 참고
2	메인 크래쉬 패드 어셈블리를 탈거 (바디 (내장 / 외장 / 전장) - "메인 크래쉬 패드 어셈블리" 참조)	-	-	-	-	-
3	히터 컨트롤 유닛 커넥터 분리	-	-			
4	히터 컨트롤 유닛 탈거	스크류	-	-	-	-
• 장착					
탈거의 역순으로 진행					-

2023 > 엔신 > 160kW > 히터 및 에어컨 장치 > 컨트롤러 > 히터 컨트롤 유닛 > 구성부품 및 부품위치

부품위치

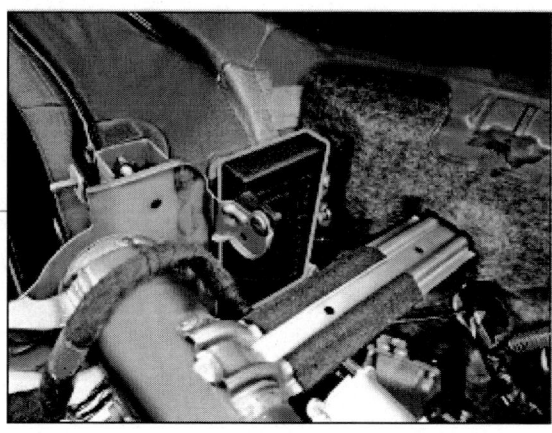

[1]

1. 히터 및 컨트롤 유닛

커넥터 및 단자 정보

히터 컨트롤 유닛

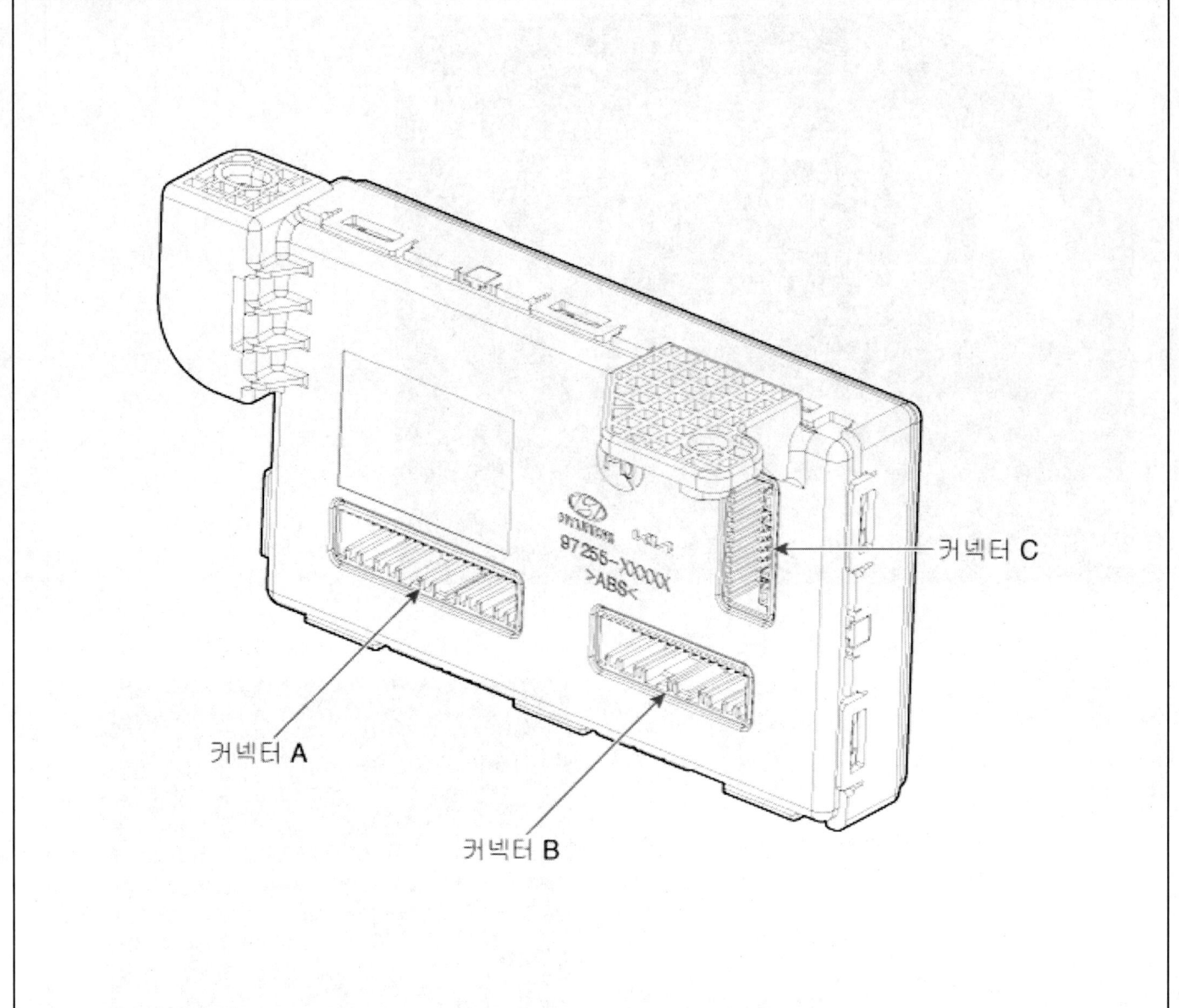

커넥터 A	핀 번호	기능	핀 번호	기능
	1	운전석 모드 조절 액추에이터 피드백	21	운전석 프런트 모드 조절 액추에이터 (벤트)
	2	흡입 액추에이터 피드백	22	운전석 프런트 모드 조절 액추에이터 (디프로스트)
	3	동승석 프런트 온도 조절 액추에이터 피드백	23	흡입 액추에이터 (외기)
	4	운전석 프런트 온도 조절 액추에이터 피드백	24	흡입 액추에이터 (내기)
	5	운전석 DEF 액추에이터 피드백	25	동승석 프런트 온도 조절 액추에이터 (냉방)
	6	콘솔 모드 액추에이터 피드백	26	동승석 프런트 온도 조절 액추에이터 (난방)
	7	-	27	운전석 프런트 온도 조절 액추에이터 (냉방)

	8	오토 디포깅 센서 SDA	28	운전석 프런트 온도 조절 액추에이터 (난방)
	9	오토 디포깅 센서 SCL	29	운전석 프런트 DEF 액추에이터 (DEF)
	10	오토 디포깅 센서 유리 온도 제어	30	운전석 프런트 DEF 액추에이터 (벤트)
	11	외기온도 센서 (+)	31	콘솔 모드 액추에이터 (리어 벤트)
	12	이베퍼레이터 온도센서 (+)	32	콘솔 모드 액추에이터 (리어 플로어)
	13	-	33	-
	14	-	34	E_CAN (Low)
	15	-	35	E_CAN (High)
	16	-	36	-
	17	-	37	Climate_CAN (High)
	18	동승석 프런트 모드 조절 액추에이터 (벤트)	38	Climate_CAN (Low)
	19	동승석 프런트 모드 조절 액추에이터 (디프로스트)	39	-
	20	동승석 프런트 모드 조절 액추에이터 피드백	40	접지

커넥터 B	핀 번호	기능	핀 번호	기능
	1	IGN 2	17	전원
	2	IGN 3	18	전원
	3	센서 REF (+5V)	19	POWER SOURCE #1
	4	-	20	-
	5	-	21	솔레노이드 TXV (EVAP)
	6	-	22	-
	7	-	23	LIN BUS #1 - REF. 밸브
	8	-	24	LIN BUS #2 - COOLANT 밸브
	9	포토센서(-)_좌측	25	LIN BUS #3 - PM 센서 (PM 센서 적용)
	10	포토센서(-)_우측	26	-
	11	인터락 (+)_ ECOMP	27	-
	12	인터락 (-)_ ECOMP	28	-
	13	-	29	-
	14	-	30	인카 센서 (+)
	15	-	31	블로어 릴레이
	16	센서 접지	32	접지

커넥터 C	핀 번호	기능	핀 번호	기능
	1	콘솔 온도 액추에이터 (냉방)	13	덕트 센서 (+)_DEF
	2	콘솔 온도 액추에이터 (난방)	14	운전석 프런트 덕트 센서 (+)_벤트

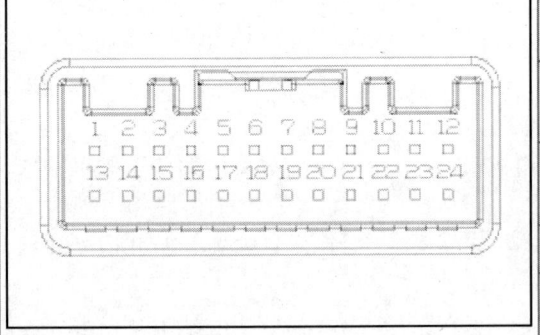

3	콘솔 온도 액추에이터 피드백	15	운전석 프런트 덕트 센서 (+)_플로어
4	-	16	동승석 프런트 덕트 센서 (+)_벤트
5	-	17	동승석 프런트 덕트 센서 (+)_플로어
6	-	18	-
7	리어 온도 액추에이터 (난방)	19	-
8	리어 온도 액추에이터 (냉방)	20	P SIGNAL - COMP OUT
9	리어 온도 액추에이터 피드백	21	P SIGNAL - B/CHILLER
10	-	22	T SIGNAL - COMP OUT
11	-	23	T SIGNAL - B/CHILLER
12	-	24	인카 모터 (-)

탈거 및 장착

1. 12V 배터리 (-) 터미널을 분리한다.
   (차량 제어 시스템 - "보조 배터리 (12V)" 참조)
2. 메인 크래쉬 패드 어셈블리를 탈거한다.
   (바디 (내장 / 외장 / 전장) - "메인 크래쉬 패드 어셈블리" 참조)
3. 히터 컨트롤 유닛 커넥터(A)를 분리한다.

4. 장착 너트를 풀고 히터 컨트롤 유닛(A)을 탈거한다.

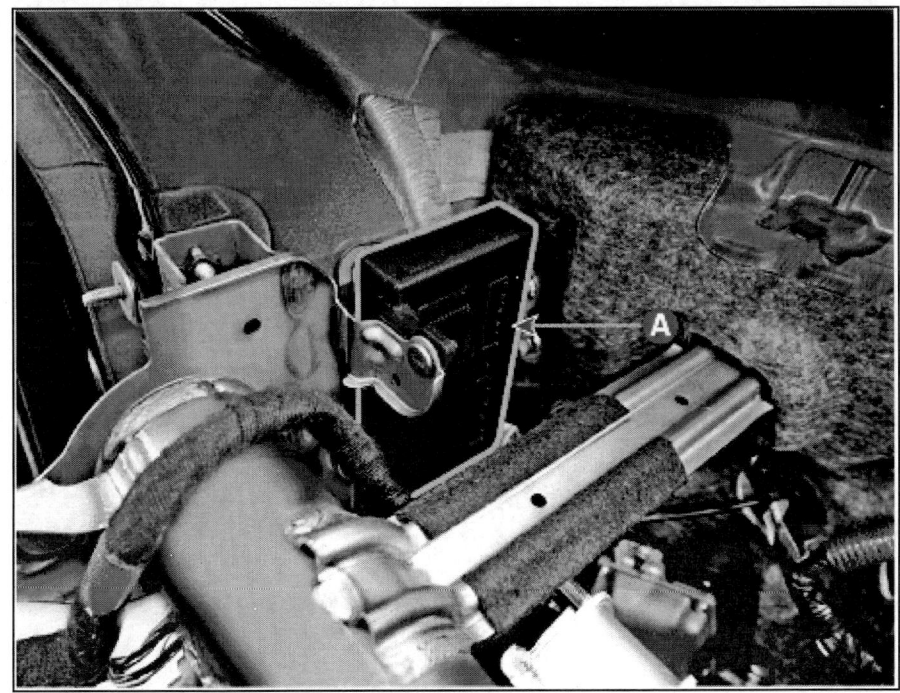

5. 장착은 탈거의 역순으로 진행한다.

첨단 운전자 보조 시스템(ADAS)

- 개요 및 작동원리 ································ 230
- 구성부품 및 부품위치 ······················ 232
- 특수 공구 ··· 235
- 운전자 주행 보조 시스템 ················· 237
- 운전자 주차 보조 시스템 ················· 349

개요

첨단 운전자 보조 시스템(ADAS : Advanced Driver Assistance Systems)은 차량의 외부환경 및 운전자 상태를 분석하여 주행 및 주차에 대한 시야 확보/화면 표시/가이드/경고/제어를 해주는 시스템이다.
각 기능의 점검 시 적용된 부품을 검사한다.
[●: 기본적용 ▲: 부분적용 -: 미적용]

항목	기능 명칭	전방 카메라	전방 레이더	전측방 레이더	후측방 레이더	ADAS_DRV
주행 안전	FCA 1.5	●	●	-	-	-
	FCA 2	●	●	●	●	●
	FCA-JT	●	●	-	-	-
	FCA-JC	●	●	●	●	●
	FCA-LO	●	●	●	●	●
	FCA-LS	●	●	●	●	●
	FCA w/ESA	●	●	●	●	●
	LKA	●	-	-	-	-
	BCA (주행-경고), BCA(출차)	-	-	-	●	●
	SEW	-	-	-	●	-
	ISLA	●	-	-	-	-
	DAW	●	-	-	-	-
	HBA	●	-	-	-	-
주행 편의	SCC w/S&G	●	●	-	-	●
	nSCC-Z/C/R	●	●	●(R)	●(R)	●(R)
	LFA	●	-	-	-	-
	HDA	●	●	-	-	-
	HDA 2	●	●	●	●	●

[●: 기본적용 ▲: 부분적용 -: 미적용]

항목	기능 명칭	초음파 센서	광각 카메라	ADAS_PRK
주행 안전	BVM	-	●	●
주차 안전	RVM	-	▲	-
	SVM	-	●	●
	RCCA	●	-	-
	PCA-F/S/R	●	▲	●

	PDW	●		●		●
주차 편의	RSPA 2	●		●		●

※ FCA 2: FCA-Car/Ped/Cyc/JT/JC/LO/LS, w/ESA, BCA (주행-제어)

> **ⓘ 참 고**
>
> - BCA, SEW, RCCA 경고를 위한 인디케이터가 장착된 사이드미러의 탈거 및 장착은 "사이드 미러 탈거 및 장착"을 참조하시기 바랍니다.
>   (바디 (내장 / 외장 / 전장) - "아웃사이드 미러 어셈블리" 참조)
>   (바디 (내장 / 외장 / 전장) - "디지털 사이드 미러 어셈블리" 참조)
> - SCC, nSCC, LFA, HDA 조작을 위한 스위치의 탈거 및 장착은 "스티어링 휠 리모컨 탈거 및 장착"을 참조하시기 바랍니다.
>   (바디 (내장 / 외장 / 전장) - "스티어링 휠 리모컨" 참조)
> - RVM, SVM, PDW, PCA, RSPA 조작을 위한 스위치 탈거 및 장착은 "오디오 & AVn 키보드 어셈블리 탈거 및 장착"을 참조하시기 바랍니다.
>   (바디 (내장 / 외장 / 전장) - "오디오 & AVn 키보드 어셈블리" 참조)

구분	기능 명칭	기능
주차 안전	주차 거리 경고-후방 PDW-R (Parking Distance Warning-Reverse)	후진 시 후방 장애물과의 거리 감지 및 단계별 경고
	주차 거리 경고-전방/후방 PDW-F/R (Parking Distance Warning-Forward/Reverse)	전/후진 시 전방/후방 장애물과의 거리 감지 및 단계별 경고
	주차 거리 경고-전방/후방/측방 PDW-F/S/R (Parking Distance Warning-Forward/Side/Reverse)	전/후진 시 전방/측방/후방 장애물과의 거리 감지 및 단계별 경고
	주차 충돌방지 보조-후방 PCA-R (Parking Collision-Avoidance Assist-Reverse)	후진 시 후방 장애물 인식 및 경고 또는 제동을 통한 충돌방지 보조
	주차 충돌방지 보조-전방/측방/후방 PCA-R (Parking Collision-Avoidance Assist-Forward/Side/Reverse)	전/후진 시 전방/측방/후방 장애물 인식 및 제동을 통한 충돌방지 보조
주차 편의	원격 스마트 주차 보조 RSPA (Remote Smart Parking Assist)	주차 공간 인식 및 저속 차량 제어를 통한 원격 스마트 주차/출차 보조 (원격제어: 스마트키 or 스마트폰 적용)
주행 안전	후측방 모니터 BVM (Blind-Spot View Monitor)	턴 시그널 조작 시 후측방 영상을 클러스터에 표시
주차 안전	후방 모니터 RVM (Rear View Monitor)	광각-후방카메라를 통해 차량 후방 영상을 내비게이션에 표시
	서라운드 뷰 모니터 SVM (Surround View Monitor)	광각-전방/좌측방/우측방/후방카메라를 통해 차량 주변 영상을 내비게이션에 표시

부품위치

[전면]

1. 전방 카메라	5. 광각-전방 카메라
2. 광각-측방 카메라	6. 전방 레이더
3. 전측방 레이더	7. 전측방 초음파 센서
4. 전방 초음파 센서	

[후면]

1. 광각-후방 카메라	3. 후측방 초음파 센서
2. 후측방 레이더	4. 후방 초음파 센서

[실내]

1. 운전자보조 주행 제어기 (ADAS_DRV 1.5)	

| 1. 운전자보조 주차 제어기 (ADAS_PRK) | |

2023 > 160kW > 첨단 운전자 보조 시스템(ADAS) > 특수 공구

특수공구

공구 명칭 / 번호	형상	용도
수직 측정기 09964-C1200		전방 카메라 자동 공차 보정시 좌우 기울기 측정에 사용 (09890-3V100 과 함께 사용, 수직 측정기 (09958-3T060) 보유시 미사용)
디지털 수평계 09958-3T100		전방 레이더 교정용수직 각도 측정시 사용
전방 레이더 보정 리플렉터 09964-C1100		전방 레이더 보정 시 사용
확장형 리플렉터 어뎁터 0K964-J5100		전방 레이더 보정 시 사용
삼각지지대 09964-C1300		전방 레이더 보정 리플렉터 또는 수직/수평 레이저 지지대

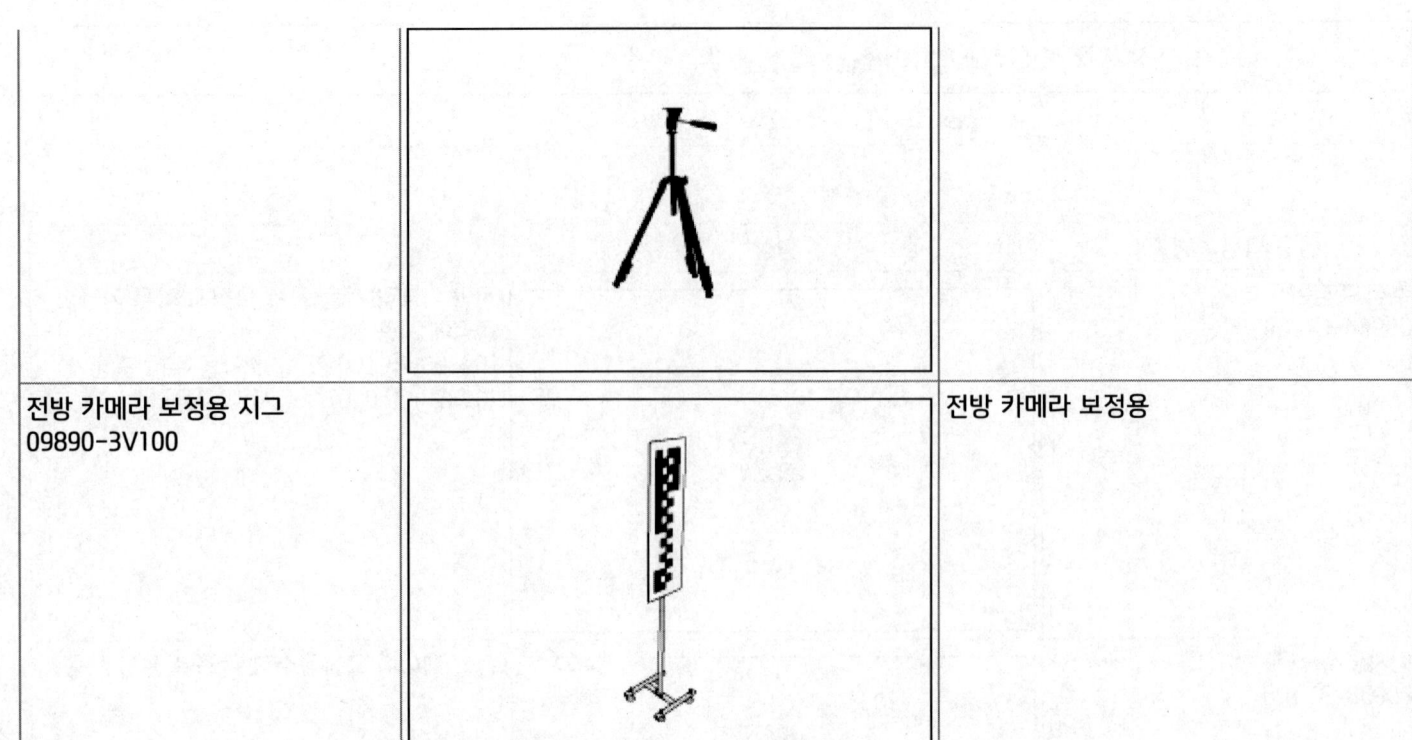

| 전방 카메라 보정용 지그
09890-3V100 | | 전방 카메라 보정용 |

2023 > 160kW > 첨단 운전자 보조 시스템(ADAS) > 운전자 주행 보조 시스템 > 전방 카메라 > 1 Page Guide Manual

전방 카메라 탈장착

	작업	H/W	체결토크 (kgf.m)	SST/장비	케미컬	기타
• 탈거						
1	12V 배터리 (-) 터미널 분리 (차량 제어 시스템 - "보조 배터리 (12V)"참조)	-	-	-	-	-
2	인사이드 미러 커넥터 보호 커버 탈거	-	-	-	-	-
3	멀티 센서 커버 탈거	-	-	-	-	-
4	전방 카메라 커넥터 분리	-	-	-	-	-
5	전방 카메라 탈거	-	-	-	-	-
• 장착						
탈거의 역순으로 진행						-

- **부가기능**
  - 진단기능
    - 진단 기기를 사용하여 베리언트 코딩 실시
    - 진단 기기를 사용하여 전방 카메라 보정 실시

2023 > 160kW > 첨단 운전자 보조 시스템(ADAS) > 운전자 주행 보조 시스템 > 전방 카메라 > 서비스 정보

서비스 정보

항목	제원
정격 전압(V)	12
작동 전압(V)	9 ~ 16
수량	1개

커넥터 및 단자 정보

커넥터

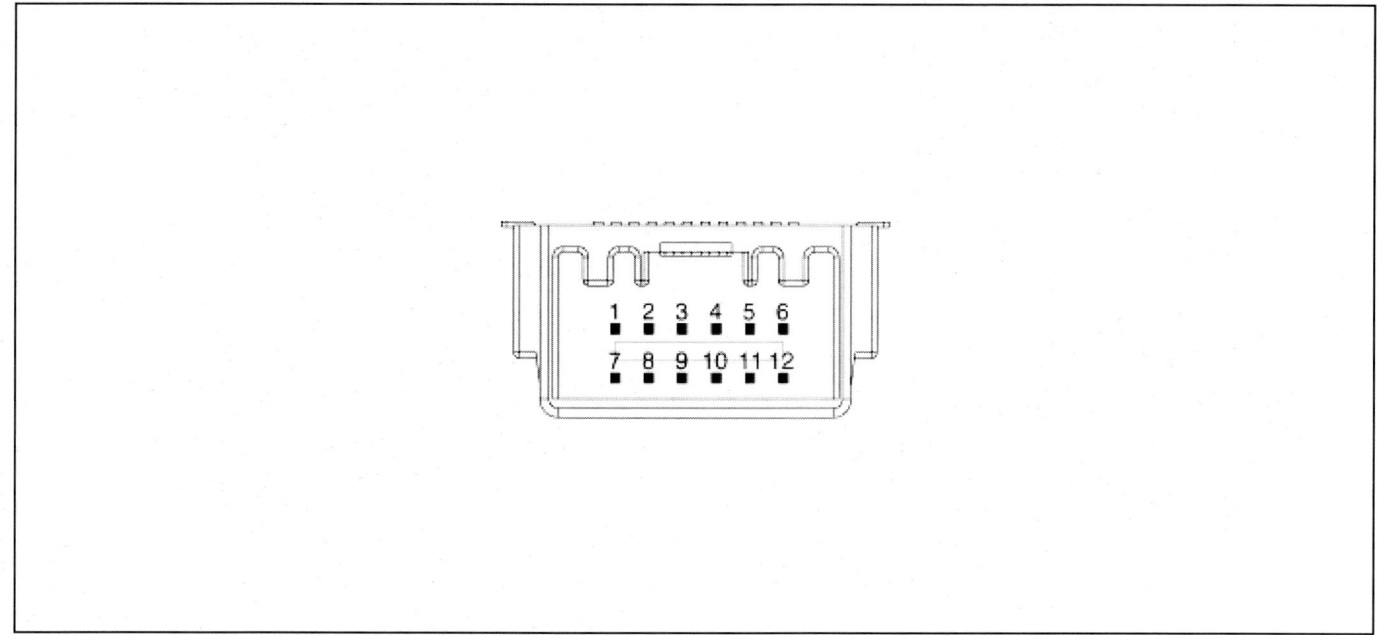

단자 기능

핀번호	명칭	핀번호	명칭
1	-	7	IGN1
2	-	8	-
3	L-CANFD1 (Low) or A-CANFD1 (Low)	9	L-CANFD1 (High) or A-CANFD1 (High)
4	E-CANFD (Low)	10	E-CANFD (High)
5	-	11	GND
6	-	12	-

회로도

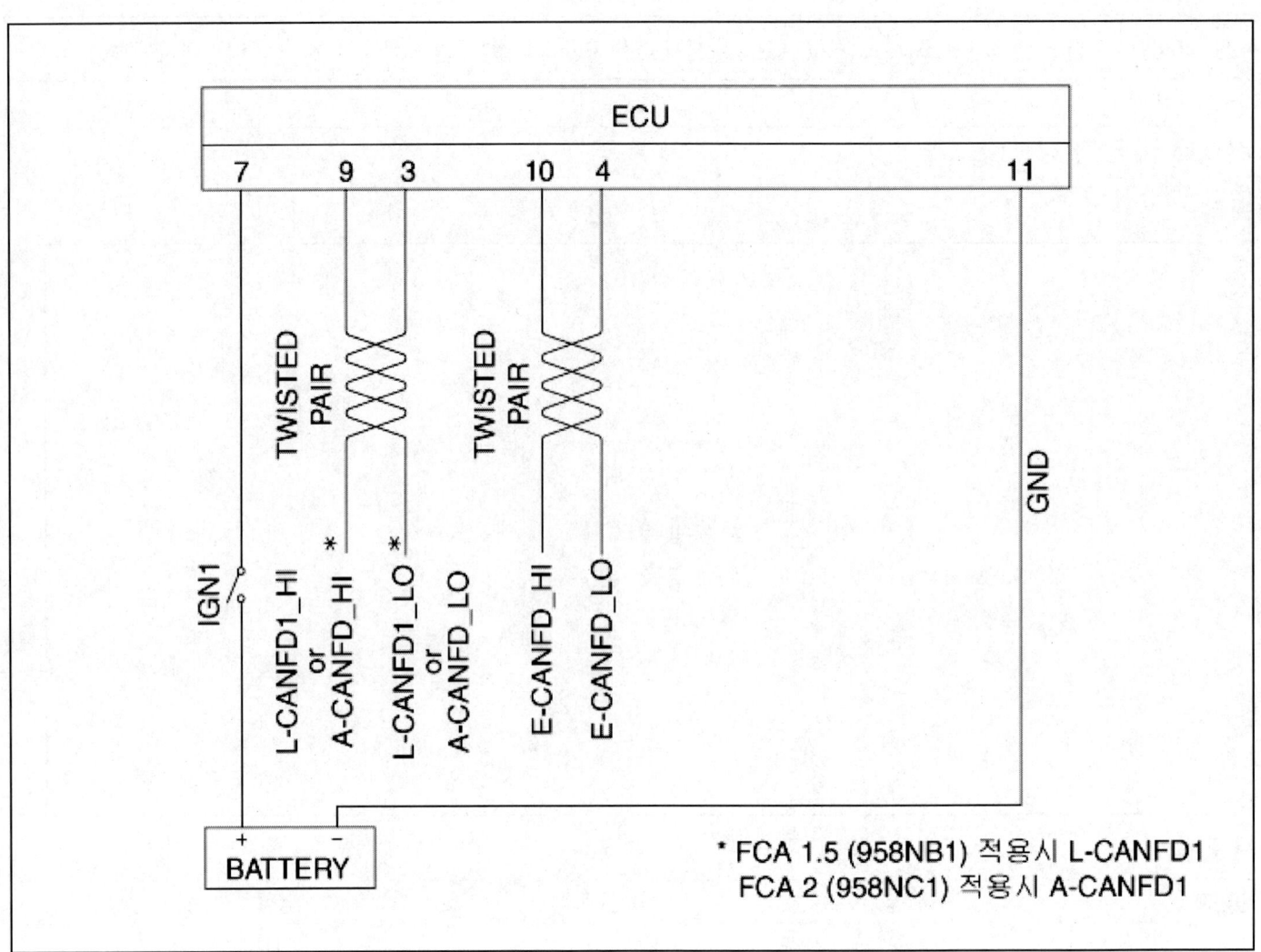

점검

외관 점검
FCA, LKA, BCA, ISLA, DAW, HBA, LFA, HDA, HDA 2에 문제가 있는 경우 전방 카메라에 대하여 아래 항목을 확인한다.

1. 고장코드 미발생 시 윈드쉴드 글라스 청결 확인
   - 카메라 렌즈 주변에 눈, 먼지, 스티커 등으로 오염되어 있는 경우 성능이 저하된다.
   - 렌즈 주변의 글라스가 파손된 경우 성능이 저하된다.
   - 렌즈 주변이 선팅 혹은 코팅이 된 경우 성능이 저한된다.
2. 고장코드 미발생 시 크래쉬 패드 주변 상태 확인
   - 카메라 하단 크래쉬 패드 위에 물체가 놓여 있는 경우 성능이 저하된다.
3. 고장코드 발생 시 커버, 커플러 또는 전방 카메라 유닛을 확인 한다.
   - 커버 : 장착 상태, 이물질 오염 여부
   - 커플러 : 장착 상태, 커플러 변형, 이물질 오염 여부
   - 전방 카메라 유닛 : 파손 여부, 렌즈 오염 여부
4. 스위치 작동 상태 확인
   - 차로 주행 보조 버튼(①)을 길게 눌어 상태등(②)미점등 시 LKA 이상 점검.

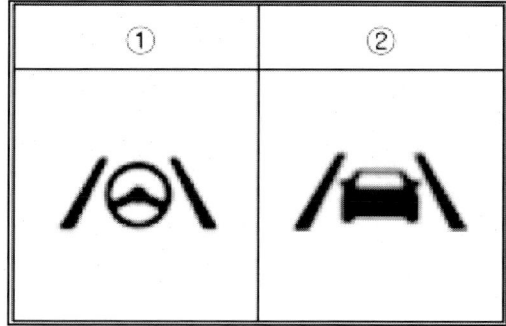

   - 차로 주행 보조 버튼(①)을 짧게 눌어 상태등(②)미점등 시 LFA 이상 점검.

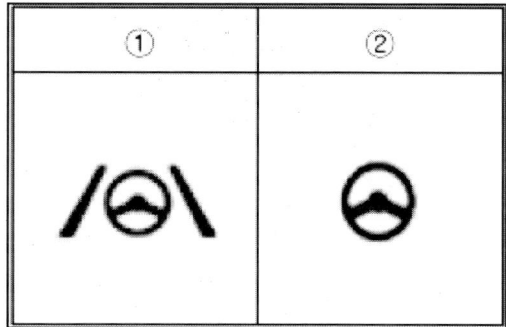

진단기기 점검
1. 전방 카메라는 차량용 진단기기를 이용하여 좀 더 신속하게 고장을 진단할 수 있다. ("DTC 진단 가이드" 참조)
   (1) 고장코드 진단 : 고장 코드(DTC) 점검 및 표출
   (2) 센서 데이터 진단 : 시스템 입출력 값 상태 확인
   (3) 강제 구동 : 시스템 작동 상태 확인
   (4) 부가 기능 : 시스템 옵션, 영점 조절 등의 기타 기능 제어

기본 점검

> **참 고**
>
> - 진단기기를 이용한 고장 진단이 불가능할 경우 기본점검을 수행한다.
>
> (1) 배터리 단자와 충전 상태를 확인한다.
> (2) 퓨즈 및 릴레이를 확인한다.
> (3) 커넥터의 연결 상태를 확인한다.
> (4) 와이어링 및 커넥터의 손상 여부를 확인한다.

사양정보 확인

1. 전방 카메라를 탈거 하기 전에 진단기기를 이용하여 "사양 정보"를 먼저 확인한다.

| 시스템별 | 작업 분류별 | 모두 펼치기 |

- 리어뷰모니터
- 운전자보조주행시스템
- 운전자보조주차시스템
- 전방카메라
  - 사양정보
  - 카메라 영점설정(SPTAC)_(보정타겟 사용)
  - 배리언트 코딩 (백업 및 입력)
  - 배리언트 코딩
- 후측방레이더
- 앰프
- 오디오비디오네비게이션
- 후석리모트컨트롤러
- 동승석 전동시트 제어 유닛
- 클러스터모듈(12.3inch)
- 클러스터모듈(4inch)
- 운전석도어모듈

! 기능 수행 중에는 다른 기능이 동작되지 않도록 주의하십시오.

2023 > 160kW > 첨단 운전자 보조 시스템(ADAS) > 운전자 주행 보조 시스템 > 전방 카메라 > 탈거

탈거

> **유 의**
>
> - 전방 카메라를 탈거 전 진단기기를 이용하여 "전방 카메라"에서 "사양 정보"를 확인한다.

1. 12V 배터리 (-) 터미널을 분리한다.
   (차량 제어 시스템 - "보조 배터리 (12V)"참조)
2. 인사이드 미러 커넥터 보호 커버(A)를 탈거한다.

3. 멀티 센서 커버(A)를 탈거한다

4. 전방 카메라 커넥터(A)를 분리한다.

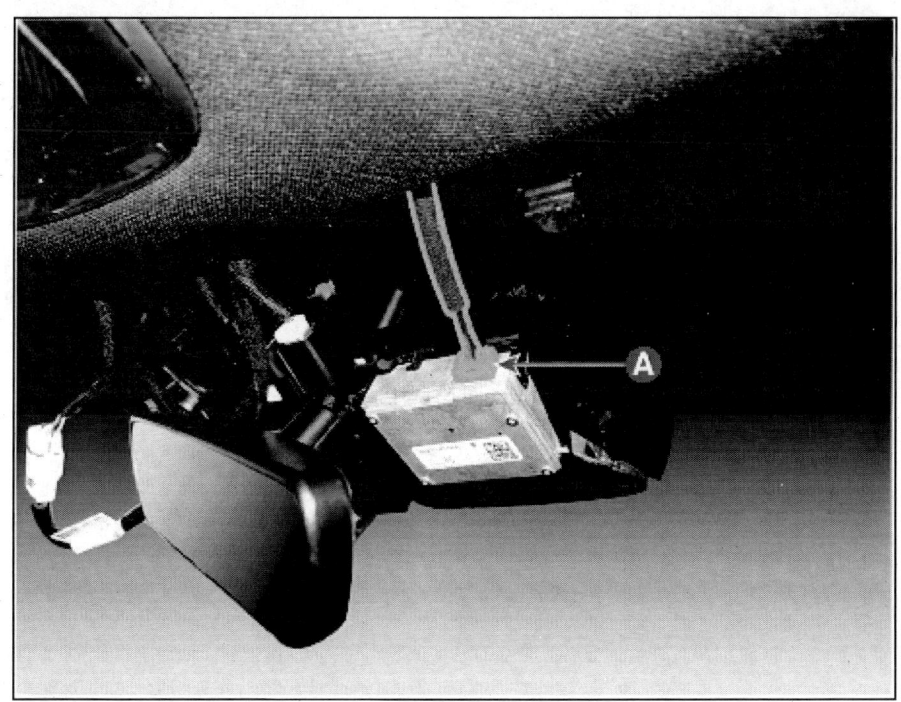

5. 양쪽 후크(A)를 당겨 전방 카메라(B)를 탈거한다.

> 유 의
>
> - 후크(A)를 당길 시 파손되지 않도록 주의한다.
> - 전방 카메라 유닛 탈거 시 커플러가 손상되지 않도록 주의하여 탈거한다.
> - 커플러가 변형 또는 손상되면 장착된 전방 카메라 정상 작동되지 않는다.

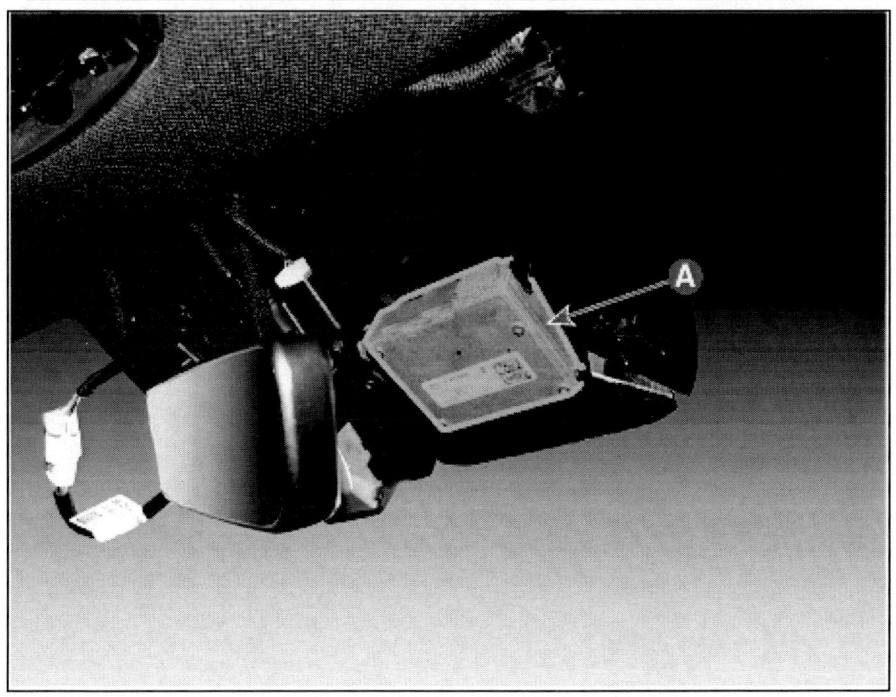

> 참 고
>
> - 전방 카메라/커넥터 등이 손상된 경우 전방 카메라를 교체한다.

장착

1. 장착은 탈거의 역순으로 진행한다.

   > **유 의**
   > - 전방 카메라와 커플러 및 커넥터 조립 시 '딸깍' 하는 소리가 들리도록 완전히 장착한다.
   > - 커플러와 전방 카메라가 조립된 후에 좌측, 우측 후크가 완전히 체결되었는지 확인한다.
   > - 커버 조립 후 완전히 장착되었는지 점검하기 위해 글라스와 커버와의 간격이 일정한 지 확인한다.

2. 전방 카메라 교체 시 진단기기를 이용해 '배리언트 코딩'을 수행한다.
   (전방 카메라 - "배리언트 코딩" 참조)

3. 전방 카메라 보정 절차를 수행한다.
   (전방 카메라 - "조정" 참조)

배리언트 코딩

전방 카메라를 신품으로 교체한 경우 배리언트 코딩을 실시한다.

> **참 고**
> - 전방 카메라 배리언트 코딩은 차종별 적용 부가 기능을 작동 가능하게 한다.
> - 배리언트 코딩이 차량 사양과 다를 경우 "배리언트 코딩 오류" DTC를 표출한다.

1. 전방 카메라 교체 시 진단기기를 이용해 '배리언트 코딩'을 수행한다.
   (1) 자기 진단 커넥터에 진단기기를 연결하여, 시동 키 ON 후 진단기를 켠다.
   (2) 진단기 차종 선택 화면에서 "차종"과 "전방 카메라"를 선택한다.
   (3) 배리언트 코딩을 선택하여 절차에 따라 실시한다.

2. 새로운 전방 카메라에 기존 카메라에서 읽은 설정값을 입력한다.

부가기능

■ 배리언트 코딩

• [배리언트 코딩]

[데이터 쓰기]

1. 변경하고자하는 항목을 선택합니다.

2. 콤보박스내에 있는 값을 선택합니다.

3. [확인] 버튼을 누르십시오.

항목	설정 상태
국가 코드	한국
운전석 위치	LHD
HBA 옵션	없음
LKAS/LDWS 옵션	LKA
ISLW/ISLA 옵션	없음
FCW/FCA 옵션	없음
	KPH
HDA 옵션	없음
LFA 옵션	없음
LDWS 경고 타입	Haptic
LDWS 경고 타입	ADAS DRV

확인	취소

! 기능 수행 중에는 다른 기능이 동작되지 않도록 주의하십시오.

조정

전방 카메라 보정

> **유 의**
>
> 전방 카메라 보정 필요한 경우
> - 전방 카메라 유닛 탈/장착 또는 교체 시 (※ 신품 교체 시 배리언트 코딩 및 보정 필요)
> - 윈드실드 글라스 교체 시
> - 윈드쉴드 글라스의 전방 카메라 커플러가 변형 혹은 파손 시
> - 시스템 보정 관련 DTC 발생 시

전방 카메라 보정 작업 전 확인 사항

> **유 의**
>
> - 공차 상태로 평탄한 장소에 차량을 정차 후 타이어를 전방 11자로 정렬한다.
> - 차량의 휠 얼라인먼트 및 타이어 공기압 정상 상태를 확인한다.
> - 차량의 처짐이 없도록 한다. (서스펜션 문제 여부 확인)
> - 전방 카메라 센서와 커플러에 이물질 및 반사물이 없는지 확인한다.
> - 윈드쉴드 글라스의 오염 상태를 확인한다

> **참 고**
>
> 전방 카메라 보정은 다음 두가지 방법으로 수행할 수 있다.
> - SPTAC 혹은 SPC 보정 중 한가지만 선택 가능한 경우에는 해당 보정 방법을 적용한다.
> - SPTAC 과 SPC 보정이 같이 있는 경우 SPTAC 보정을 우선 실시하여, SPTAC 보정에 실패하면 SPC 보정을 실시한다.
> - SPTAC 보정이 성공한 경우 SPC 보정을 추가로 진행하지 않는다.

SPC (Service Point Calibration)를 이용한 카메라 보정 절차

진단기기를 이용하여 전방 카메라 자동 공차 보정을 아래와 같이 설정한다.

1. 진단기기를 이용하여 SPC 영점 설정을 수행한다.

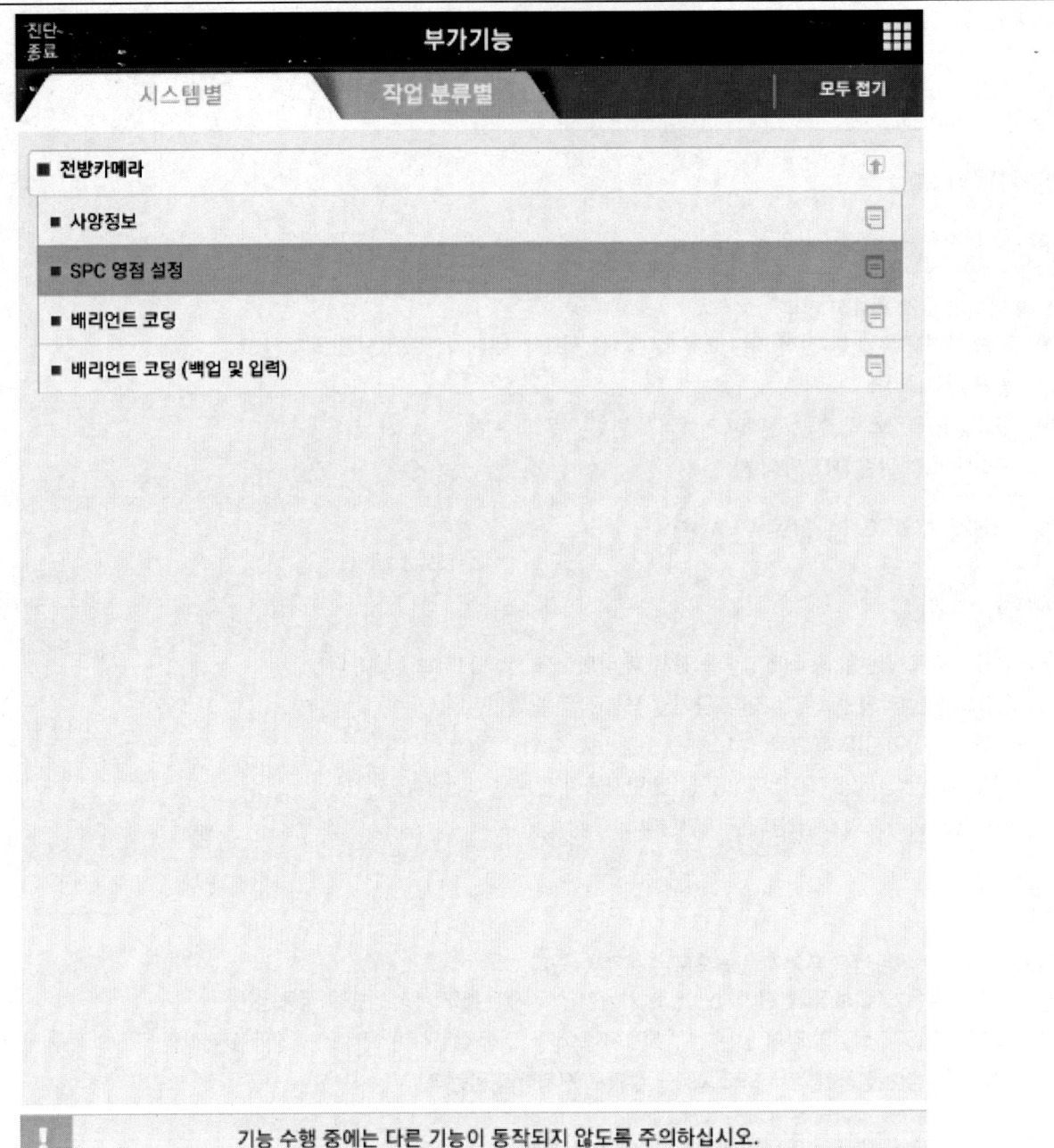

	부가기능
검사목적	카메라 ECU 또는 앞유리를 교환하였을때, 카메라 포인트 각을 조정하는 기능.
검사조건	1. 엔진 On 2. 타이어정렬 및 공기압 점검 3. 앞유리 이물질 제거
연계단품	전방 카메라 모듈
연계DTC	C2720XX, C2721XX, C2722XX
불량현상	경고등 점등
기 타	1. 안개 및 우천등의 요인으로 보정이 불가할 수 있음. 2. 차량속도가 36km/h 이상으로 직선도로를 주행해야 하며, 도로에 굴곡이 있을시 테스트 시간이 증가. 3. 테스트 과정은 모니터링되나, 1분이상 반응이 없을시 재테스트 해야함.

- SPC 영점 설정

확인

기능 수행 중에는 다른 기능이 동작되지 않도록 주의하십시오.

진단 종료 | 부가기능

■ SPC 영점 설정

● **[SPC 영점 설정]**

카메라 지향각 조정 변수를 설정하기위해 전면 유리 혹은 카메라 ECU 교체시 보정을 실시하며, 서비스 보정전 전방 카메라 모듈에 차종별 코드 정보가 입력되어야 한다.

보정절차

1) 보정전 토우인값과 타이어 압력이 카메라가 설치될 수 있는 정상상태 범위인지 점검한다.

차량 제작/조립 상태는 정상 생산수준이어야 하고 트렁크 무게는 공장별 EOL 환경설정 기준범위 이내여야 한다.

2) 전면유리는 깨끗해야 하며 세러그래피 구역은 카메라 시야에 어떤 장애도 존재해서는 안된다.

3) 진단 커넥터를 연결하고 차량에 시동을 건다.

모든 조건 만족시 [확인] 버튼을 누른다.

| 확인 | 취소 |

! 기능 수행 중에는 다른 기능이 동작되지 않도록 주의하십시오.

■ SPC 영점 설정

● [SPC 영점 설정]

주행 환경 설정

1. 도로의 좌/우측 차선이 인식 가능해야 합니다.

안개/우천 등의 환경 요인으로 보정이 불가할 수 있습니다.

2. 직선로를 최소 36km/h 이상으로 주행해야 합니다.

곡선로 주행시 보정완료 시간이 증가됩니다.

3. 보정중에 진행율(%)를 확인할 수 있습니다.

진행율이 1분이상 증가하지 않을때에는 환경조건을 재확인 후 보정을 실시해야 합니다.

모든 조건 만족시 [OK] 버튼을 누른후 주행을 시작하세요.

확인   취소

기능 수행 중에는 다른 기능이 동작되지 않도록 주의하십시오.

유 의

※ SPC 보정 시 진단기 상의 SPC Progress bar 상태 확인
- SPC Progress 가 0에서 상승하지 않는 경우
  - CAN 신호 입력 안됨, 카메라 장착 각도 뒤틀림, SPC 작동 조건 불만족 (차속, 환경, 곡률)
  : 커넥터 연결 상태, 카메라 장착 상태 확인. SPC 보정 조건 확인후 적당한 도로 주행
- SPC Progress 가 0에서 증가하지만 자꾸 숫자가 맴도는 경우
  - 카메라가 애매하게 장착된 경우
  : 카메라 장착 상태 확인

| 진단 종료 | 부가기능 |

■ SPC 영점 설정

진행 중 입니다...

잠시만 기다려 주십시오...

진행 상태 : 99 %

| 취소 |

⚠ 기능 수행 중에는 다른 기능이 동작되지 않도록 주의하십시오.

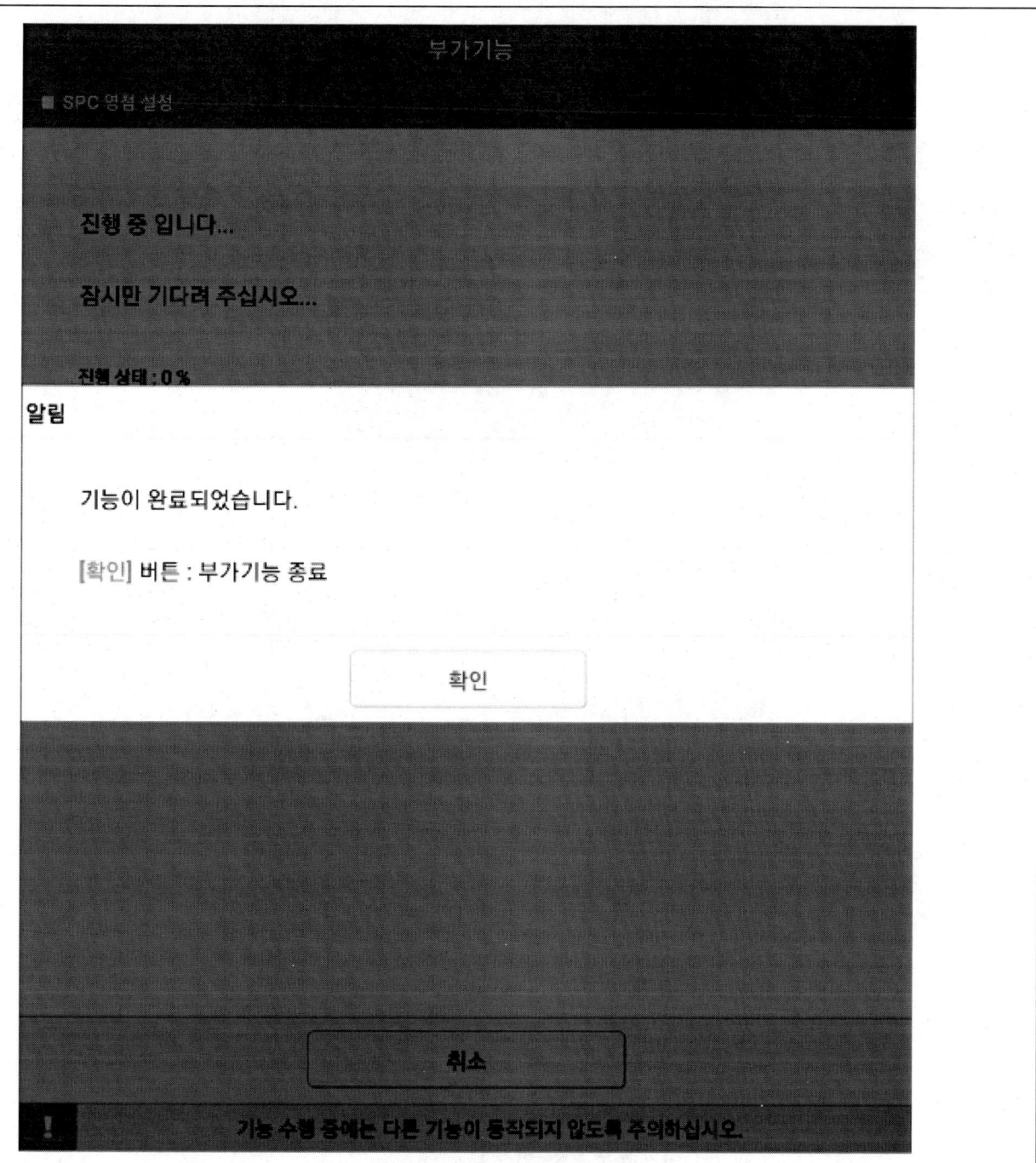

> **유 의**
>
> - SPC 보정 시, 주행 중 정차하더라도 SPC 보정이 중단되지 않는다.
> - 보정 완료 시까지 SPC 재 시작이 불필요하다.
> - SPC 보정 시, 성공 또는 실패 결과값을 송출한다.
> - 보정 성공 시 DTC C2721 자동 소거되며 경고 등이 점멸 해제된다.
> - 별도 DTC 삭제가 불필요하다.

SPTAC(Service Point Target Auto Calibration)를 이용한 카메라 보정 절차

1. 윈드글라스 상단의 거리를 측정하여, 중심점(A)을 표시한다.

2. SCC 셋팅빔(09964 - C1200)을 차량 앞유리 위 루프 정 중앙에 설치한다. (단거리 보정/원거리 보정 모두 동일)

3. SCC 셋팅빔(09964 - C1200)의 빔이 엠블럼 중앙을 지나도록 한다.

엠블럼 중심

> [!NOTE] 참 고
> SCC 셋팅빔(09964 - C1200)은 'On'으로 설정되어야 하며 홀딩(잠금) 기능은 사용하지 않는다.

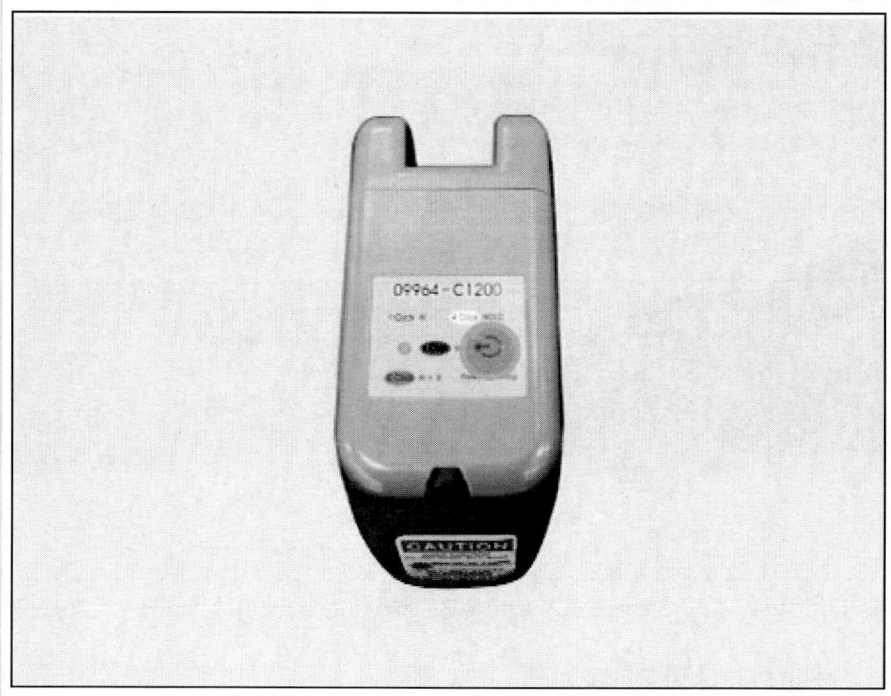

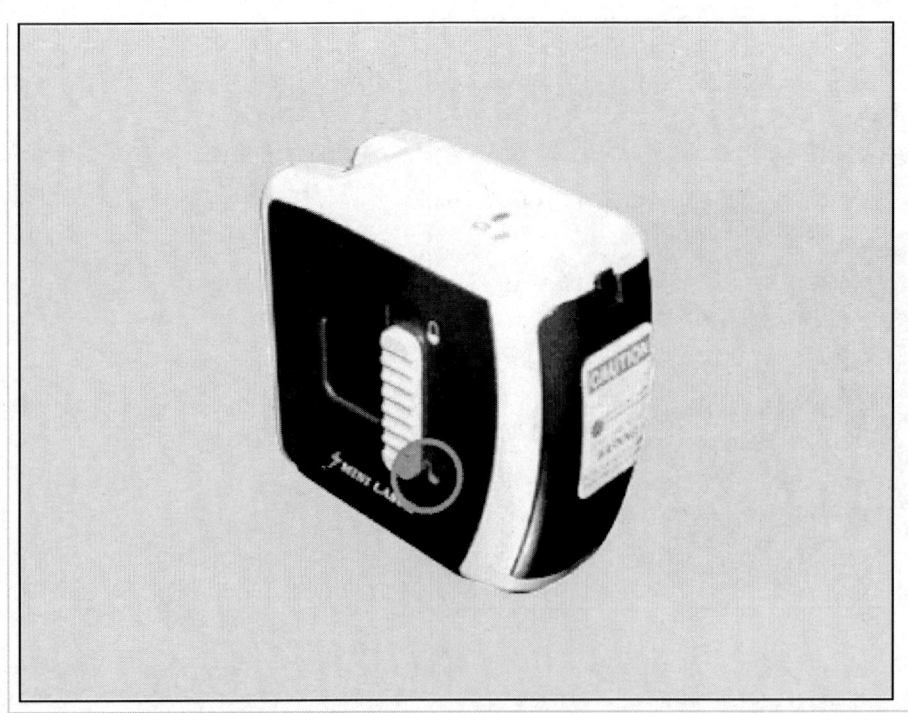

4. 전방 카메라 보정판(09890 - 3V100)을 범퍼 앞(0cm)에 위치시킨다. (최대 오차: 10cm)

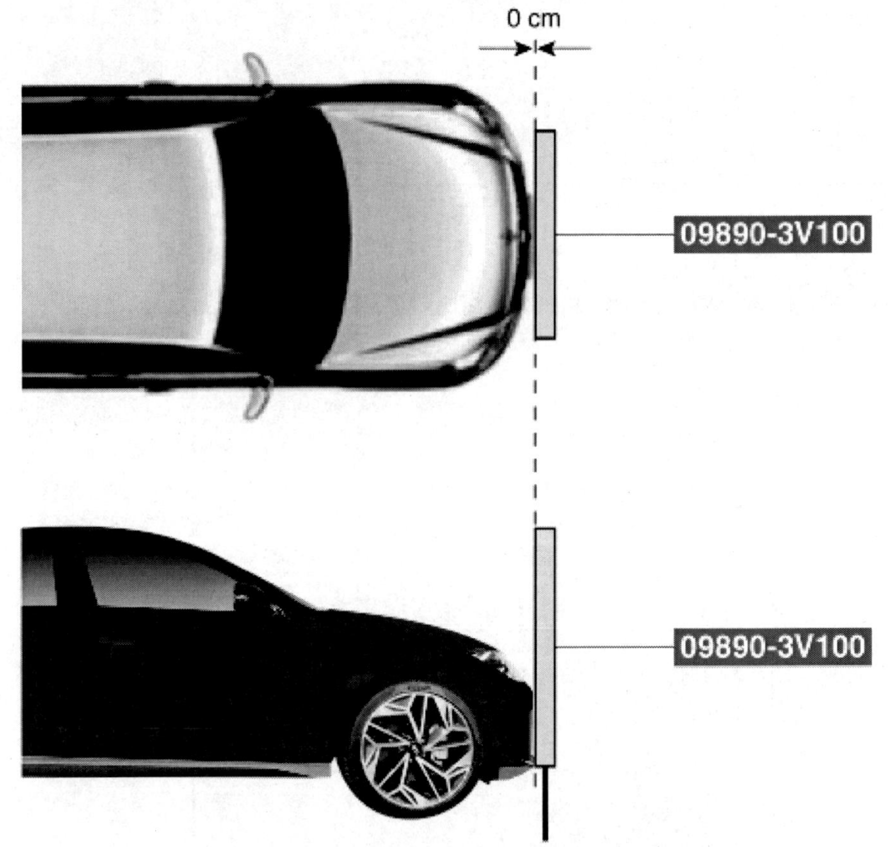

5. 전방 카메라 보정판(09890 - 3V100)의 높이가 지면으로부터 90 ± 1cm가 되도록 조정하여 SCC 셋팅빔(09964 - C1200)의 빔이 타깃의 중심(A)에 오도록 위치시킨다.
   타겟의 중심축과 차량의 중심축이 일치하도록 위치한다. (최대 오차 :3cm)

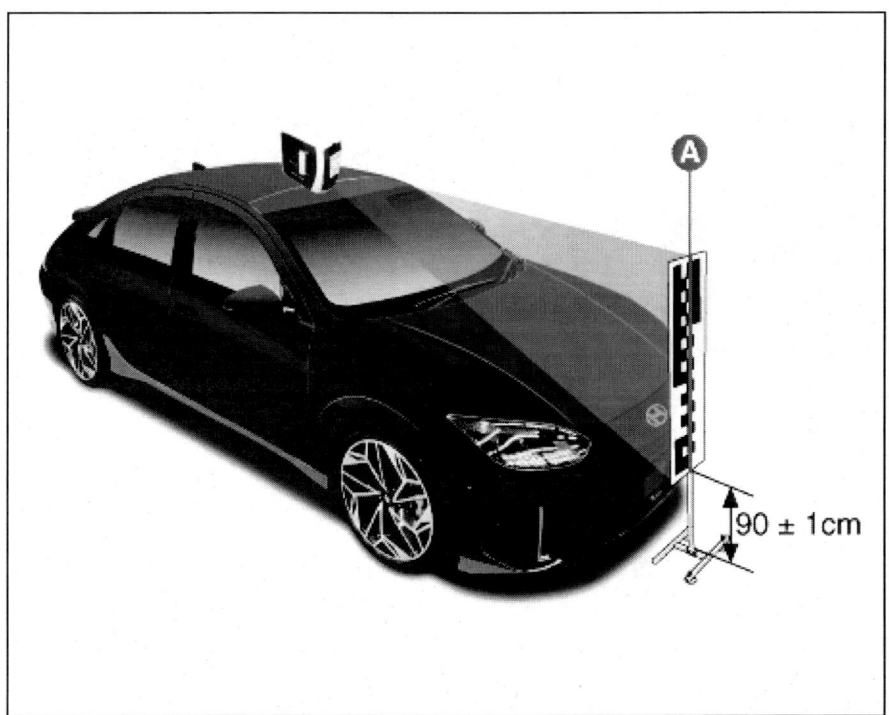

> **유 의**
>
> - 전방 카메라 보정판(09890 - 3V100)은 카메라로부터 아래 허용 오차를 참고하여 지면에 수직으로 설치되어야 한다.
> - 차량 수평면은 표적 수평면과 완전히 나란해야 한다.(±1°).
>   좌우 기울기 허용 공차(±1°)는 매우 중요하며 바닥의 편평도에 민감한 영향을 받는다.

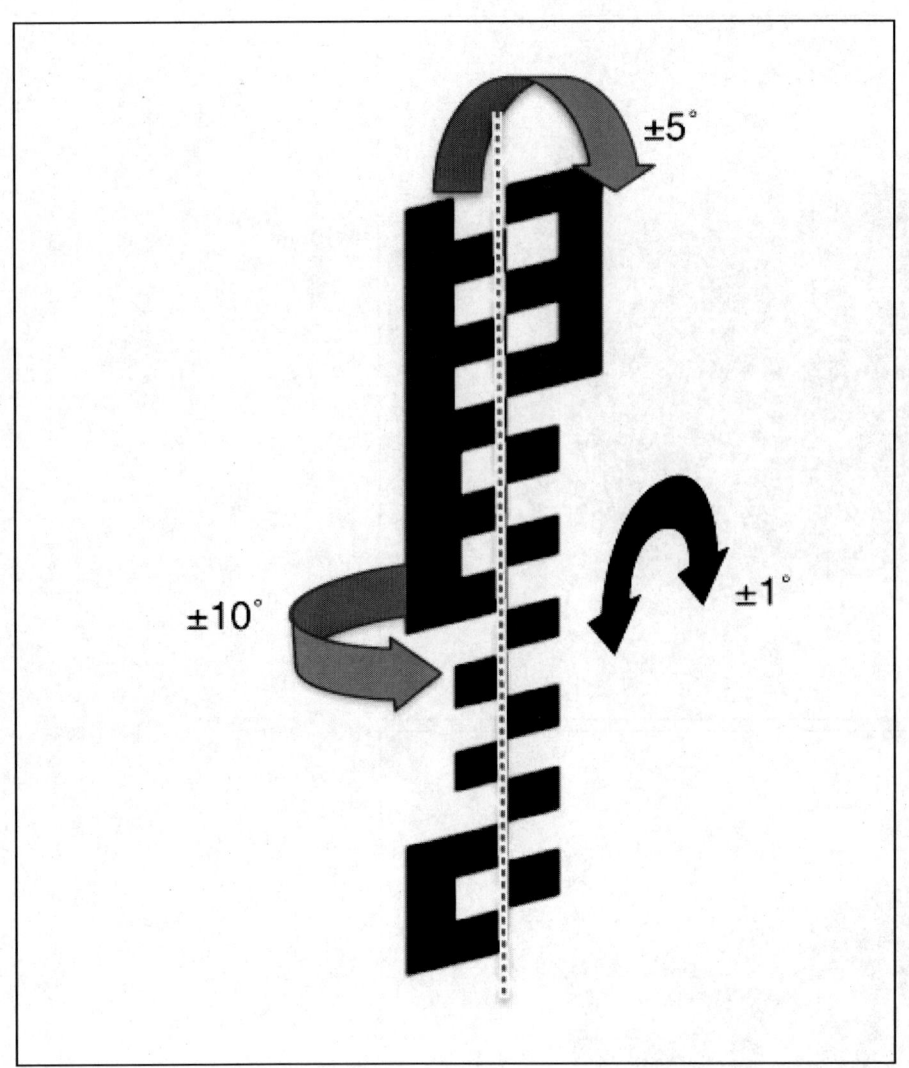

	좌우 비틀림	앞뒤 기울기	좌우 기울기
허용 공차 각도	±10°	±5°	±1°

6. 진단기기를 이용해 전방 카메라 보정 절차(근거리 보정)를 수행한다.

부가기능

| 시스템별 | 작업 분류별 | 모두 펼치기 |

- 전자식차동제한장치
- 파워스티어링
- 전자제어서스펜션
- 운전자보조주행시스템
- 운전자보조주차시스템
- 측방레이더
- 전방카메라
  - 사양정보
  - 배리언트 코딩
  - **카메라 영점설정(SPTAC)_(보정타겟 사용)**
- **LED 헤드램프 통합제어기_좌**
- **LED 헤드램프 통합제어기_우**
- 앰프
- 오디오비디오네비게이션
- 동승석 시트 스위치
- 동승석 전동시트 제어 유닛

⚠ 기능 수행 중에는 다른 기능이 동작되지 않도록 주의하십시오.

부가기능

- SPTAC 영점 설정

검사목적	카메라 ECU 초점 보정을 실시하는 기능.
검사조건	1. 엔진 정지 2. 점화스위치 On 3. 표적을 차량앞에 위치
연계단품	FR CMR/LDWS/LKAS/MFC ECU
연계DTC	C2720XX, C2721XX, C2722XX
불량현상	경고등 점등
기 타	-

확인

! 기능 수행 중에는 다른 기능이 동작되지 않도록 주의하십시오.

부가기능

■ 카메라 영점설정(SPTAC)_(보정타겟 사용)

● [카메라 영점설정(SPTAC)]

카메라 지향각 조정 변수를 설정하기위해 전면 유리 혹은 카메라 ECU 교체시 보정을 실시하며, 서비스 보정전 LDWS/LKAS 모듈에 차종별 코드 정보가 입력되어야 한다.

보정절차

1) 보정전 토우인값과 타이어 압력이 카메라가 설치될 수 있는 정상상태 범위인지 점검한다.

차량 제작/조립 상태는 정상 생산수준이어야 하고 트렁크 무게는 공장별 EOL 환경설정 기준범위 이내여야 한다.

2) 전면유리는 깨끗해야 하며 세러그래피 구역은 카메라 시야에 어떤 장애도 존재해서는 안된다.

3) 진단 커넥터를 연결하고 차량에 시동을 건다.

4) 차량을 표적에 정렬하거나 혹은 표적을 차량에 정렬시킨다.

모든 조건 만족시 [OK] 버튼을 누른다.

| 확인 | 취소 |

! 기능 수행 중에는 다른 기능이 동작되지 않도록 주의하십시오.

7. 전방 카메라 보정판(09890 - 3V100)을 범퍼로부터 100 ± 5 cm 지점에 위치시킨다.

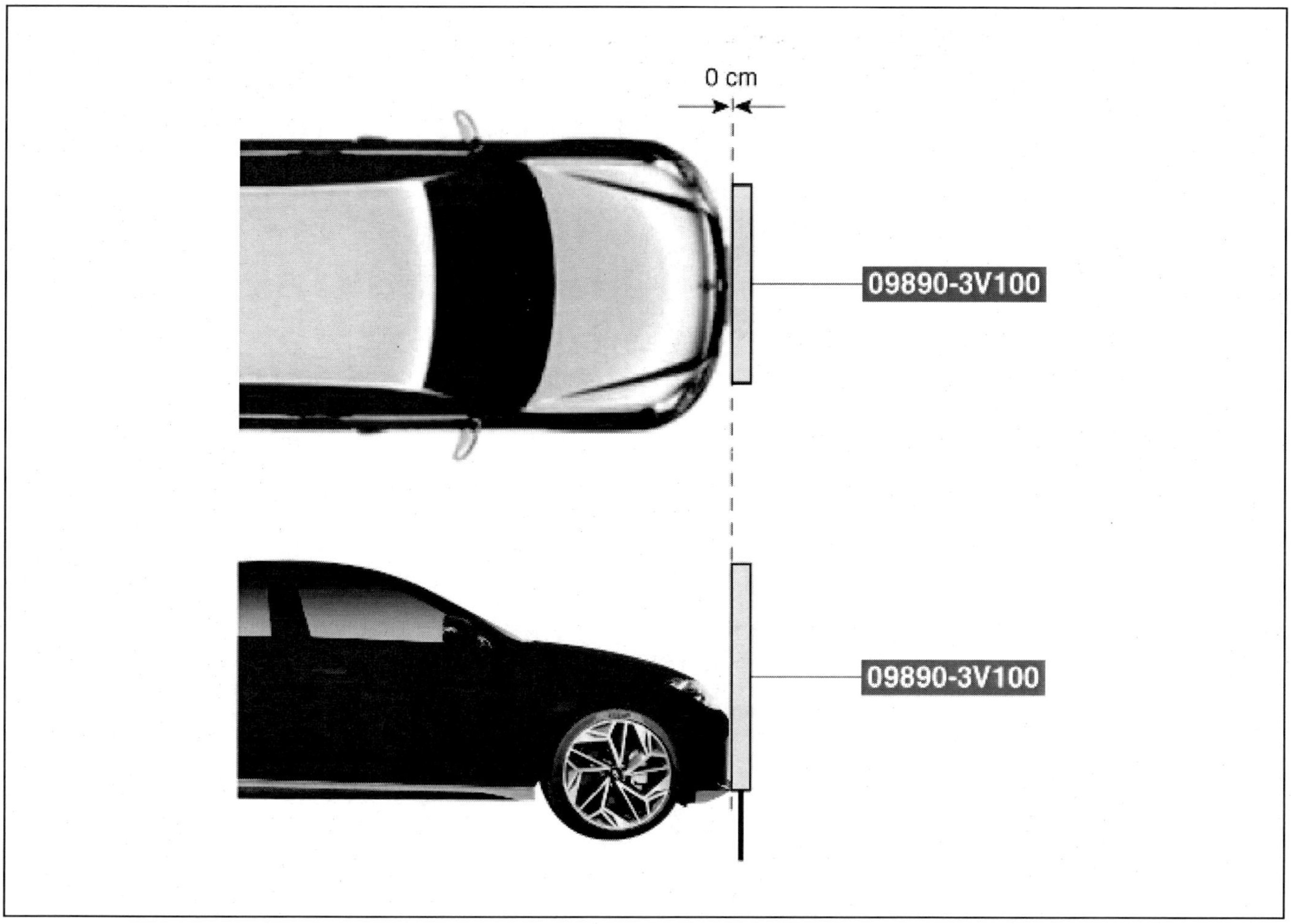

8. 전방 카메라 보정판(09890 - 3V100)의 높이가 지면으로부터 90 ± 1cm가 되도록 조정하여 SCC 셋팅빔(09964 - C1200)의 빔이 타깃의 중심(A)에 오도록 위치시킨다.
타겟의 중심축과 차량의 중심축이 일치하도록 위치한다. (최대 오차 : 3cm)

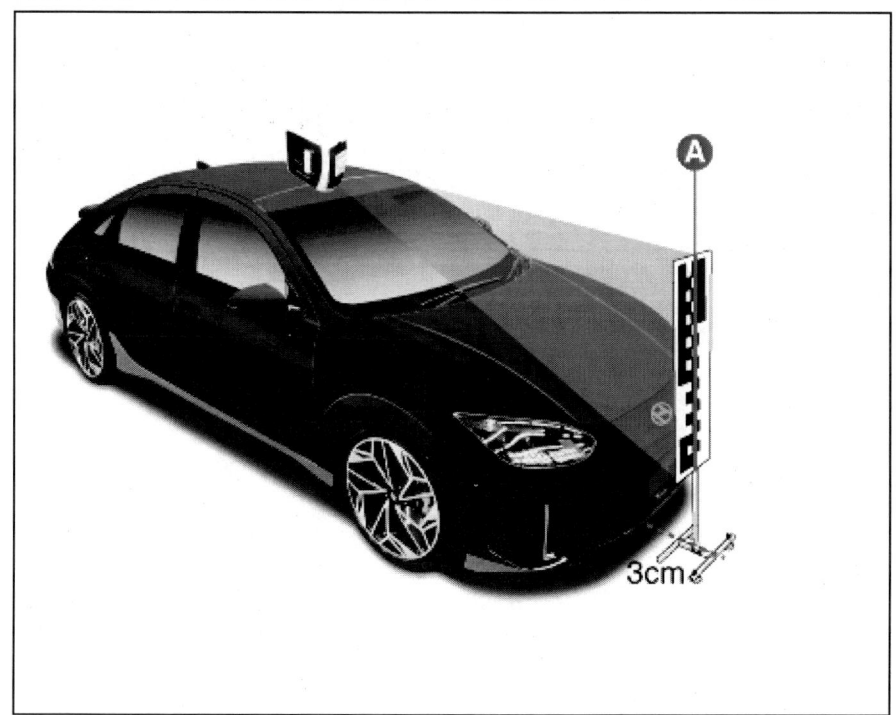

유 의

- 전방 카메라 보정판(09890 - 3V100)은 카메라로부터 아래 허용 오차를 참고하여 지면에 수직으로 설치되어야 한다.
- 차량 수평면은 표적 수평면과 완전히 나란해야 한다.(±1°).
좌우 기울기 허용 공차(±1°)는 매우 중요하며 바닥의 편평도에 민감한 영향을 받는다.

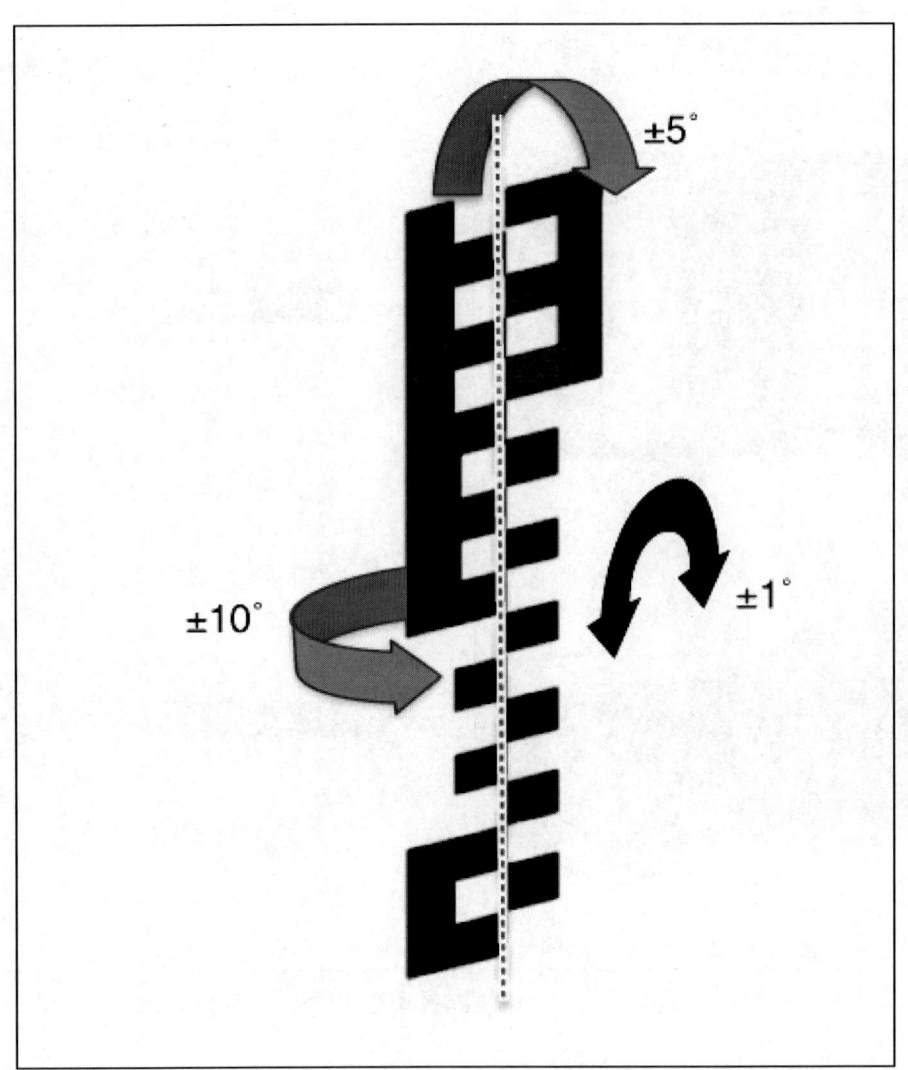

	좌우 비틀림	앞뒤 기울기	좌우 기울기
허용 공차 각도	±10°	±5°	±1°

9. 진단기기를 이용해 전방 카메라 보정 절차(원거리 보정)를 수행한다.

부가기능

■ 카메라 영점설정(SPTAC)_(보정타겟 사용)

● [카메라 영점설정(SPTAC)]

원거리표적 위치설정

1. 표적 하부는 지상으로부터 **90 ±1cm** 높이에 위치하고 카메라 렌즈 수평축상에 정렬되어야 한다.

2. 표적은 차량 중심선을 따라 ± 3cm 오차내에 설치되어야 한다.

3. 2차 '원거리' 영상 수집을 위해서는 차량 범퍼는 표적 수직면으로 부터 100 ± 5cm 이내에 위치해야 하며 차량 수평면은 **표적 수평면과 완전히 나란해야 한다 (0도).**

모든 조건 만족시 [OK] 버튼을 누른다.

| 확인 | 취소 |

! 기능 수행 중에는 다른 기능이 동작되지 않도록 주의하십시오.

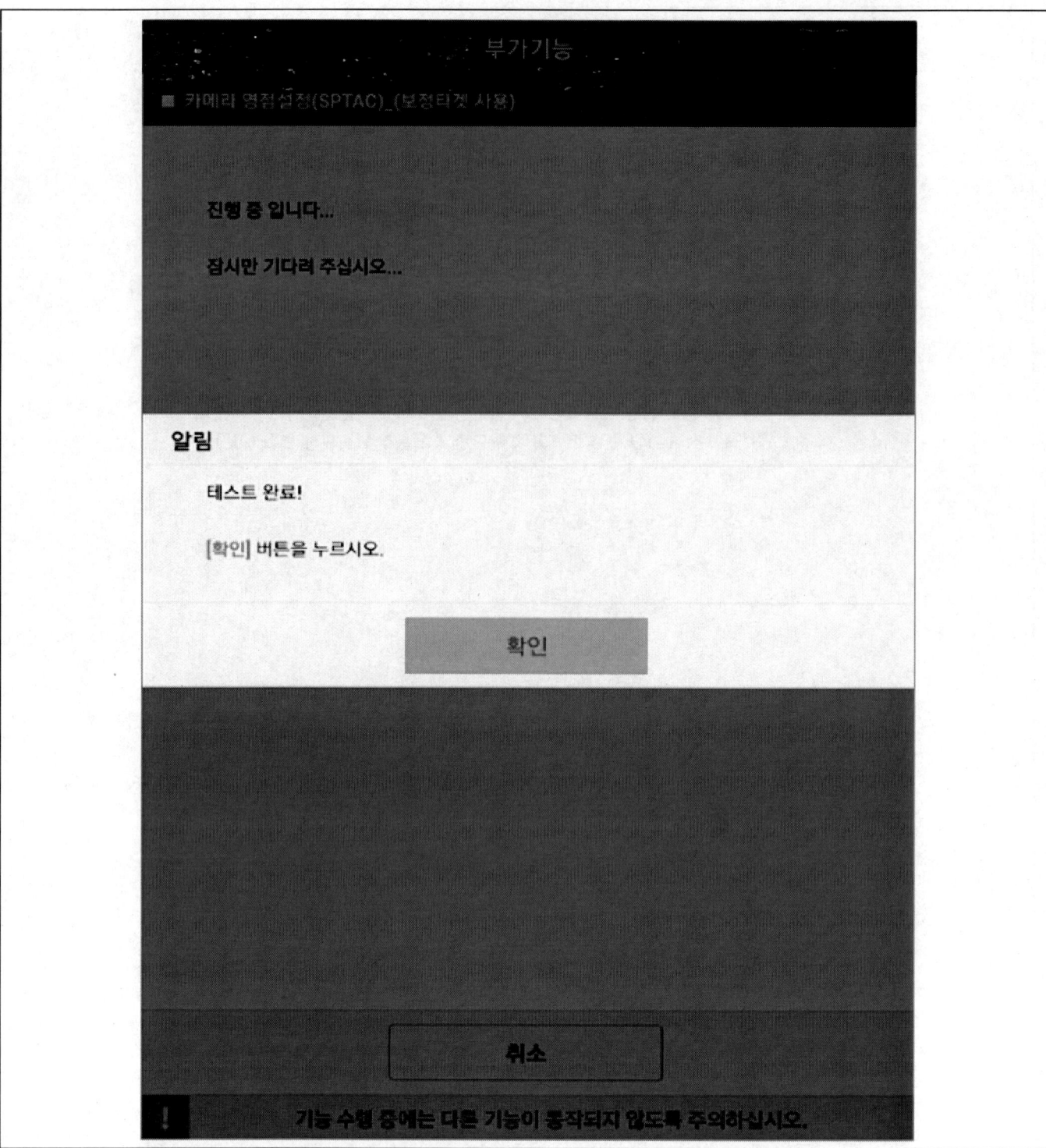

10. 고장 코드를 삭제하여 고장 코드 및 경고등 발생 여부를 점검한다.

> **유 의**
>
> - SPTAC 보정 시 근거리 혹은 원거리 보정 중 하나라도 완료되지 않으면 보정이 실패한다.
> - SPTAC 보정 시 성공 또는 실패 결과값을 송출한다.
>   - 보정 성공 시 DTC C2721 자동 소거되며 경고등 점멸 해제됨.
>   - 별도 DTC 삭제 불필요함.

전방 레이더 탈장착

	작업	H/W	체결토크 (kgf.m)	SST/장비	케미컬	기타
•	탈거					
1	12V 배터리 (-) 터미널 분리 (차량 제어 시스템 - "보조 배터리 (12V)"참조)	-	-	-	-	-
2	프런트 범퍼 어셈블리 탈거 (바디 (내장 / 외장 / 전장) - "프런트 범퍼 어셈블리"참조)	-	-	-	-	-
3	전방 레이더 커넥터 분리	-	-	-	-	-
4	전방 레이더 어셈블리 탈거	볼트	0.9 ~ 1.1	-	-	-
•	장착					
탈거의 역순으로 진행						-
•	부가기능					

- 진단기능
  - 진단 기기를 사용하여 베리언트 코딩 실시
  - 진단 기기를 사용하여 전방 레이더 보정 실시

2023 > 160kW > 첨단 운전자 보조 시스템(ADAS) > 운전자 주행 보조 시스템 > 전방 레이더 > 서비스 정보

서비스 정보

항목	제원	
정격 전압(V)	11.5 ~ 12.5	
작동 전압(V)	9 ~ 16	
수량	1개	
장착 각도(°)	수평	- 0.8 ~ 0.8
	수직	- 0.4 ~ 0.4

커넥터 및 단자 정보

커넥터

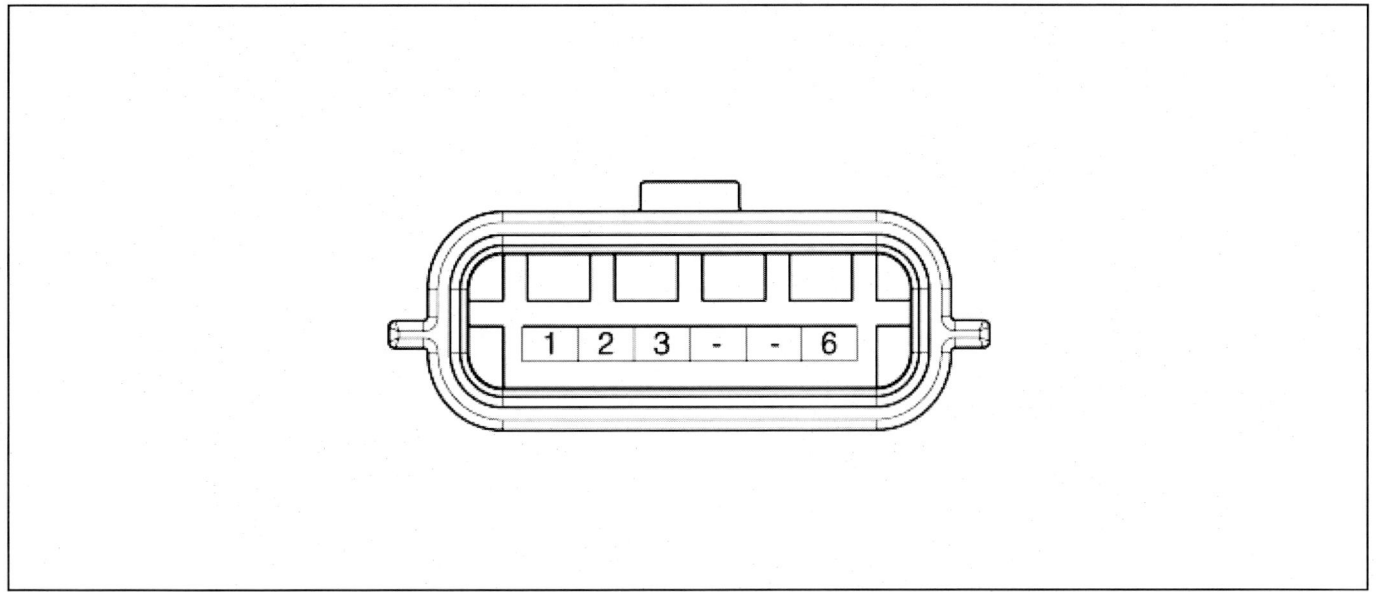

단자 기능

핀번호	명칭
1	접지
2	L-CANFD1_High or A-CANFD1_High
3	L-CANFD1_Low or A-CANFD1_Low
4	-
5	-
6	IGN

회로도

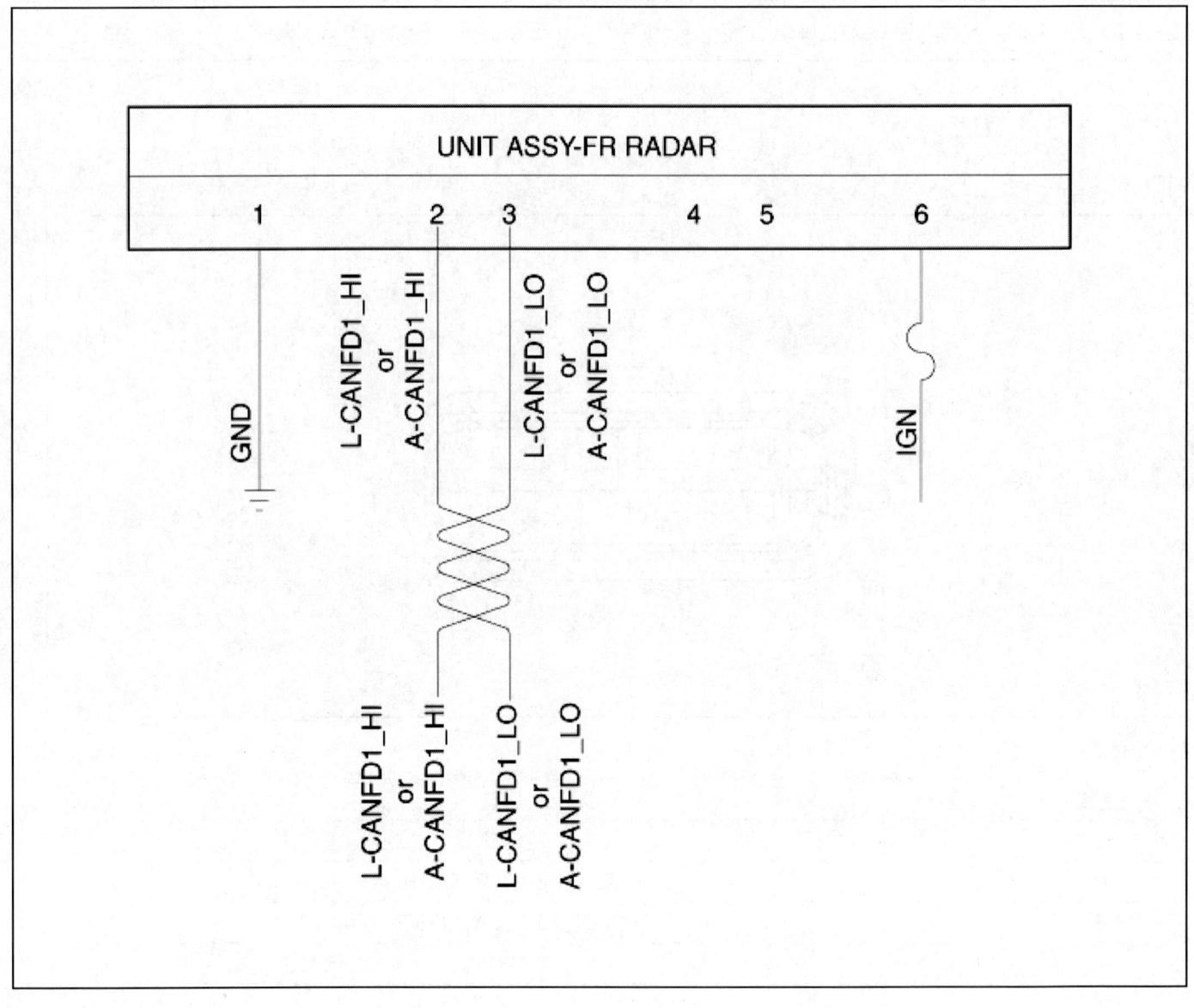

점검

외관 점검
FCA, SCC, HDA, HDA 2에 문제가 있는 경우 아래 항목을 확인한다.
1. 고장코드 미발생 시 범퍼 청결 확인
   – 범퍼 : 외부 오염 상태 (눈/먼지/금속 스티커 등)
2. 고장코드 미 발생 시 범퍼 주변 상태 확인한다.
   – 범퍼 : 장착 상태, 범퍼 외부 변형
   – 브라켓 : 장착 상태, 브라켓 변형
   – 레이더 : 레이더 너트 체결 불량, 레이더 이물질 오염.
3. 고장코드 발생 시 범퍼, 브라켓 또는 레이더를 확인한다.
   – 범퍼 : 장착 상태, 범퍼 외부 변형
   – 브라켓 : 장착 상태, 브라켓 변형
   – 레이더 : 레이더 너트 체결 불량, 레이더 이물질 오염.
     (※ 전방 레이더에 충격이 가해지는 사고 후 제대로 수리되지 않은 경우 경고등 발생 가능함.)

진단기기 점검
1. 전방 레이더는 차량용 진단기기를 이용하여 좀 더 신속하게 고장을 진단할 수 있다. ("DTC 진단 가이드" 참조)
   (1) 고장코드 진단 : 고장 코드(DTC) 점검 및 표출
   (2) 센서 데이터 진단 : 시스템 입출력 값 상태 확인
   (3) 강제 구동 : 시스템 작동 상태 확인
   (4) 부가 기능 : 시스템 옵션, 영점 조절 등의 기타 기능 제어

기본 점검

> **참 고**
>
> - 진단기기를 이용한 고장 진단이 불가능할 경우 기본점검을 수행한다.
>
> (1) 배터리 단자와 충전 상태를 확인한다.
> (2) 퓨즈 및 릴레이를 확인한다.
> (3) 커넥터의 연결 상태를 확인한다.
> (4) 와이어링 및 커넥터의 손상 여부를 확인한다.

사양정보 확인

1. 전방 레이더를 탈거 하기 전에 진단기기를 이용하여 "사양 정보"를 먼저 확인한다.

| 시스템별 | 작업 분류별 | 모두 펼치기 |

- ■ 자동변속
- ■ 전자식변속레버
- ■ 전자식변속제어
- ■ 제동제어
- ■ 전방레이더
  - ■ 사양정보
  - ■ 전방 레이더 장착 각도 검사/보정 (FCA/SCC)
- ■ 에어백(1차충돌)
- ■ 에어백(2차충돌)
- ■ 승객구분센서
- ■ 에어컨
- ■ 4륜구동
- ■ 파워스티어링
- ■ 전자제어서스펜션
- ■ 리어뷰모니터
- ■ 운전자보조주행시스템

! 기능 수행 중에는 다른 기능이 동작되지 않도록 주의하십시오.

2023 > 160kW > 첨단 운전자 보조 시스템(ADAS) > 운전자 주행 보조 시스템 > 전방 레이더 > 탈거

탈거

> **유 의**
>
> - 전방 레이더를 탈거 전 진단기기를 이용하여 "전방 레이더"에서 "사양 정보"를 확인한다.

1. 12V 배터리 (-) 터미널을 분리한다.
   (차량 제어 시스템 - "보조 배터리 (12V)"참조)
2. 프런트 범퍼 어셈블리를 탈거한다.
   (바디 (내장 / 외장 / 전장) - "프런트 범퍼 어셈블리" 참조)
3. 전방 레이더 커넥터(A)를 분리한다.

4. 볼트를 풀어풀어 전방 레이더 어셈블리(A)를 탈거한다.

   체결 토크 : 0.9 ~ 1.1 kgf.m

유 의

- 전방 레이더를 탈거 시 브라켓이 손상되지 않도록 주의하여 탈거한다.
- 브라켓이 변형 또는 손상되면 장착된 레이더가 정상 작동되지 않는다.

참 고

- 레이더/브라켓/커넥터 등이 손상된 경우 전방 레이더 어셈블리를 교체한다.

장착

1. 장착은 탈거의 역순으로 진행한다.

   체결 토크 : 0.9 ~ 1.1 kgf.m

> **유 의**
> - 전방 레이더 센서의 표면에 이물질 및 반사물이 없도록 한다.
> - 전방 레이더와 커넥터 조립 시 '딸깍' 하는 소리가 들리도록 완전히 장착한다.
> - 전방 레이더 교체 시 장착 각도 보정 작업을 수행한다.
> - 전방 레이더 교체 시 진단기기를 이용해 배리언트 코딩 절차를 수행한다.
>   (전방 레이더 - "배리언트 코딩" 참조)

> **참 고**
> - 레이더 장착 전에 레이더 후면 라벨의 Lot No. 마지막 두자리 값(QQ)을 기록한다.
>   ※ 다음 사전 보정 절차에서 반드시 필요한 정보이므로 기록해야 한다.
> - Lot. No의 값(A)은 전방 레이더 내부의 수직 오차 각도이다.

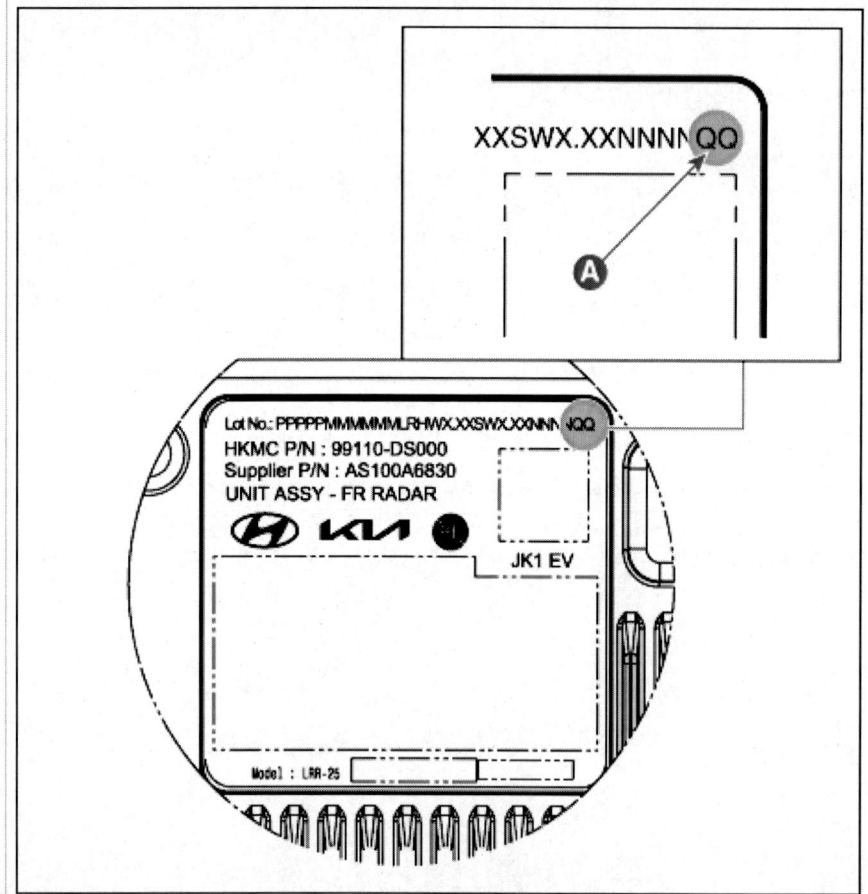

1. 전방 레이더 장착 각도를 확인 및 사전 보정한다.
   (1) 진단기기의 부가 기능 "전방 레이더 장착 각도 보정"을 선택한다.

| 시스템별 | 작업 분류별 | 모두 펼치기 |

- 자동변속
- 전자식변속레버
- 전자식변속제어
- 제동제어
- 전방레이더
  - 사양정보
  - 전방 레이더 장착 각도 검사/보정 (FCA/SCC)
- 에어백(1차충돌)
- 에어백(2차충돌)
- 승객구분센서
- 에어컨
- 4륜구동
- 파워스티어링
- 전자제어서스펜션
- 리어뷰모니터
- 운전자보조주행시스템

! 기능 수행 중에는 다른 기능이 동작되지 않도록 주의하십시오.

부가기능

• 전방 레이더 장착 각도 검사/보정 (FCA/SCC)

검사목적	전방 레이더의 차량 장착 각도를 검사 및 보정하는 기능 입니다.
검사조건	1. 엔진정지 2. IG ON 상태 3. C1620 (정렬 실패) 이외 DTC 없을 것.
연계단품	- UNIT ASSY-FCA - UNIT ASSY-SCC - UNIT ASSY-FR RADAR
연계DTC	C1620
불량현상	경고등 점등
기 타	전방 레이더 센서 보정이 필요한 경우 1. 전방 레이더를 교환 및 탈거 후 재장착 하였을 경우 2. C1620 (정렬 실패) DTC가 발생한 경우 3. 접촉사고를 포함, 전방 레이더나 그 주변부가 충격을 받은 경우 4. FCA/SCC/HDA 등 전방 레이더 감지/인식 기능 문제가 있는 경우 5. '레이더 가림' 으로 인한 기능 해제 문구가 지속적으로 발생하는 경우

확인

! 기능 수행 중에는 다른 기능이 동작되지 않도록 주의하십시오.

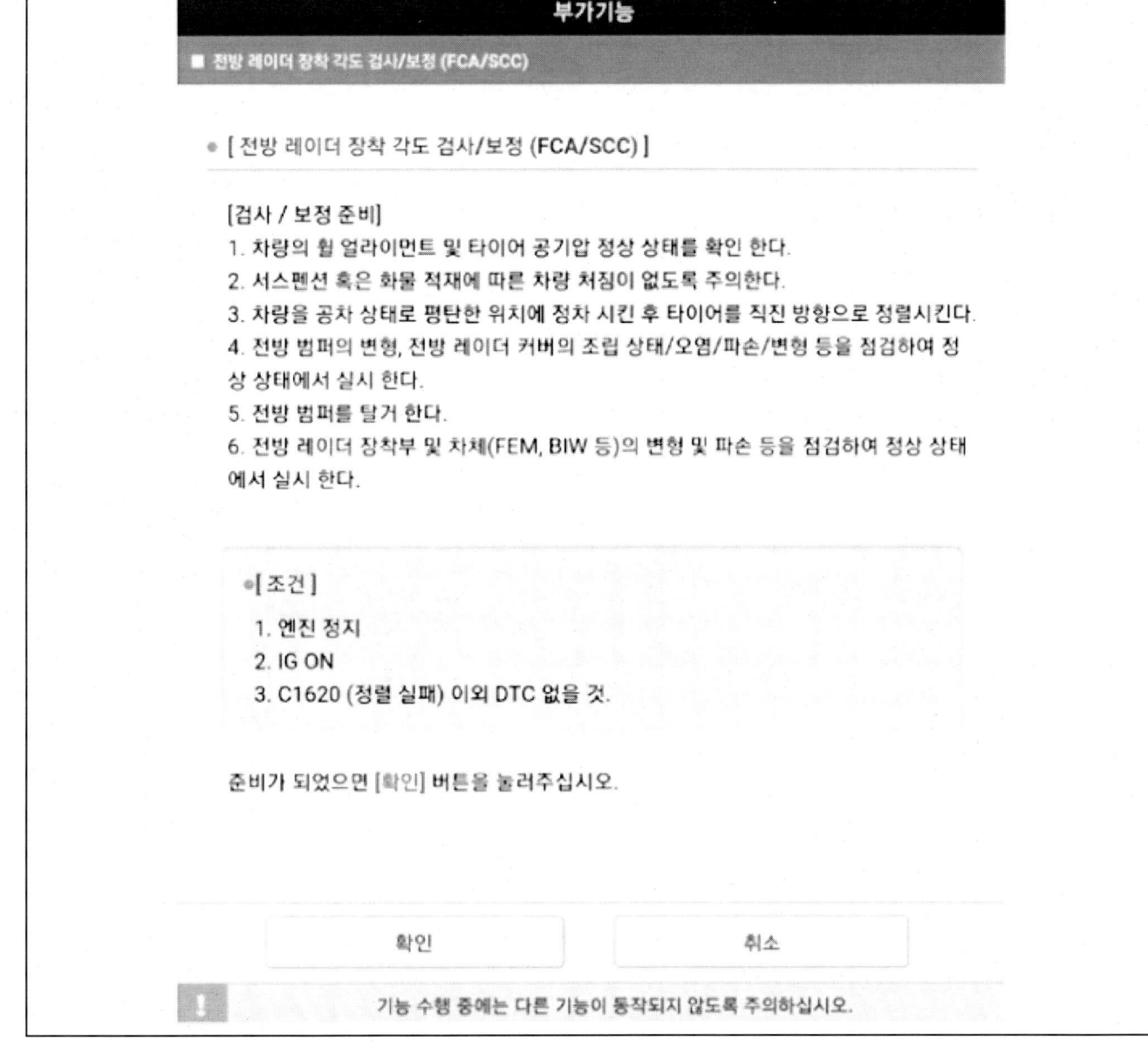

(2) 전방 레이더 후면 라벨 Lot No. 확인한다.
 ('전방 레이더-장착'의 참고 내용 확인)
(3) 코드 입력창에 두자리 값을 입력하여 확인을 누른다.

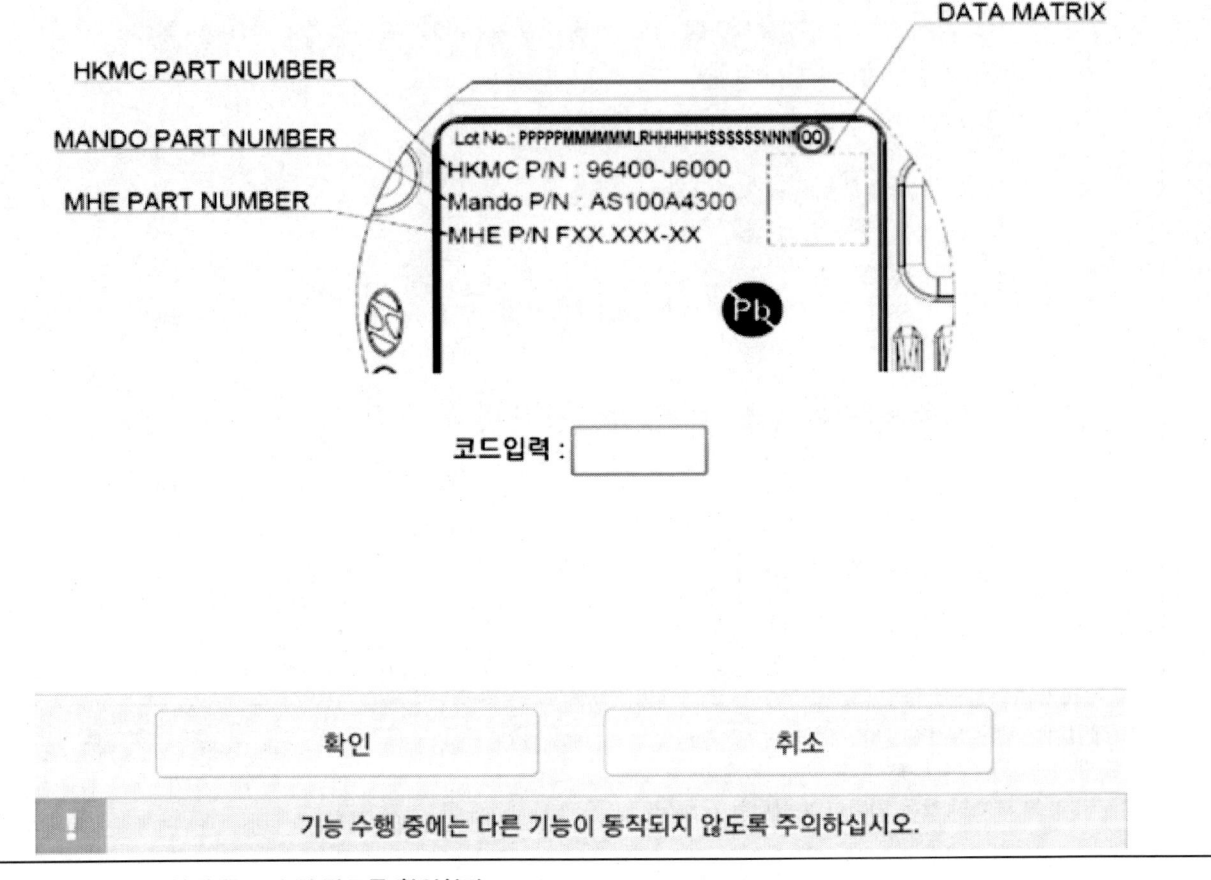

(4) 진단기기에서 오차가 보상된 목표 수직 각도를 확인한다.

> **참 고**
>
> - 결과 값은 기준 수직 장착 각도 -1도에 레이더 내부 오차를 보상한 최종 목표 수직 각도이다.

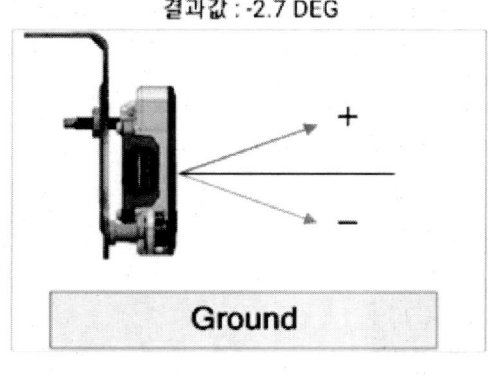

(5) 디지털 수평계를 전방 레이더 센서에 장착한다.

> 유 의

- 디지털 수평계는 사용 전에 반드시 영점 셋팅을 한다. (주기적인 교정을 실시한다.)

- 디지털 수평계의 표시 방법에 따라, +/- 각도가 다르게 표시될 수 있으니 유의한다.

(6) 전방 레이더 센서의 조정 스크류를 회전시켜 "목표 수직 각도"로 조정한다.
 - 시계 방향 회전 : (+) 각도 보정
 - 반시계 방향 회전 : (-) 각도 보정

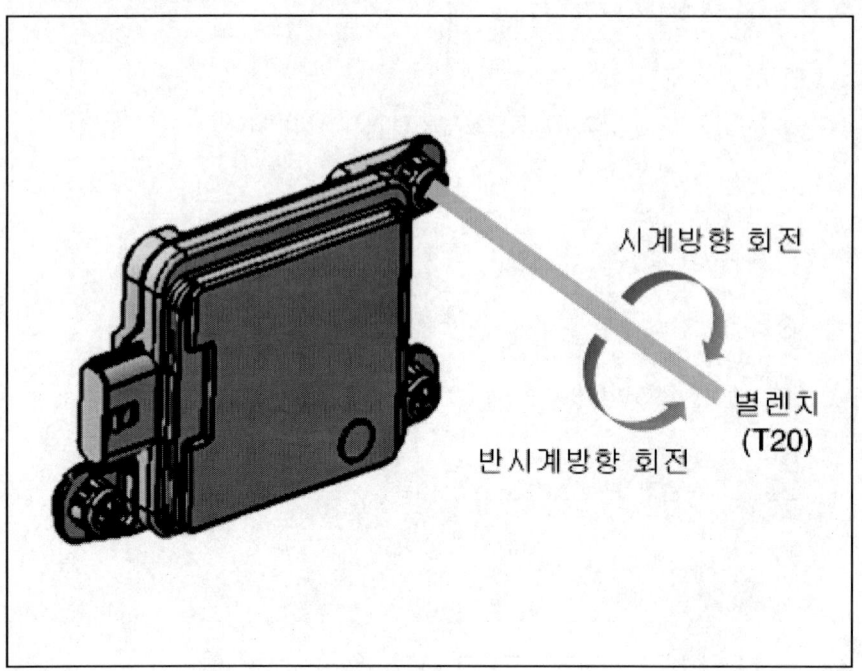

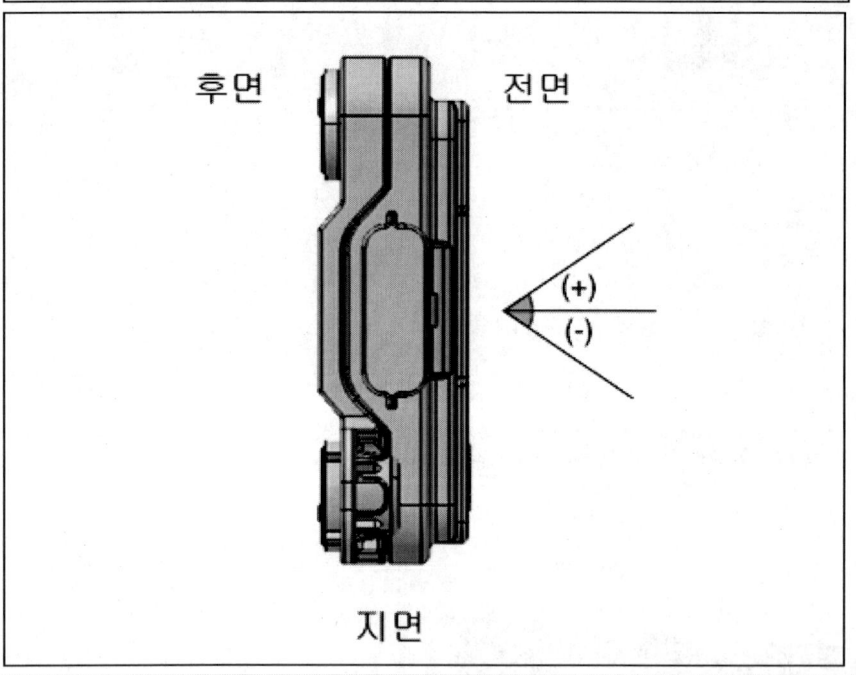

수직 스크류 회전수	레이더 보정 각도	
	시계 방향	반시계 방향
0.5	+ 0.5°	- 0.5°
1	+ 1.0°	- 1.0°
1.5	+ 1.5°	- 1.5°
2	+ 2.0°	- 2.0°
2.5	+ 2.5°	- 2.5°
3	+ 3.0°	- 3.0°
3.5	+ 3.5°	- 3.5°
4	+ 4.0°	- 4.0°
4.5	+ 4.0°	- 4.5°
5	+ 5.0°	- 5.0°

> **유 의**
> - 전방 레이더의 표면에 이물질 및 반사물이 없도록 한다.
> - 전방 레이더 커버 및 주변부에 이물질 및 반사물이 없도록 한다.

2. 프런트 범퍼 어셈블리를 장착한다.
   (바디 (내장 / 외장 / 전장) - "프런트 범퍼 어셈블리" 참조)

3. 특수 공구를 이용해 전방 레이더 장착 각도 검사/보정 절차를 수행한다.
   (전방 레이더 - "조정" 참조)

배리언트 코딩

전방 레이더를 신품으로 교체한 경우 배리언트 코딩을 실시한다.

> **참 고**
> - 전방 레이더 배리언트 코딩은 차종별 적용 부가 기능을 작동 가능하게 한다.
> - 배리언트 코딩이 차량 사양과 다를 경우 "배리언트 코딩 오류" DTC를 표출한다.

1. 전방 레이더 교체 시 진단기기를 이용해 '배리언트 코딩'을 수행한다.
   (1) 자기 진단 커넥터에 진단기기를 연결하여, 시동 키 ON 후 진단기를 켠다.
   (2) 진단기 차종 선택 화면에서 "차종"과 "전방 카메라"를 선택한다.
   (3) 배리언트 코딩을 선택하여 절차에 따라 실시한다.

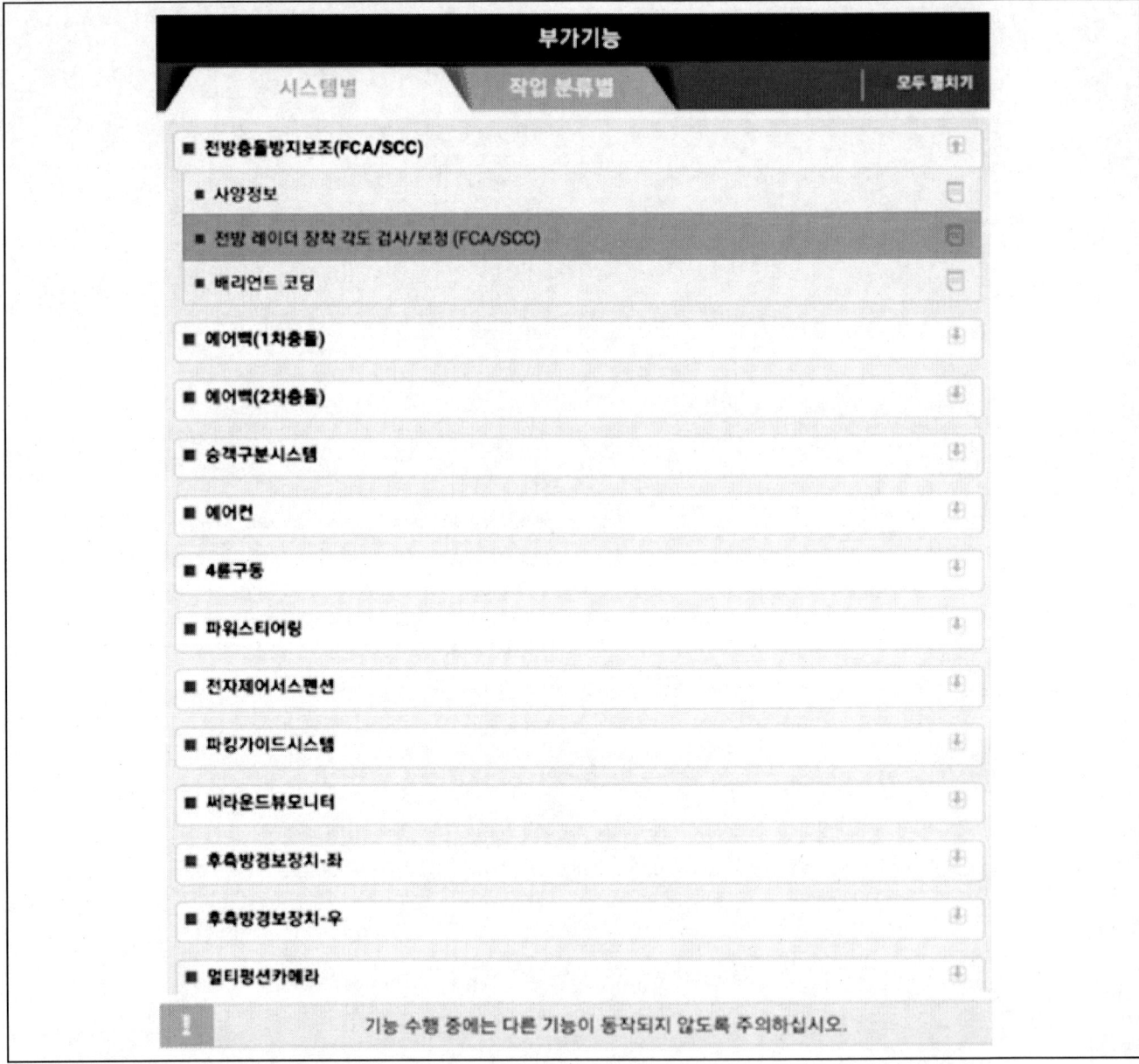

조정

전방 레이더 검사/보정

전방 레이더 검사/보정 필요한 경우

- 전방 레이더 탈/장착 또는 교체 시
  (※ 신품 교체 시 배리언트 코딩 및 보정 필요)
- 시스템 보정 관련 DTC 발생 시
- 전방 레이더 인식 기능 문제 발생 시
- 기능 작동 중 전방 차량 등을 정상 인식하지 못함.
- 옆 차로 차량 오인식이 빈번함.
- 전방에 물체가 없는데 오인식이 빈번함.

전방 레이더 검사/보정 작업전 확인 사항

- 공차 상태로 평탄한 장소에 차량을 정차후, 타이어를 전방 11자로 정렬한다.
- 차량의 휠 얼라이먼트 및 타이어 공기압 정상 상태를 확인한다.
- 차량의 처짐이 없도록 한다. (서스펜션 문제 여부 확인)
- 전방 레이더 커버 및 주위에 이물질 및 반사물이 없도록 한다.
- 레이더 센서의 표면에 이물질 및 반사물이 없도록 한다.

> **참 고**
>
> - 전방 레이더 보정은 진단기를 이용하여 정차모드, 주행 모드 중 1개의 방법으로 실시한다.
> - 정차모드는 전용 보정 리플렉터(SST)를 이용 보정 작업을 실시한다.
> - 정차모드 수행 후, 65km/h 이상으로 10분 이상 주행하면 보정 정확도가 향상된다.
>   (도로 주변에 금속성 반사체가 있는 직선 도로에서 주행한다.)
> - 주행모드는 실도로 주행(가드레일 등 금속성 고정 반사체가 많은 도로에서 실시)을 통해 보정 작업을 실시한다.

전방 레이더 장착 각도 검사/보정 방법 – 정차모드

> **유 의**
>
> - 전방 범퍼 중심을 기준으로 전방 8m, 폭 4m, 높이 2m 이상의 공간을 확보할 수 있는 곳에서 실시한다.
> - 보정 리플렉터는 전방 레이더 센서로 부터 2.5m 거리에 정확하게 설치한다. (허용공차 -0.1m 이하 일것.)
> - 보정 리플렉터 설치 위치(높이 및 각도)는 전방 레이더 중심과 일치하게 설치하여 높이 또는 각도가 상이한 경우 정확한 보정을 할 수 없다. (최대 오차 : ±2 cm)
> - 보정 리플렉터와 차량 사이 및 전방 레이더 보정 공간에 장애물이 없도록 한다. (특히, 전파 장애가 발생할 수 있는 금속 물체를 치운다.)
> - 반드시, 전용 보정 리플렉터 (0K964-J5100)를 사용한다.
> - 전방 레이더 정렬 시, 차량을 움직이거나 진동이 전달되지 않도록 한다. (차량 승차, 도어 개폐)
> - 전방 레이더 정렬 시, IG ON을 한다. (엔진 정지 상태)

1. 차량을 단차가 없는 장소에 수평으로 정차한다.

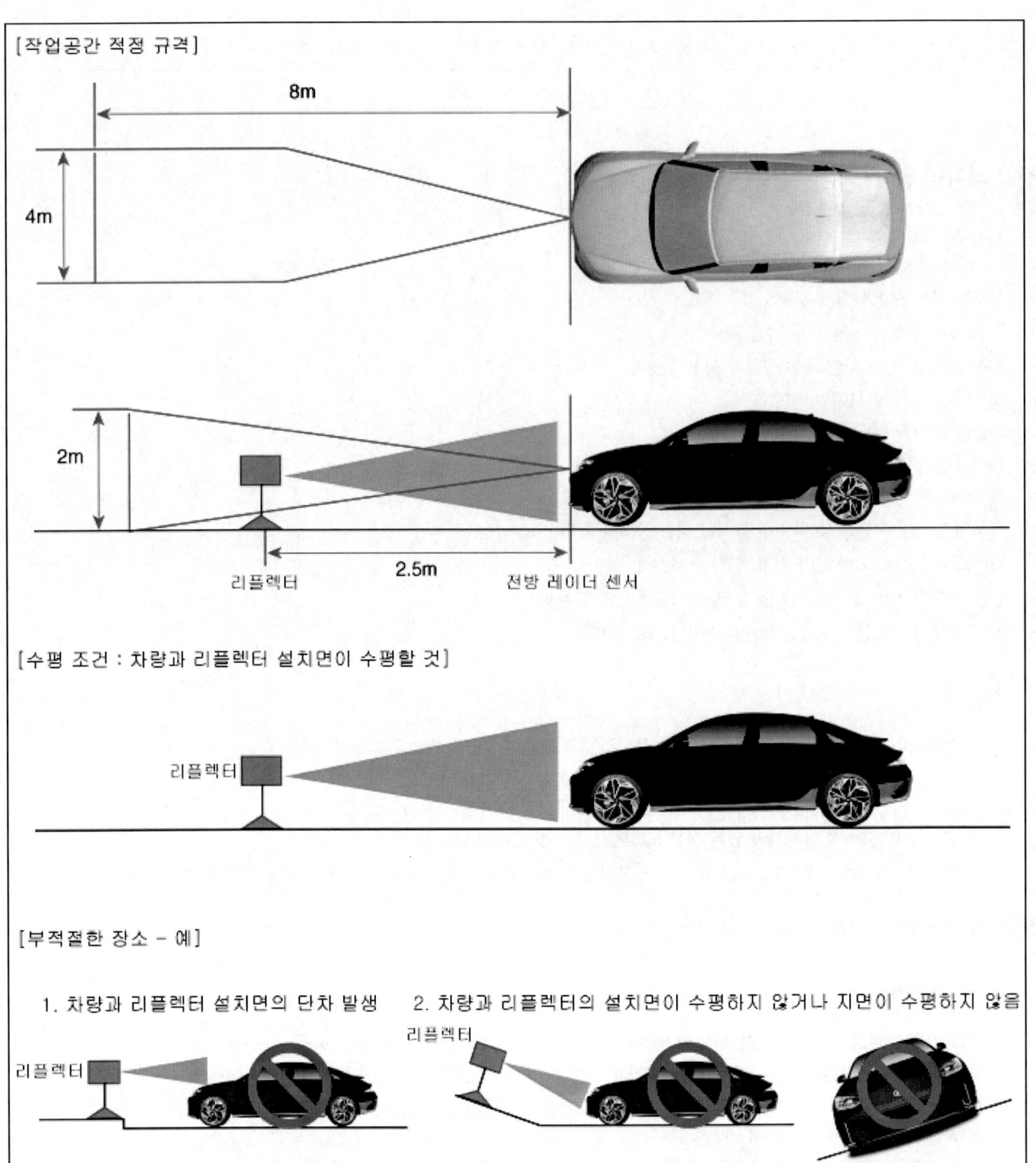

2. 윈드글라스 상단의 거리를 측정하여, 중심점(A)을 표시한다.

3. 엠블럼 중심점(A)을 표시한다. 앰블럼이 없는 차량에 대해서는 차량의 중심점을 표시한다.

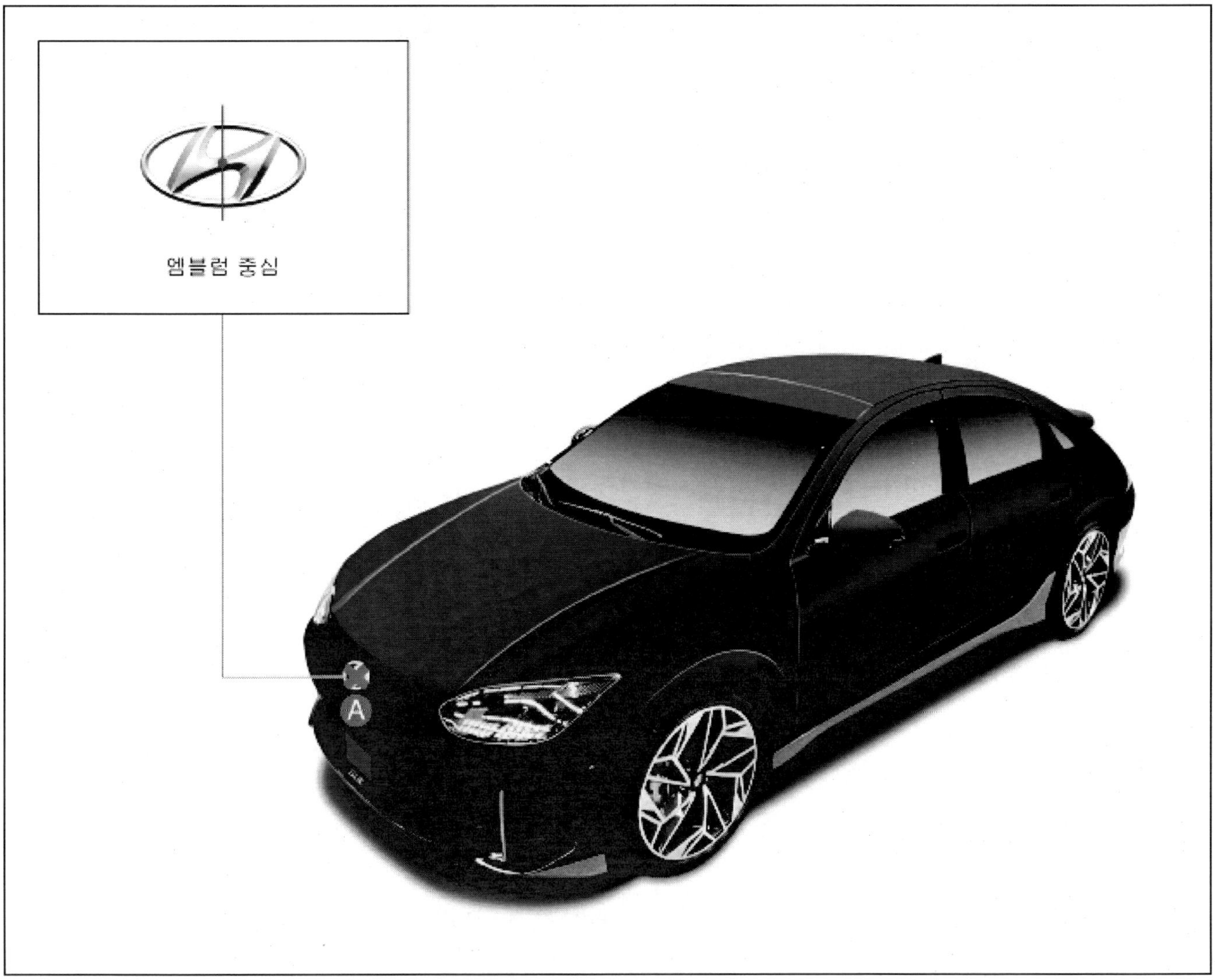

엠블럼 중심

4. 삼각대(SST No. : 09964-C1300)에 수직 측정기(SST No. : 09964-C1200)를 장착한다.

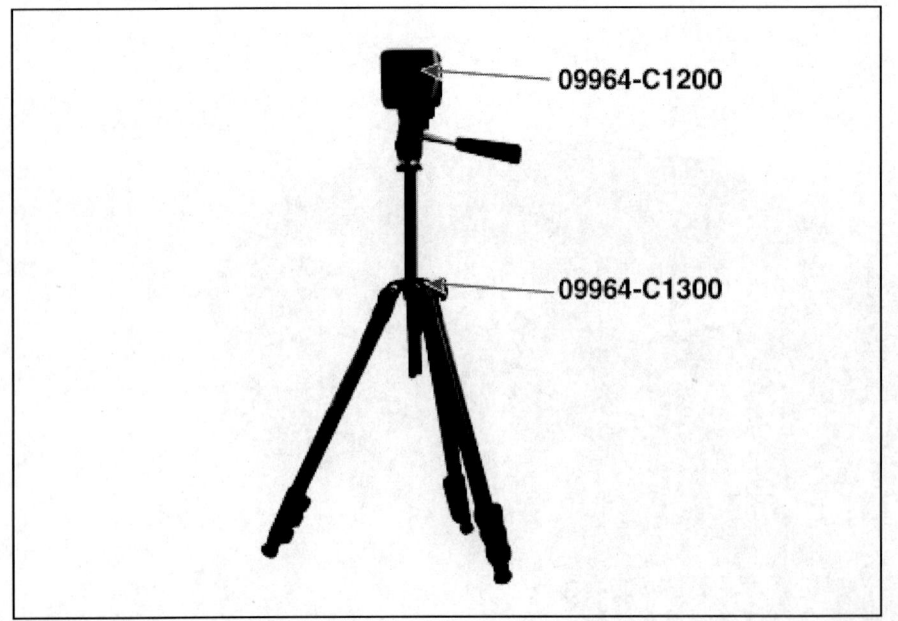

5. 전방 레이더 센서에서 2.5m 이상의 거리에 수직 측정기(09964 - C1200)를 위치시킨다.

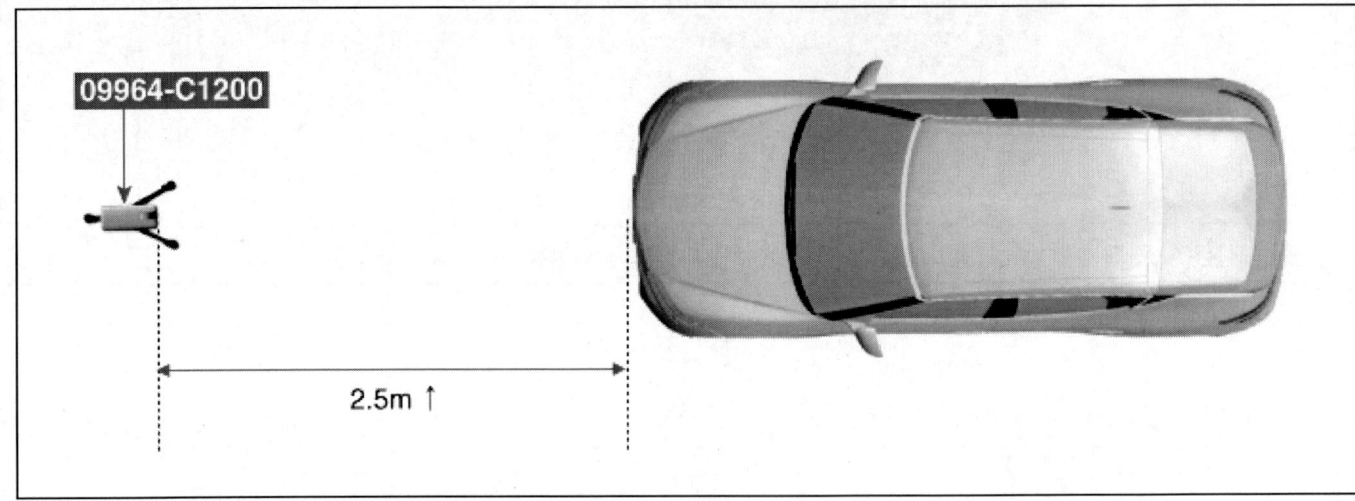

6. 수직 측정기(09964-C1200)를 이용하여 레이저 수직선을 (A)와 (B)점에 일치시킨다.

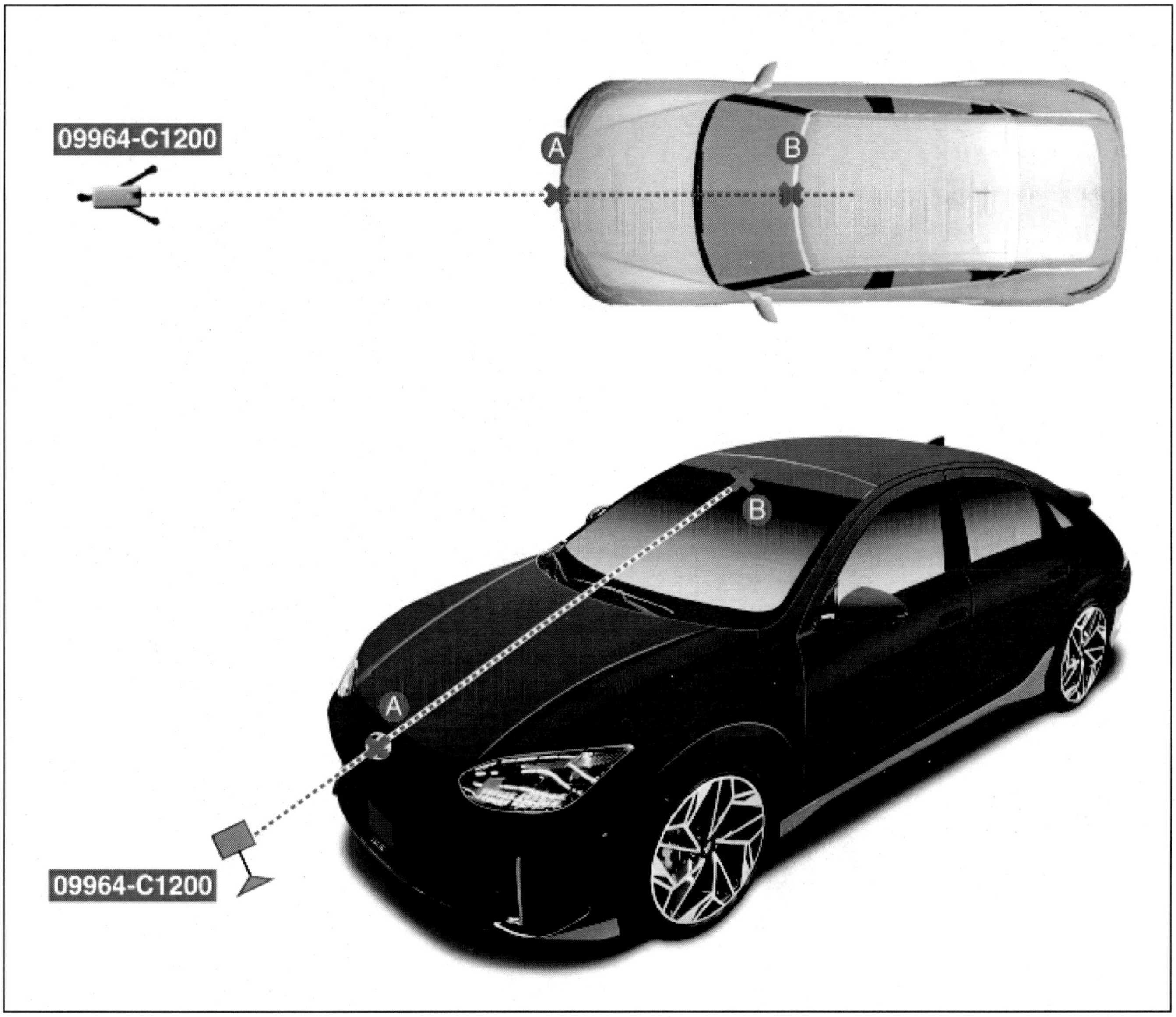

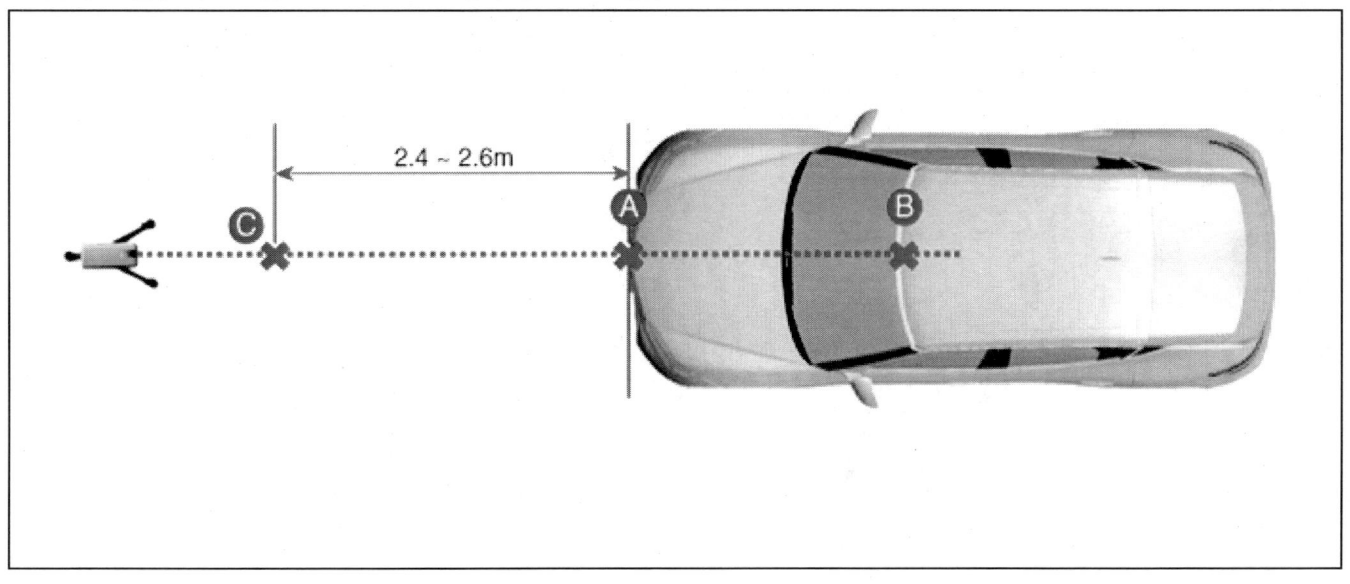

7. 수직선상에 전방 레이더 센서로부터 2.5m 차량 전방에(C)지점을 표시한다.

8. (C)점으로부터 운전석 방향 3mm 지점에 (D)점을 표시한다.(전방 레이더 센서 중심을 확인하여 표시한다.)

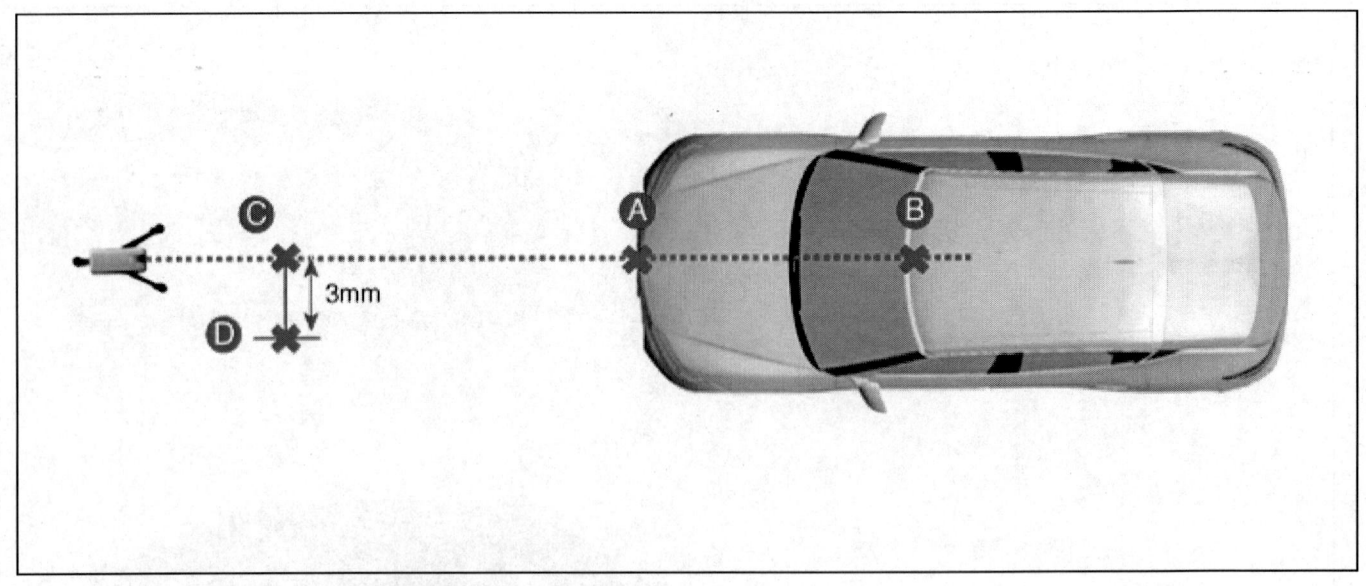

9. 삼각대(09964-C1300)에서 수직 측정기(09964-C1200)을 분리한다.

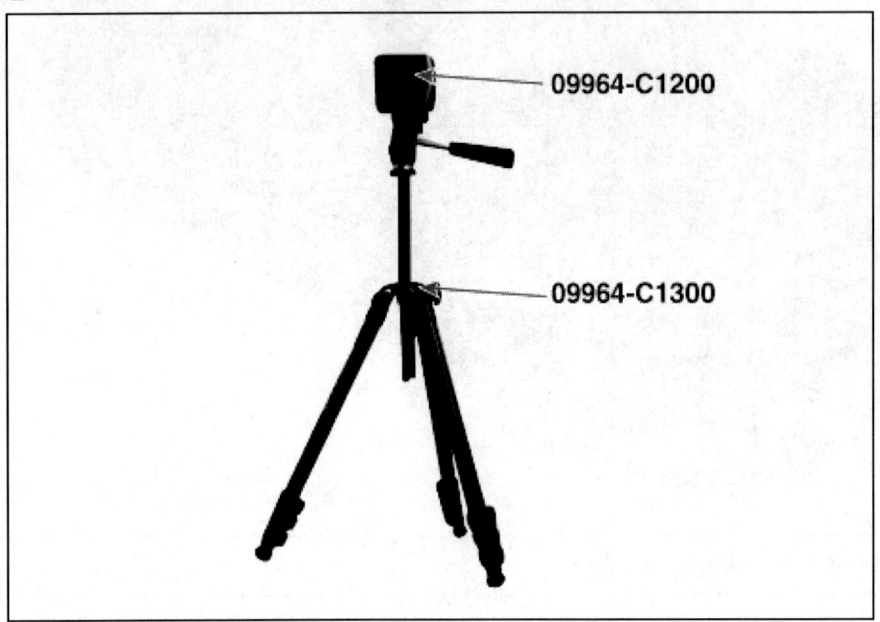

10. 삼각대(09964-C1300)에 보정 리플렉터(09964-C1100)을 연결한다.

11. 보정 리플렉터(09964-C1100)에 확장형 리플렉터 어댑터(0K964-J5100)을 연결한다.

12. 삼각대(09964-C1300)에 내장 되어있는 수평계(A)를 사용하여 리플렉터를 수평으로 설정한다.

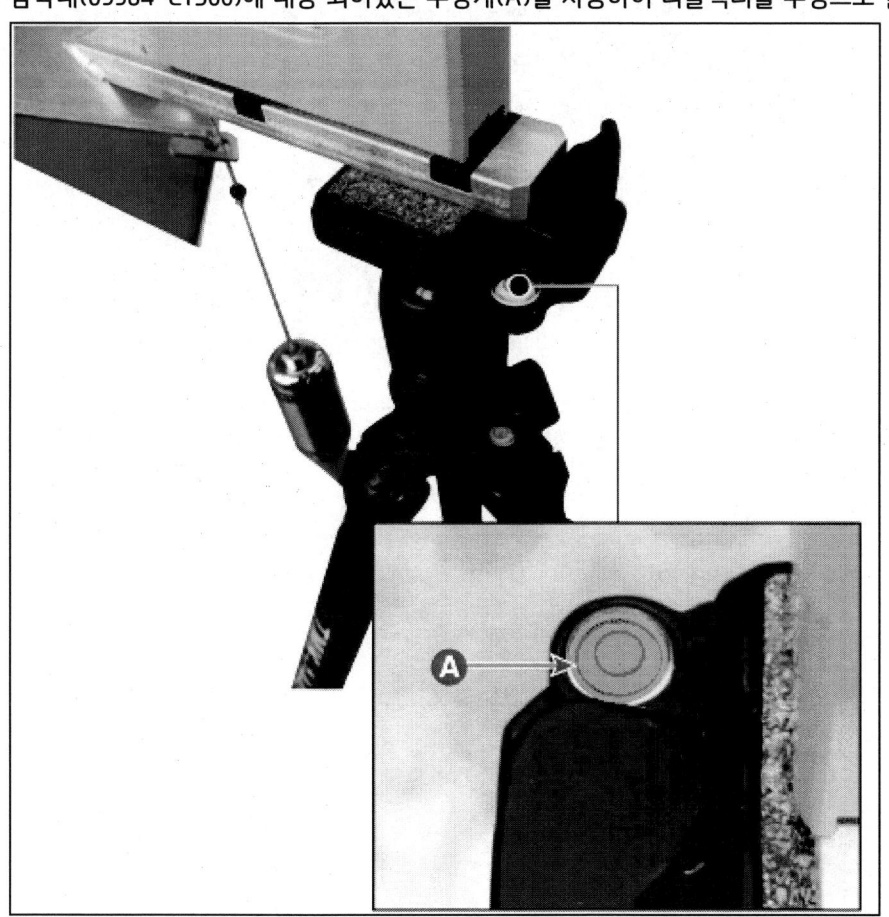

13. 보정 리플렉터(09964-C1100)의 수직추 (A)와 (D)점의 위치가 일치하도록 한다.

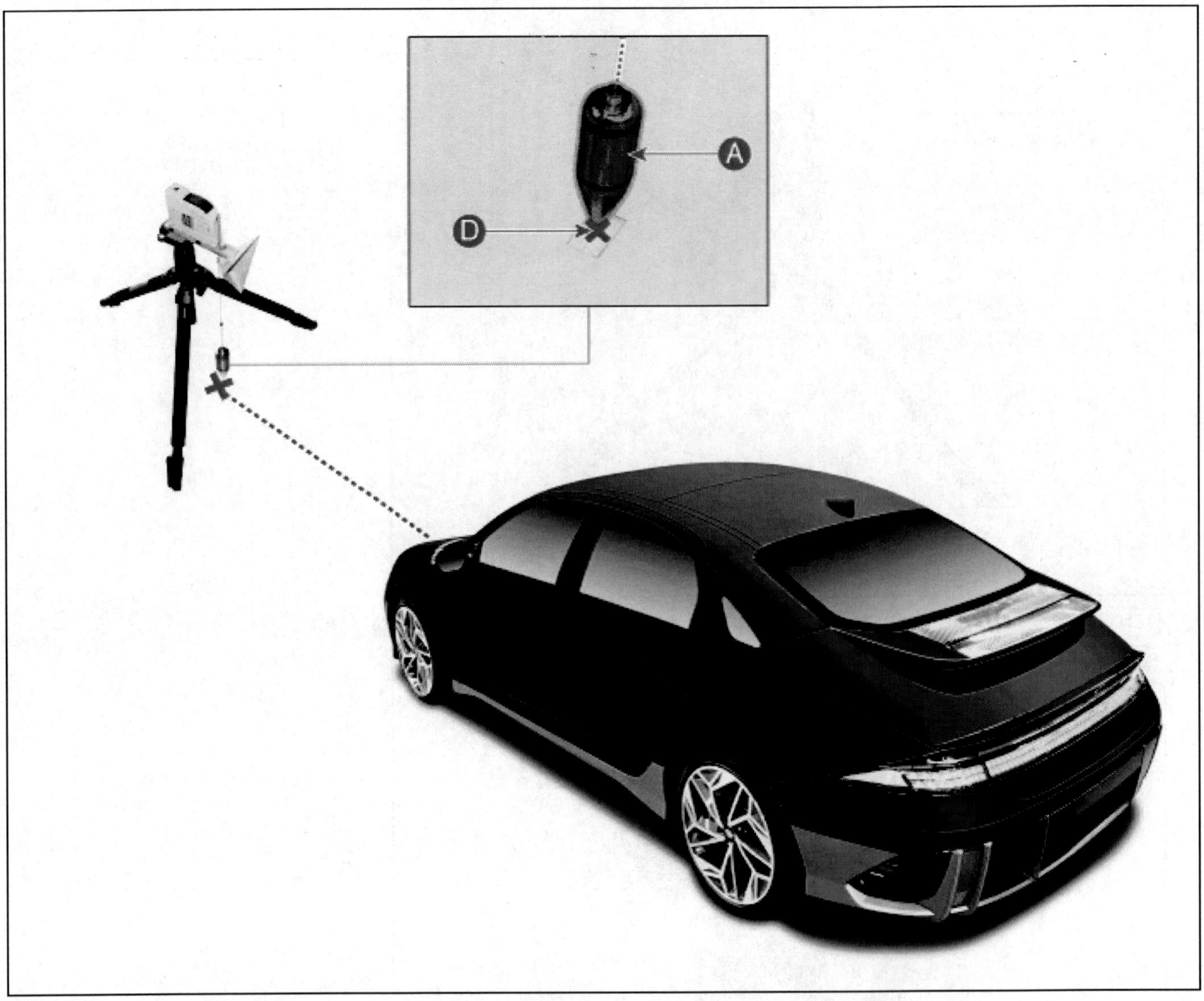

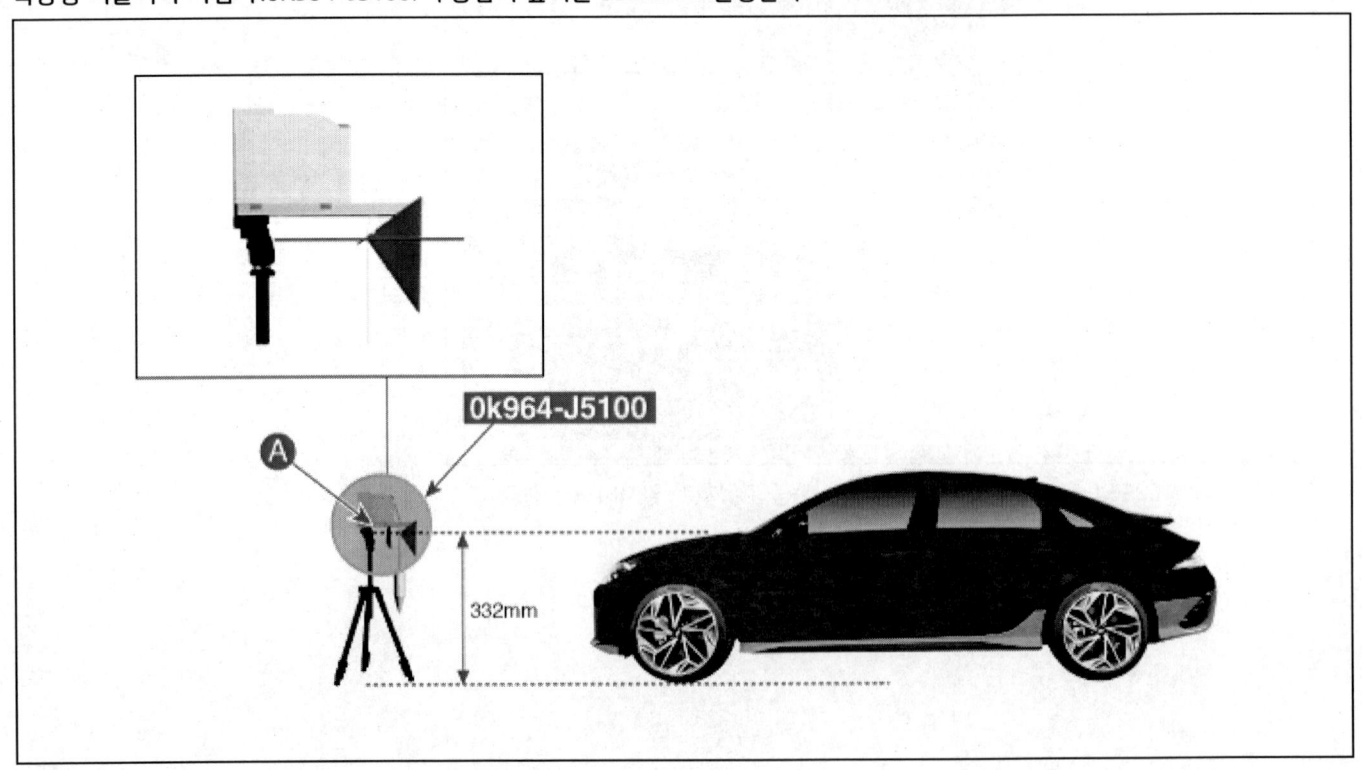

14. 확장형 리플렉터 어댑터(0K964-J5100)의 중심의 높이를 332mm로 설정한다.

15. 보정 리플렉터(09964-C1100)에서 수직추를 탈거한다.

> 유 의

- 수직추가 그대로 남아 있는 경우 보정에 영향을 줄 수 있다.

16. 전방 레이더 및 프런트 범퍼의 표면에 대하여 아래 항목을 육안으로 재확인 한다.

    유 의
    - 전방 레이더의 표면에 이물질 및 반사물이 없도록 한다.
    - 라디에이터그릴에 이물질 및 반사물이 없도록 한다.

17. 정차 모드를 선택하여 진단기기 화면의 지시에 따라 전방 레이더 장착 각도 검사 및 보정을 실시한다.

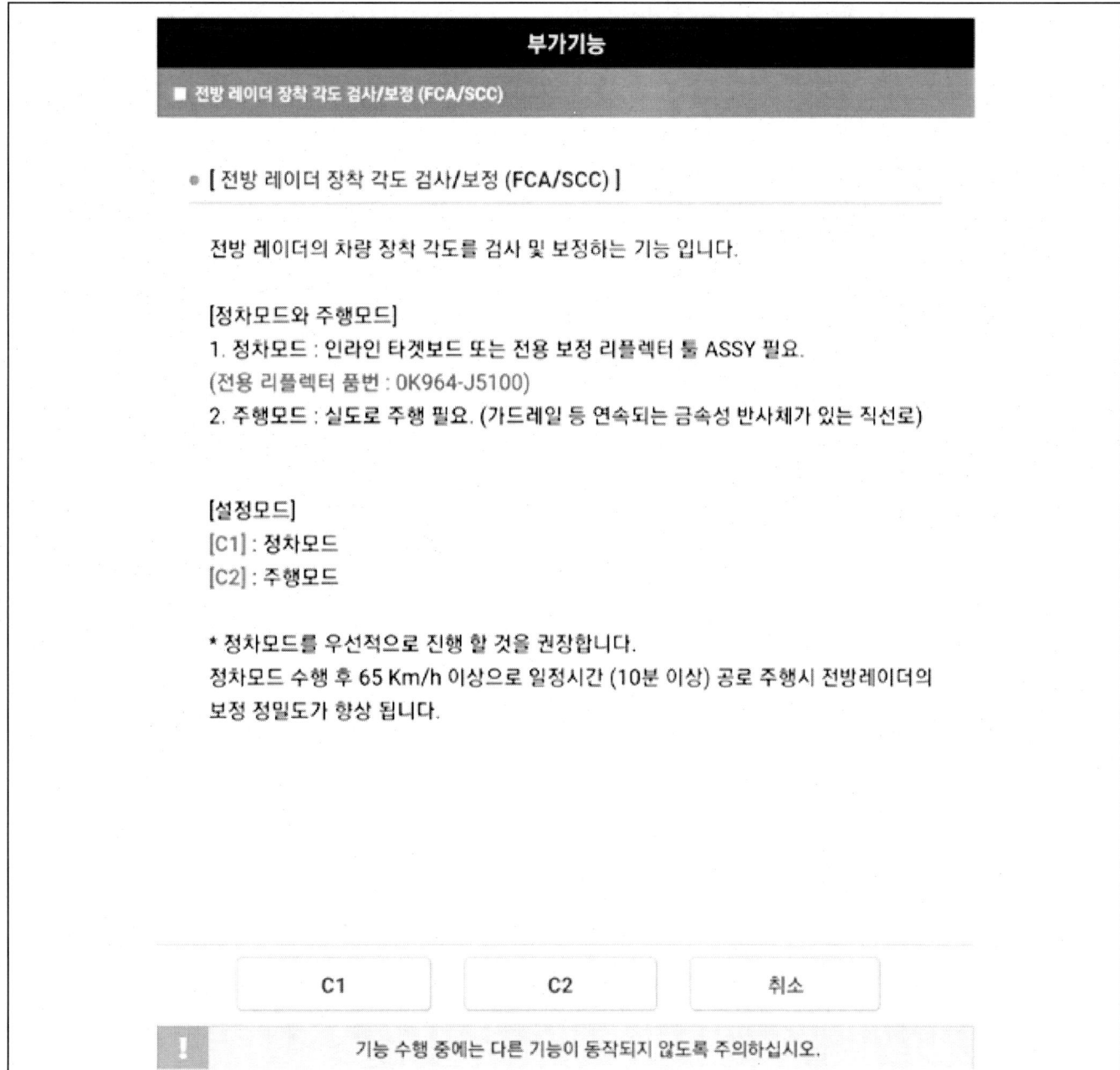

부가기능

■ 전방 레이더 장착 각도 검사/보정 (FCA/SCC)

● [전방 레이더 장착 각도 검사/보정 (FCA/SCC)]

[정차모드]

1. 차량 전방의 개방된 공간을 확보한다.
(최소 확보 공간 : 전방 범퍼 중심 기준, 전방거리 8m, 가로 폭 4m, 높이 2m)
2. 리플렉터는 전방레이더로 부터 2.5m 거리에 정확히 설치 한다.
3. 리플렉터의 좌/우/상/하 중심 위치는 전방레이더의 설치 위치를 참조하여 전방레이터의 중심과 일치하도록 정확한 위치에 설치한다.
4. 검사/보정 실행 전 전방 범퍼를 다시 장착 한다.
- 범퍼가 정확한 위치에 고정될 수준의 하드웨어는 체결하도록 한다.

⚠
* 리플렉터 설치시 주의사항과 설치방법은 반드시 정비지침서를 참고 하시기 바랍니다. 리플렉터 위치가 정확하지 않거나 전용 리플렉터(0K964-J5100)를 사용하지 않은 경우에는 보정이 완료되더라도 부정확한 보정으로 인해 심각한 성능 문제가 발생할 수 있습니다.

준비가 되었으면 [확인] 버튼을 눌러주십시오.

| 확인 | 취소 |

! 기능 수행 중에는 다른 기능이 동작되지 않도록 주의하십시오.

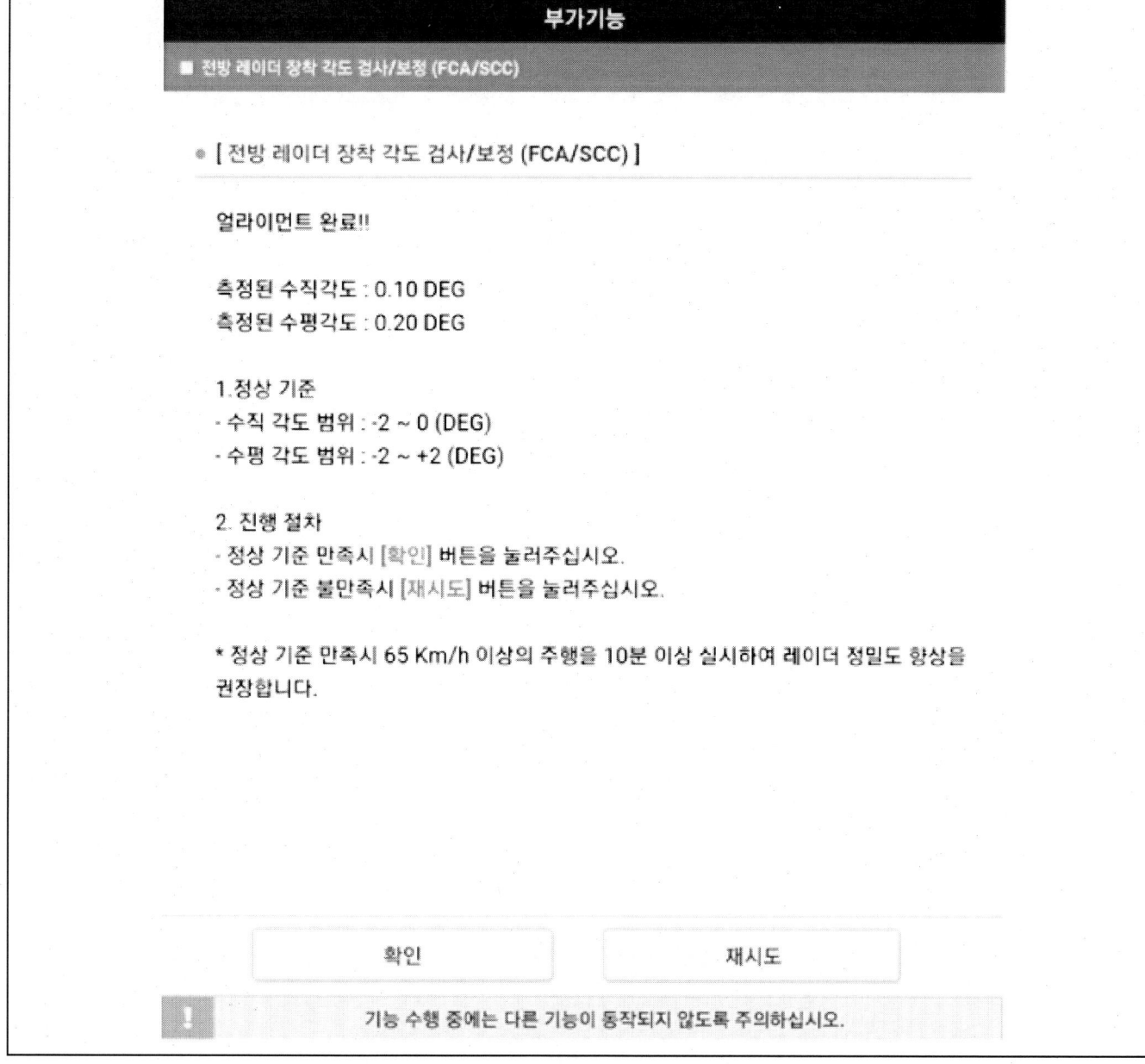

18. 전방 레이더 장착 각도 검사 및 보정에 실패할 경우, 전방 레이더 검사 및 보정 조건을 재확인한다.

전방 레이더 장착 각도 검사/보정(FCA/SCC) 방법 - 주행모드

> **참 고**
> - 정차 모드 작업이 불가능할 경우 주행 모드를 이용하여 전방 레이더 보정 작업을 진행한다.

> **유 의**
> - 차량의 휠 얼라이먼트 및 타이어 공기압 정상 상태를 확인한다.
> - 차량의 처짐이 없도록 한다. (서스펜션 문제 여부 확인)
> - 전방 레이더 센서 커버 오염 상태를 확인한다.
> - 레이더 센서의 표면에 이물질 및 반사물이 없도록 한다.
> - 라디에이터그릴에 이물질 및 반사물이 없도록 한다.

1. 주행 모드를 선택하여 진단기기 화면의 지시에 따라 전방 레이더 장착 각도 검사 및 보정을 실행한다.

부가기능

■ 전방 레이더 장착 각도 검사/보정 (FCA/SCC)

● [전방 레이더 장착 각도 검사/보정 (FCA/SCC)]

전방 레이더의 차량 장착 각도를 검사 및 보정하는 기능 입니다.

[정차모드와 주행모드]
1. 정차모드 : 인라인 타겟보드 또는 전용 보정 리플렉터 툴 ASSY 필요.
 (품번 : 0K964-J5100)
2. 주행모드 : 실도로 주행 필요. (가드레일 등 연속되는 금속성 반사체가 있는 직선로)

[설정모드]
[C1] : 정차모드
[C2] : 주행모드

* 정차모드를 우선적으로 진행 할 것을 권장합니다.
정차모드 수행 후 65 Km/h 이상으로 일정시간 (10분 이상) 공로 주행시 전방레이더의 보정 정밀도가 향상 됩니다.

| C1 | C2 | 취소 |

⚠ 기능 수행 중에는 다른 기능이 동작되지 않도록 주의하십시오.

부가기능

■ 전방 레이더 장착 각도 검사/보정 (FCA/SCC)

● [전방 레이더 장착 각도 검사/보정 (FCA/SCC)]

[주행모드]
1. 주행모드 보정 실행 전 전방 범퍼를 다시 장착 한다.
- 전방 범퍼 및 전방 레이더 커버의 조립 상태/오염/파손/변형 등을 점검하여 정상 상태에서 실시 한다.
2. 엔진 시동 후 진단장비를 이용하여 주행모드 보정을 실행한다.
3. FCA 및 SCC 경고 메세지(또는 경고등)이 클러스터에 점등되는 것을 확인한다.
4. 차량을 65 Km/h 이상으로 FCA 및 SCC 경고 메세지(또는 경고등)이 사라질 때 까지 주행한다.
- 주행 보정은 일반적으로 약 5~15분 가량소요되나 도로 및 주행상태에 따라 차이가 날 수 있다.
- 보정 완료(경고등 소등)까지 반드시 엔진 시동을 유지한다.
- 엔진 정지 혹은 IG OFF 된 경우 주행모드를 재수행 한다.

* 센서 정렬 일시중단 및 지연요소
- 과도한 조향 및 차로 변경
- 요구속도 미만의 저속주행 또는 정차상태 (신호대기 포함)
- 반복적인 고정물체가 적은 도로 주행(연속된 가드레일구간에서 주행 추천)
- 눈/비 등의 악천후 속 주행
- 엔진 정지 혹은 IG OFF

준비가 되었으면 반드시 엔진 시동 후에 [확인] 버튼을 눌러주십시오.

| 확인 | 취소 |

! 기능 수행 중에는 다른 기능이 동작되지 않도록 주의하십시오.

부가기능

■ 전방 레이더 장착 각도 검사/보정 (FCA/SCC)

● [전방 레이더 장착 각도 검사/보정 (FCA/SCC)]

주행모드 센서정렬을 시작합니다.

진단기 연결 상태에서 주행가능시 [확인] 버튼을 눌러 "주행 정렬 진행도" 가 100% 될때까지 65 Km/h이상으로 주행하시기 바랍니다.

진단기 연결 상태에서 주행 불가능시 [종료] 버튼을 누르시고 FCA 및 SCC 경고등이 소등될 때 까지 주행하시기 바랍니다.

| 확인 | 종료 |

! 기능 수행 중에는 다른 기능이 동작되지 않도록 주의하십시오.

부가기능

■ 전방 레이더 장착 각도 검사/보정 (FCA/SCC)

● [전방 레이더 장착 각도 검사/보정 (FCA/SCC)]

⚠ [주의]
주행시 안전에 유의하시기 바랍니다.

주행 정렬 진행도가 100% 될때까지 65 Km/h이상으로 주행하시기 바랍니다.

주행 정렬 진행도 : 99 %

종료

기능 수행 중에는 다른 기능이 동작되지 않도록 주의하십시오.

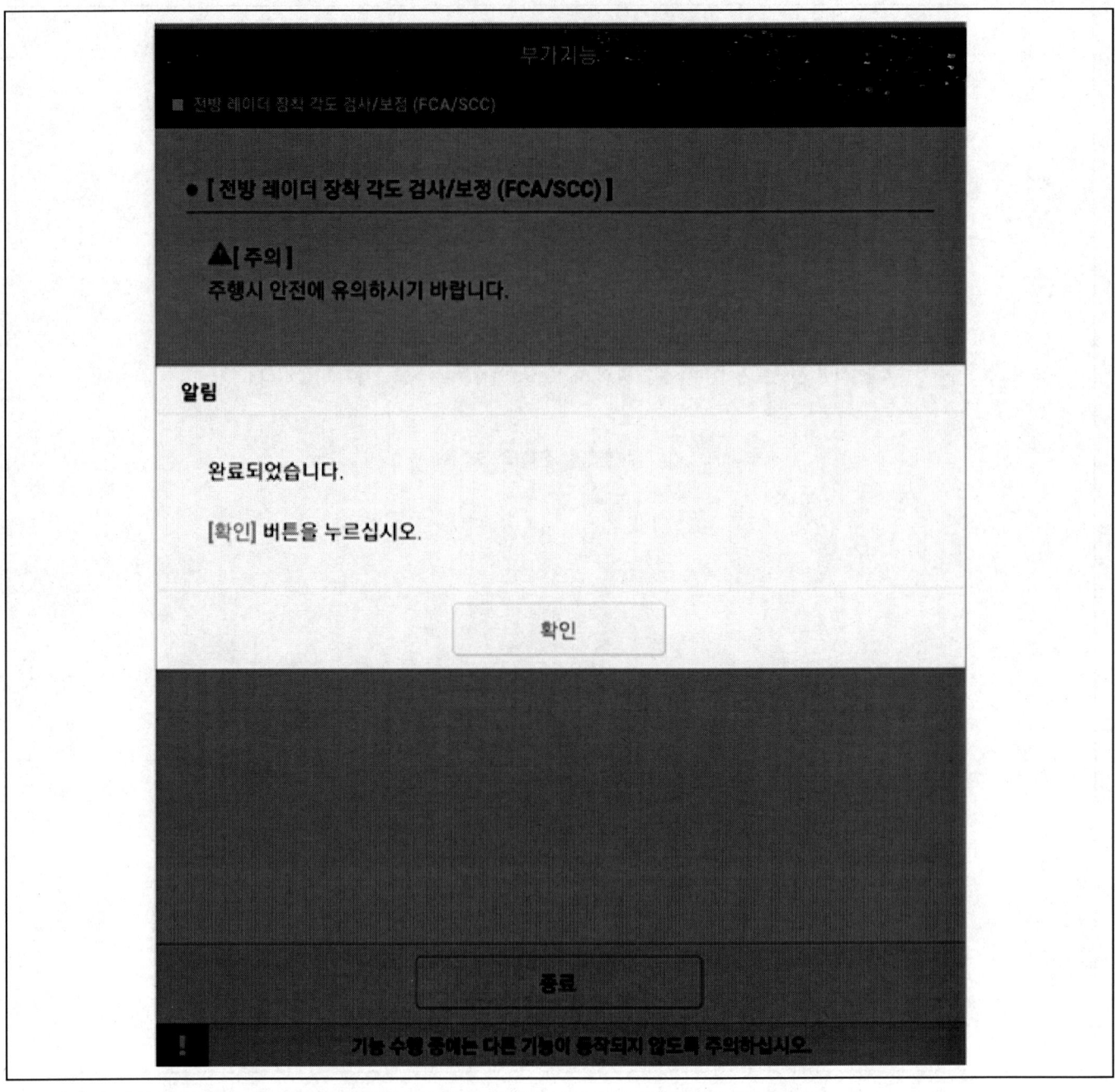

2. 전방 레이더 장착 각도 검사 및 보정에 실패할 경우, 전방 레이더 검사 및 보정 조건을 재확인한다.

2023 > 160kW > 첨단 운전자 보조 시스템(ADAS) > 운전자 주행 보조 시스템 > 전측방 레이더 > 1 Page Guide Manual

전측방 레이더 탈장착

	작업	H/W	체결토크 (kgf.m)	SST/장비	케미컬	기타
• 탈거						
1	12V 배터리 (-) 터미널 분리 (차량 제어 시스템 - "보조 배터리 (12V)"참조)	-	-	-	-	-
2	프런트 범퍼 어셈블리 탈거 (바디 (내장 / 외장 / 전장) - "프런트 범퍼 어셈블리"참조)	-	-	-	-	-
3	전측방 레이더 커넥터 분리	-	-	-	-	-
4	전측방 레이더 어셈블리 탈거	-	-	-	-	-
5	전측방 레이더 유닛 탈거	스크류	-	-	-	-
• 장착						
탈거의 역순으로 진행						매뉴얼 참조
• 부가기능						
• 진단기능 - 진단 기기를 사용하여 베리언트 코딩 실시						

2023 > 160kW > 첨단 운전자 보조 시스템(ADAS) > 운전자 주행 보조 시스템 > 전측방 레이더 > 서비스 정보

서비스 정보

항목	제원
정격 전압(V)	12
작동 전압(V)	9 ~ 16
수량	2개

커넥터 및 단자 정보

커넥터

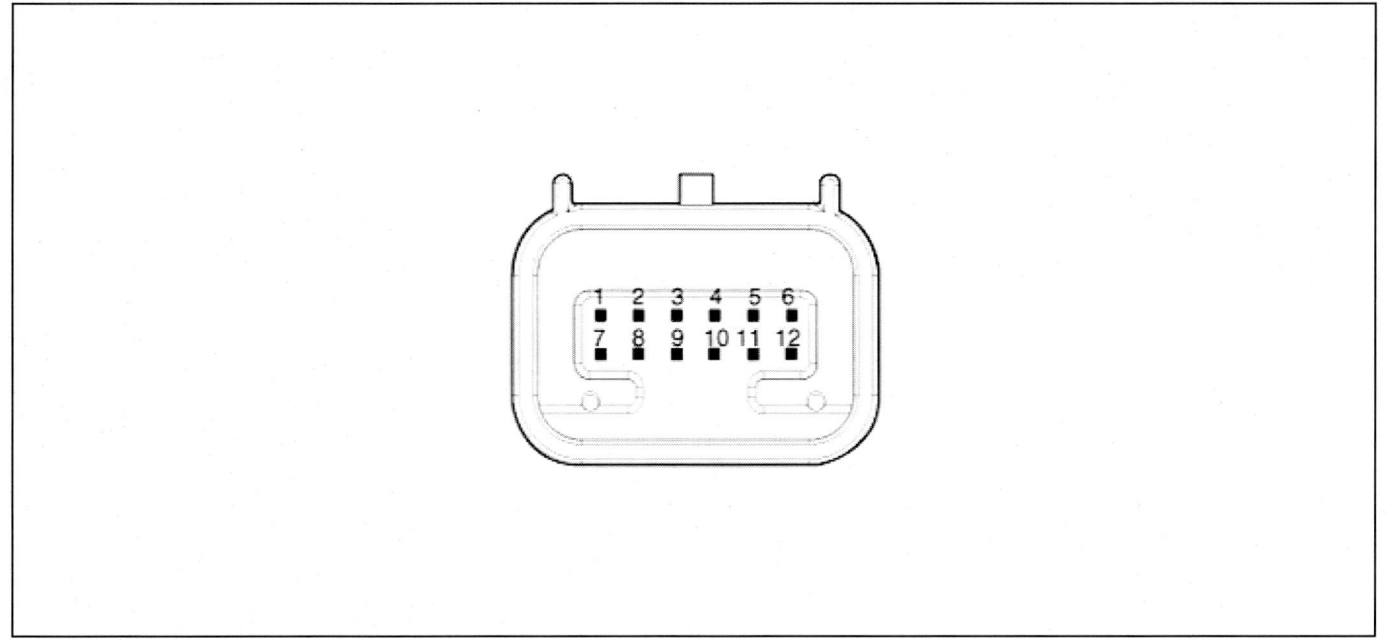

단자 기능

번호	명칭 [A]
1	배터리 (+)
2	A-CANFD2_Low
3	A-CANFD 2_High
4	접지
5	L-CANFD 2_Low
6	L-CANFD 2_High
7	-
8	-
9	-
10	IGN1
11	-
12	-

회로도

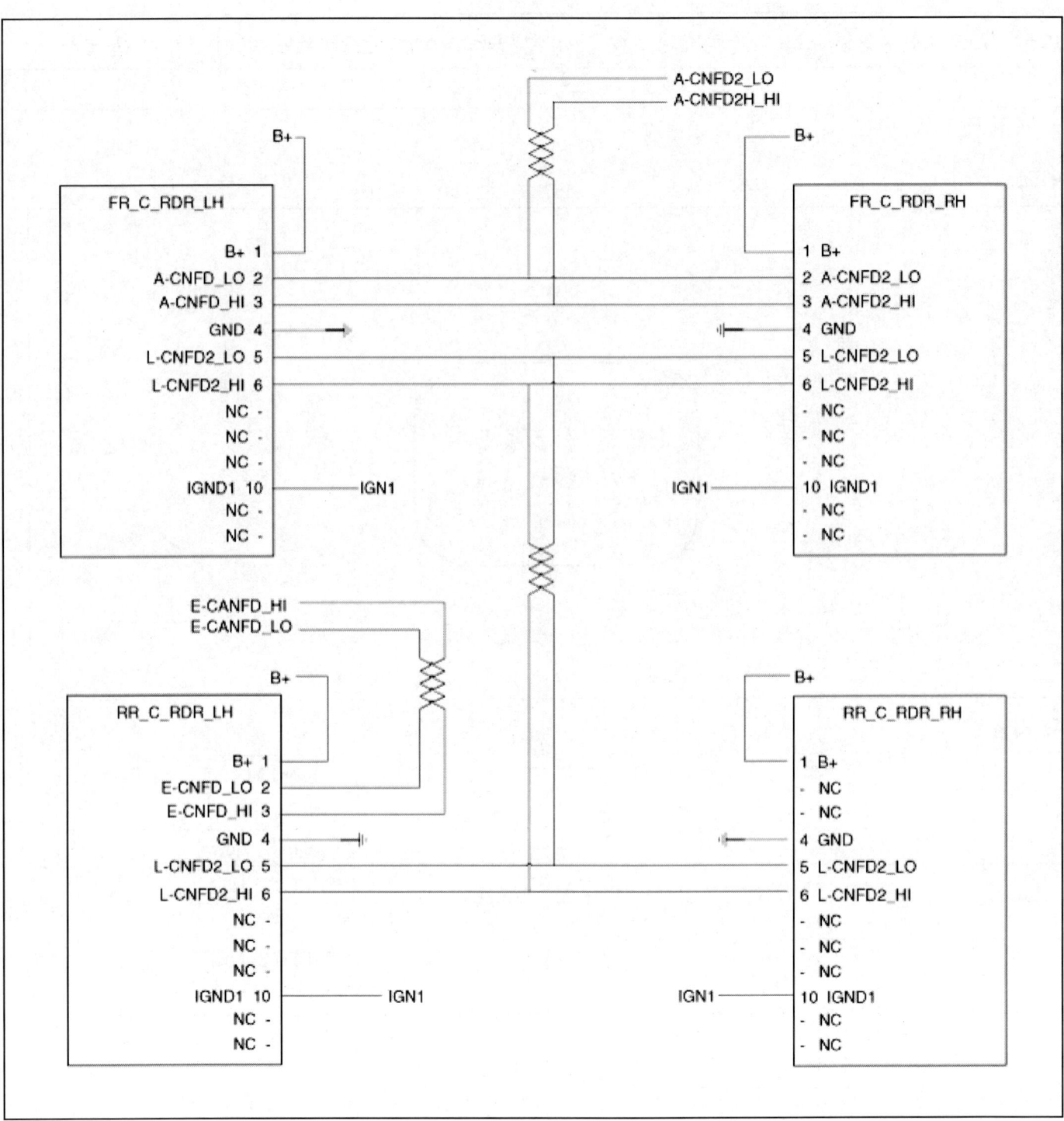

2023 > 160kW > 첨단 운전자 보조 시스템(ADAS) > 운전자 수행 보조 시스템 > 전측방 레이더 > 점검

점검

외관 점검
FCA, NSCC, HDA 2에 문제가 있는 경우 아래 항목을 확인한다.
1. 고장코드 미발생 시 범퍼 청결 확인
   - 범퍼 : 외부 오염 상태 (눈/먼지/금속 스티커 등)
2. 고장코드 미 발생 시 범퍼 주변 상태 확인한다.
   - 범퍼 : 장착 상태, 범퍼 외부 변형
   - 브라켓 : 장착 상태, 브라켓 변형
   - 레이더 : 레이더 너트 체결 불량, 레이더 이물질 오염.
3. 고장코드 발생 시 범퍼, 브라켓 또는 레이더를 확인한다.
   - 범퍼 : 장착 상태, 범퍼 외부 변형
   - 브라켓 : 장착 상태, 브라켓 변형
   - 레이더 : 레이더 너트 체결 불량, 레이더 이물질 오염.
     (※ 전방 레이더에 충격이 가해지는 사고 후 제대로 수리되지 않은 경우 경고등 발생 가능함.)

진단기기 점검
1. 전측방 레이더는 차량용 진단기기를 이용하여 좀 더 신속하게 고장을 진단할 수 있다. ("DTC 진단 가이드" 참조)
   (1) 고장코드 진단 : 고장 코드(DTC) 점검 및 표출
   (2) 센서 데이터 진단 : 시스템 입출력 값 상태 확인
   (3) 강제 구동 : 시스템 작동 상태 확인
   (4) 부가 기능 : 시스템 옵션, 영점 조절 등의 기타 기능 제어

기본 점검

> **참 고**
>
> - 진단기기를 이용한 고장 진단이 불가능할 경우 기본점검을 수행한다.
> (1) 배터리 단자와 충전 상태를 확인한다.
> (2) 퓨즈 및 릴레이를 확인한다.
> (3) 커넥터의 연결 상태를 확인한다.
> (4) 와이어링 및 커넥터의 손상 여부를 확인한다.

탈거

1. 12V 배터리 (-) 터미널을 분리한다.
   (차량 제어 시스템 - "보조 배터리 (12V)"참조)
2. 프런트 범퍼 어셈블리를 탈거한다.
   (바디 (내장 / 외장 / 전장) - "프런트 범퍼 어셈블리" 참조)
3. 전측방 레이더 커넥터(A)를 분리한다.

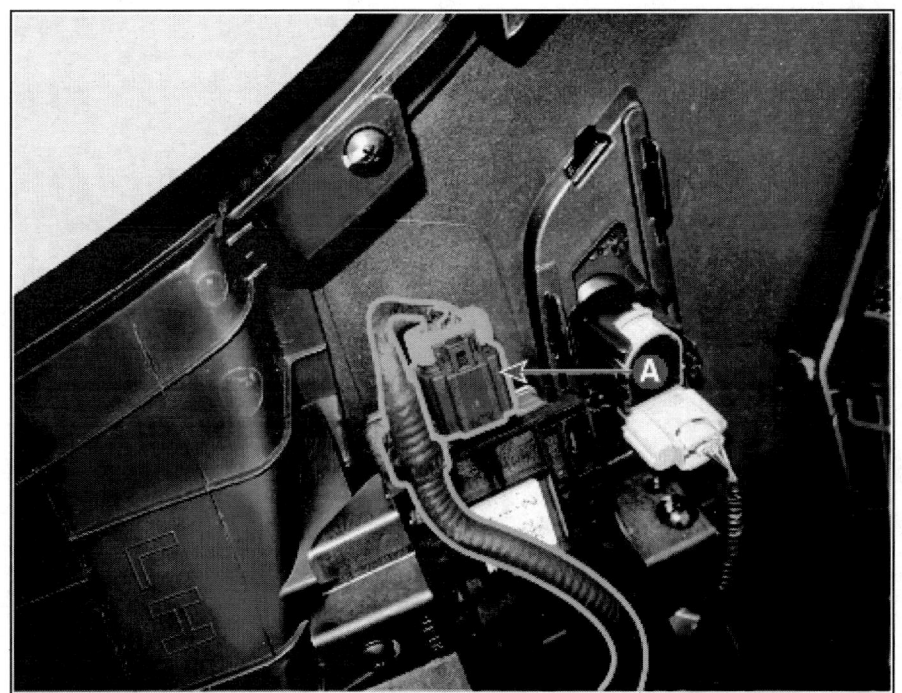

4. 스크류를 풀어 전측방 레이더 어셈블리(A)를 탈거한다.

5. 전측방 레이더 유닛을 교환할 경우 유닛(A)을 화살표 방향으로 밀어 브라켓을 탈거한다.

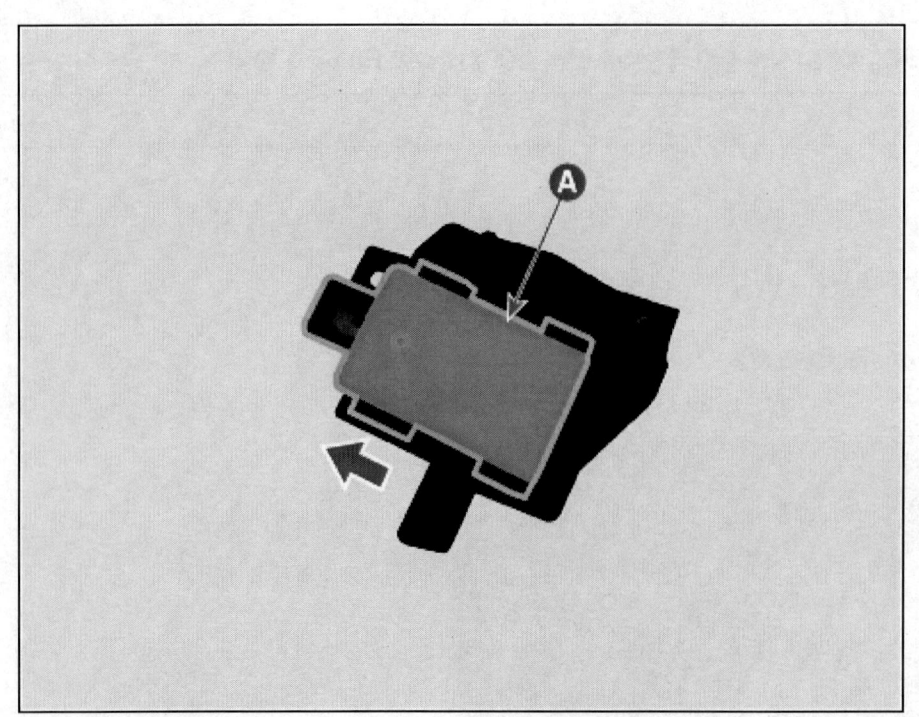

유 의

- 전측방 레이더 유닛 탈거 시 브라켓이 손상되지 않도록 주의하여 탈거한다.
- 브라켓이 변형 또는 손상되면 장착된 유닛의 레이더가 정상 작동되지 않는다.

참 고

- 레이더/브라켓/커넥터 등이 손상된 경우 전측방 레이더 어셈블리를 교환한다.

장착

1. 장착은 탈거의 역순으로 진행한다.

체결 토크 : 0.14~ 0.16 kgf.m

> **유의**
> - 전측방 레이더 장착 시 좌측, 우측 장착 유닛의 형상이 다르므로 장착 시 주의한다.
> - 전측방 레이더 유닛, 브라켓, 전측방 레이더 장착 각도 확인 작업을 수행한다.
>   ※ 장착 각도 확인 작업 : 범퍼 장착된 경우 가드레일이 존재하는 도로에서 20분 이상 주행하여 장착 각도 관련 DTC발생 여부 확인한다.
> - 전측방 레이더 유닛 교환시 진단기기를 이용해 배리언트 코딩 절차를 수행한다.
> - 프런트 범퍼 오염 상태를 확인한다.

> **참고**
>
>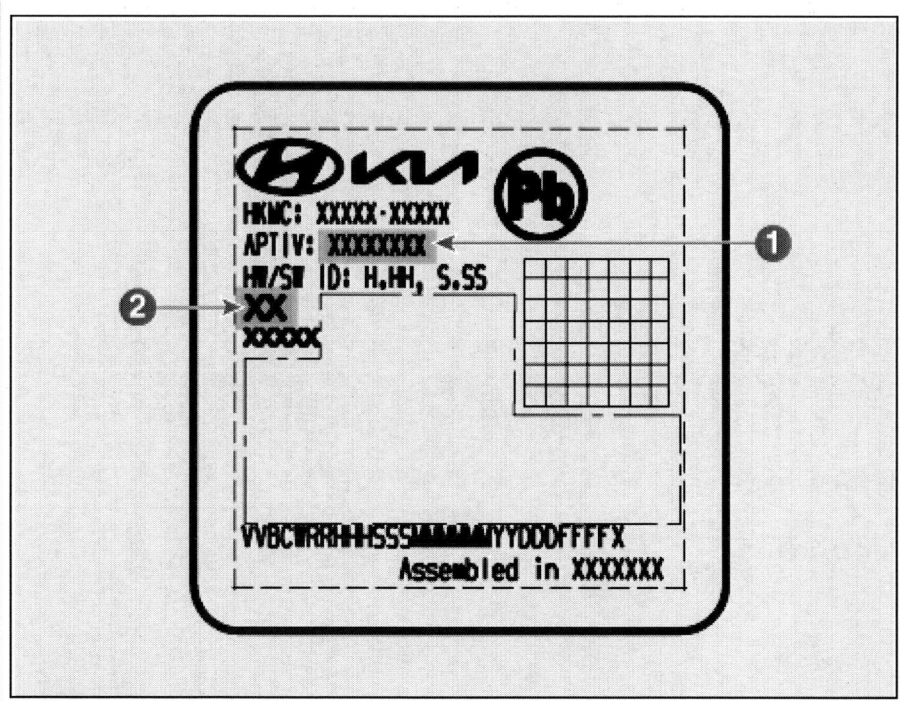
>
> 1) 부품번호
> 2) FL(좌측), FR(우측)

배리언트 코딩

전측방 레이더를 신품으로 교체한 경우 배리언트 코딩을 실시한다.

> **참고**
> - 전측방 레이더 배리언트 코딩은 차종별 적용 부가 기능을 작동 가능하게 한다.
> - 배리언트 코딩이 차량 사양과 다를 경우 "배리언트 코딩 오류" DTC를 표출한다.

1. 전측방 레이더 교환 시 진단기기를 이용해 '배리언트 코딩'을 수행한다.
    (1) 자기 진단 커넥터에 진단기기를 연결하여, IGN ON 후 진단기기를 켠다.
    (2) 진단기기 차종 선택 화면에서 "차종"과 "전측방 레이더"를 선택한다.
    (3) 배리언트 코딩을 선택하여 절차에 따라 실시한다.

2. 전측방 레이더 장착 각도를 확인 및 보정한다.
    (1) 진단기기의 부가 기능 "BCA 레이더 보정"을 선택한다.

(2) 전측방 레이더 장착 각도가 '0"'로 설정된 것을 확인한다.
(3) 측방 레이더를 선택하여 레이더 보정을 실행한다.

부가기능

- BCW(BSD) 레이더 보정

검사목적	Blind Spot Detection(BSD) 레이더 센서를 교환 후 센서의 보정을 하는 기능.
검사조건	1.엔진 정지 2.점화스위치 On
연계단품	Blind Spot Detection(BSD) Radar
연계DTC	C2702XX, C2703XX
불량현상	경고등 점등
기 타	-

확인

⚠ 기능 수행 중에는 다른 기능이 동작되지 않도록 주의하십시오.

부가기능

■ BCW(BSD) 레이더 보정

● [BCW(BSD) 레이더 보정]

이 기능은 BSD 레이더 센서를 교환 후 센서를 보정하는 기능입니다.

최대 30초 까지 시간이 소요됩니다.

진행중 취소가 불가능합니다.

[확인] 버튼을 누르면 보정을 진행합니다.

| 확인 | 취소 |

! 기능 수행 중에는 다른 기능이 동작되지 않도록 주의하십시오.

부가기능

■ BCW(BSD) 레이더 보정

● [BCW(BSD) 레이더 보정]

보정이 완료 되었습니다.

[확인] 버튼을 누르시면 종료 합니다.

확인

⚠ 기능 수행 중에는 다른 기능이 동작되지 않도록 주의하십시오.

후측방 레이더 탈장착

	작업	H/W	체결토크 (kgf.m)	SST/장비	케미컬	기타
•	탈거					
1	12V 배터리 (-) 터미널 분리 (차량 제어 시스템 - "보조 배터리 (12V)"참조)	-	-	-	-	-
2	리어 범퍼 어셈블리 탈거 (바디 (내장 / 외장 / 전장) - "리어 범퍼 어셈블리"참조)	-	-	-	-	-
3	후측방 레이더 커넥터 분리	-	-	-	-	-
4	후측방 레이더 어셈블리 탈거	스크류	-	-	-	-
5	후측방 레이더 유닛 탈거	-	-	-	-	-
•	장착					
탈거의 역순으로 진행						-
•	부가기능					
•	진단기능 - 진단 기기를 사용하여 베리언트 코딩 실시					

BCW & RCCW 인디케이터 탈장착

	작업	H/W	체결토크 (kgf.m)	SST/장비	케미컬	기타
•	탈거					
1	12V 배터리 (-) 터미널 분리 (차량 제어 시스템 - "보조 배터리 (12V)"참조)	-	-	-	-	-
2	아웃사이드 미러 어셈블리 탈거 (바디 (내장 / 외장 / 전장) - "아웃사이드 미러 어셈블리" 참조)	-	-	-	-	-
3	미러 탈거	-	-	-	-	-
4	미러 열선 커넥터 분리	-	-	-	-	-
5	후측방 레이더 경고등 커넥터 분리	-	-	-	-	-
•	장착					
탈거의 역순으로 진행						-

서비스 정보

항목	제원
정격 전압(V)	12
작동 전압(V)	9 ~ 16
수량	2개

커넥터 및 단자 정보

커넥터

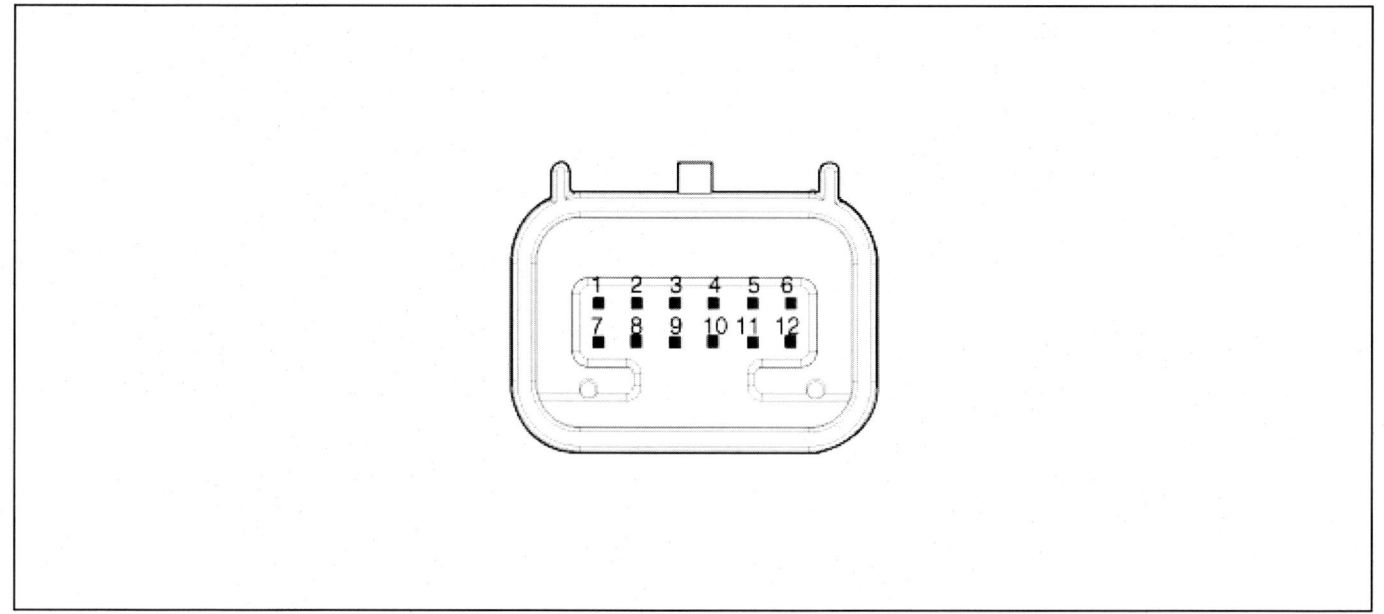

단자 기능

번호	명칭 [A]
1	배터리 (+)
2	E-CANFD_Low
3	E-CANFD_High
4	접지
5	L-CANFD2_Low
6	L-CANFD2_High
7	-
8	-
9	-
10	IGN1
11	-
12	-

회로도

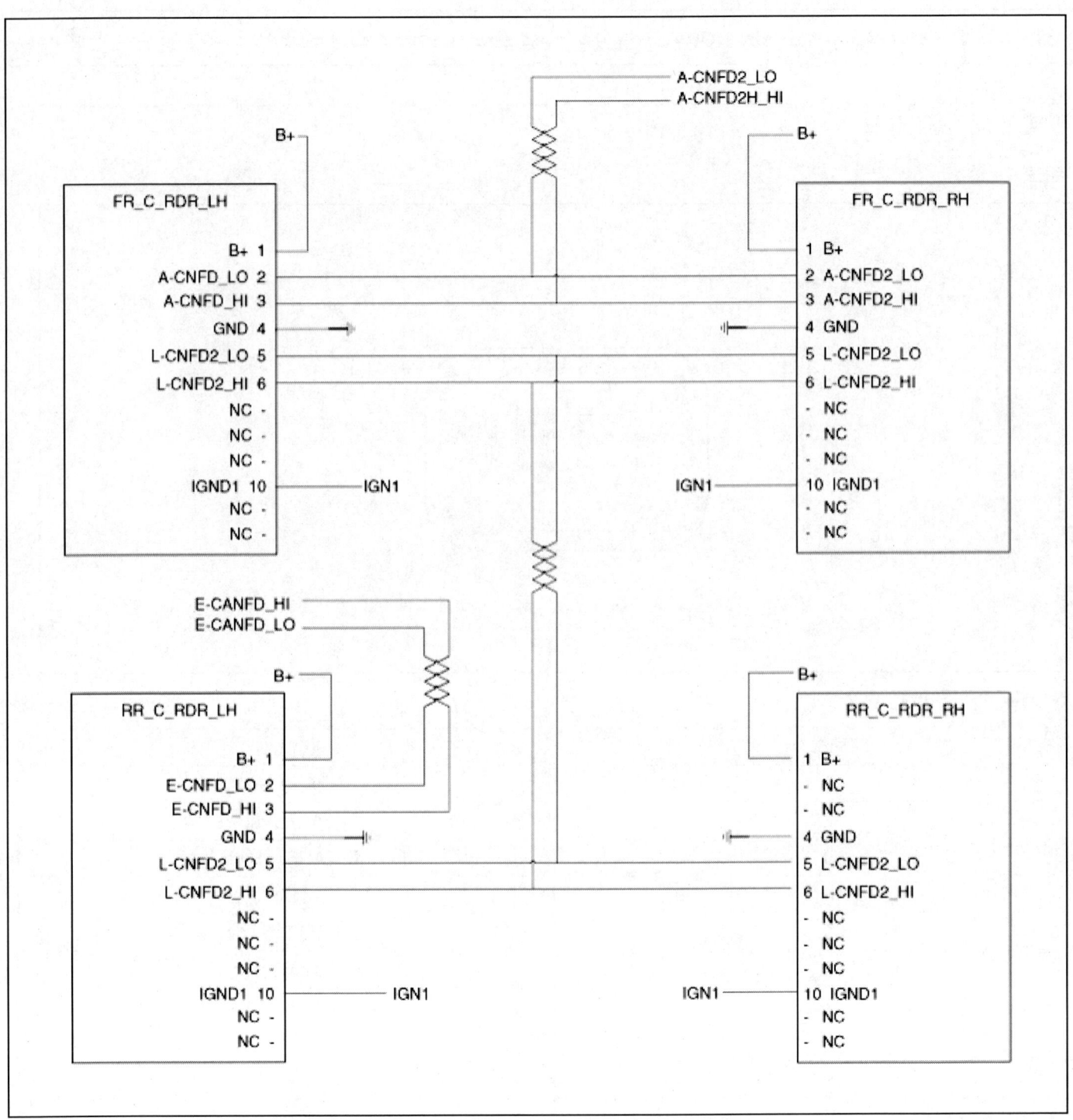

점검

외관 점검
FCA, BCA, SEW, RCCA, HDA 2에 문제가 있는 경우 아래 항목을 확인한다.
1. 고장코드 미발생 시 범퍼 청결 확인
   - 범퍼 : 외부 오염 상태 (눈/먼지/금속 스티커 등)
2. 고장코드 미 발생 시 범퍼 주변 상태 확인한다.
   - 범퍼 : 장착 상태, 범퍼 외부 변형
   - 브라켓 : 장착 상태, 브라켓 변형
   - 레이더 : 레이더 너트 체결 불량, 레이더 이물질 오염.
3. 고장코드 발생 시 범퍼, 브라켓 또는 레이더를 확인한다.
   - 범퍼 : 장착 상태, 범퍼 외부 변형
   - 브라켓 : 장착 상태, 브라켓 변형
   - 레이더 : 레이더 너트 체결 불량, 레이더 이물질 오염.
     (※ 전방 레이더에 충격이 가해지는 사고 후 제대로 수리되지 않은 경우 경고등 발생 가능함.)

진단기기 점검
1. 후측방 레이더는 차량용 진단기기를 이용하여 좀 더 신속하게 고장을 진단할 수 있다. ("DTC 진단 가이드" 참조)
   (1) 고장코드 진단 : 고장 코드(DTC) 점검 및 표출
   (2) 센서 데이터 진단 : 시스템 입출력 값 상태 확인
   (3) 강제 구동 : 시스템 작동 상태 확인
   (4) 부가 기능 : 시스템 옵션, 영점 조절 등의 기타 기능 제어

기본 점검

> **참 고**
>
> - 진단기기를 이용한 고장 진단이 불가능할 경우 기본점검을 수행한다.
> (1) 배터리 단자와 충전 상태를 확인한다.
> (2) 퓨즈 및 릴레이를 확인한다.
> (3) 커넥터의 연결 상태를 확인한다.
> (4) 와이어링 및 커넥터의 손상 여부를 확인한다.

사양정보 확인

1. 후측방 레이더를 탈거 하기 전에 진단기기를 이용하여 "사양 정보"를 먼저 확인한다.

2023 > 160kW > 첨단 운전자 보조 시스템(ADAS) > 운전자 수행 보조 시스템 > 후측방 레이더 > 탈거

탈거

후측방 레이더

> **유 의**
>
> - 후측방 레이더를 탈거 전 진단기기를 이용하여 "측방 레이더"에서 "사양 정보"를 먼저 확인한다.

1. 12V 배터리 (-) 터미널을 분리한다.
   (차량 제어 시스템 - "보조 배터리 (12V)"참조)
2. 리어 범퍼 어셈블리를 탈거한다.
   (바디 (내장 / 외장 / 전장) - "리어 범퍼 어셈블리" 참조)
3. 후측방 레이더 커넥터(A)를 분리한다.

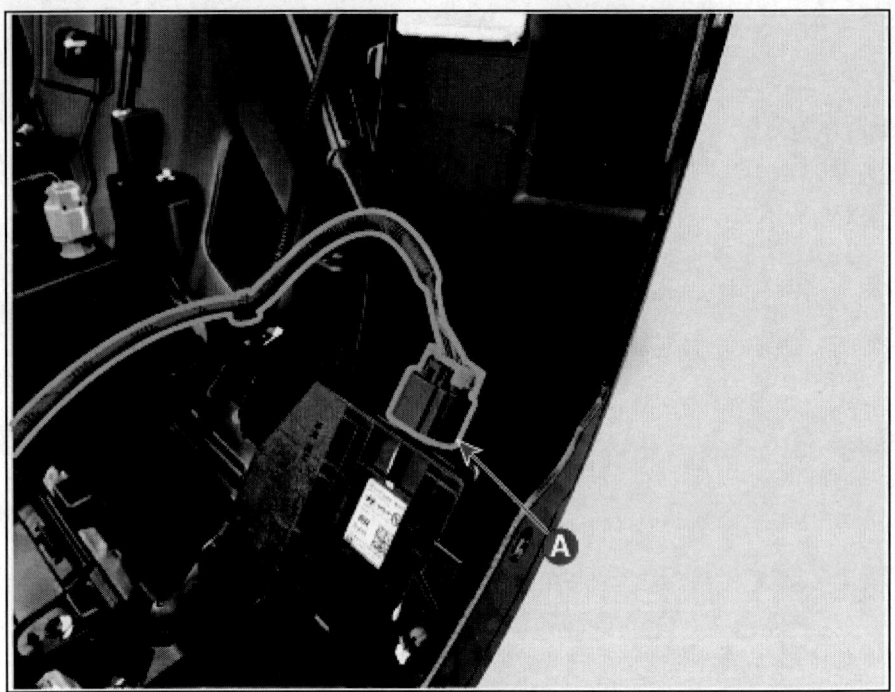

4. 장착 스크류를 풀어 후측방 레이더(A)를 탈거한다.

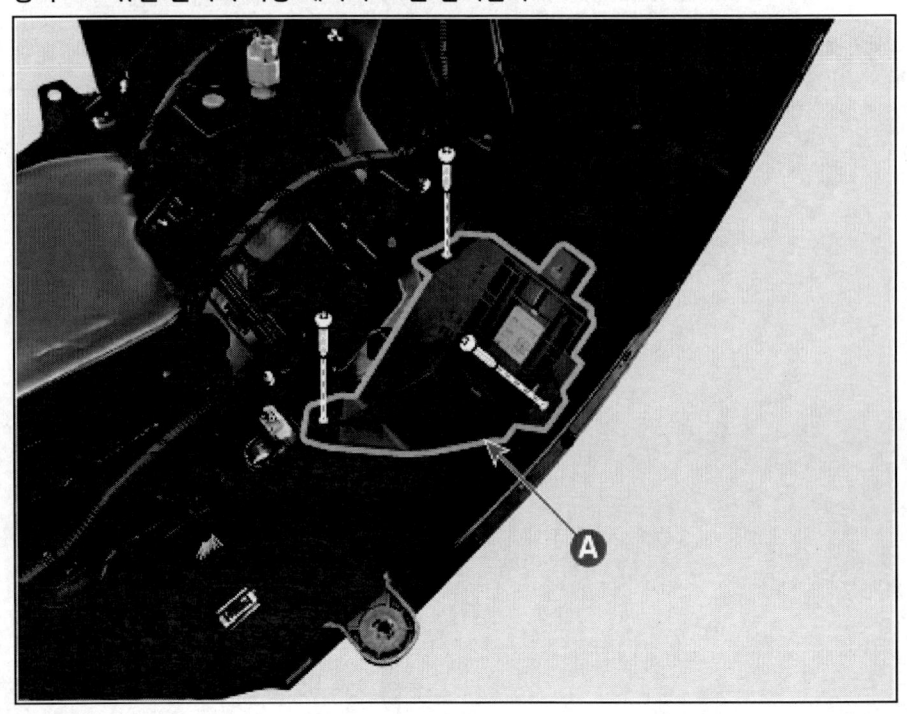

5. 레이더 유닛을 교환할 경우 유닛(A)을 화살표 방향으로 밀어 브라켓을 탈거한다.

유 의

- 후측방 레이더 유닛 탈거 시 브라켓이 손상되지 않도록 주의하여 탈거한다.
- 브라켓이 변형 또는 손상되면 장착된 유닛의 레이더가 정상 작동되지 않는다.

참 고

- 레이더/브라켓/커넥터/익스텐션 와이어 등이 손상된 경우 후측방 레이더 어셈블리를 교체한다.

BCW & RCCW 인디케이터

⚠ 주 의

- 손을 다치지 않도록 장갑을 착용한다.

유 의

- 리무버를 이용하여 탈거할 때 부품이 손상되지 않도록 주의한다.
- 트림과 패널에 손상을 주지 않도록 주의한다.

1. 12V 배터리 (-) 터미널을 분리한다.
   (차량 제어 시스템 - "보조 배터리 (12V)"참조)
2. 아웃사이드 미러 어셈블리를 탈거한다.
   (바디 (내장 / 외장 / 전장) - "아웃사이드 미러 어셈블리" 참조)
3. 클립 리무버(C)를 아래 그림과 같은 방향으로 삽입해 미러(A)를 탈거한다.

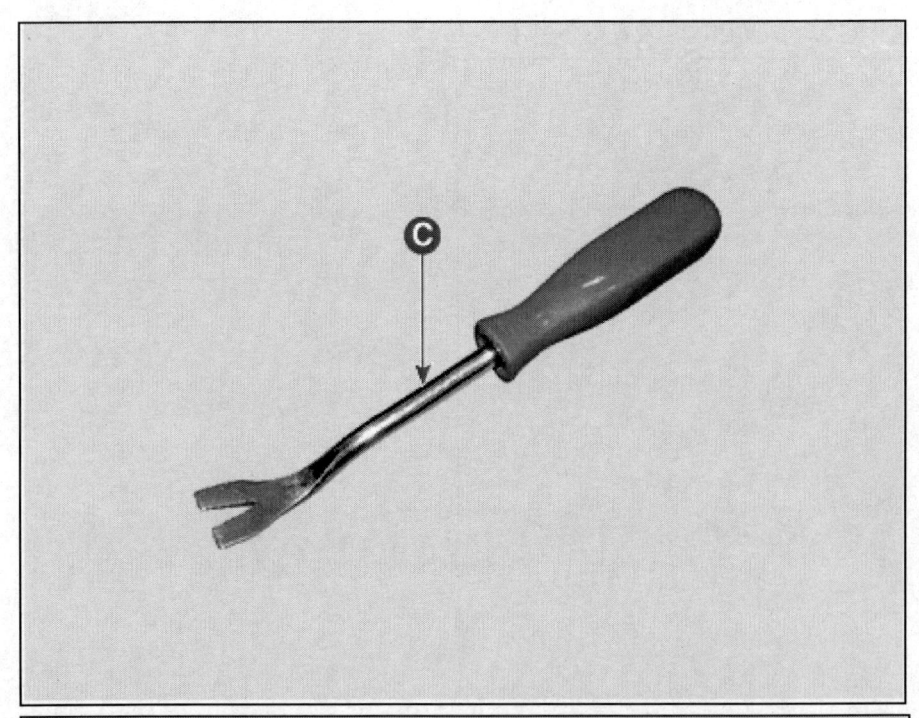

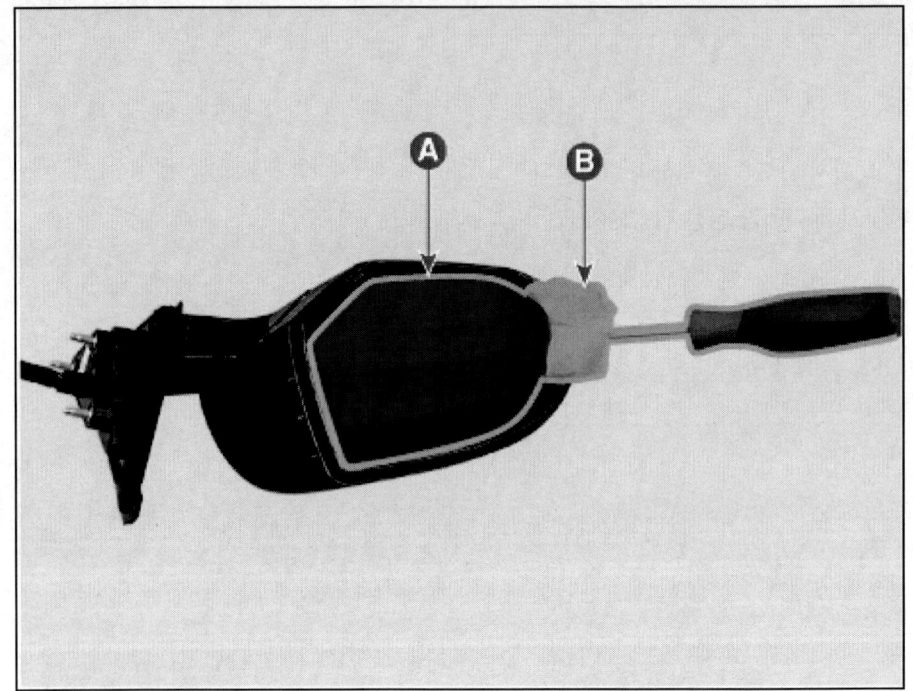

⚠ 주 의

- 미러를 헝겊(B)으로 감싸 미러(A)를 탈거 공구로부터 보호한다.
- 탈거 과정에서 미러 및 미러 하우징이 손상되지 않도록 주의한다.
- 미러 끝에 힘을 가하면 미러가 깨지므로 미러의 중심 부근에 힘을 가한다.

4. 미러 열선 커넥터(B) 및 후측방 레이더 경고등 커넥터(A)를 분리하여 미러를 탈거한다.

장착

후측방 레이더

1. 장착은 탈거의 역순으로 진행한다.

  체결 토크 : 0.9 ~ 1.1 kgf.m

> ⚠ **주 의**
> - 후측방 레이더 장착 시 좌측, 우측 장착 유닛의 형상이 다르므로 장착 시 주의한다.
> - 후측방 레이더 센서의 표면에 이물질 및 반사물이 없도록 한다.
> - 후측방 레이더 유닛, 브라켓, 익스텐션 와이어 교환 시, 후측방 레이더 장착 각도 확인 작업을 수행한다.
>   ※장착 각도 확인 작업: 범퍼 장착된 경우 가드레일이 존재하는 도로에서 20분 이상 주행하여 장착 각도 관련 DTC발생 여부 확인한다.
> - 리어 범퍼 오염 상태를 확인한다.

> ℹ **참 고**
>
>
>
> 1) 부품번호
> 2) RL(좌측), RR(우측)

BCW & RCCW 인디케이터

1. 장착은 탈거의 역순으로 진행한다.

2023 > 160kW > 첨단 운전자 보조 시스템(ADAS) > 운전자 주행 보조 시스템 > 후측방 레이더 > 베리언트 코딩

배리언트 코딩

후측방 레이더를 신품으로 교체한 경우 배리언트 코딩을 실시한다.

> **참 고**
> - 후측방 레이더 배리언트 코딩은 차종별 적용 부가 기능을 작동 가능하게 한다.
> - 배리언트 코딩이 차량 사양과 다를 경우 "배리언트 코딩 오류" DTC를 표출한다.

1. 후측방 레이더 교환 시 진단기기를 이용해 '배리언트 코딩'을 수행한다.
   (1) 자기 진단 커넥터에 진단기기를 연결하여, IGN ON 후 진단기기를 켠다.
   (2) 진단기기 차종 선택 화면에서 "차종"과 "측방 레이더"를 선택한다.
   (3) 배리언트 코딩을 선택하여 절차에 따라 실시한다.

2. 후측방 레이더 장착 각도를 확인 및 보정한다.
   (1) 진단기기의 부가 기능 "BCA 레이더 보정"을 선택한다.

(2) 후측방 레이더 장착 각도가 '0'°로 설정된 것을 확인한다.
(3) 측방 레이더를 선택하여 레이더 보정을 실행한다.

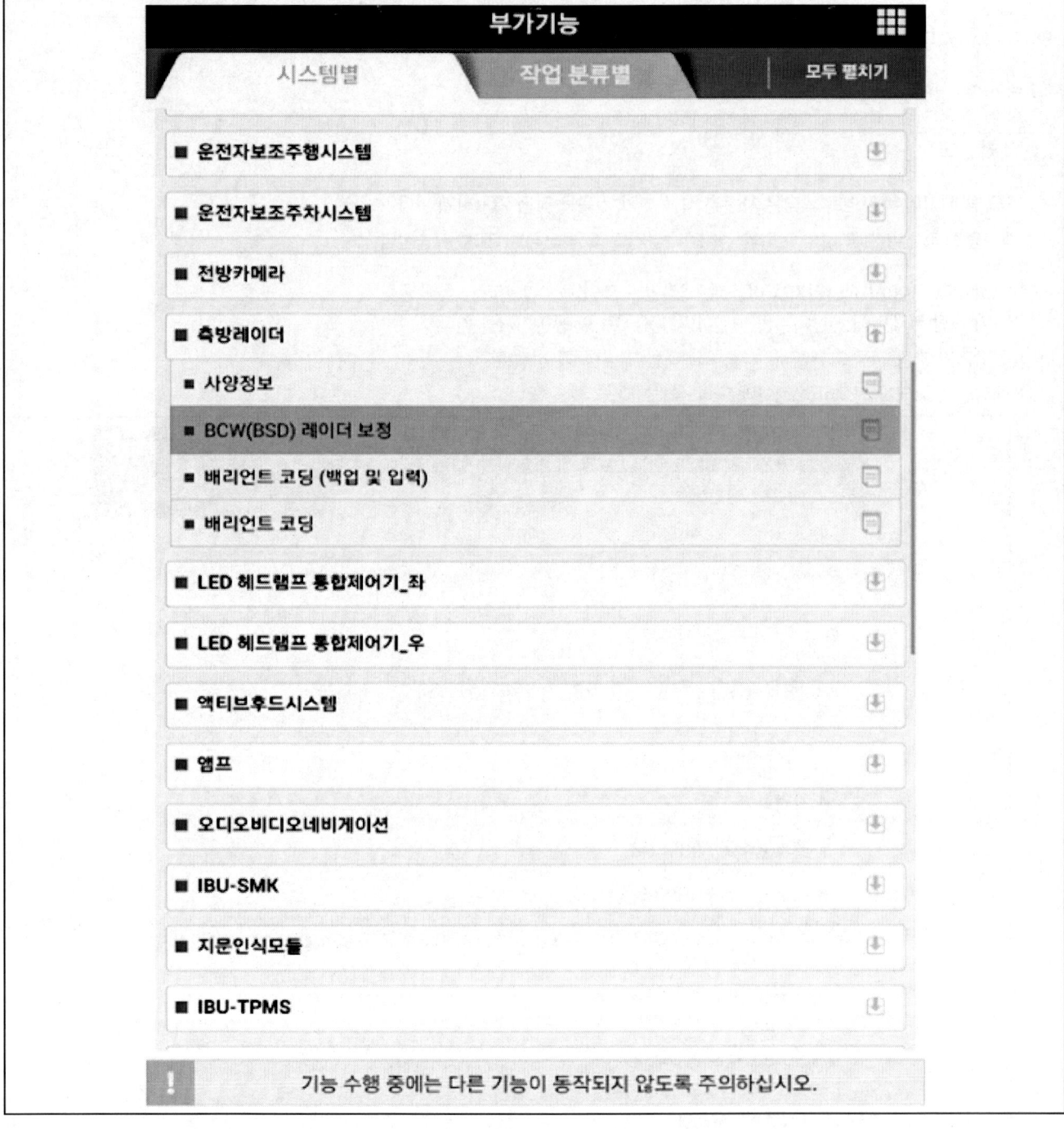

부가기능

• BCW(BSD) 레이더 보정

검사목적	Blind Spot Detection(BSD) 레이더 센서를 교환 후 센서의 보정을 하는 기능.
검사조건	1. 엔진 정지 2. 점화스위치 On
연계단품	Blind Spot Detection(BSD) Radar
연계DTC	C2702XX, C2703XX
불량현상	경고등 점등
기 타	-

확인

! 기능 수행 중에는 다른 기능이 동작되지 않도록 주의하십시오.

부가기능

■ BCW(BSD) 레이더 보정

● [BCW(BSD) 레이더 보정]

이 기능은 BSD 레이더 센서를 교환 후 센서를 보정하는 기능입니다.

최대 30초 까지 시간이 소요됩니다.

진행중 취소가 불가능합니다.

[확인] 버튼을 누르면 보정을 진행합니다.

| 확인 | 취소 |

⚠ 기능 수행 중에는 다른 기능이 동작되지 않도록 주의하십시오.

부가기능

■ BCW(BSD) 레이더 보정

● [BCW(BSD) 레이더 보정]

보정이 완료 되었습니다.

[확인] 버튼을 누르시면 종료 합니다.

확인

! 기능 수행 중에는 다른 기능이 동작되지 않도록 주의하십시오.

운전자보조 주행 제어기 (ADAS_DRV 1.5) 탈장착

	작업	H/W	체결토크 (kgf.m)	SST/장비	케미컬	기타
• 탈거						
1	12V 배터리 (-) 터미널 분리 (차량 제어 시스템 - "보조 배터리 (12V)"참조)	-	-	-	-	-
2	프런트 모니터 탈거 (바디 (내장 / 외장 / 전장) - "프런트 모니터" 참조)	-	-	-	-	-
3	운전자보조 주행 제어기 탈거	너트	0.9 ~ 1.1	-	-	-
4	운전자보조 주행 제어기 커넥터 분리	-	-	-	-	-
• 장착						
탈거의 역순으로 진행						-
• 부가기능						
• 진단기능 - 진단 기기를 사용하여 베리언트 코딩 실시						

2023 > 160kW > 첨단 운전자 보조 시스템(ADAS) > 운전자 주행 보조 시스템 > 운전자보조 주행 제어기 (ADAS_DRV 1.5) > 서비스 정보

서비스 정보

항목	제원
정격 전압(V)	12
작동 전압(V)	9 ~ 16
수량	1개

2023 > 160kW > 첨단 운전자 보조 시스템(ADAS) > 운전자 주행 보조 시스템 > 운전자보조 주행 제어기 (ADAS_DRV 1.5) > 커넥터 및 단자 정보

커넥터 및 단자 정보

커넥터

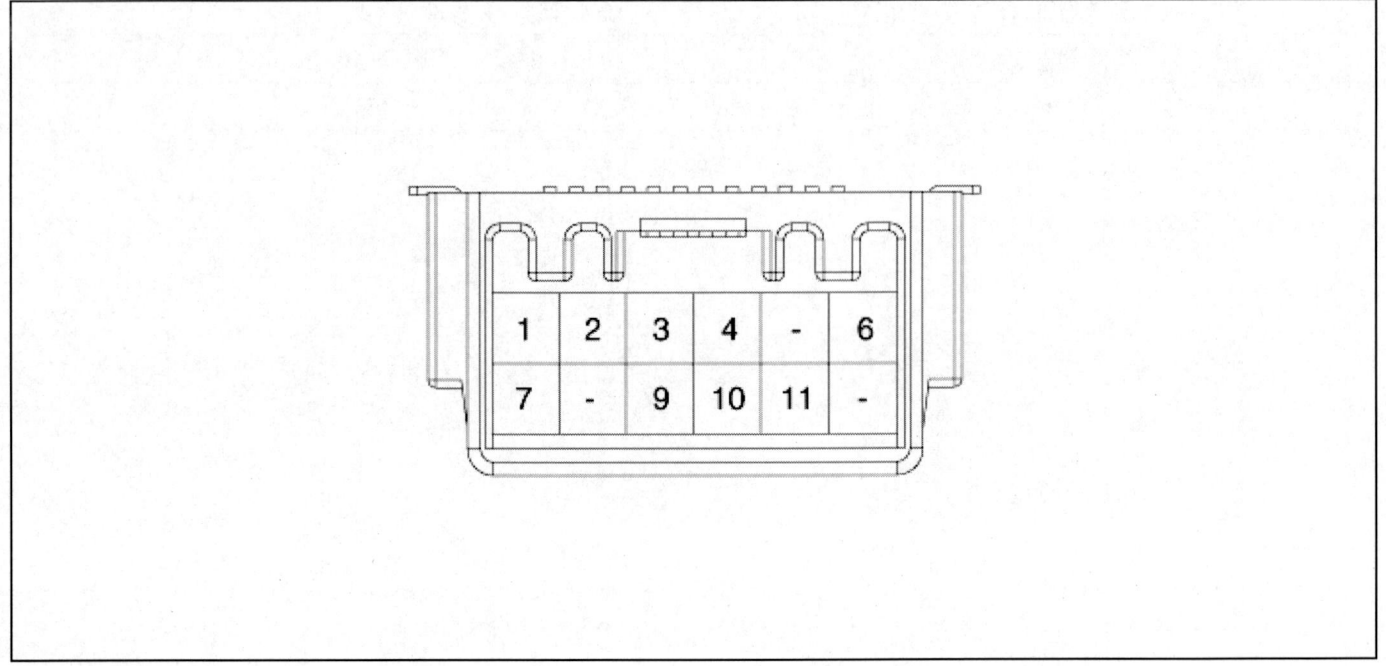

단자 기능

번호	명칭 [A]
1	IGN1
2	A-CANFD1_High
3	E-CANFD_High
4	A-CANFD2_High
5	-
6	접지
7	배터리 (+)
8	-
9	A-CANFD1_Low
10	E-CANFD_Low
11	A-CANFD2_Low
12	-

회로도

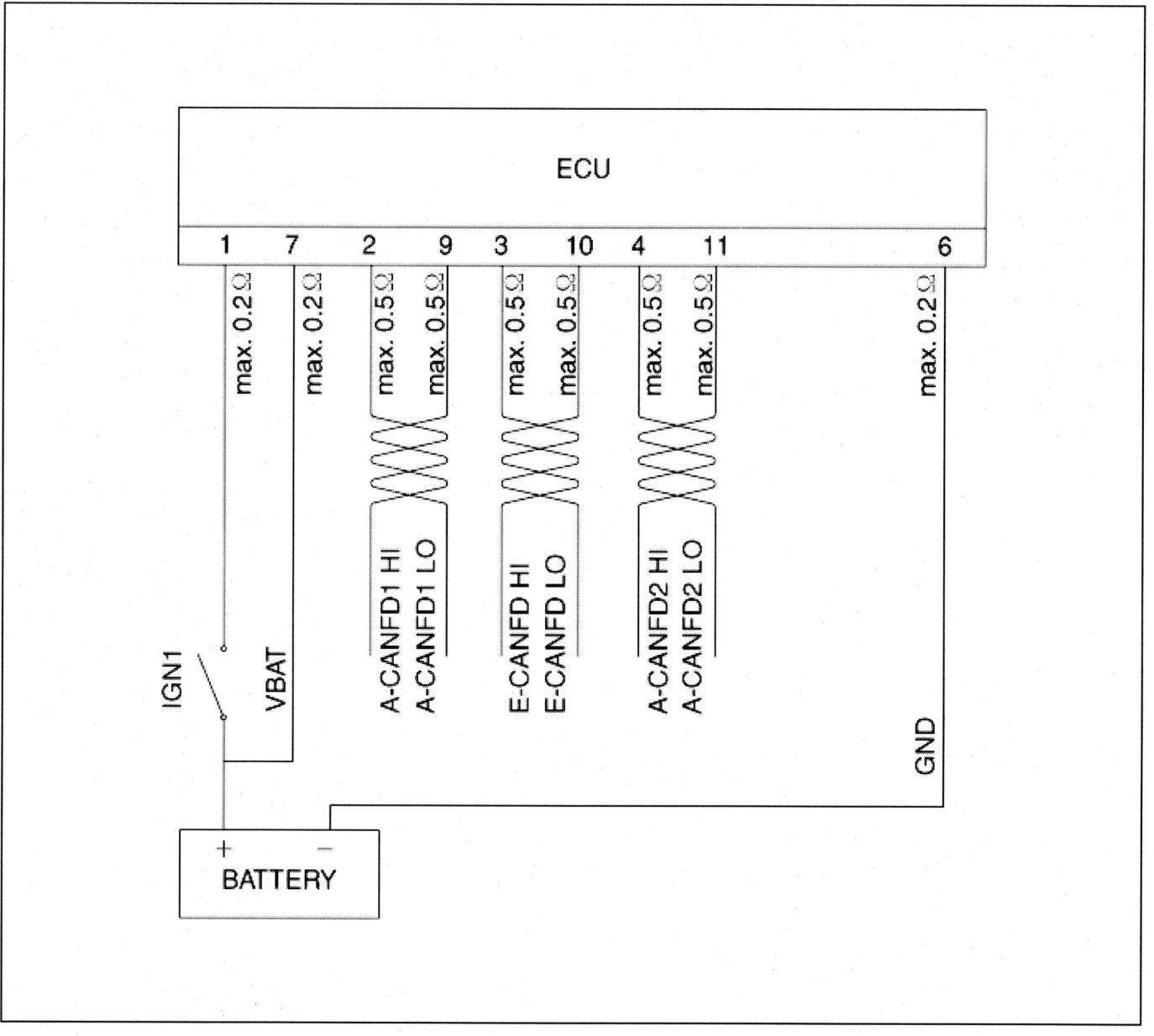

2023 > 160kW > 첨단 운전자 보조 시스템(ADAS) > 운전자 주행 보조 시스템 > 운전자보조 주행 제어기 (ADAS_DRV 1.5) > 점검

점검

진단기기 점검

1. 운전자보조 주행 제어기는 차량용 진단기기를 이용하여 좀 더 신속하게 고장을 진단할 수 있다. ("DTC 진단 가이드" 참조)
   (1) 고장코드 진단 : 고장 코드(DTC) 점검 및 표출
   (2) 센서 데이터 진단 : 시스템 입출력 값 상태 확인
   (3) 강제 구동 : 시스템 작동 상태 확인
   (4) 부가 기능 : 시스템 옵션, 영점 조절 등의 기타 기능 제어

기본 점검

> ⓘ 참 고

- 진단기기를 이용한 고장 진단이 불가능할 경우 기본점검을 수행한다.

(1) 배터리 단자와 충전 상태를 확인한다.
(2) 퓨즈 및 릴레이를 확인한다.
(3) 커넥터의 연결 상태를 확인한다.
(4) 와이어링 및 커넥터의 손상 여부를 확인한다.

사양정보 확인

1. 운전자 주행 보조 유닛을 탈거 하기 전에 진단기기를 이용하여 "사양 정보"를 먼저 확인한다.

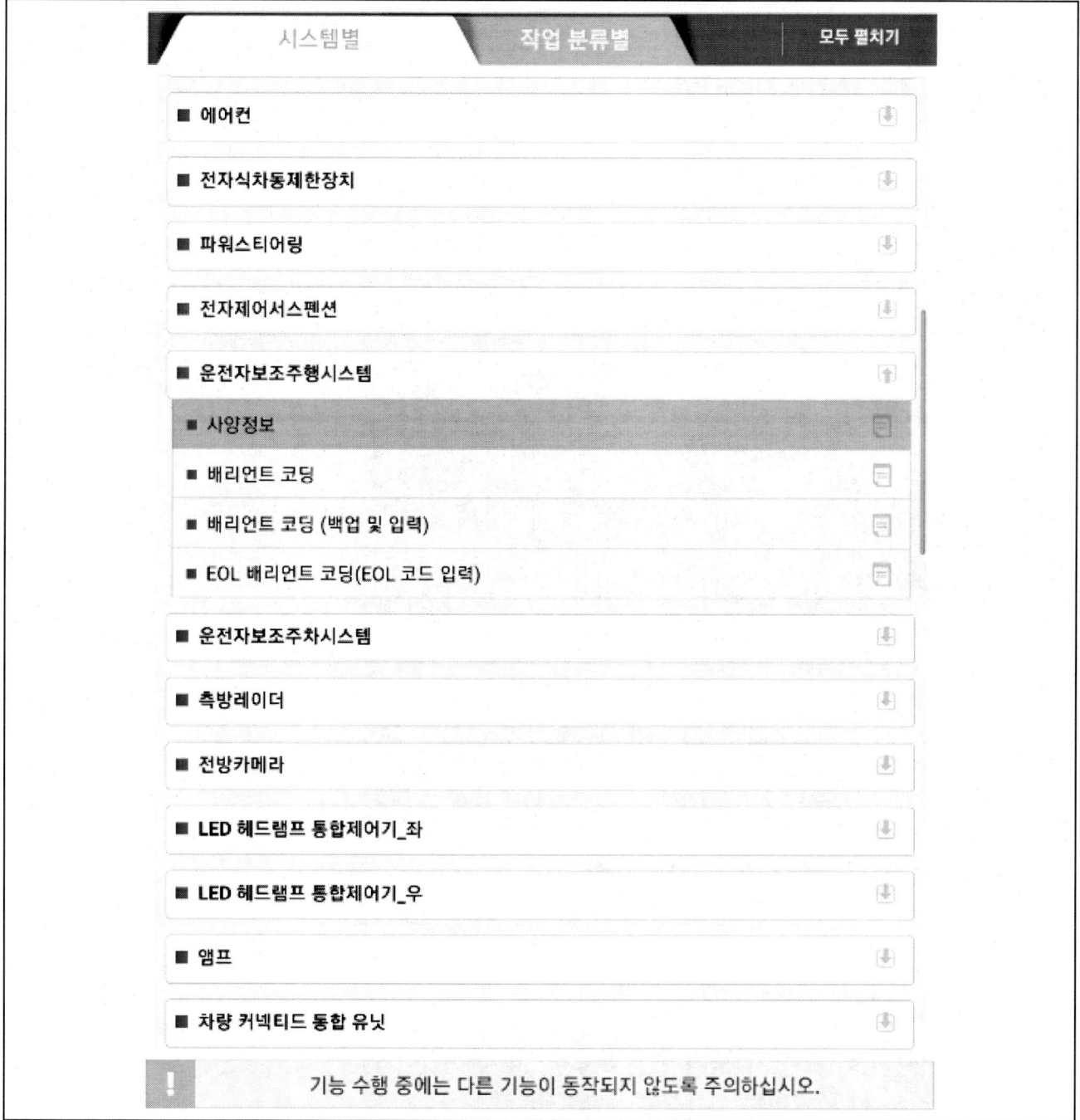

2023 > 160kW > 첨단 운전자 보조 시스템(ADAS) > 운전자 주행 보조 시스템 > 운전자보조 주행 제어기 (ADAS_DRV 1.5) > 탈거

탈거

1. 12V 배터리 (-) 터미널을 분리한다.
   (차량 제어 시스템 - "보조 배터리 (12V)"참조)
2. 프런트 모니터를 탈거한다.
   (바디 (내장 / 외장 / 전장) - "프런트 모니터" 참조)
3. 너트를 풀어 운전자보조 주행 제어기(A)를 탈거한다.

   체결 토크 : 0.9 ~ 1.1 kgf.m

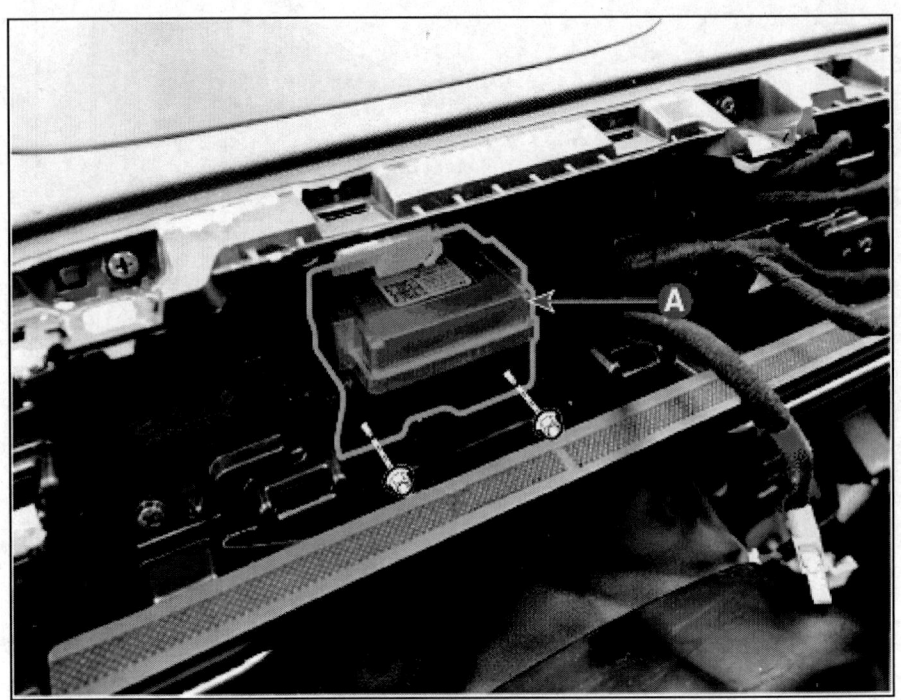

4. 잠금핀을 눌러 운전자보조 주행 제어기 커넥터(A)를 분리한다.

2023 > 160kW > 첨단 운전자 보조 시스템(ADAS) > 운전자 주행 보조 시스템 > 운전자보조 주행 제어기 (ADAS_DRV 1.5) > 장착

장착

1. 장착은 탈거의 역순으로 진행한다.
2. 운전자보조 주행 제어기 교환 시 진단기기를 이용해 '배리언트 코딩'을 수행한다.
   (운전자보조 주행 제어기 (ADAS_DRV 1.5) - "배리언트 코딩" 참조)

2023 > 160kW > 첨단 운전자 보조 시스템(ADAS) > 운전자 주행 보조 시스템 > 운전자보조 주행 제어기 (ADAS_DRV 1.5) > 배리언트 코딩

배리언트 코딩

배리언트 코딩이 필요한 경우
- 운전자보조 주행 제어기를 신품으로 교체한 경우
 (※ 신품 교체 시 배리언트 코딩 및 보정 필요)

운전자보조 주행 제어기 배리언트 코딩

> **참 고**
>
> - 운전자보조 주행 제어기 배리언트 코딩은 차종별 적용 부가 기능을 작동 가능하게 한다.
> - 배리언트 코딩이 차량 사양과 다를 경우 "배리언트 코딩 오류" DTC를 표출한다.

1. 운전자보조 주행 제어기 교환 시 진단기기를 이용해 '배리언트 코딩'을 수행한다.
   (1) 자기 진단 커넥터에 진단기기를 연결하여, IGN ON 후 진단기기를 켠다.
   (2) 진단기기 차종 선택 화면에서 "차종"과 "운전자보조 주행 제어기"를 선택한다.
   (3) 배리언트 코딩을 선택하여 절차에 따라 실시한다.

| 시스템별 | 작업 분류별 | 모두 펼치기 |

- 에어컨
- 4륜구동
- 파워스티어링
- 전자제어서스펜션
- 리어뷰모니터
- 운전자보조주행시스템
  - 사양정보
  - **배리언트 코딩**
  - 배리언트 코딩 (백업 및 입력)
  - EOL 배리언트 코딩(EOL 코드 입력)
- 운전자보조주차시스템
- 전방카메라
- 후측방레이더
- 앰프
- 오디오비디오네비게이션
- 후석리모트컨트롤러
- 동승석 전동시트 제어 유닛

! 기능 수행 중에는 다른 기능이 동작되지 않도록 주의하십시오.

부가기능

- 배리언트 코딩

검사목적	이 기능은 차량에 장착된 옵션에 따라 기능을 최적화 시키는 작업 입니다. 차량간 ECU를 교체하거나 경고등 점등 및 고장코드 표출 시 이 기능을 수행합니다.
검사조건	1. 시동키 ON 2. 엔진 정지
연계단품	-
연계DTC	-
불량현상	-
기 타	-

확인

⚠ 기능 수행 중에는 다른 기능이 동작되지 않도록 주의하십시오.

부가기능

■ 배리언트 코딩

● [배리언트 코딩]

이 기능은 차량에 장착된 옵션에 따라 기능을 최적화 시키는 작업 입니다.

차량간 ECU 를 교체하거나 경고등 점등 및 고장코드 표출 시 이 기능을 수행합니다.

● [조건]
1. 시동키 ON
2. 엔진 정지

준비되면, [확인] 버튼을 눌러주십시오.
종료하려면, [취소] 버튼을 눌러주십시오.

| 확인 | 취소 |

⚠ 기능 수행 중에는 다른 기능이 동작되지 않도록 주의하십시오.

2023 > 160kW > 첨단 운전자 보조 시스템(ADAS) > 운전자 주행 보조 시스템 > 운전자 주행 보조 스위치 > 1 Page Guide Manual

운전자 주행 보조 스위치 탈장착

	작업	H/W	체결토크 (kgf.m)	SST/장비	케미컬	기타
• 탈거						
1	12V 배터리 (-) 터미널 분리 (차량 제어 시스템 - "보조 배터리 (12V)"참조)	-	-	-	-	-
2	좌측 스티어링 휠 리모컨 탈거 (바디 (내장 / 외장 / 전장) - "스티어링 휠 리모컨" 참조)	-	-	-	-	-
• 장착						
탈거의 역순으로 진행						-

2023 > 160kW > 첨단 운전자 보조 시스템(ADAS) > 운전자 주행 보조 시스템 > 운전자 주행 보조 스위치 > 커넥터 및 단자 정보

커넥터 및 단자 정보

커넥터

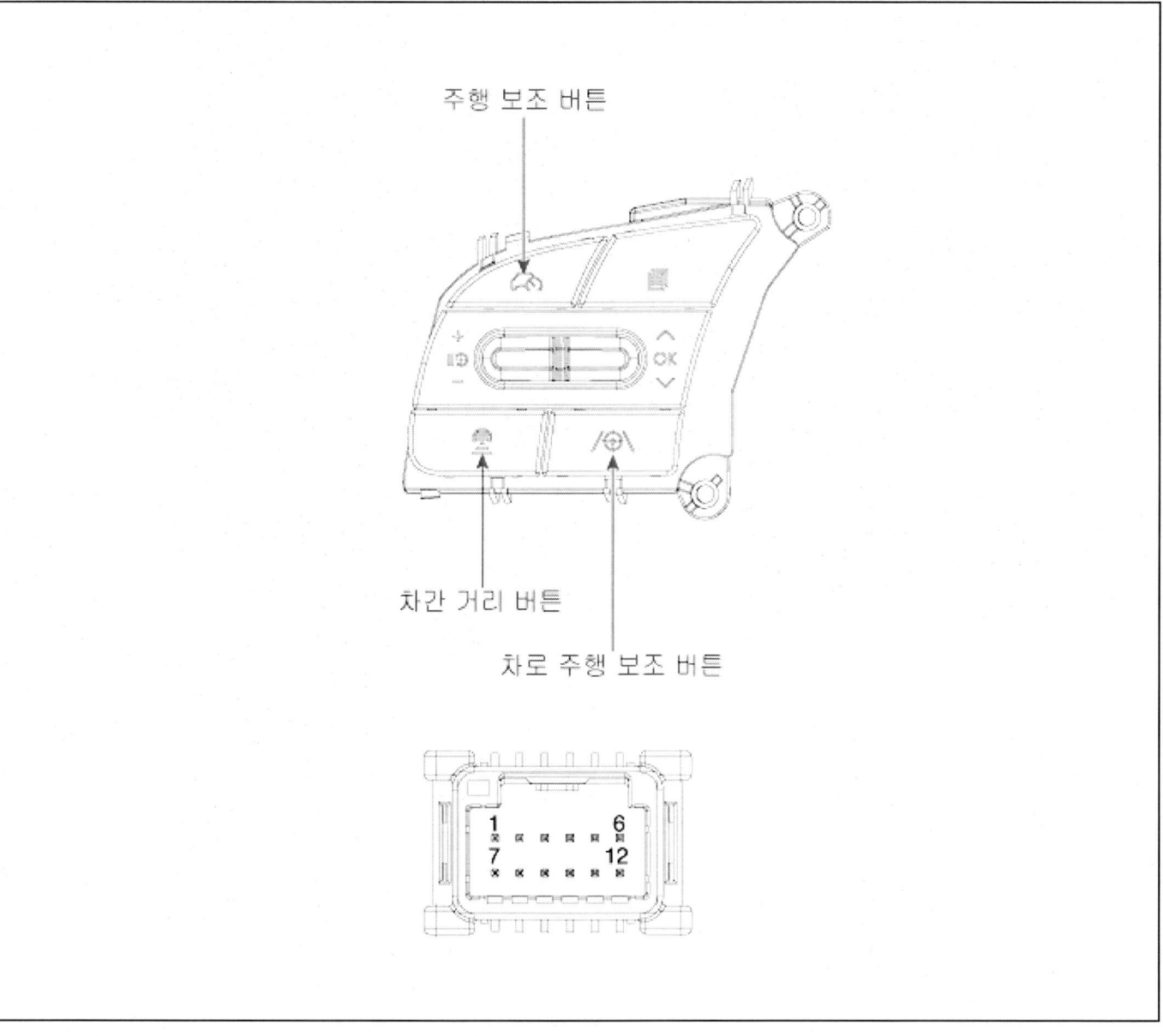

단자 기능

핀 번호	명칭	핀 번호	명칭
1	배터리 (+)	7	B-CAN (하이)
2	ILL (+)_OUT	8	B-CAN (로우)
3	쉬프트 스위치 (UP)_IN	9	-
4	쉬프트 스위치 (Down)_IN	10	-
5	오디오 스위치 (+)_IN	11	접지
6	LIN_DAB	12	접지_OUT

2023 > 160kW > 첨단 운전자 보조 시스템(ADAS) > 운전자 주행 보조 시스템 > 운전자 주행 보조 스위치 > 탈거 및 장착

탈거

운전자 주행 보조 스위치

1. 12V 배터리 (-) 터미널을 분리한다.
   (차량 제어 시스템 - "보조 배터리 (12V)"참조)

2. 좌측 스티어링 휠 리모컨을 탈거한다.
   (바디 (내장 / 외장 / 전장) - "스티어링 휠 리모컨" 참조)

장착

3. 장착은 탈거의 역순으로 진행한다.

초음파 센서 탈장착

주차 거리 경고 - 전방

	작업	H/W	체결토크 (kgf.m)	SST/장비	케미컬	기타
• 탈거						
1	프런트 범퍼 어셈블리 탈거 (바디 (내장 / 외장 / 전장) - "프런트 범퍼 어셈블리"참조)	-	-	-	-	-
2	초음파 센서 커넥터 분리	-	-	-	-	-
3	초음파 센서 탈거	-	-	-	-	-
• 장착						
탈거의 역순으로 진행						-

주차 거리 경고 - 후방

	작업	H/W	체결토크 (kgf.m)	SST/장비	케미컬	기타
• 탈거						
1	리어 범퍼 어셈블리 탈거 (바디 (내장 / 외장 / 전장) - "리어 범퍼 어셈블리"참조)	-	-	-	-	-
2	초음파 센서 커넥터 분리	-	-	-	-	-
3	초음파 센서 탈거	-	-	-	-	-
• 장착						
탈거의 역순으로 진행						-

전/후측방 초음파 센서 - [RSPA 사양]

	작업	H/W	체결토크 (kgf.m)	SST/장비	케미컬	기타
• 탈거						
1	프런트/리어 범퍼 어셈블리 탈거 (바디 (내장 / 외장 / 전장) - "프런트 범퍼 어셈블리"참조) (바디 (내장 / 외장 / 전장) - "리어 범퍼 어셈블리"참조)	-	-	-	-	-
2	초음파 센서 커넥터 분리	-	-	-	-	-
3	초음파 센서 탈거	-	-	-	-	-
• 장착						
탈거의 역순으로 진행						-

서비스 정보

항목	제원	
정격 전압(V)	12	
작동 전압(V)	9 ~ 16	
초음파 센서 수량	PDW-R	4
	PDW-F/R	8
	PDW-F/S/R, PCA-R, PCA-F/S/R, RSPA	12

개요 및 작동원리

구분	기능 명칭	기능
주차 안전	주차 거리 경고-후방 PDW-R (Parking Distance Warning-Reverse)	후진 시 후방 장애물과의 거리 감지 및 단계별 경고
	주차 거리 경고-전방/후방 PDW-F/R (Parking Distance Warning-Forward/Reverse)	전/후진 시 전방/후방 장애물과의 거리 감지 및 단계별 경고
	주차 거리 경고-전방/후방/측방 PDW-F/S/R (Parking Distance Warning-Forward/Side/Reverse)	전/후진 시 전방/측방/후방 장애물과의 거리 감지 및 단계별 경고
	주차 충돌방지 보조-후방 PCA-R (Parking Collision-Avoidance Assist-Reverse)	후진 시 후방 장애물 인식 및 경고 또는 제동을 통한 충돌방지 보조
	주차 충돌방지 보조-전방/측방/후방 PCA-R (Parking Collision-Avoidance Assist-Forward/Side/Reverse)	전/후진 시 전방/측방/후방 장애물 인식 및 제동을 통한 충돌방지 보조
주차 편의	원격 스마트 주차 보조 RSPA (Remote Smart Parking Assist)	주차 공간 인식 및 저속 차량 제어를 통한 원격 스마트 주차/출차 보조 (원격제어: 스마트키 or 스마트폰 적용)

구성 부품 및 부품 위치

초음파센서 수량 (EA)			장착 위치
12	8	4	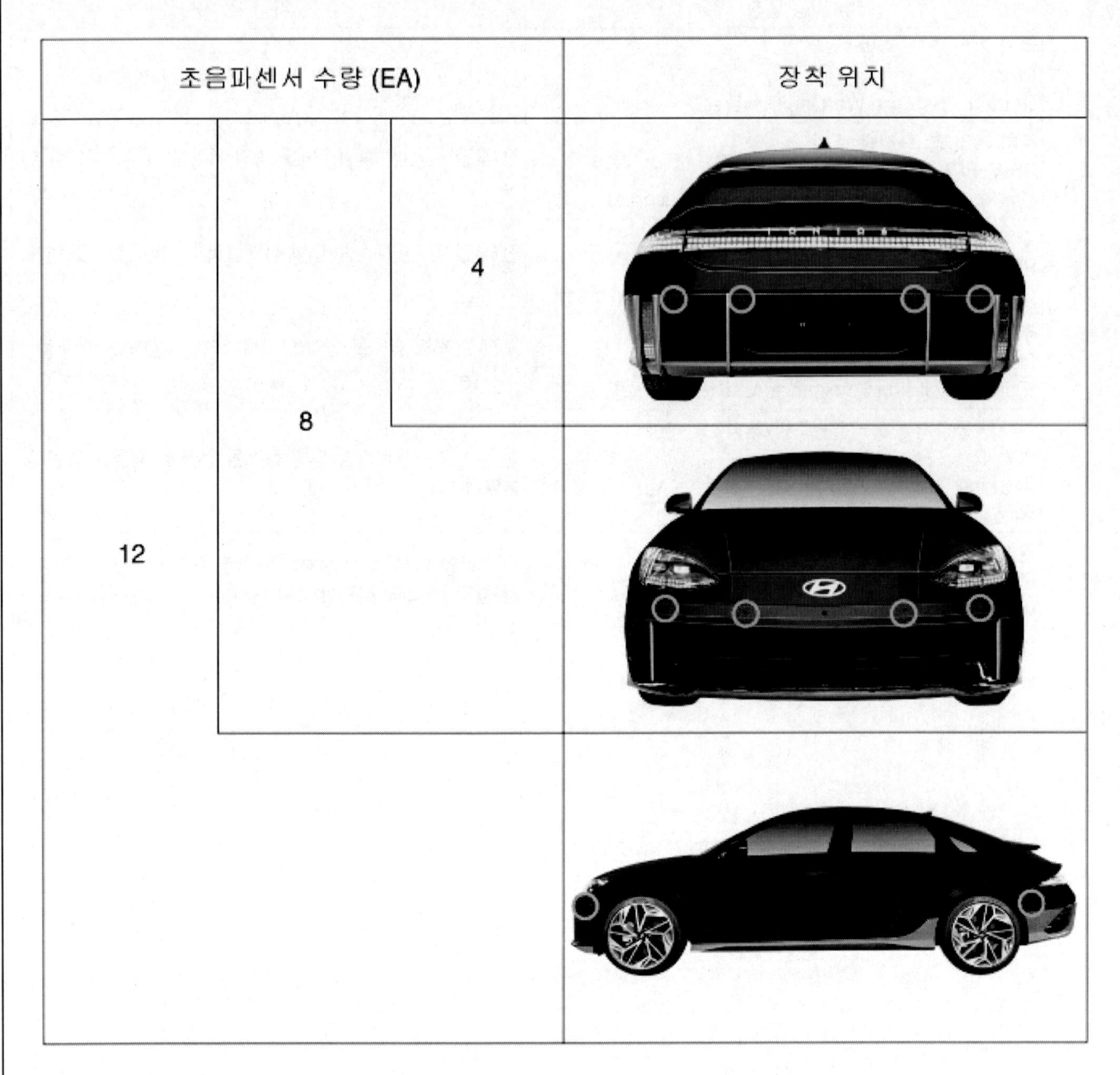

점검

외관 점검
PDW, PCA, RSPA에 문제가 있는 경우 초음파 센서에 대하여 아래 항목을 확인한다.
1. 범퍼 청결 확인
    - 초음파센서 표면에 눈이나 물방울이 얼었을 경우 성능이 저하 될 수 있다.
    - 초음파센서 표면에 진흙 등의 이물질이 묻어 있을 경우 성능이 저하 될 수 있다.
2. 범퍼 주변 상태 확인
    - 초음파를 발생하는 물체가 가까이 있는 경우 성능이 저하 될 수 있다.
    - 초음파 센서 주변에 장식물을 붙인 경우 성능이 저하 될 수 있다.
3. 범퍼 형상 또는 장착 상태 확인
    - 초음파센서 및 주변부를 임의로 분리한 경우 성능이 저하 될 수 있다.
    - 초음파센서 표면에 충격이 가해졌거나, 긁힘 등으로 손상된 경우 성능이 저하 될 수 있다.
    - 초음파센서의 장착 상태가 차량 출고 시와 달라진 경우 성능이 저하 될 수 있다.
    - 번호판을 정규 위치와 다른 곳에 장착한 경우 성능이 저하 될 수 있다.
4. 고장 코드 발생 시 초음파센서 장착 상태 확인
5. 버튼 작동 상태 확인
    - PCA 사양의 경우, 주차 안전 버튼(①)을 길게(1초 이상) 눌러 PCA On/Off를 확인한다.
    - PDW 사양의 경우, 주차 안전 버튼(①)을 짧게(1초 미만) 눌러 PDW On/Off를 확인한다.

진단기기를 이용한 고장진단 방법
1. 초음파센서는 차량용 진단기기를 이용하여 좀 더 신속하게 고장부위를 진단할 수 있다. ("DTC 진단 가이드" 참조)
    (1) 자기 진단 : 고장 코드(DTC) 점검 및 표출
    (2) 센서 데이터 : 시스템 입출력 값 상태 확인
    (3) 강제 구동 : 시스템 작동 상태 확인
    (4) 부가 기능 : 시스템 옵션, 영점 조절 등의 기타 기능 제어

기본 점검

> **참 고**
>
> • 진단기기를 이용한 고장진단이 불가능할 경우 기본점검을 수행한다.

1. 아래와 같이 기본점검을 수행한다.
    (1) 배터리 단자와 충전 상태를 확인한다.
    (2) 퓨즈 및 릴레이를 확인한다.
    (3) 커넥터의 연결 상태를 확인한다.
    (4) 와이어링 및 커넥터의 손상 여부를 확인한다.

사양정보 확인

1. 초음파센서를 탈거 하기 전에 진단기기를 이용하여 "사양 정보"를 먼저 확인한다.

| 시스템별 | 작업 분류별 | 모두 펼치기 |

- 전자제어서스펜션
- 운전자보조주행시스템
- 운전자보조주차시스템
  - 사양정보
  - 배리언트 코딩
  - 배리언트 코딩 (백업 및 입력)
  - EOL 배리언트 코딩(EOL 코드 입력)
  - SVM 공차 보정 - 자동
  - SVM 공차 보정 - 수동
  - SVM 주행 중 자동 공차 보정
- 측방레이더
- 전방카메라
- LED 헤드램프 통합제어기_좌
- LED 헤드램프 통합제어기_우
- 앰프
- 차량 커넥티드 통합 유닛
- 동승석 시트 스위치

! 기능 수행 중에는 다른 기능이 동작되지 않도록 주의하십시오.

2023 > 160kW > 첨단 운전자 보조 시스템(ADAS) > 운전자 주차 보조 시스템 > 초음파 센서 > 탈거 및 장착

탈거 및 장착

> **유 의**
> - 초음파센서를 탈거 하기 전에 진단기기를 이용하여 운전자보조 주차 시스템에서 "사양 정보"를 먼저 확인한다.

주차 거리 경고 - 전방

1. 프런트 범퍼 어셈블리를 탈거한다.
   (바디 (내장 / 외장 / 전장) - "프런트 범퍼 어셈블리" 참조)
2. 초음파 센서 커넥터(A)를 분리한다.

3. 화살표 방향으로 센서 홀더를 이격시키고 초음파 센서(A)를 탈거한다.

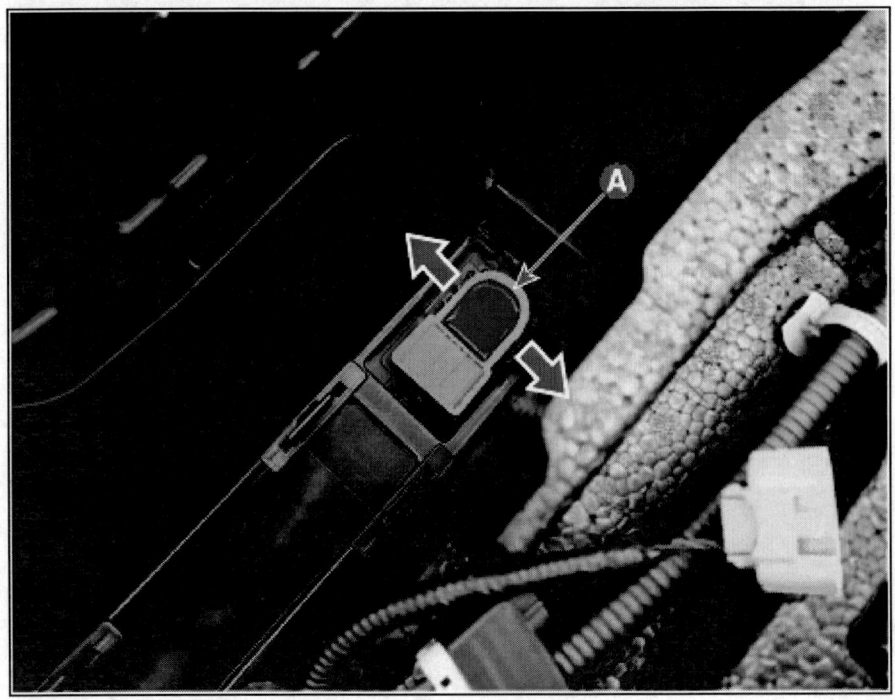

4. 장착은 탈거의 역순으로 진행한다.

주차 거리 경고 - 후방

1. 리어 범퍼 어셈블리를 탈거한다.
   (바디 (내장 / 외장 / 전장) - "리어 범퍼 어셈블리" 참조)
2. 초음파 센서 커넥터(A)를 분리한다.

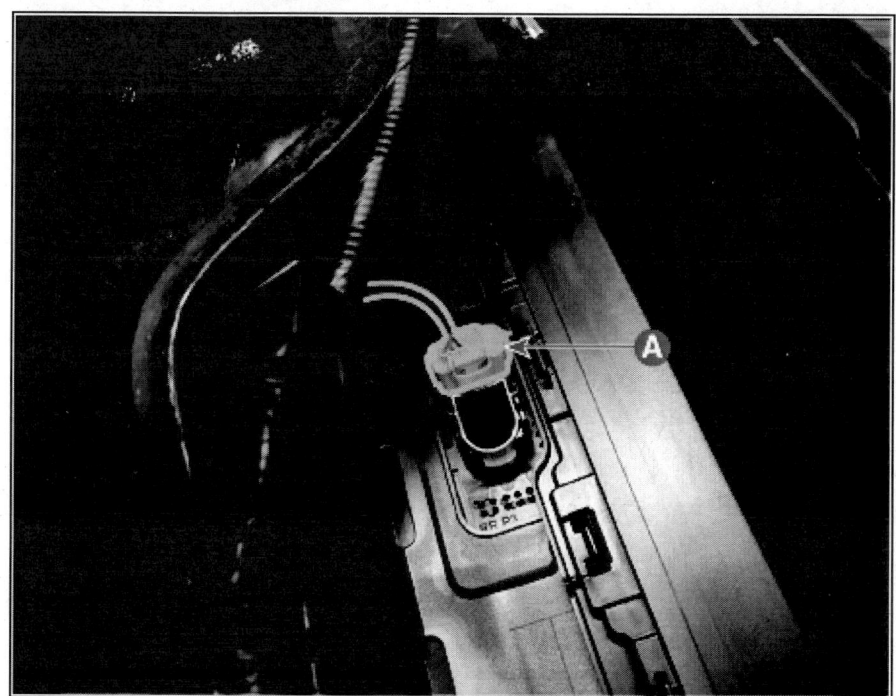

3. 화살표 방향으로 센서 홀더를 이격시키고 초음파 센서(A)를 탈거한다.

4. 장착은 탈거의 역순으로 진행한다.

전/후측방 초음파 센서 - [RSPA 사양]

> **참 고**
>
> - RSPA (Remote Smart Parking Assist) : 원격 스마트 주차 보조

1. 프런트/리어 범퍼 어셈블리를 탈거한다.
   (바디 (내장 / 외장 / 전장) - "프런트 범퍼 어셈블리" 참조)
   (바디 (내장 / 외장 / 전장) - "리어 범퍼 어셈블리" 참조)
2. 초음파 센서 커넥터(A)를 분리한다.

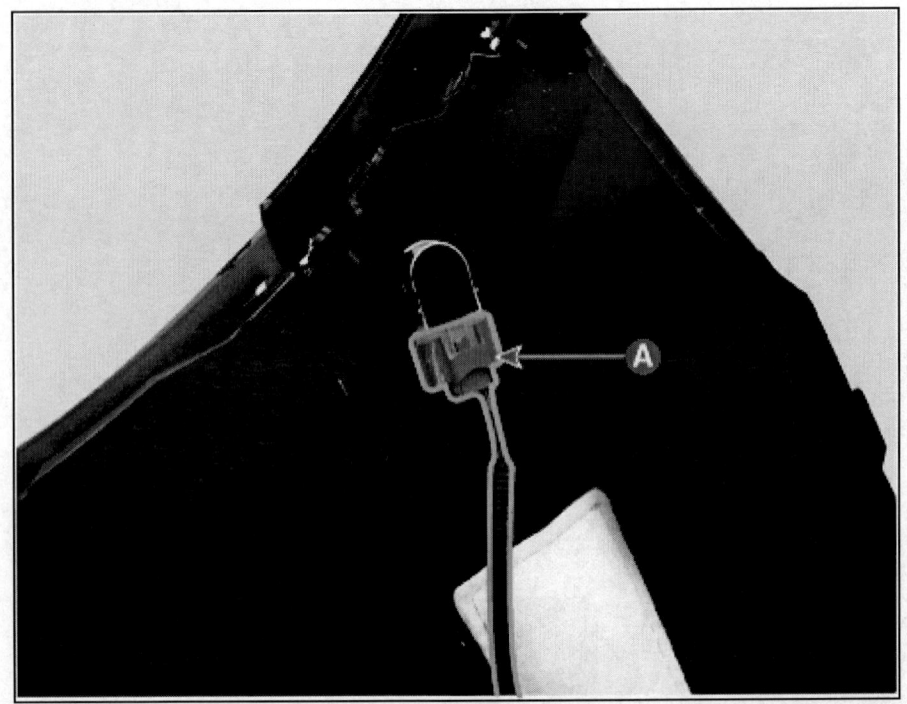
3. 화살표 방향으로 센서 홀더를 이격시키고 초음파 센서(A)를 탈거한다.

4. 장착은 탈거의 역순으로 진행한다.

광각 카메라 탈장착

전방 카메라

	작업	H/W	체결토크 (kgf.m)	SST/장비	케미컬	기타
• 탈거						
1	프런트 범퍼 어셈블리 탈거 (바디 (내장 / 외장 / 전장) - "프런트 범퍼 어셈블리"참조)	-	-	-	-	-
2	프런트 범퍼 에너지 옵쇼버 탈거 (바디 (내장 / 외장 / 전장) - "프런트 범퍼 에너지 업소버"참조)	-	-	-	-	-
3	전방 카메라 탈거	스크류	-	-	-	-
• 장착						
탈거의 역순으로 진행						-
• 부가기능						
• 진단기능 - 진단 기기를 사용하여 공차보정 실시						

측방 카메라(좌/우)

	작업	H/W	체결토크 (kgf.m)	SST/장비	케미컬	기타
• 탈거						
1	아웃사이드 미러 하우징 커버 탈거 (바디 (내장 / 외장 / 전장) - "아웃 사이드 미러 어셈블리"참조)	-	-	-	-	-
2	측방 카메라 커넥터 분리	-	-	-	-	-
3	측방 카메라 탈거	스크류	-	-	-	-
• 장착						
탈거의 역순으로 진행						-
• 부가기능						
• 진단기능 - 진단 기기를 사용하여 공차보정 실시						

후방 카메라

	작업	H/W	체결토크 (kgf.m)	SST/장비	케미컬	기타
• 탈거						
1	12V 배터리 (-) 터미널 탈거 (차량 제어 시스템 - "보조 배터리 (12V)"참조)	-	-	-	-	-
2	트렁크 리드 백 패널 탈거 (바디 (내장 / 외장 / 전장) - "트렁크 리드 백 패널"참조)	-	-	-	-	-

3	후방 카메라 커넥터 브라켓 탈거	스크류	-	-	-	-	-
4	후방 카메라 커넥터 분리	-	-	-	-	-	-
5	후방 카메라 탈거	스크류	-	-	-	-	-

- **장착**

탈거의 역순으로 진행	-

- **부가기능**

- 진단기능
  - 진단 기기를 사용하여 공차보정 실시

서비스 정보

항목	제원	
정격 전압(V)	6.7	
작동 전압(V)	6.2 ~ 7.2	
광각 카메라 수량 (EA)	RVM	1
	SVM	4

개요 및 작동원리

구분	기능 명칭	기능
주행 안전	후측방 모니터 BVM (Blind-Spot View Monitor)	턴 시그널 조작 시 후측방 영상을 클러스터에 표시
주차 안전	후방 모니터 RVM (Rear View Monitor)	광각-후방카메라를 통해 차량 후방 영상을 내비게이션에 표시
	서라운드 뷰 모니터 SVM (Surround View Monitor)	광각-전방/좌측방/우측방/후방카메라를 통해 차량 주변 영상을 내비게이션에 표시

구성 부품 및 부품 위치

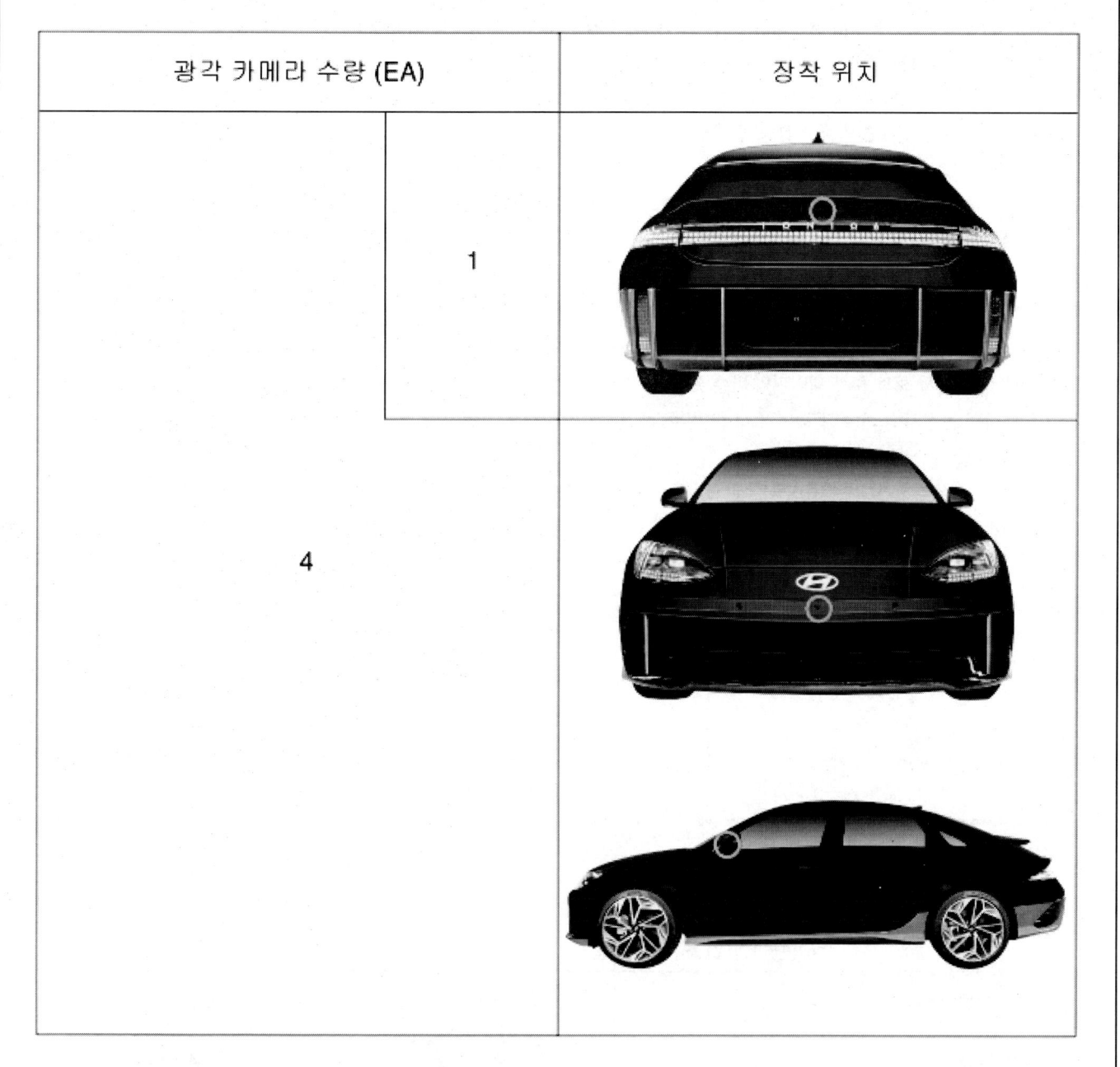

2023 > 160kW > 첨단 운전자 보조 시스템(ADAS) > 운전자 주차 보조 시스템 > 광각 카메라 > 점검

점검

외관 점검

RVM, SVM, PCA, RSPA중 적용된 기능에 문제가 있는 경우 광각 카메라에 대하여 아래 항목을 확인한다.

1. 광각 카메라 장착 위치 청결 확인
   - 광각 카메라 렌즈 주변에 눈, 먼지, 스티커 등으로 오염되어 있는 경우 성능이 저하 될 수 있다.
   - 렌즈 주변의 글라스가 파손된 경우 성능이 저하 될수 있다.
2. 광각 카메라 장착 위치 주변 상태 확인
   - 광각 카메라가 장착된 도어나 트렁크(테일게이트)가 열릴 경우 정상적이지 않은 화면이 표시 될 수 있다.
3. 광각 카메라 장착 위치 형상 또는 상태 확인
   - 화물 적재 등으로 차량이 기울어질 경우 주차 가이드 라인 및 SVM 탑 뷰의 정합성이 저하될 수 있다.
   - 광각 카메라 렌즈 내 수분이 유입 될 경우 성능이 저하될 수 있다.
4. 고장 코드 발생 시 광각 카메라 및 운전자 보조 주차 제어기 확인
   - 광각 카메라, 운전자 보조 주차 제어기의 파손 확인
   - 광각 카메라와 운전자 보조 주차 제어기 간 와이어링, 커넥터 체결 여부 확인
5. 스위치 작동 상태 확인
   - RSPA 사양의 경우 주차/뷰 버튼(①)을 길게(1초 이상) 눌러 RSPA 작동 상태를 확인한다.
   - RVM/SVM 사양의 경우, 주차/뷰 버튼(①)을 짧게(1초 미만) 눌러 RVM/SVM 화면의 정상 표시를 확인한다.

카메라 화질 불량 점검

불량 현상	원인		
	렌즈 외관 이물질	렌즈 손상	기밀 불량
[흐림 및 화질이상] [이물질 및 줄 발생]	[외관 얼룩]	[렌즈 코팅막 벗겨짐] 강산성 세척제로 세차 [렌즈 크랙] 주행중 돌 등 외부 충격	[렌즈 내부 수분유입] [크랙 및 수분유입]
조치 방법	· 카메라 외관 세척 : 물 또는 깨끗한 헝겊을 이용하여 카메라 외관 세척	· 카메라 교환	· 카메라 교환

> **유 의**
>
> - 카메라 사제품 장착 시 카메라 화질 불량 또는 작동 불량 현상이 발생될 수 있으므로 반드시 정품 장착 여부를 확인한다.
> - 사용상 부주의 (세척제로 세척, 외부 이물질에 의한 충격) 및 사제품 장착으로 인한 불량 현상 발생 시 카메라 교환은 보증 수리가 불가하다.
> - 카메라 렌즈 외관 세척 시 반드시 물 또는 깨끗한 헝겊을 이용하여 세척한다.
> - 카메라 렌즈 표면 상태 확인 및 이물질 제거 후에도 동일 불량 현상 발생 여부를 확인한다.
> - 강산성 세척제로 세차를 하는 경우에 카메라 렌즈의 코팅 막이 벗겨지는 현상이 발생할 수 있다.
> - 카메라 렌즈 크랙은 주행 중 돌과 같은 외부 이물질에 의한 충격으로 발생할 수 있다.

진단기기를 이용한 고장진단 방법

1. 광각 카메라는 차량용 진단기기를 이용하여 좀 더 신속하게 고장부위를 진단할 수 있다. ("DTC 진단 가이드" 참조)
   (1) 자기 진단 : 고장 코드(DTC) 점검 및 표출
   (2) 센서 데이터 : 시스템 입출력 값 상태 확인
   (3) 강제 구동 : 시스템 작동 상태 확인
   (4) 부가 기능 : 시스템 옵션, 영점 조절 등의 기타 기능 제어

기본 점검

> **참 고**
>
> • 진단기기를 이용한 고장진단이 불가능할 경우 기본점검을 수행한다.

1. 아래와 같이 기본점검을 수행한다.
   (1) 배터리 단자와 충전 상태를 확인한다.
   (2) 퓨즈 및 릴레이를 확인한다.
   (3) 커넥터의 연결 상태를 확인한다.
   (4) 와이어링 및 커넥터의 손상 여부를 확인한다.

사양정보 확인

1. 광각 카메라를 탈거 하기 전에 진단기기를 이용하여 "사양 정보"를 먼저 확인한다.

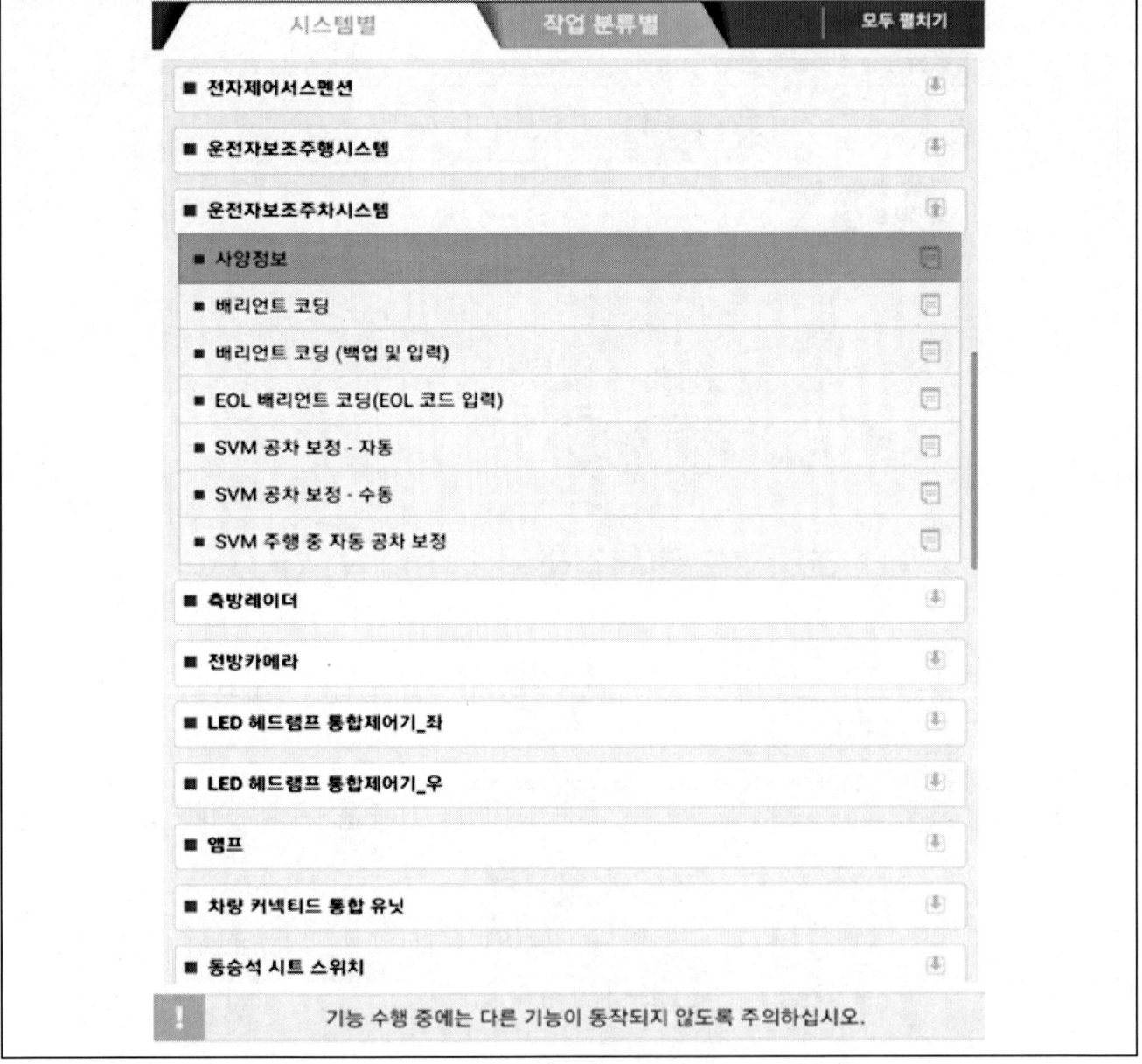

탈거

> **유 의**
> - 광각 카메라를 탈거 하기 전에 진단기기를 이용하여 운전자보조 주차 시스템에서 "사양 정보"를 먼저 확인한다.
> - 화질 선명도 불량 또는 초점 불량일 경우 카메라 렌즈의 표면 상태 및 이물질에 의한 오염 여부를 우선 점검한다.

전방 카메라

1. 프런트 범퍼 어셈블리를 탈거한다.
   (바디 (내장 / 외장 / 전장) - "프런트 범퍼 어셈블리" 참조)
2. 프런트 범퍼 에너지 옵쇼버를 탈거한다.
   (바디 (내장 / 외장 / 전장) - "프런트 범퍼 에너지 옵쇼버" 참조)
3. 스크류를 풀어 전방 카메라(A)를 탈거한다.

측방 카메라(좌/우)

1. 아웃사이드 미러 하우징 커버를 탈거한다.
   (바디 (내장 / 외장 / 전장) - "아웃 사이드 미러 어셈블리" 참조)
2. 커넥터(A)를 분리한다.
3. 스크류를 풀어 측방 카메라(B)를 탈거한다.

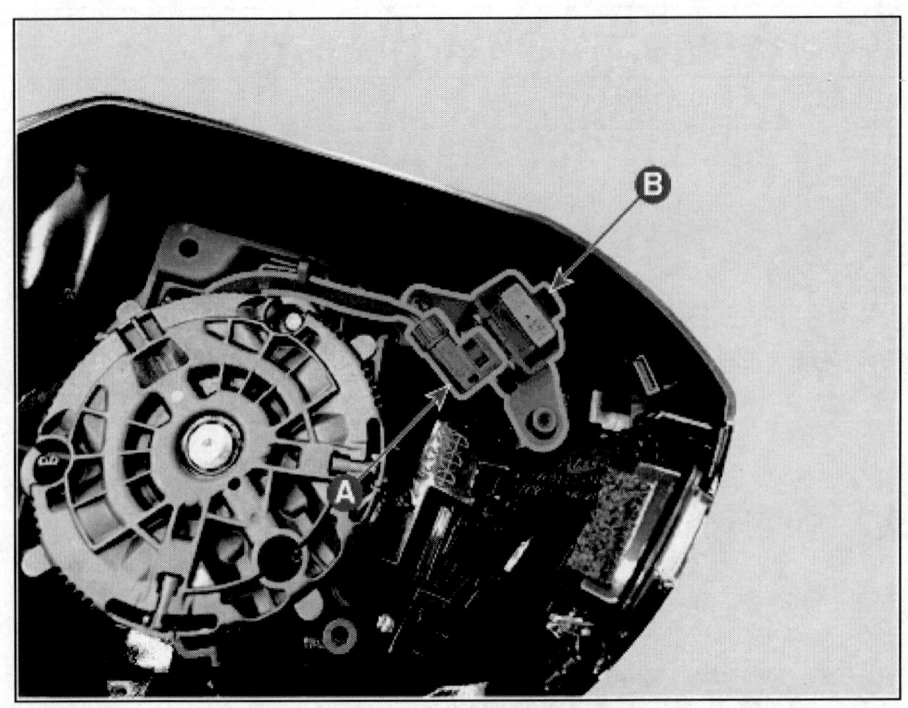

후방 카메라

1. 12V 배터리 (-) 터미널을 분리한다.
   (차량 제어 시스템 - "보조 배터리 (12V)"참조)
2. 트렁크 리드 백 패널을 탈거한다.
   (바디 (내장 / 외장 / 전장) - "트렁크 리드 백 패널"참조)
3. 스크류를 풀어 후방 카메라 커넥터 브라켓(A)를 탈거한다

4. 후방 카메라 커넥터(A)를 분리한다.

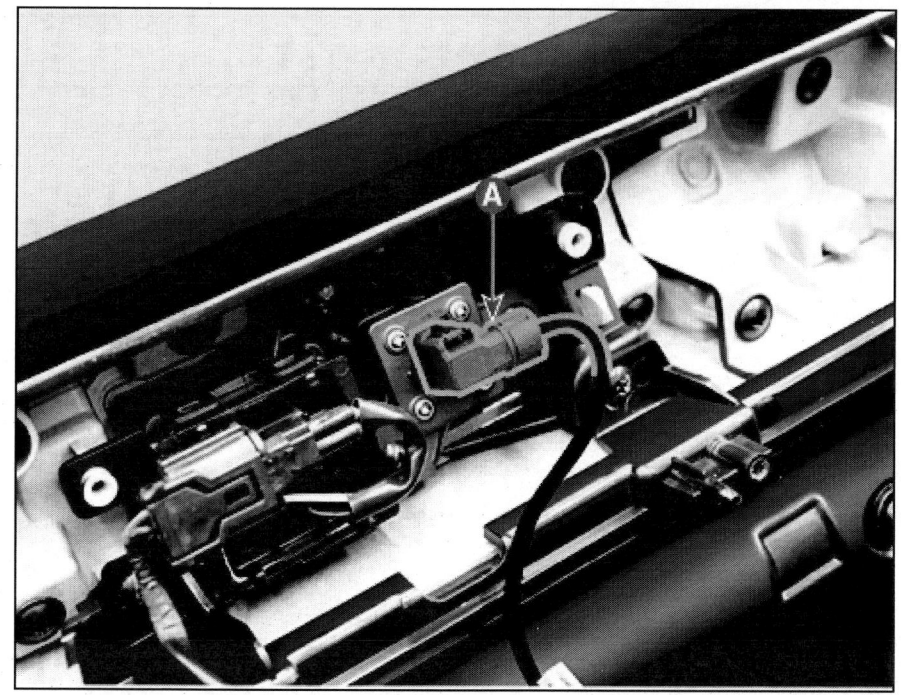

5. 스크류를 풀어 후방 카메라(A)를 탈거한다.

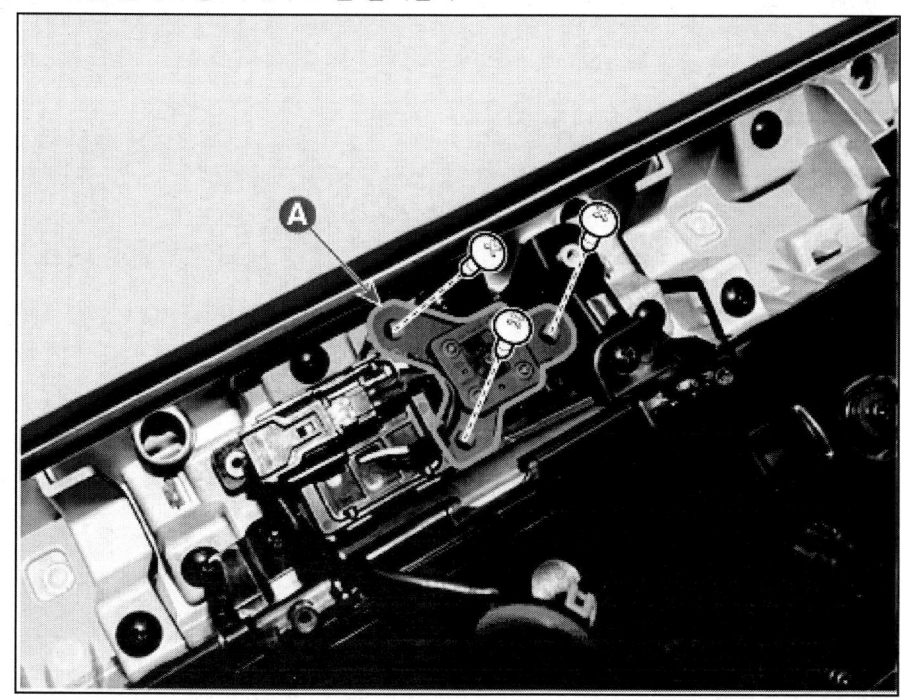

6. 장착은 탈거의 역순으로 진행한다.

장착

1. 장착은 탈거의 역순으로 진행한다.

> **유 의**
>
> - 분해 한 광각 카메라를 재조립한 후 공차보정을 수행한다.
>   (광각 카메라 - "조정"참조)
> - 광각 카메라 교체 후에도 이상이 있을 경우 운전자 보조 주차 제어기를 교체하고 정상 작동하는지 확인한다.
> - 운전자 보조 주차 제어기를 교체하여도 고장이 계속되면 제어기를 교체하지 않는다.

조정

공차 보정 개요

> **참고**
> - 아래 그림과 같이 공차 보정을 진행하려면 SVM 보정 공구가 필요하다.
> - 아래 내용을 참고하면 SVM 보정 공구를 구매할 수 있다.
> - 공구 명칭 : GDS SVM 현대 (SVM-100)
> - 공구 번호 : G0AKDM0007
> - 대표 구매 상담 이메일 : sales@gitauto.com / purchase@gitauto.com

SVM은 운전자보조 주차 제어기 교환 및 광각 카메라의 교체 및 탈/장착 과정에 생기는 장착 공차로 인해 생긴 SVM 영상의 오차를 보정하기 위해 공차 보정을 실시한다.

> **유의**
> 아래와 같은 작업을 수행한 다음에는 공차 보정 작업을 반드시 시행한다.
> - 광각 카메라 탈거/장착 작업을 수행한 경우
> - 테일게이트, 차체 작업 등 광각 카메라의 초점이 움직일 수 있는 차체 작업을 수행한 경우
> - 광각 카메라가 장착된 도어 미러를 교환한 경우
> - 운전자보조 주차 제어기를 교환한 경우
> - 시스템 보정 관련 DTC발생 시

공차 보정 환경

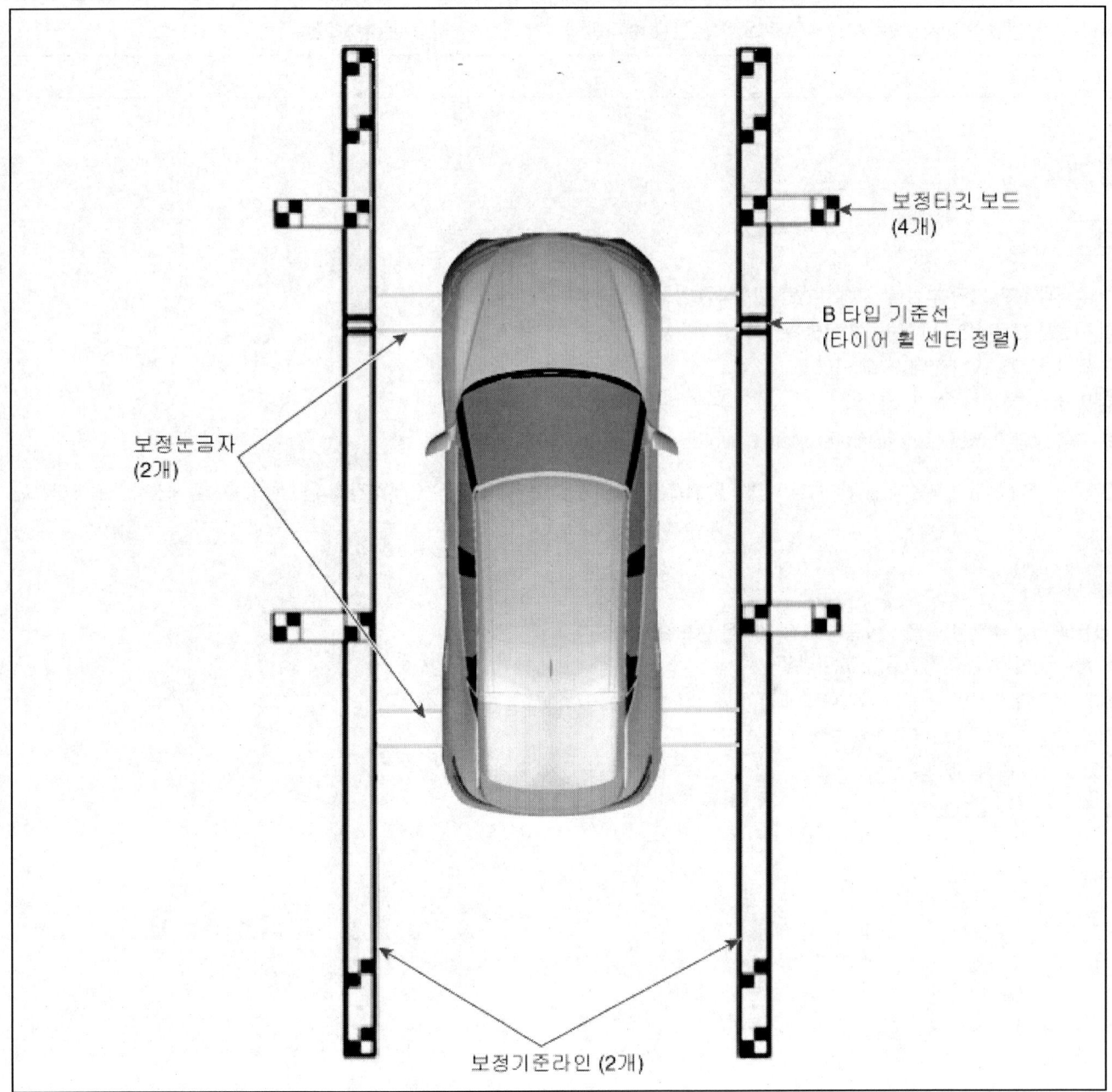

수동 공차 보정 절차

1. 사전 준비를 다음과 같이 실시한다.
   - 후드, 테일게이트, 도어가 닫힌 상태인지 확인한다.
   - 운전석에 탑승 후 도어를 닫는다.
   - 차량의 전원 상태를 IG on으로 유지한다.
   - 사이드미러가 접혀 있는 경우 미러를 편다.
   - 기어를 n단에 위치한다.
   - 사전 준비 시 후방 카메라의 시야를 가릴 수 있는 배기 흡입기 등을 설치해서는 안 된다.
   - 차량이 움직이지 않도록 풋 브레이크 또는 전자식 브레이크(EPB)를 사용한다.

2. 공차 보정 모드에 진입하기 전에 SVM 및 광각 카메라의 정상 동작 여부를 확인하기 위하여 다음의 과정을 수행한다.
   - SVM의 초기 설정 영상이 출력되는지 확인한다. (기어 n단 위치 시 전방 뷰 영상 + 탑 뷰 영상)
   - SVM 화면의 전, 후, 좌, 우측 방 영상이 정상 출력되는지 확인한다.
   - 정상적으로 영상 출력 시 공차 보정 모드로 진입하여, 비정상 출력되거나 영상이 출력되지 않을 시 해당 부품을 점검한다.

3. 보정 눈금자(2개), 보정 기준 라인 보드(2개), 보정 타깃 보드(4개)를 장비와 함께 제공되는 설명서를 참조하여 차량 주위에 설치한다.

> **참 고**
>
> - 보정 기준라인 보드에 앞바퀴 중앙 정렬을 할 때 A-type과 B-type을 반드시 구분하여 정렬한다.
> - 흰색과 검은색 보정판의 센터 위치는 기준 좌표이기 때문에 위치 정밀도(거리/직각 등)가 매우 중요하므로 주의한다.

(1) 차량 정렬 후 보정 눈금자를 화살표 방향으로 앞 타이어와 뒷 타이어에 밀착시킨다.

[전면]

[후면]

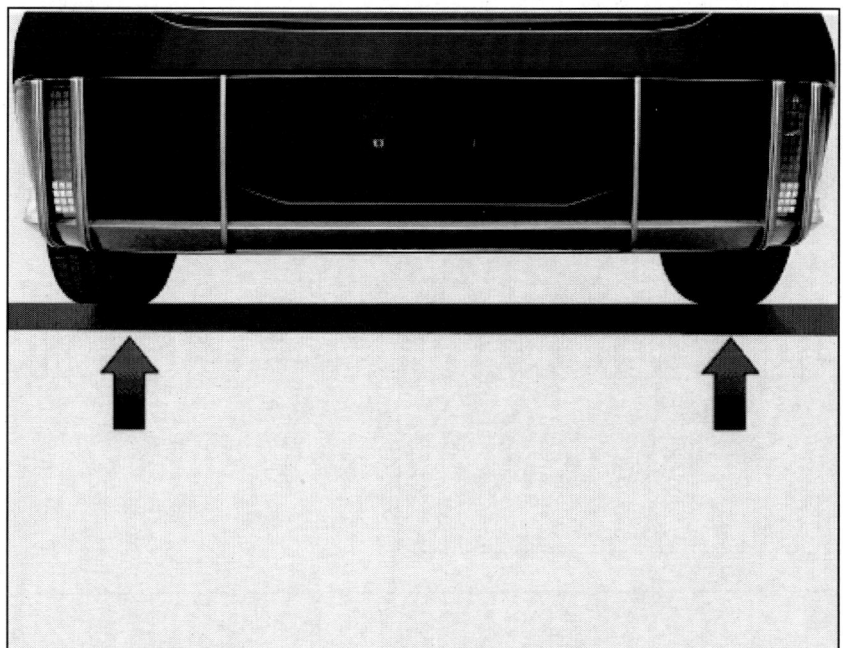

(2) 차량의 중심점(A)을 맞추기 위해 우측과 좌측의 타이어 아래 보정 눈금자 치수가 동일하도록 보정 눈금자를 좌우로 움직여 설치한다.

> 참 고
>
> - 보정 눈금자가 구겨진 상태로 설치되지 않도록 주의한다.
> - 좌/우측에 설치된 보정 눈금자의 측정값은 반드시 서로 일치하여야 한다.

<차량 전면>

[우측]

[좌측]

<차량 후면>

[좌측]

[우측]

> **ⓘ 참 고**
> - 만약 사용자가 차량 출고 시 장착되어 있는 규격과 다른 치수의 타이어를 장착한 경우 SVM 공차 보정 작업 결과가 정확히 나오지 않을 수 있다.
> - 앞 타이어와 뒷타이어의 치수는 서로 다를 수 있다.

(3) 보정 기준 라인은 차량 우측 전방에 설치된 보정 눈금자 위에 맞추어 설치한다.

> **ⓘ 참 고**
> - 차량 우측 전방 타이어의 휠 센터(A)와 보정 기준 라인에 표시된 타입은 정렬되도록 보정 기준 라인 위치를 조정한다.
> - 정렬 기준선은 두 가지 유형(A/B Type)이 있으며 기준선은 차량 유형과 일치해야 한다.
> - 좌/우 정렬 오차 범위는 3cm 이하이어야 한다.

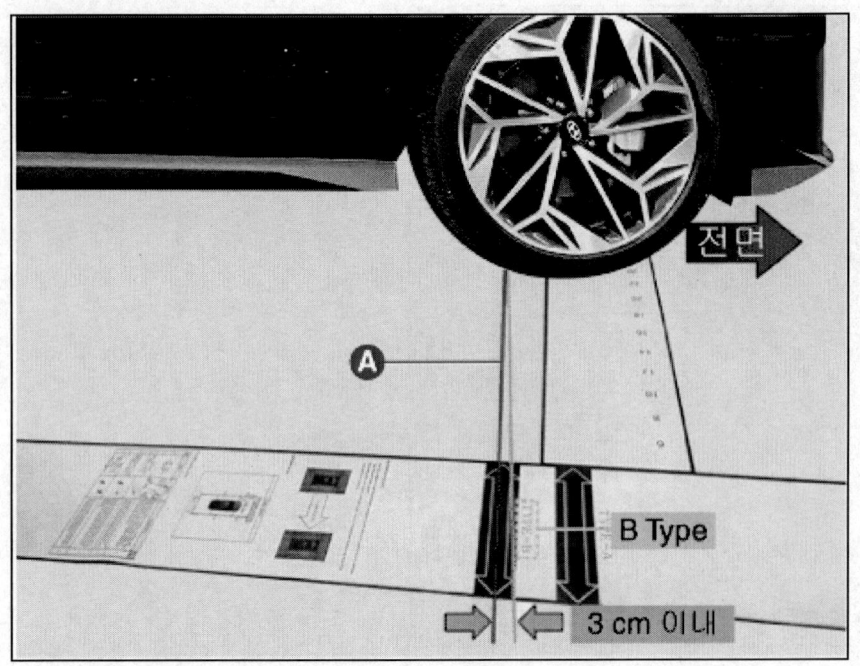

> **참 고**
> - 좌측도 동일한 방법으로 설치한다.

(4) 보정 눈금자와 보정 기준 라인을 설치 후 좌/우측 보정 기준 라인이 서로 평행하게 설치되었는지 확인한다.

> **참 고**
> - 좌/우 사이의 거리가 앞뒤로 동일하면 보정 기준 라인이 정상적으로 설치된 것이다.
> - 보정 기준 라인 좌/우 거리의 오차범위는 299 ~ 301 ㎝ 로 허용한다.

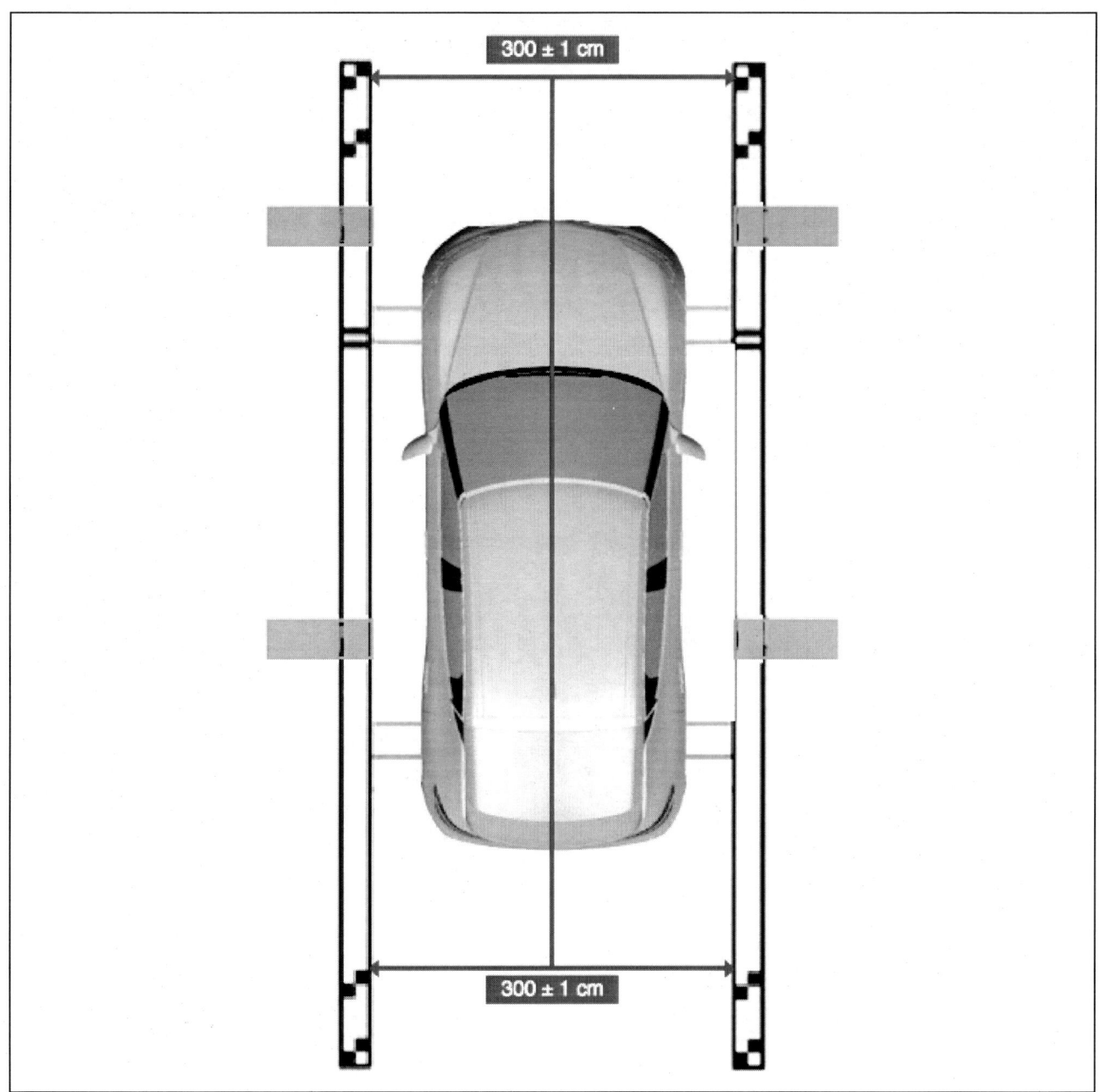

(5) 보정 기준 라인 위에 보정 타깃을 설치한다.

> **참 고**
> - 보정 기준 라인과 보정 타깃의 각도는 90°를 유지한다.
> - 차량 정렬 시 회전 오차는 좌우 1° 이내로 관리되어야 한다.

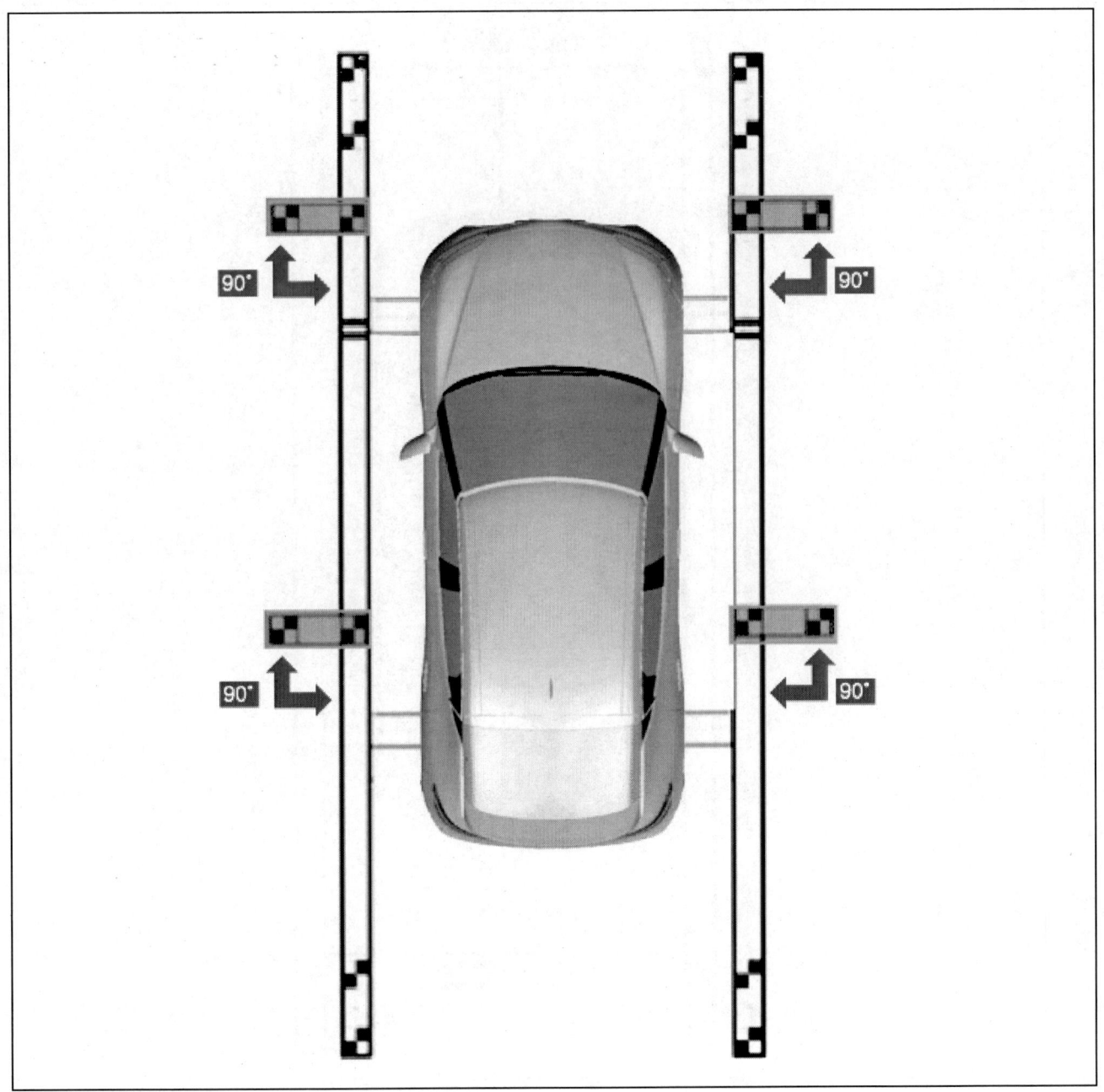

4. 차량 정지 상태에서 IG ON을 유지하여, 변속 레버 'N' 위치를 확인하여 평지라도 주차 브레이크를 잠근다.
5. SVM 영상이 정상 추력 중인 상태에서 작업을 진행한다.
6. 진단기를 이용해 "SVM 공차 보정 - 수정'을 수행한다.

| 시스템별 | 작업 분류별 | 모두 펼치기 |

- ■ 파워스티어링
- ■ 전자제어서스펜션
- ■ 리어뷰모니터
- ■ 운전자보조주행시스템
- ■ 운전자보조주차시스템
  - ■ 사양정보
  - ■ 배리언트 코딩
  - ■ 배리언트 코딩 (백업 및 입력)
  - ■ SVM 공차 보정 - 자동
  - ■ **SVM 공차 보정 - 수동**
  - ■ SVM 주행 중 자동 공차 보정
- ■ 전방카메라
- ■ 후측방레이더
- ■ 앰프
- ■ 오디오비디오네비게이션
- ■ 후석리모트컨트롤러
- ■ 동승석 전동시트 제어 유닛

! 기능 수행 중에는 다른 기능이 동작되지 않도록 주의하십시오.

부가기능

■ SVM 공차 보정 - 수동

● [SVM 수동 공차보정]

SVM 시스템에서 SVM 제어기 교환 및 카메라 장착(전,후,좌,우)시 공차 보정을 위해서 상기 기능을 수행합니다.

> ● [조건]
> 1. 엔진 후드/트렁크/도어 : 닫힘, 사이드 미러 : 열림.
> 2. 엔진 정지 IG ON, 변속레버 N, 주차브레이크 ON.
> 3. SVM 시스템 버튼 'ON' 상태
> 4. 보정판을 바닥에 설치한다. (정비지침서 참조)

SVM 제어기 교환 시 상기 기능을 수행 전에는 차량의 SVM 스위치 지시등이 점멸 상태이고, DTC (B103000 : 카메라 공차 보정 미수행)가 표출됩니다.

다음 단계를 진행하려면 [확인] 버튼을 누르십시오.

[확인]   [취소]

! 기능 수행 중에는 다른 기능이 동작되지 않도록 주의하십시오.

부가기능

■ SVM 공차 보정 - 수동

※ [공차보정 수행 순서]

1. 차량내 SVM 모니터에 점멸중인 십자 표시(+)를 ▶, ▶▶ 이용하여 보정판의 보정점에 일치시킨 후 [확인] 버튼 클릭한다.
2. 나머지 세개의 십자 표시도 동일한 방법으로 보정점 일치시킨 후 [확인] 버튼을 클릭하고 [SVM 업데이트] 버튼을 클릭하여 다음 카메라로 이동한다.
3. 전방 카메라와 동일한 방식으로 후방 → 좌측 → 우측 카메라 순서로 보정작업 모두 수행한다.
4. 마지막 카메라 보정 완료 후 [SVM 업데이트] 버튼을 눌러 모니터로 SVM 업데이트 진행사항 확인한다.
5. 차량내 모니터로 영상이 정상입력 되었는지 확인한다.

※ [초기화] 버튼 클릭하여 보정작업 재수행 가능함.

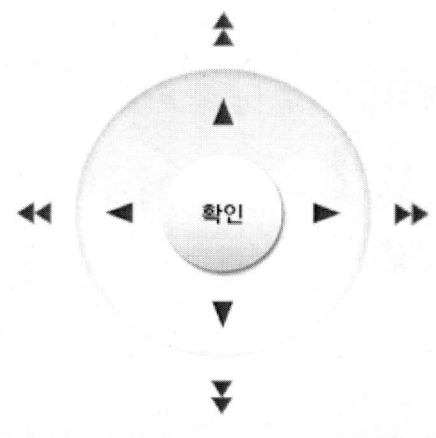

| 초기화 | SVM 업데이트 | 닫기 |

! 기능 수행 중에는 다른 기능이 동작되지 않도록 주의하십시오.

참 고

- 보정점 일치 전 : "+" 녹색 점멸
- 보정점 일치 후 [확인] 클릭 시 : "+" 빨간색 점등
- 전방 보정점 4개를 일치시킨 후 [확인] 버튼을 클릭하여 [SVM 업데이트] 버튼을 클릭하여 다음 카메라 보정으로 이동한다.
- 전방 -> 후방 -> 좌측 -> 우측 카메라 순서대로 보정 작업을 모두 수행한다.

화면 보정 순서 : ① 좌측 상단 → ② 좌측 하단 → ③ 우측 상단 → ④ 우측 하단

카메라 보정 순서 : 전방 → 후방 → 좌측 → 우측

<전방> <후방>

<우측> <좌측>

7. 보정이 정상적으로 완료가 되었는지 모니터 화면에 차량과 보정 라인을 확인 후 [확인] 버튼을 누른다.
   보정이 정상적으로 수행되지 않을 시 [취소] 버튼을 눌러 보정점에 입력 작업을 다시 수행한다.

[내비게이션 화면]

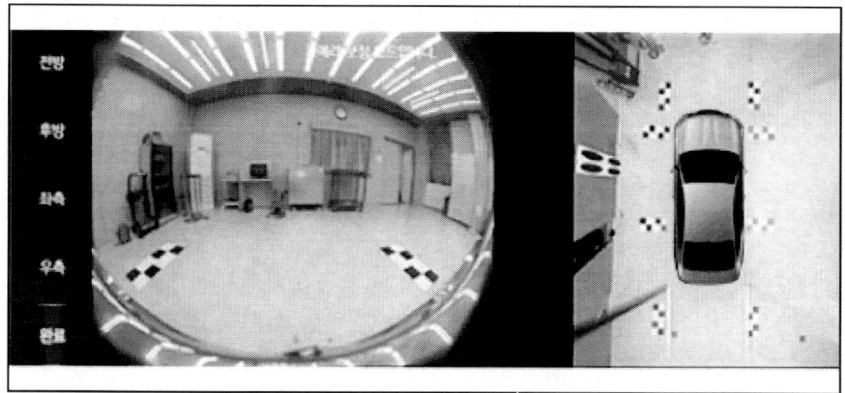

> **참 고**
>
> - 보정 눈금자, 보정 기준 라인, 보정타깃을 접어서 보관하지 않는다.
> - 보정 눈금자, 보정 기준 라인, 보정타깃에 이물질이 묻었을 경우 즉시 제거한다.
> - 보정 눈금자, 보정 기준 라인, 보정타깃은 동봉된 원통형 두루마리에 말아서 전용 보관 가방에 보관한다.

자동 공차 보정 절차

> **유 의**
>
> - SVM 전용 작업장이 있는 서비스 센터는 '자동 공차 보정'을 실시한다.

1. 공차 보정 대상 차량을 인라인 작업 환경 내의 차량 정위치에 정렬한다.
   - 차량의 중심은 차량 위치 공간의 중심과 일치하도록 한다.
   - 차량의 앞바퀴 중심을 전륜 축 정렬 위치와 일치하도록 한다.
2. 사전 준비를 다음과 같이 실시한다.

- 후드, 테일게이트, 도어가 닫힌 상태인지 확인한다.
- 운전석에 탑승 후 도어를 닫는다.
- 차량의 전원 상태를 IG ON으로 유지한다.
- 사이드미러가 접혀 있는 경우 미러를 편다.
- 기어를 N단에 위치한다.
- 사전 준비 시 후방 카메라의 시야를 가릴 수 있는 배기 흡입기 등을 설치해서는 안 된다.
- 차량이 움직이지 않도록 풋 브레이크 또는 전자식 브레이크(EPB)를 사용한다.

3. 공차 보정 모드에 진입하기 전에 SVM 및 카메라의 정상 동작 여부를 확인하기 위하여 다음의 과정을 수행한다.
   - SVM의 초기 설정 영상이 출력되는지 확인한다. (기어 N단 위치 시 전방 뷰 영상 + 서라운드 뷰 영상)
   - SVM 영상에서 전/측/후방 영상이 정상 출력되는지 확인한다.
   - 정상적으로 영상 출력 시 공차 보정 모드로 진입하여, 비정상 출력되거나 영상이 출력되지 않을 시 해당 부품을 교체한다.
4. 차량 정지 상태에서 IG ON을 유지하여, 변속 레버 'N' 위치를 확인하여 평지라도 주차 브레이크를 잠근다.
5. SVM 영상이 정상 출력 중인 상태에서 작업을 진행한다.
6. 진단기기를 이용해 'SVM 공차 보정 - 자동'을 수행한다.

부가기능

• SVM 공차 보정 - 자동

검사목적	SVM 시스템에서 SVM 제어기 교환 및 카메라장착(전, 후, 좌, 우) 시 공차 보정을 위해서 자동으로 수행하는 기능.
검사조건	1. 엔진 정지 2. 점화스위치 On 3. 변속레버 N, 주차브레이크 On 4. 보닛 / 트렁크 / 도어 닫힘 / 사이드 미러 오픈 확인 5. SVM 스위치 지시등 On 상태
연계단품	Surround View Monitoring(SVM) Module, Ultra-optical cameras
연계DTC	B103000, B1030XX
불량현상	경고등 점등
기타	완료 시까지 전원 / 기어 / SVM 스위치 상태 변경 금지. 공차 보정 전용 작업장 필요.

확인

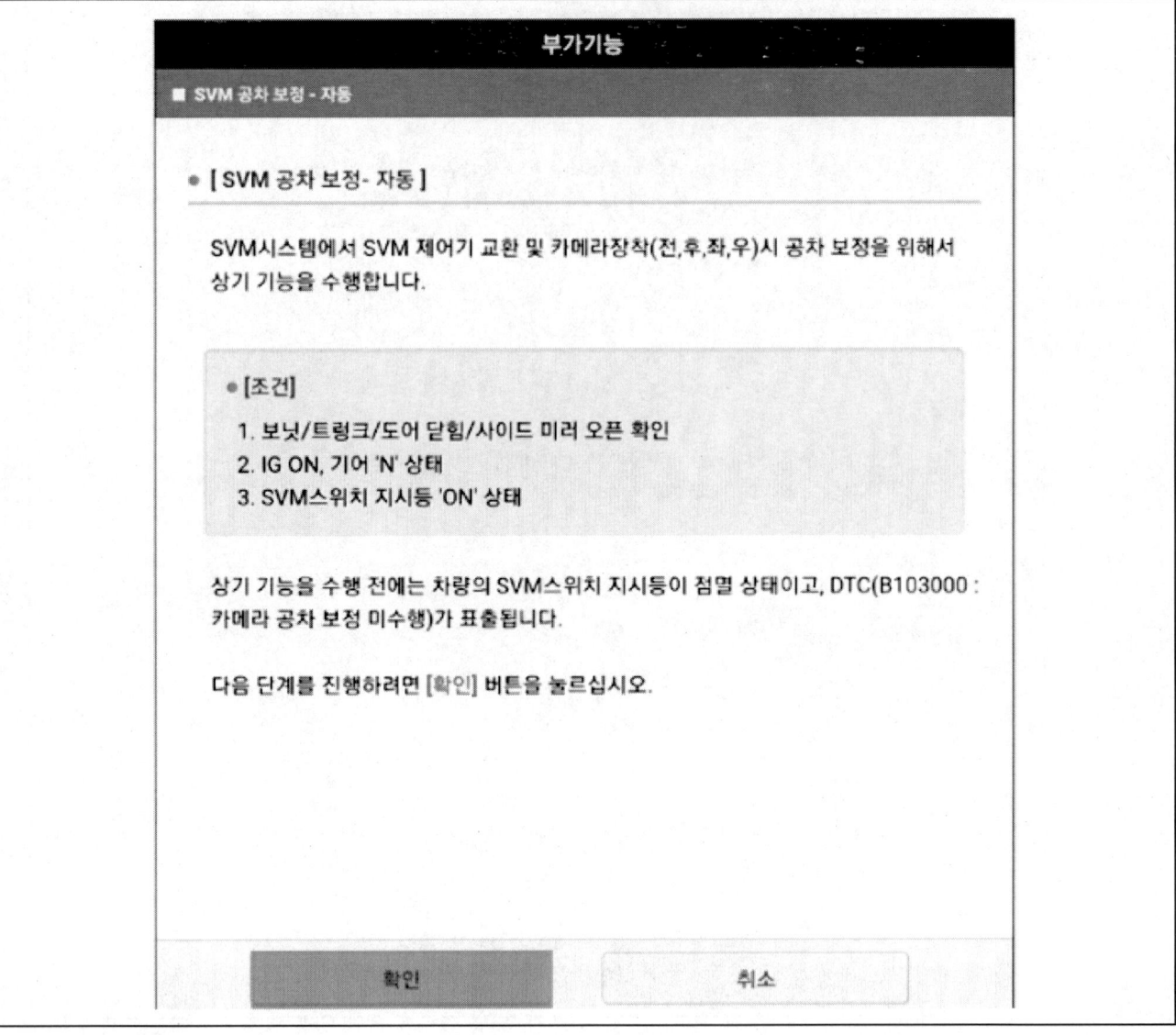

> **유 의**
>
> - SVM은 계산 및 갱신 과정에 따라 "카메라 보정 작업 중입니다." 메시지를 출력하며, 작업자는 SVM 초기 설정 영상이 출력될 때까지 시스템을 조작하지 않는다.

7. 공차 보정이 정상 완료되었는지 다음과 같이 확인한다.
   - SVM 초기 설정 영상이 출력되는지 확인한다.
     (N단, 주차/뷰 버튼 짧게 누를 시 전방 뷰 + 탑 뷰)
   - 내비게이션 화면에서 흰색 선이 똑바로 표시되는지 육안으로 확인한다.
     (최대 8cm의 이격 오차 발생 가능하며, 8cm 이내의 오차 발생 시 양품으로 판단한다.)
     SVM 영상의 육안 확인 결과 영상이 잘못되어 있을 경우 재작업이 필요하다.
8. 공차 보정이 정상적으로 이루어졌을 경우 차량의 전원을 OFF상태로 전환해 공자 보정 절차를 종료한다.
9. 공차 보정이 실패한 경우 자동 공차 보정 한계사양을 확인한다.
   - 전방' 버튼을 눌러 전방 카메라 보정점 입력 화면으로 이동한다.
   - 화면 이동 후 2개의 기준점이 보정판 표식 내부에서 점멸하고 있는지 확인한다.
   - 1개 이상의 기준점이 보정판 표식 외부에 있을 경우 공차 보정이 가능한 한계 사양을 넘어선 것으로 판단하고, 고장 모드 보정점 입력에 대한 절차를 따른다.
10. 공차 보정점 입력 절차를 수행한다.
    (1) 좌상단 보정판 표식의 중심점(P1)을 스타일러스 펜을 이용하여 클릭한다.
    (2) 입력된 좌표에 녹색의 십자 표시(P1)가 되는 것을 확인한다.

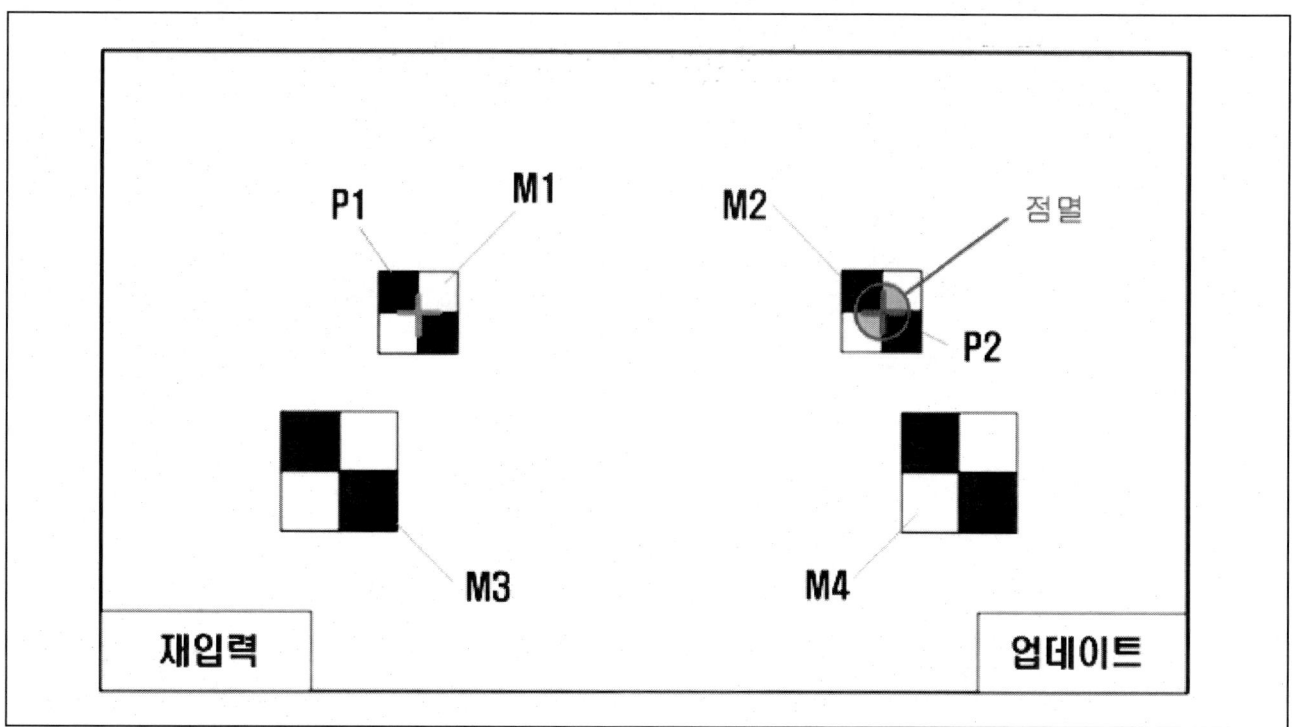

(3) 좌상단 보정판 위치에서 점멸하던 십자 표시가 2개의 붉은색 고정 십자(그림의 P1, P3) 표시로 나타나는 것을 확인한다.

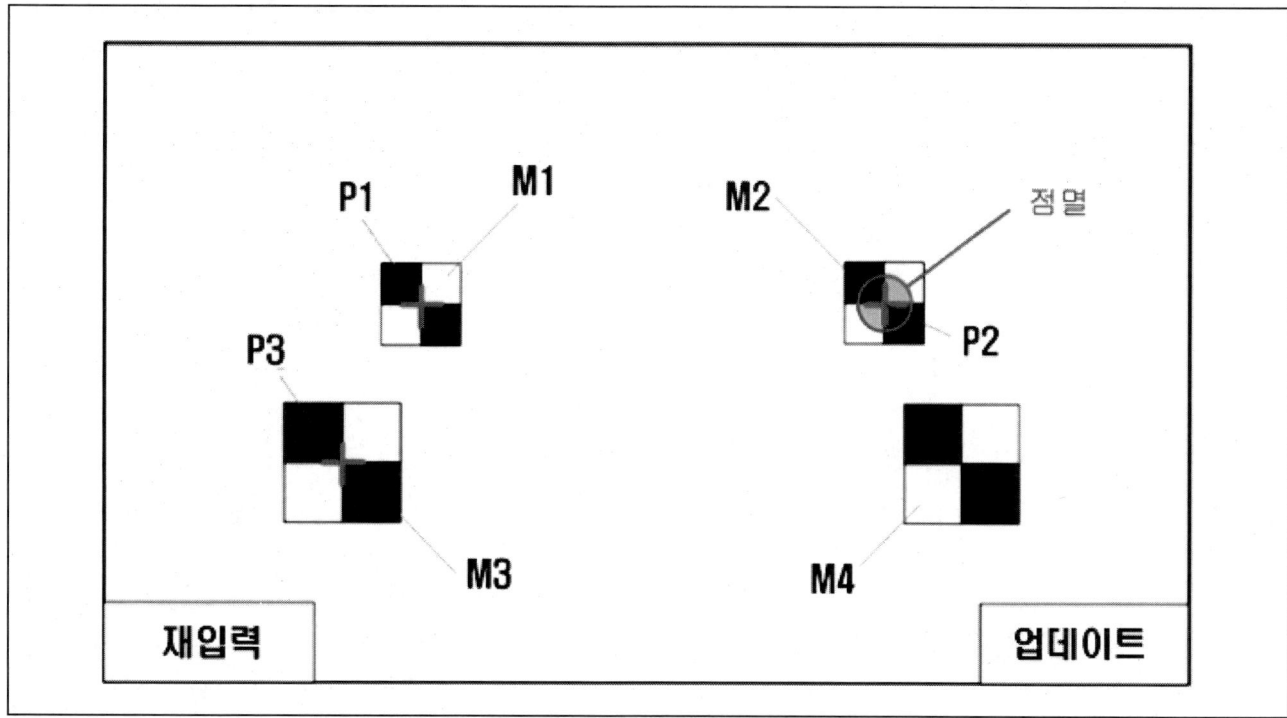

(4) 우상단 보정판 표식(그림의 M2)의 중심점(P2)을 스타일러스 펜을 이용하여 입력하고 입력된 좌표에 녹색의 십자 표시가 되는 것을 확인한다.

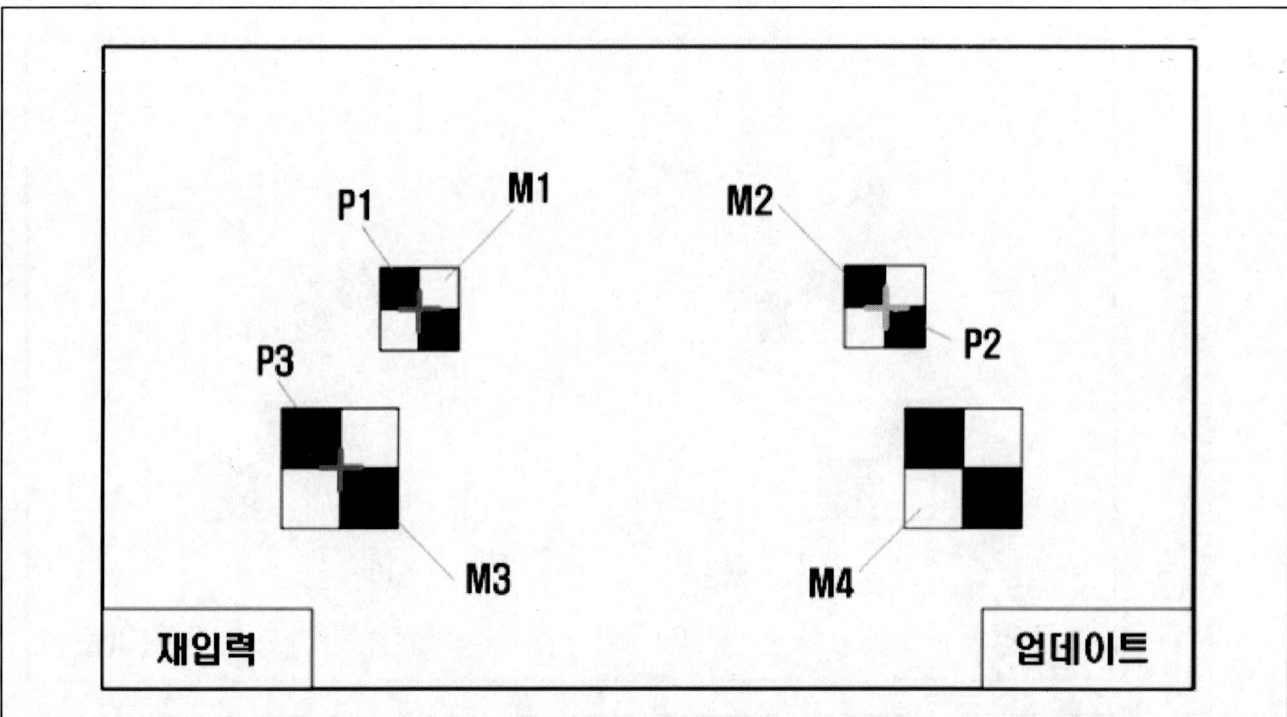

(5) 우상단 보정판 위치에서 점멸하던 십자 표시가 2개의 고정 십자(그림의 P2, P4) 표시로 나타나는 것을 확인한다.

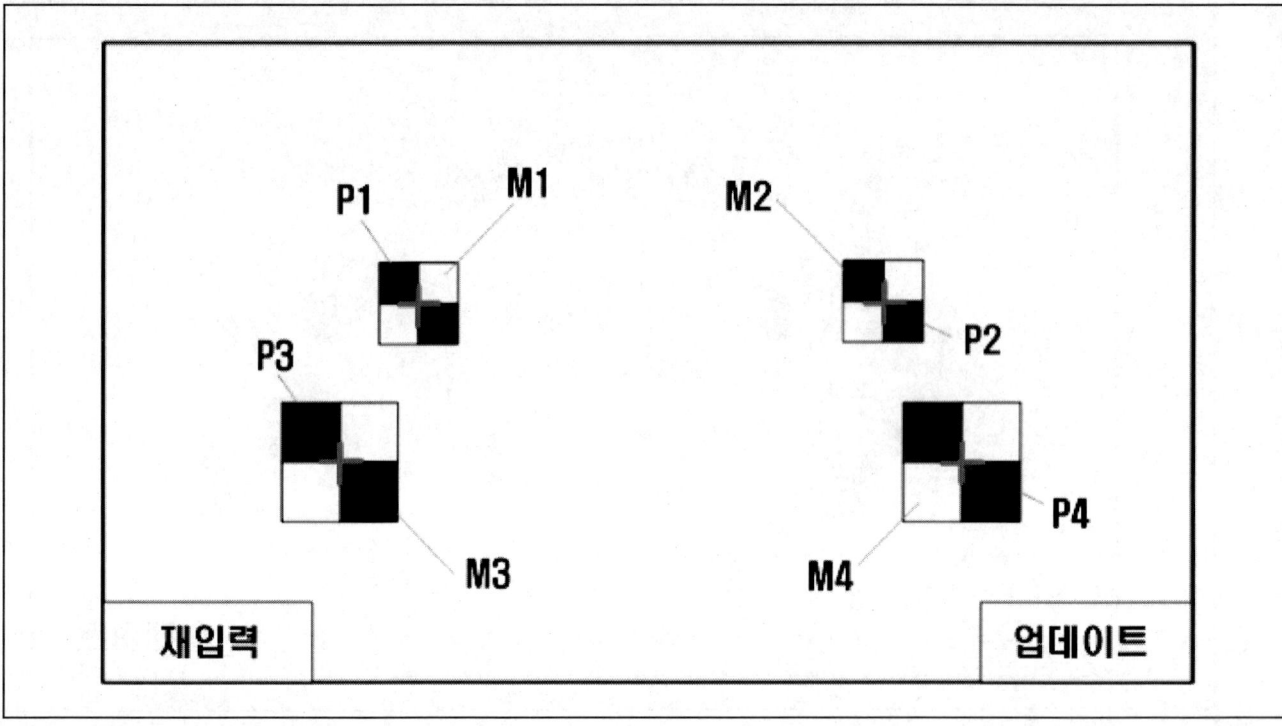

(6) 4개의 보정판 표식의 중심점(P1, P2, P3, P4)에 붉은색 십자 표시가 모두 이루어졌을 경우 "업데이트" 버튼을 눌러 기준점을 갱신하고 초기 공차 보정 화면으로의 전환을 기다린다.
(7) 붉은색 십자 표시가 이루어지지 않았을 경우 "재입력" 버튼을 눌러 기준점을 다시 입력한다.
(8) 후방, 좌측, 우측 카메라에 대하여 같은 과정을 반복 수행한다.
(9) 모든 카메라에 대한 보정점 입력 작업이 완료되면 공차 보정 모드의 초기 화면에서 "완료" 버튼을 눌러 공차 보정 모드에서 빠져나온다.

주행 중 자동 공차 보정 절차
1. 주행 중 자동 공차 보정의 정상 동작을 위해 하기 조건을 확인한다.
   - SVM 탑 뷰의 전방/후방/좌측/우측 부분이 정상적으로 디스플레이 되는지 확인한다.
   - 만약 영상이 정상적으로 디스플레이 되지 않는다면, 관련 부품들을 점검한다.

> **참 고**
>
> • 가능한 자동/수동 모드로 진행하며 장비가 없는 등의 부득이한 경우에만 수행한다.

2. 진단기기를 이용해 'SVM 주행 중 자동 공차 보정'을 수행한다.

부가기능	
• SVM 주행 중 자동 공차 보정	

검사목적	이 기능은 SVM 제어기 교환, 카메라 장착(전후, 좌, 우) 시 차량 주행을 통한 공차 보정을 수행하는 기능
검사조건	1. IG ON 2. 후드, 트렁크, 도어 닫힘 및 사이드 미러 열림 3. SVM/RSPA(옵션) 기능 OFF 4. 후석 모니터(옵션) OFF
연계단품	-
연계DTC	-
불량현상	-
기 타	-

확인

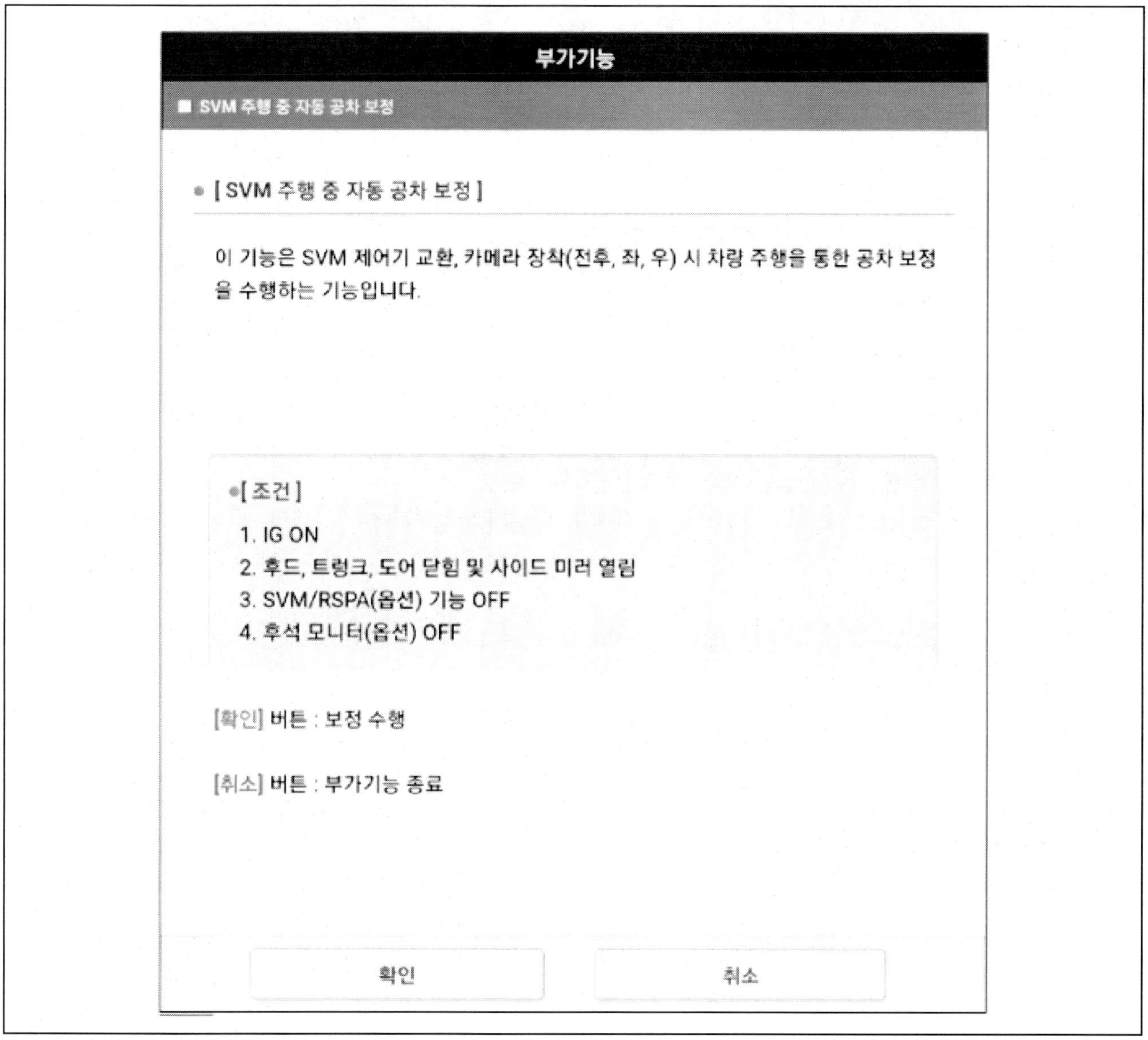

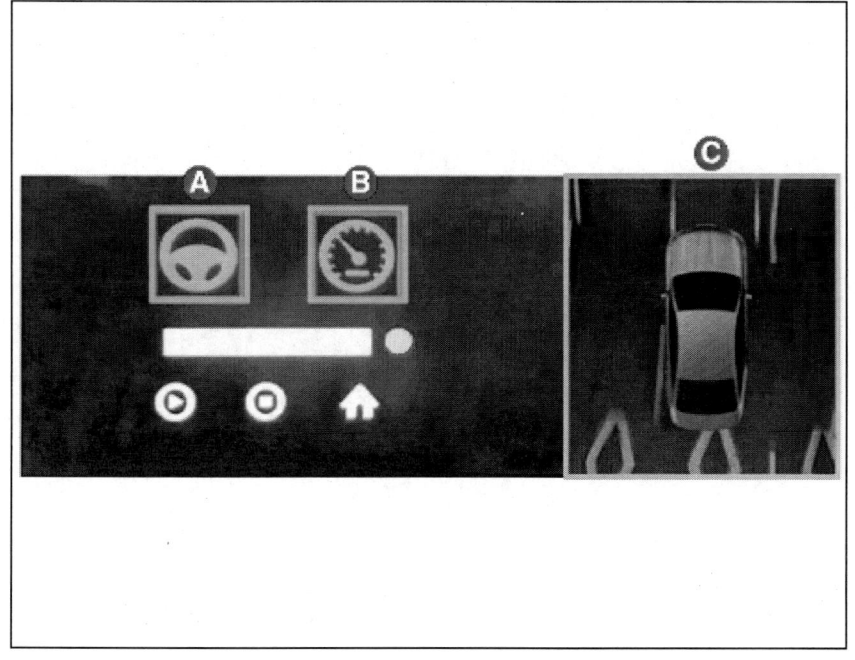

3. 진단기 진입 모드 화면의 스티어링 휠 심볼(A), 속도계 심볼(B), SVM 탑 뷰(C)가 정상적으로 디스플레이 되는지 확인한다.

유 의

- SVM 주행 중 자동 공차 보정 진입 후에는 진단기 진입 모드 화면 버튼의 MAP, RADIO, MEDIA 버튼 등의 조작으로 진단기 진입 모드가 종료될 수 있으니 유의한다.
- 주행 중 자동공차 보정 수행 가능 조건은 스티어링 휠 조향각 -5 ~ 5˚도, 차량 속도 1~50 Km/h이다.

4. 차량을 도로로 이동시키고 수행 가능 속도 범위를 유지한 채로 진단기 진입 모드 화면의 시작 버튼(A)을 눌러 공차 보정을 수행한다.

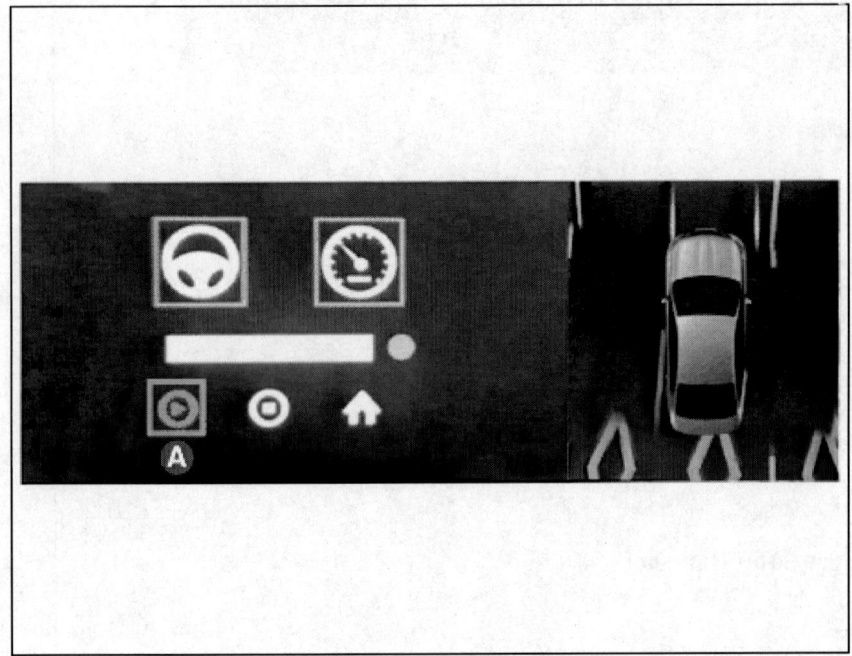

> **참 고**
>
> - 조향각, 차량 속도 조건을 벗어날 경우 스티어링 휠 심볼, 속도계 심볼 테두리가 적색으로 표시되며, 만족할 경우 녹색으로 표시된다.

> **유 의**
>
> - 주행 중 공차 보정을 위한 이상적인 도로 조건
>   - 노면에 화살표, 글자 등의 마커가 있는 편도 3차선 도로의 중앙 차선
>   - 오르막/내리막이 아니며 노면의 구배가 없는 평평한 도로
> - 주행 중 공차 보정 일시 중단 또는 지연 요소
>   - 특징점을 찾을 수 없는 도로/환경
>   - 페인팅 된 실내 주차장
> - 보정 가능한 카메라 틀어짐 한계
>   - 요(Yaw) : -5 ~ 5°
>   - 롤(Roll) : -5 ~ 5°
>   - 피치(Pitch) : -5 ~ 5°

5. 주행 시 보정 진행률은 상태 바(A)로 확인 할 수 있다.

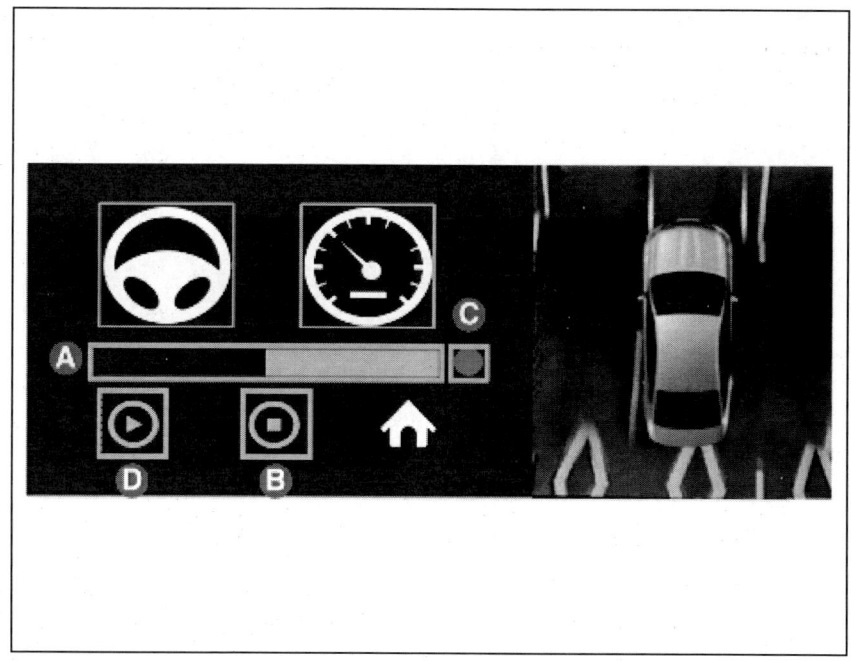

> **참 고**
>
> - 보정 진행 중에는 진단기 진입 모드 화면의 신호등(C)이 녹색 점멸한다.
> - 보정 수행 시간은 이상적인 조건에서 5분 내외로 소요된다.
> - 보정 진입 또는 수행 중 시작 버튼(D)을 누르면 일시 정지 후 정지 시점부터 재개할 수 있다.
> - 정지 버튼(B)을 누르면 중지 가능하며 다시 시작 버튼(D)을 누르면 처음부터 진행할 수 있다
> - 상태 바가 끝까지 차면 보정이 완료되고 신호등(C)이 녹색으로 표시된다.

6. 보정 기능 종료 시 홈 버튼(C)을 누른다.

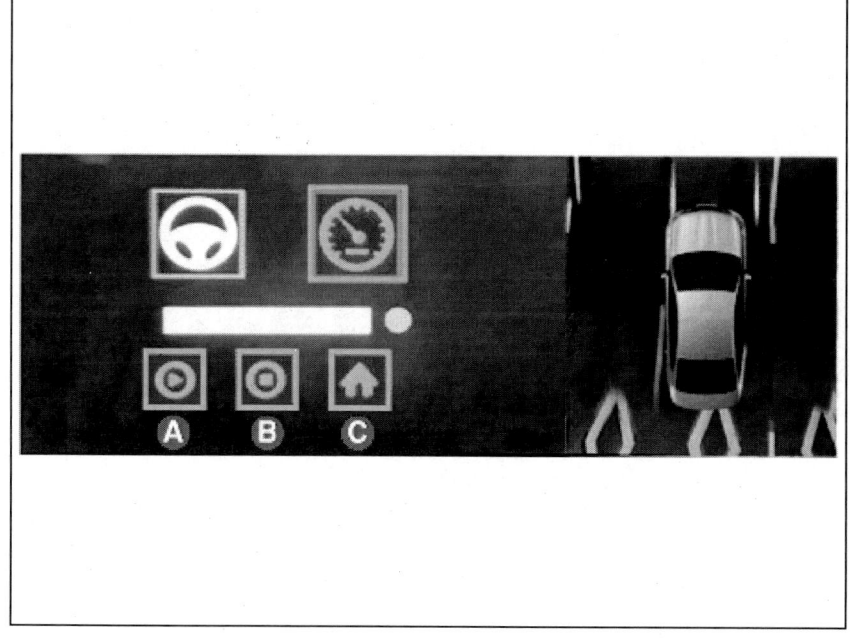

7. 보정이 완료되면 보정 결과 확인을 수행한다.
   보정 결과 판단 기준: 차량으로 1.8 m 거리의 정합 면 부분의 틀어짐이 8 cm 이내일 것.

> **유 의**
> - 보정 확인에는 평지이고, 직선으로 구획을 나눈 주차장 등의 장소를 권장한다.
> - 보정 결과가 만족스럽지 못한 경우 주행 중 자동 공차 보정을 절차를 다시 실시한다.

운전자 주차 보조 제어기 (ADAS_PRK) 탈장착

	작업	H/W	체결토크 (kgf.m)	SST/장비	케미컬	기타
• 탈거						
1	12V 배터리 (-) 터미널 탈거 (차량 제어 시스템 - "보조 배터리 (12V)"참조)	-	-	-	-	-
2	실내 릴레이 박스(ICU) 탈거 (바디 (내장 / 외장 / 전장) - "퓨즈 및 릴레이"참조)	-	-	-	-	-
3	운전자보조 주차 제어기 커넥터 분리	-	-	-	-	-
4	운전자보조 주차 제어기 탈거	-	-	-	-	-
5	팬 커넥터 와이어링 분리	-	-	-	-	-
6	팬 탈거	스크류	-	-	-	-
• 장착						
탈거의 역순으로 진행						-
• 부가기능						
• 진단기능 - 진단 기기를 사용하여 베리언트 코딩 실시						

2023 > 160kW > 첨단 운전자 보조 시스템(ADAS) > 운전자 주차 보조 시스템 > 운전자 주차 보조 제어기 (ADAS_PRK) > 서비스 정보

서비스 정보

항목	제원
정격 전압(V)	12
작동 전압(V)	9 ~ 16
수량	1개

2023 > 160kW > 첨단 운전자 보조 시스템(ADAS) > 운전자 주차 보조 시스템 > 운전자 주차 보조 제어기 (ADAS_PRK) > 커넥터 및 단자 정보

커넥터 및 단자 정보

커넥터

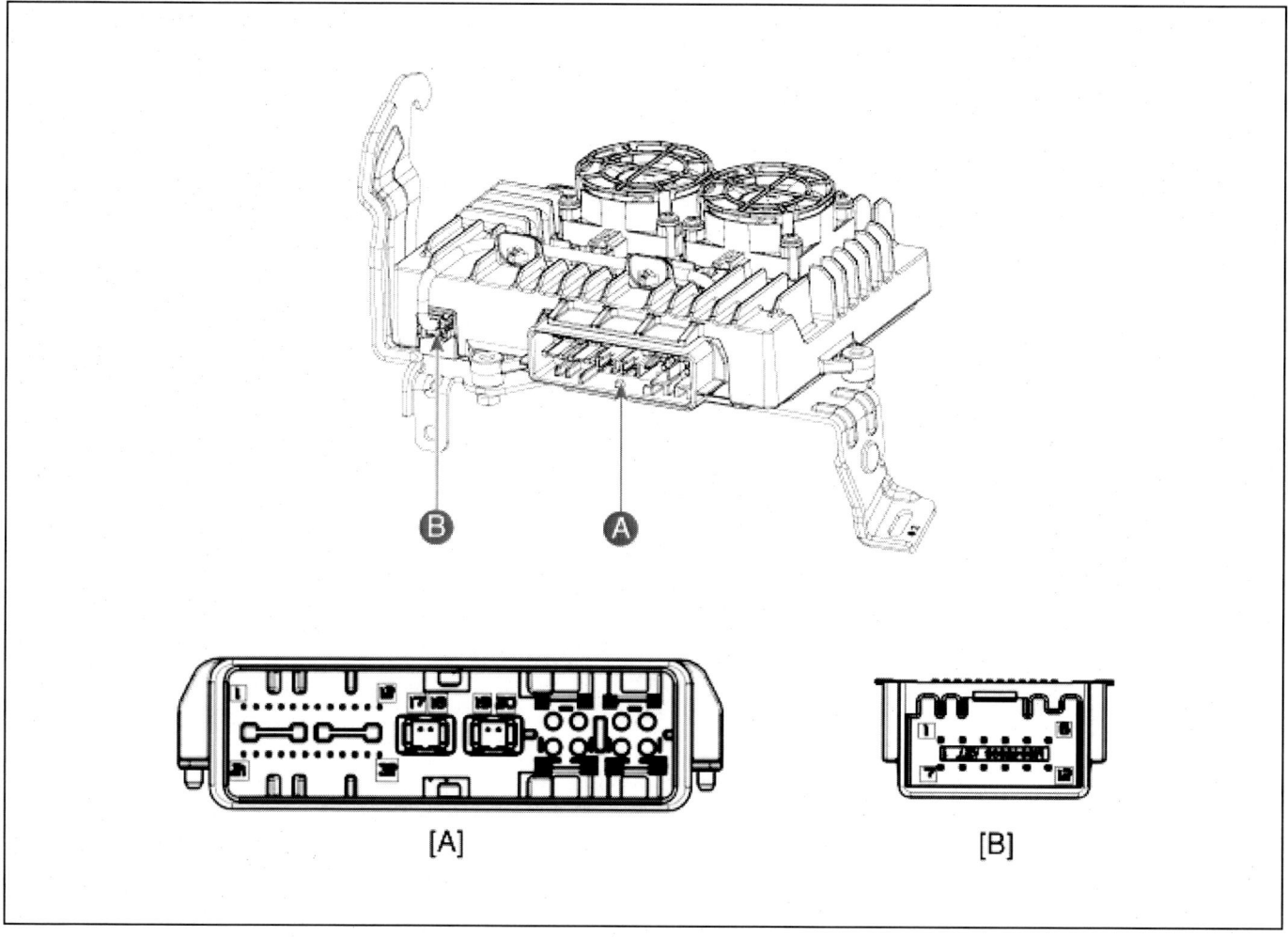

단자 기능

핀번호	명칭 [A]	핀번호	명칭 [A]
1	배터리+ (LDC)	19	Ethernet_TRD+
2	-	20	Ethernet_TRD-
3	접지	21	배터리+ (LDC)
4	주차 BTN_IN	22	-
5	-	23	접지
6	DVRS_I2C_Master	24	PDW_스위치
7	IGN 1	25	PDW_스위치_IND
8	-	26	DVRS_RCAM_RST
9	FR_Ultrasonic_접지	27	ACC
10	E-CAN_Low	28	-
11	DSI3_RR_Ultrasonic	29	RR_Ultrasonic_접지
12	FR_Ultrasonic_PWR	30	E-CAN_High
13	Video_SR_RR_CMR	31	DSI3_FR_Ultrasonic
14	Left_SR_SD_CMR_LH	32	RR_Ultrasonic_PWR

핀번호	명칭 [B]	핀번호	명칭 [B]
15	Video_SVM	33	Video_WD_SD_CMR_RH
16	Video_BVM	34	Video_WD_FR_CMR
17	-	35	-
18	-	36	-

핀번호	명칭 [B]	핀번호	명칭 [B]
1	FAN2_VCC	7	FAN1_VCC
2	-	8	-
3	FAN2_접지	9	FAN1_접지
4	-	10	-
5	FAN2_FG	11	FAN1_FG
6	FAN2_PWM	12	FAN1_PWM

2023 > 160kW > 첨단 운전자 보조 시스템(ADAS) > 운전자 주차 보조 시스템 > 운전자 주차 보조 제어기 (ADAS_PRK) > 탈거

탈거

1. 12V 배터리 (-) 터미널을 분리한다.
   (차량 제어 시스템 - "보조 배터리 (12V)"참조)
2. 실내 릴레이 박스(ICU)를 탈거한다.
   (바디 (내장 / 외장 / 전장) - "퓨즈 및 릴레이" 참조)
3. 운전자보조 주차 제어기 커넥터(A)를 분리한다.

4. 볼트를 풀어 운전자보조 주차 제어기(A)를 탈거한다.

5. 잠금핀을 눌러 팬 커넥터 와이어링(A)을 분리한다.

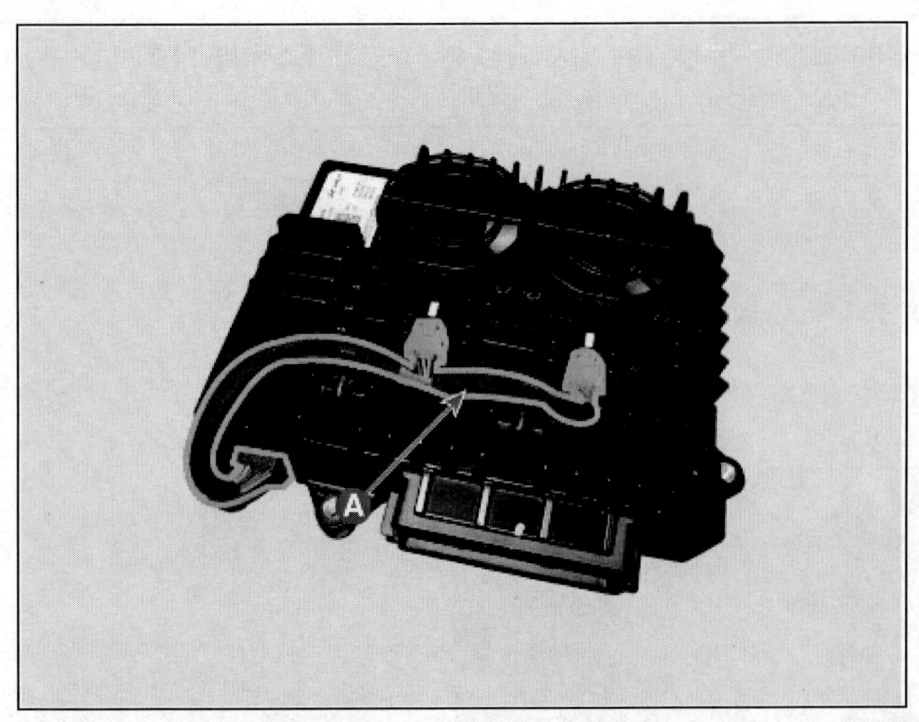

6. 스크류를 풀어 팬(A)을 탈거한다.

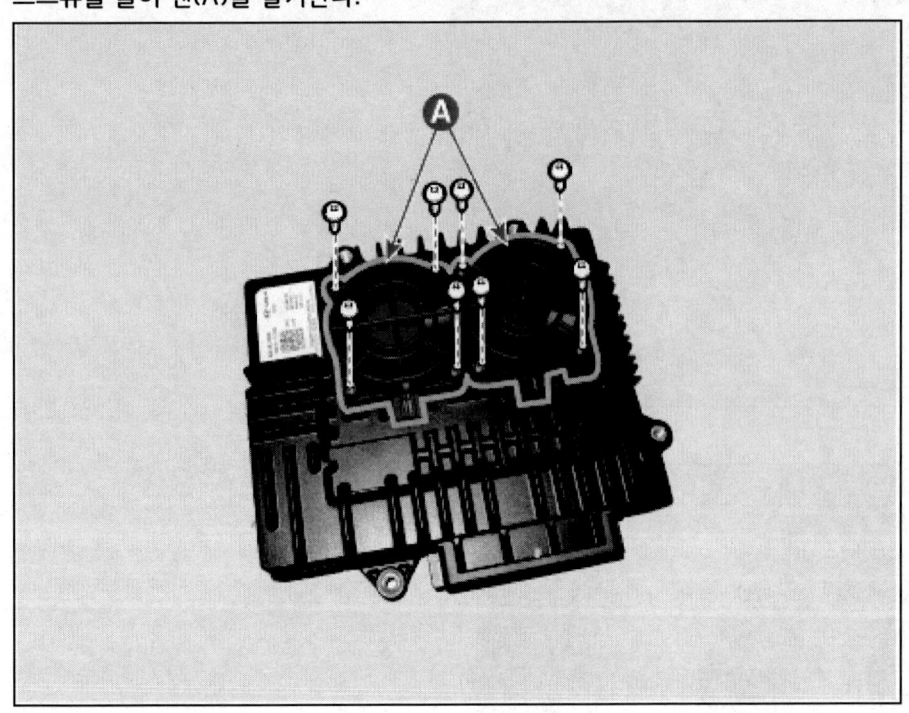

2023 > 160kW > 첨단 운전자 보조 시스템(ADAS) > 운전자 주차 보조 시스템 > 운전자 주차 보조 제어기 (ADAS_PRK) > 장착

장착

1. 장착은 탈거의 역순으로 진행한다.

2. 운전자 주차 보조 제어기 교환 시 진단기기를 이용해 "배리언트 코딩"을 수행한다.
   (운전자보조 주차 제어기 - "배리언트 코딩" 참조)

3. 배리언트 코딩'을 실행 후 수동/자동 공차 보정을 수행한다.
   (광각 카메라 - "조정" 참조)

> **참 고**
>
> - OTA 대상 제어기 교체시 진단장비를 이용하여 S/W업데이트를 진행한다. (미진행시 OTA 자동 업데이트 불가)
>   (보안 및 차량 시동 시스템 - "제어기 무선 S/W 업데이트 (OTA)" 참조)

2023 > 160kW > 첨단 운전자 보조 시스템(ADAS) > 운전자 주차 보조 시스템 > 운전자 주차 보조 제어기 (ADAS_PRK) > 베리언트 코딩

배리언트 코딩

배리언트 코딩이 필요한 경우
- 운전자 주차 보조 제어기를 신품으로 교체한 경우
  (※ 신품 교체 시 배리언트 코딩 및 보정 필요)

운전자 주차 보조 제어기 배리언트 코딩

> **참 고**
> - 운전자 주차 보조 제어기 배리언트 코딩은 차종별 적용 부가 기능을 작동 가능하게 한다.
> - 배리언트 코딩이 차량 사양과 다를 경우 "배리언트 코딩 오류" DTC를 표출한다.

1. 운전자 주차 보조 제어기 교환 시 진단기기를 이용해 '배리언트 코딩'을 수행한다.
    (1) 자기 진단 커넥터(16핀)에 진단기기를 연결하여, 시동 키 ON 후 진단기기를 켠다.
    (2) 진단기기 차종 선택 화면에서 "차종"과 "운전자보조 주차 시스템"을 선택한다.
    (3) 배리언트 코딩을 선택하여 절차에 따라 실시한다.

부가기능		
시스템별	작업 분류별	모두 펼치기

- 전자식차동제한장치
- 파워스티어링
- 전자제어서스펜션
- 운전자보조주행시스템
- 운전자보조주차시스템
  - 사양정보
  - **배리언트 코딩**
- 측방레이더
- 전방카메라
- LED 헤드램프 통합제어기_좌
- LED 헤드램프 통합제어기_우
- 앰프
- 오디오비디오네비게이션
- 동승석 시트 스위치
- 동승석 전동시트 제어 유닛
- 클러스터모듈

기능 수행 중에는 다른 기능이 동작되지 않도록 주의하십시오.

부가기능

• 배리언트 코딩

검사목적	이 기능은 차량에 장착된 옵션에 따라 기능을 최적화 시키는 작업 입니다. 차량간 ECU 를 교체하거나 경고등 점등 및 고장코드 표출 시 이 기능을 수행합니다.
검사조건	1. 시동키 ON 2. 엔진 정지
연계단품	-
연계DTC	-
불량현상	-
기 타	-

확인

! 기능 수행 중에는 다른 기능이 동작되지 않도록 주의하십시오.

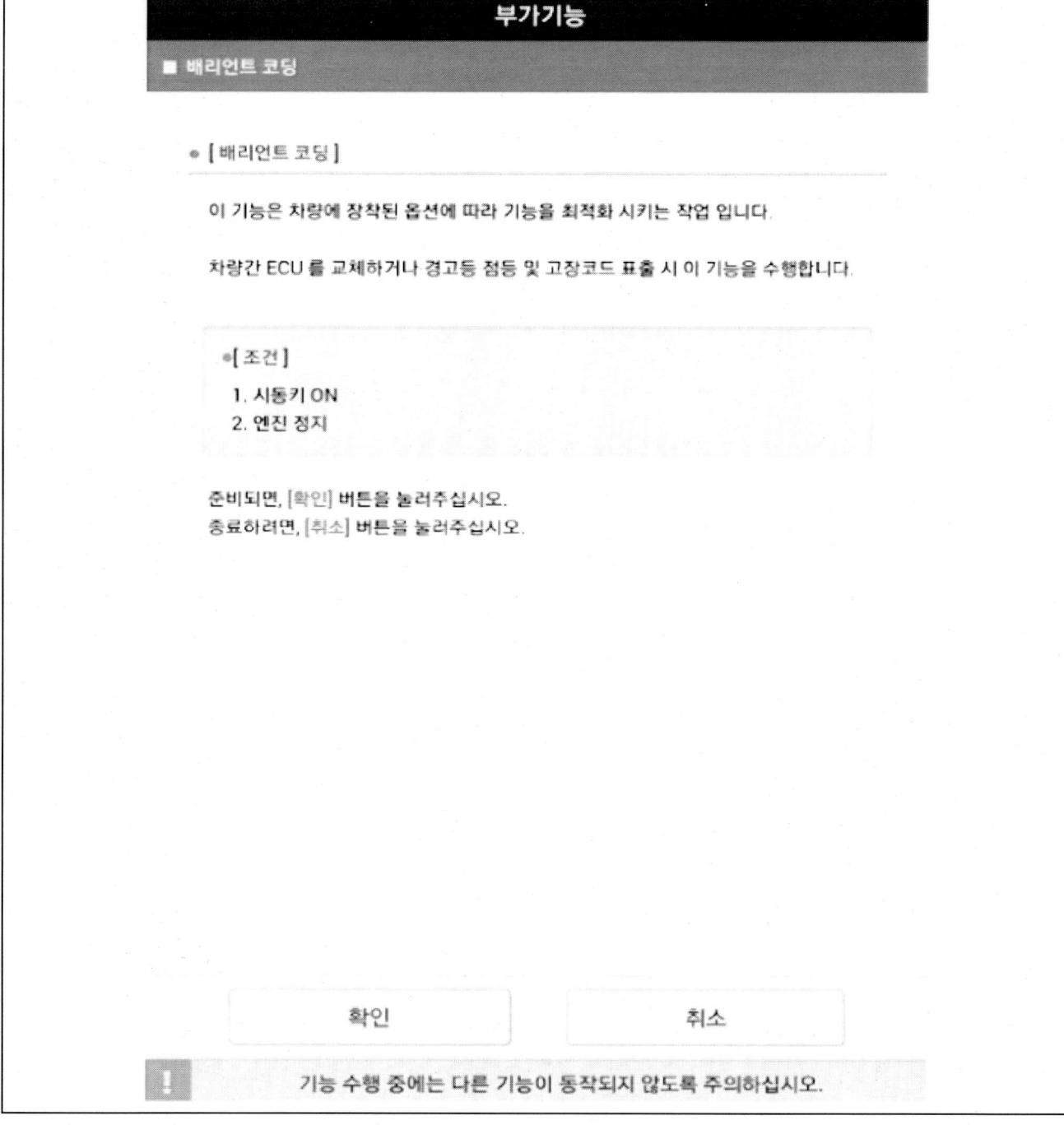

2. 배리언트 코딩을 실행 후 수동/자동 공차 보정을 수행한다.
   (광각 카메라) - "조정"참조)

에어백 시스템

- 체결토크 ………………………………… 408
- 특수공구 ………………………………… 409
- 안전사항 및 주의, 경고 ………………… 410
- 에어백 경고등 …………………………… 415
- 에어백 시스템 제어 장치 ……………… 417
- 에어백 모듈 ……………………………… 460
- 안전 벨트 시스템 ………………………… 507

체결 토크

[에어백 시스템 제어 장치]

항목	체결 토크 (kgf.m)
에어백 시스템 컨트롤 모듈 (SRSCM)	0.8 ~ 1.0
정면 충돌 감지 센서 (FIS)	0.8 ~ 0.9
프런트 측면 충돌 감지 센서 (가속도식)	1.1 ~ 1.3
측면 충돌 감지 센서 (압력식)	0.2 ~ 0.3
프런트 안전 벨트 버클 (BS)	4.0 ~ 5.5

[에어백 모듈]

항목	체결 토크 (kgf.m)
동승석 에어백 (PAB : Passenger Airbag)	0.4 ~ 0.6
측면 에어백 (SAB : Side Airbag)	0.6 ~ 0.8
센터 측면 에어백 (CSAB : Center Side Airbag)	0.6 ~ 0.8
커튼 에어백 (CAB : Curtain Airbag)	볼트 : 0.8 ~ 1.2 너트 : 0.9 ~ 1.4

[안전 벨트 프리텐셔너]

항목	체결 토크 (kgf.m)
안전벨트 프리텐셔너	4.0 ~ 5.5

특수공구

공구 (품번 및 품명)	형 상	용 도
에어백 전개 및 점검용 키트 0957A-AL100		에어백 전개 및 점검에 사용
에어백 전개용 공구 0957A-34100A		전개되지 않은 에어백 모듈의 전개시 사용

안전사항 및 주의, 경고

에어백 시스템은 차량 충돌시 운전석 및 동승석에 장치되어 있는 에어백을 작동시켜 운전자 및 동승석에 앉은 승객을 부상으로부터 보호하기 위한 보조 안전 장치(Supplemental Restraint System ; SRS)이다.
SRS 에어백은 운전석 에어백 모듈, 동승석 에어백 모듈, 운전석 및 동승석 안전 벨트 프리텐셔너, 운전석 및 동승석 좌우에 위치한 측면 에어백 및 커튼 에어백을 제어하는 플로어 콘솔 박스 하단에 위치한 에어백 시스템 컨트롤 모듈(SRSCM), 스티어링 컬럼에 위치한 클록스프링, 정면 충돌을 감지하는 정면 충돌 감지 센서, 측면 충돌을 감지하는 측면 충돌 감지 센서, 계기판에 위치한 에어백 경고등 및 에어백 시스템 와이어링으로 구성되어 있다.
서비스 작업을 올바른 절차에 따라 행하지 않으면 에어백 시스템이 정비 중에 예상치 않게 팽창하여 심각한 부상을 입을 수 있다. 또한 에어백 시스템 정비중 실수하면 필요한 경우에 에어백이 작동하지 않을 수 있다.(부품의 탈거,장착 검사,교환을 포함하는)정비 전에 다음 항목을 주의 깊게 숙지한다.

1. 파워 스위치를 LOCK 위치로 돌리고 고전압 차단 절차를 수행한뒤, 3분 이상 기다린 후 에어백 관련작업을 수행한다. 백업 전원은 약 150ms간 유효하다.

> **유 의**
>
> - 고전압 차단 절차를 수행할 때 시계와 오디오 시스템의 메모리도 지워지므로 작업을 시작하기 전에 오디오 메모리 시스템에 입력된 내용을 기록해 놓는다. 작업이 끝나면 오디오 시스템을 다시 설정하고 시계를 맞춘다.

2. 에어백 시스템의 기능장애 증상은 확인하기 어려우므로 고장수리시에는 진단 코드가 가장 중요한 정보를 제공한다.
3. 에어백 시스템의 고장을 수리할 때 배터리를 분리하기 전에 항상 진단 코드를 검사한다.
4. 다른 차량의 에어백 부품을 사용하지 않는다. 부품 교환시에는 신품으로 교환한다.
5. 모든 에어백 모듈과 클록 스프링 및 와이어링을 재사용하기 위한 목적으로 분해 또는 수리하지 않는다.
6. 에어백 부품을 떨어뜨리거나 케이스, 브라켓, 커넥터에 균열, 흠 또는 기타 결함이 발생한 경우 신품으로 교환한다.

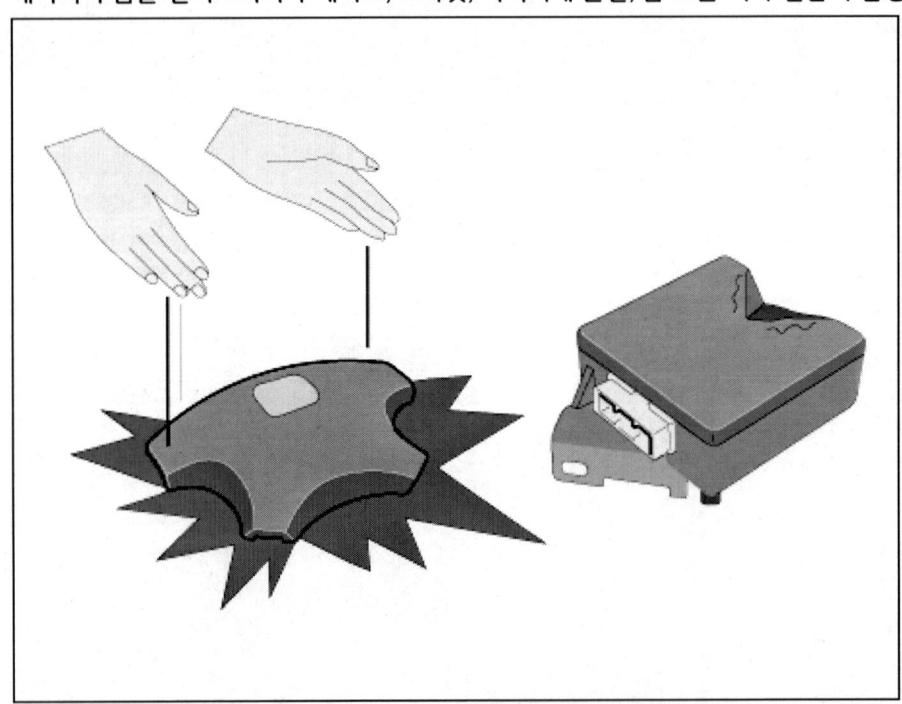

7. 에어백 시스템의 작업이 완료되면 경고등 점검을 수행한다. 일부 경우 에어백 경고등의 작동이 기타 회로 결함에 의해 차단될 수 있다. 따라서 에어백 경고등이 켜지면 퓨즈를 포함한 문제부품을 수리 또는 교환한 후 하이스캔을 사용하여 고장 진단 코드를 삭제한다.
8. 본체를 용접하는 경우 반드시 고전압 차단 절차를 수행한다.
9. 에어백 시스템의 정비 및 점검 작업을 진행 후 반드시 시스템을 리셋 시킨다. (IGN ON 7초 이상 유지 → IGN OFF 3분 이상 유지 → IGN ON 7초 이상 유지)

에어백 취급 및 보관

1. 에어백을 분해하지 않는다.

에어백은 한번만 전개를 함으로 수리 또는 재생하지 못한다.
2. 에어백 모듈을 일시적으로 보관할 경우에는 다음 주의사항을 반드시 준수한다.
    - 에어백 모듈 탈거시 또는 신품 에어백 모듈은 커버 상부면이 위를 향하도록 보관한다. 이 경우 이중 잠금식 커넥터 잠금 레버는 잠금 상태이어야 하고 커넥터가 손상되지 않도록 위치하여야 한다.
    - 에어백 모듈이 오일,그리스,세정제 및 물 등으로 인해 손상을 입지 않도록 주의한다.

    - 에어백 모듈을 주위 온도가 60℃(140°F)이하이고 습도가 높지 않고 전기적 잡음이 없는 곳에 보관한다.
    - 에어백 스퀴브(SQUIB) 커넥터의 저항을 측정하지 않는다.
      (에어백이 작동할 수 있어 매우 위험하다.)
    - 에어백 모듈 앞에서 모듈의 탈거, 검사, 교환등을 하지 않는다.
    - 손상된 에어백 모듈의 처분은 폐기절차에 따른다.
    - 파워 스위치가 켜졌을 때, SRSCM 또는 충돌 감지 센서가 충돌하거나 부딪치지 않도록 주의한다.
      파워 스위치가 꺼지고 난후, 작업을 시작하기 전에 적어도 30초 이상을 기다린다.
    - 사이드/커튼 에어백이 장착된 차량의 SRSCM을 상하좌우로 기울이면 롤 오버 센서가 작동하여 사이드/커튼 에어백이 전개되므로, SRSCM 관련 작업을 할 때는 파워 스위치를 끄고 고전압을 차단한 상태에서 작업을 실시하며 파워 스위치가 켜졌을 때는 SRSCM은 지면과 항상 수평을 유지해야 한다.
    - 장착 또는 교환 시, SRSCM 주위와 충돌 감지 센서가 충돌하지 않도록 주의한다. 에어백이 갑작스럽게 전개 될 수 있으며, 손상 및 부상을 초래할 수 있다.
    - SRSCM 또는 충돌 감지 센서는 분해하지 않는다.
    - 파워 스위치를 끄고 고전압 차단 절차를 수행한다.
    - SRSCM의 교환 또는 장착 작업을 하기 전에 최소 30초 이상을 기다린다.
    - SRSCM과 충돌 감지 센서가 확실히 장착되었는지 확인한다.
    - SRSCM 또는 충돌 감지 센서가 물, 먼지등에 의해 손상되지 않도록 주의한다.
    - SRSCM과 충돌 감지 센서는 시원하고(15℃ ~ 25℃) 건조한(습도 30% ~ 80%, 수분 없는 곳)곳에 보관한다.

와이어링 주의사항
아래에서 설명된 주의사항을 준수한다.
    - 절대 에어백 와이어링을 다시 연결하거나 수리하지 않는다. 에어백 와이어링이 손상되었다면 하니스를 교환한다.

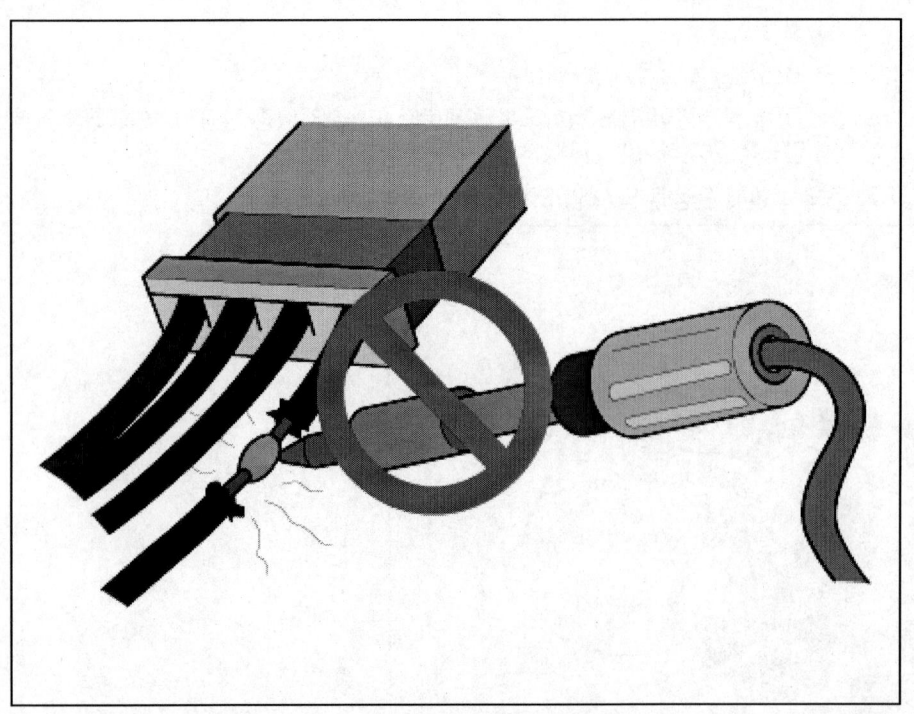

- 하니스 와이어를 장착할때 하니스 와이어가 물리거나 다른 부품들과 간섭되지 않도록 한다.

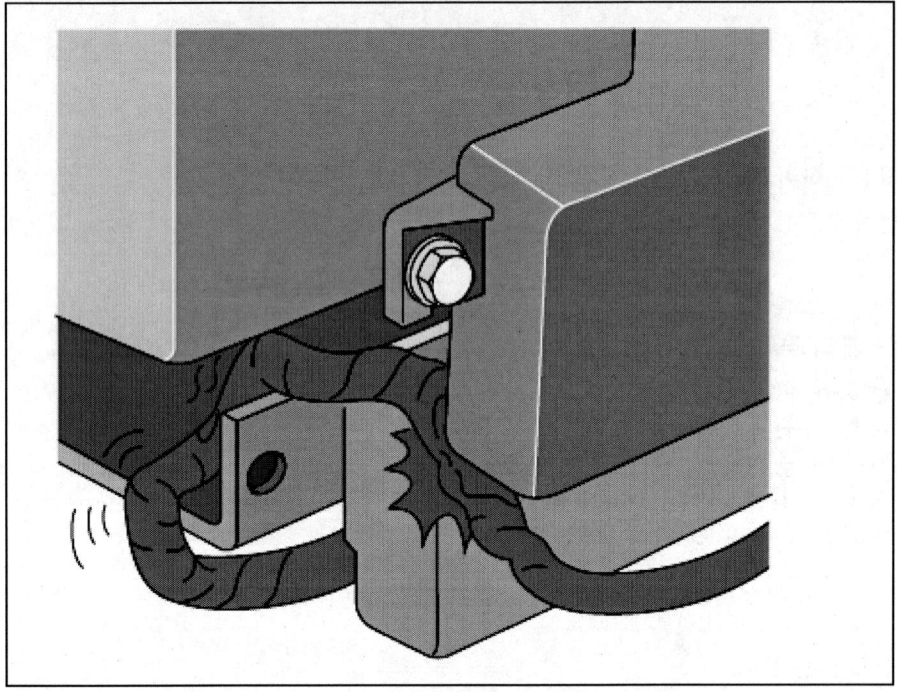

- 에어백 접지 부위를 깨끗하게 한다. 그리고 접지는 금속면과 금속면으로 알맞게 고정시킨다. 접지 불량은 진단하기 힘든 간헐적인 문제를 발생시킬 수 있다.

점검시 주의 사항

- 테스트 장비를 사용할 때, 커넥터 와이어쪽으로 테스터 프로브를 넣는다. 테스터 프로브를 커넥터의 터미널쪽으로 넣지 않는다. 커넥터를 함부로 건드리지 않는다.

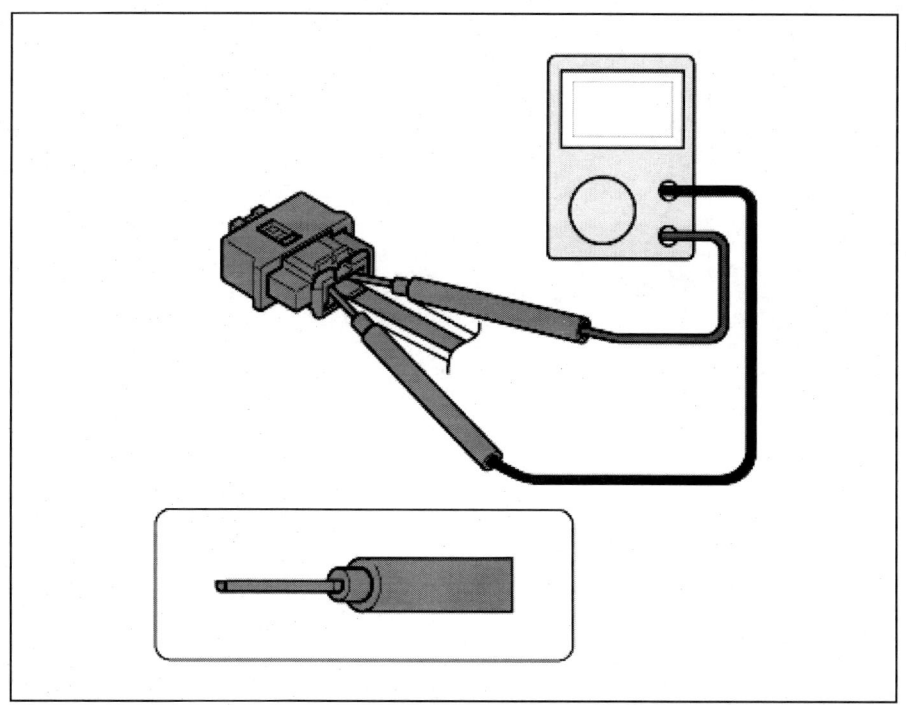

- U자 모양의 프로브를 사용하고 프로브를 강제적으로 삽입하지 않는다.
- 고장진단 시 규정 공구를 사용한다. 부적절한 공구를 사용하면 검사시 에러가 발생할 수 있다.

에어백 커넥터 주의사항

1. 커넥터 분리
   커넥터를 분리하기 위해, 커넥터를 잡고 반대쪽에서 스프링 장착 슬리브(A)와 슬라이더(B)를 당겨 커넥터를 분리한다. 커넥터를 잡아 당기는 것이 아니라 슬리브를 당기는 것에 주의한다.

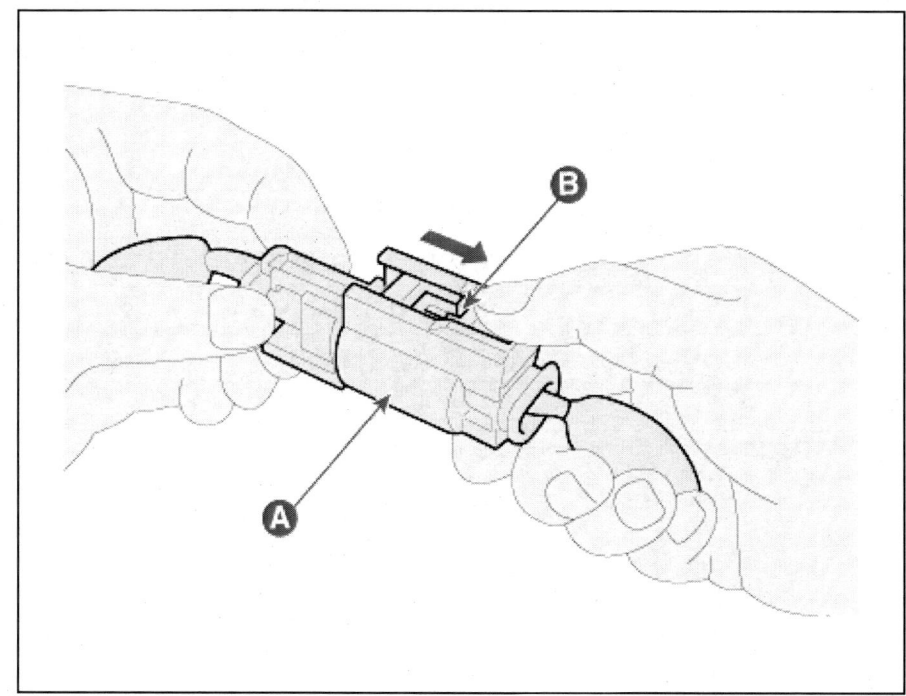

2. 커넥터 연결
   슬리브 쪽 커넥터의 돌출부(C)가 딸깍소리를 내며 잠길 때까지 양쪽 커넥터를 잡고 단단히 민다.

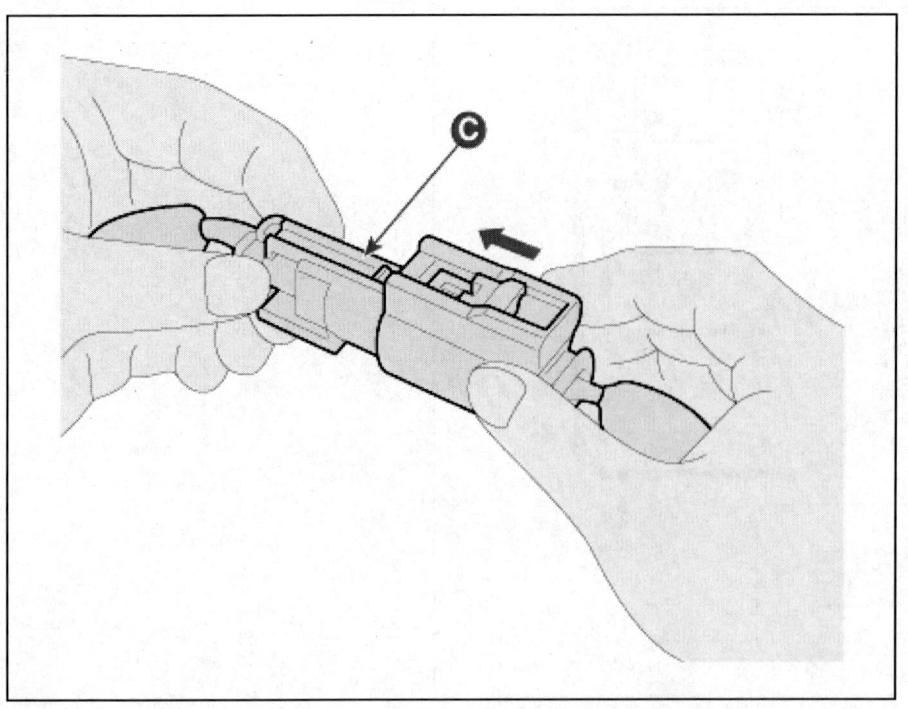

약어

약어	명칭
DAB (Driver Air Bag)	운전석 에어백
PAB (Passenger Air Bag)	동승석 에어백
SAB (Side Air Bag)	측면 에어백
CAB (Curtain Air Bag)	커튼 에어백
KAB (Knee Air Bag)	무릎 에어백
BPT (Seat Belt Retractor Pretensioner)	안전 벨트 프리텐셔너
BUPT (Seat Belt Buckle Pretensioner)	안전 벨트 버클 프리텐셔너
SRS (Supplemental Restraint System)	에어백 시스템
SRSCM (SRS Control Module)	에어백 시스템 컨트롤 모듈
FIS (Front Impact Sensor)	정면 충돌 감지 센서
FSIS (Front Side Impact Sensor)	앞 측면 충돌 감지 센서
PSIS (Pressure Side Impact Sensor)	측면 압력 충돌 감지 센서
RSIS (Rear Side Impact Sensor)	뒤 측면 충돌 감지 센서

2023 > 160kW > 에어백 시스템 > 에어백 경고등

에어백 경고등 작동 조건 및 작동 상태

에어백 시스템 컨트롤 모듈은 전원이 입력되면 에어백 시스템의 이상 유무를 감지하여 에어백 경고등을 점등시킨다.

1. 에어백 시스템이 정상인 경우
    에어백 시스템이 정상일 경우에는 에어백 경고등이 3~6초간 점등되었다가 소등된다.

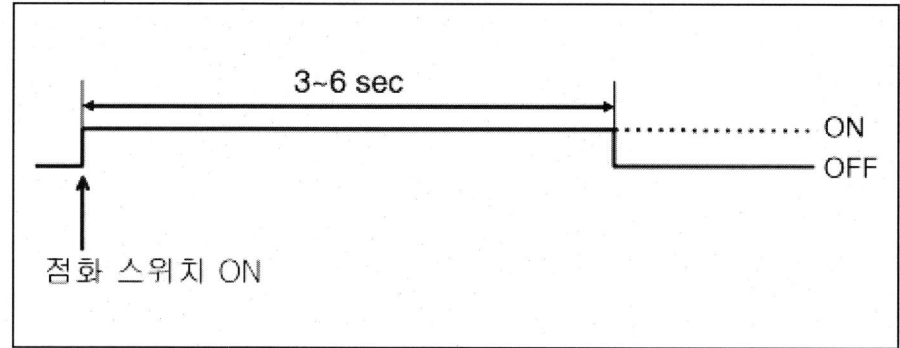

2. 에어백 시스템에 고장이 있는 경우
    (1) 에어백 시스템에 이상이 있을 경우에는 6초간 점등 되었다가 1초간 소등된 후 계속 점등된다.
    (2) 파워 스위치 OFF 이후 3분 이내 파워 스위치 ON할 경우에는 계속 점등될 수 있다.

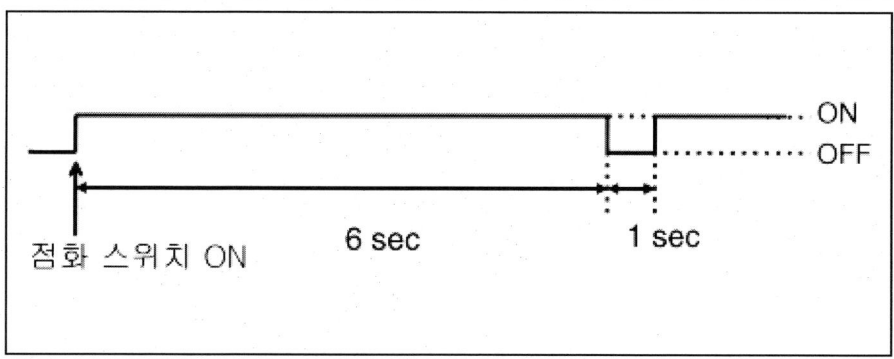

3. 베리언트 코딩(EOL) 모드 중인 경우
    파워 스위치 ON시 에어백 경고등이 베리언트 코딩(EOL)이 정상 완료될 때까지 1초 간격으로 경고등이 깜박인다.
    베리언트 코딩(EOL)이 정상적으로 완료했을 경우 에어백 경고등이 6초 점등되었다가 소등된다.
    베리언트 코딩(EOL)이 완료못했을 경우 에어백 경고등은 계속 1초 간격으로 깜박인다.
    (1) 베리언트 코딩(EOL)이 정상 완료했을 경우

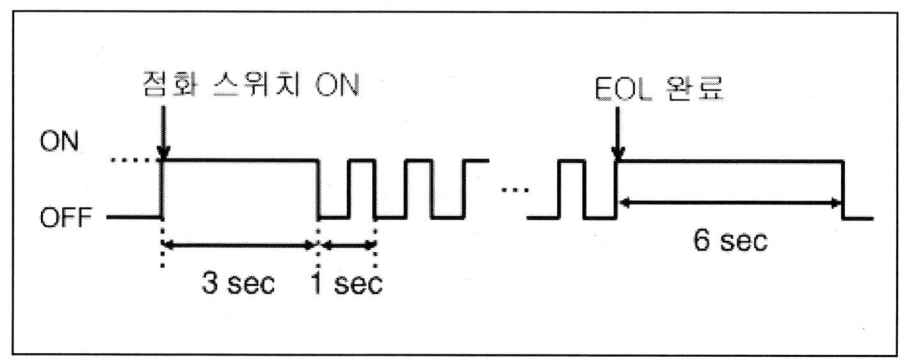

    (2) 베리언트 코딩(EOL)이 완료되지 못했을 경우

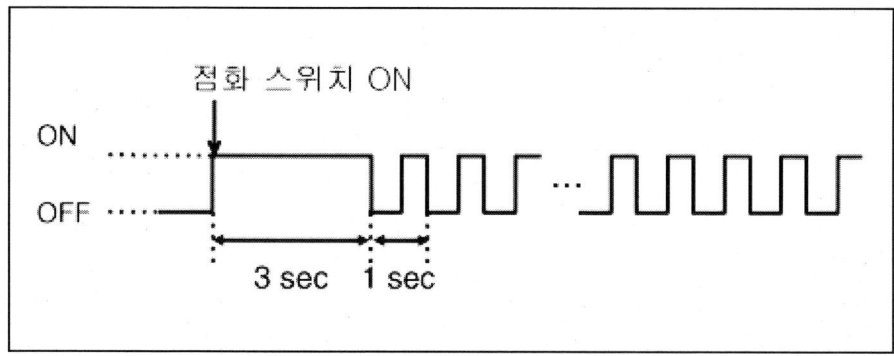

에어백 시스템의 현재 고장 또는 에어백 시스템 컨트롤 모듈의 내부 고장이 있는 경우는 베리언트 코딩(EOL)이 완료되지 못하므로 진단 장비를 이용해 고장 원인 확인 및 조치 완료 후 베리언트 코딩(EOL)을 재실시 해야 한다.

아래와 같은 경우에는 에어백 경고등이 계속 점등하게 된다.
- 에어백 시스템의 현재 고장 또는 에어백 시스템 컨트롤 모듈의 내부 고장이 있는 경우
- 충돌 고장 코드가 있는 경우
- 동일 고장 코드가 10회 이상 발생한 경우
- 10개 이상의 다른 종류의 고장 코드가 발생한 경우
- 진단 기기를 사용하여 에어백 시스템 컨트롤 모듈과 통신 중일 때

에어백 시스템 컨트롤 모듈이 작동하지 못하는 고장이 발생하였을 경우에는 에어백 경고등 작동을 정상적으로 제어하지 못하게 된다. 이런 경우에 에어백 경고등은 에어백 시스템 컨트롤 모듈과 독립적으로 작동하는 회로를 통해서 정상적으로 동작하게 되는데 다음과 같은 경우가 된다.
- 에어백 시스템 컨트롤 모듈의 배터리 전원 손실 : 에어백 경고등 계속 점등
- 내부 작동 전압의 손실 : 에어백 경고등 계속 점등
- 에어백 시스템 컨트롤 모듈 작동 손실 : 에어백 경고등 계속 점등
- 에어백 시스템 컨트롤 모듈 미연결 시 : 단락바를 통해서 에어백 경고등 계속 점등

부품위치

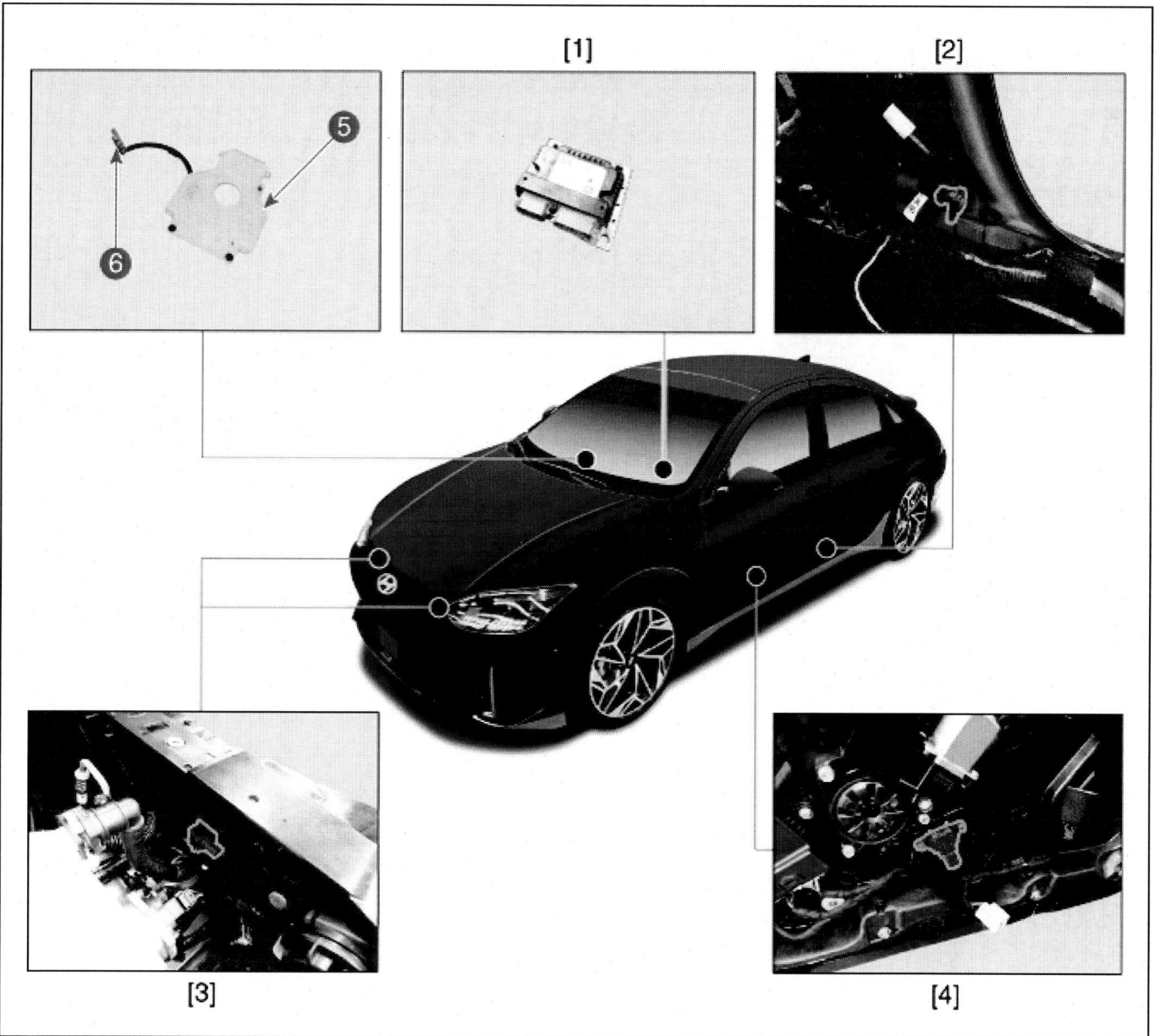

1. 에어백 시스템 컨트롤 모듈 (SRSCM)
2. 프런트 측면 충돌 감지 센서 (가속도식)
3. 정면 충돌 감지 센서(FIS)
4. 측면 충돌 감지 센서 (압력식)
5. 승객 구분 센서
6. 승객 구분 센서 유닛

2023 > 160kW > 에어백 시스템 > 에어백 시스템 제어 장치 > 에어백 시스템 컨트롤 모듈(SRSCM) > 1 Page Guide Manual

에어백 시스템 컨트롤 모듈(SRSCM) 탈장착

	작업	H/W	체결토크 (kgf.m)	SST/장비	케미컬	기타
• 탈거						
1	12V 배터리 (-) 터미널 분리 (차량 제어 시스템 - "보조 배터리 (12V)"참조)	-	-	-	-	-
2	플로어 콘솔 마운팅 브라켓 탈거 (바디 (내장 / 외장 / 전장) - "플로어 콘솔 마운팅 브라켓"참조)	너트	0.8 ~ 1.1	-	-	-
3	에어백 시스템 컨트롤 모듈 커넥터 분리	-	-	-	-	-
4	에어백 시스템 컨트롤 모듈 탈거	너트	0.8 ~ 1.0	-	-	-
• 장착						
탈거의 역순으로 진행						-
• 부가기능						

• 진단기능
  - 진단 기기를 사용하여 베리언트 코딩 실시
  - 진단 기기를 사용하여 OTA S/W업데이트 실시						

개요

에어백 시스템 컨트롤 모듈(SRSCM : Supplemental Restraint System Control Module)은 에어백 모듈과 안전 벨트 프리텐셔너의 전개 여부와 전개 시기를 결정하는 역할을 한다. 그리고 에어백 모듈이나 안전 벨트 프리텐셔너의 전개 시점에서 전개에 필요한 전원을 모듈 점화장치에 공급하며, 에어백 시스템의 자기 진단 기능도 수행한다.
SRSCM에는 VDC에서 사용되는 요 레이트 & G 센서를 내장하고 있으며, 센서 신호를 VDC 모듈과 SRSCM간의 별도의 CAN 신호에 의하여 전송한다.

커넥터 및 단자 정보

에어백 시스템 컨트롤 모듈(SRSCM)

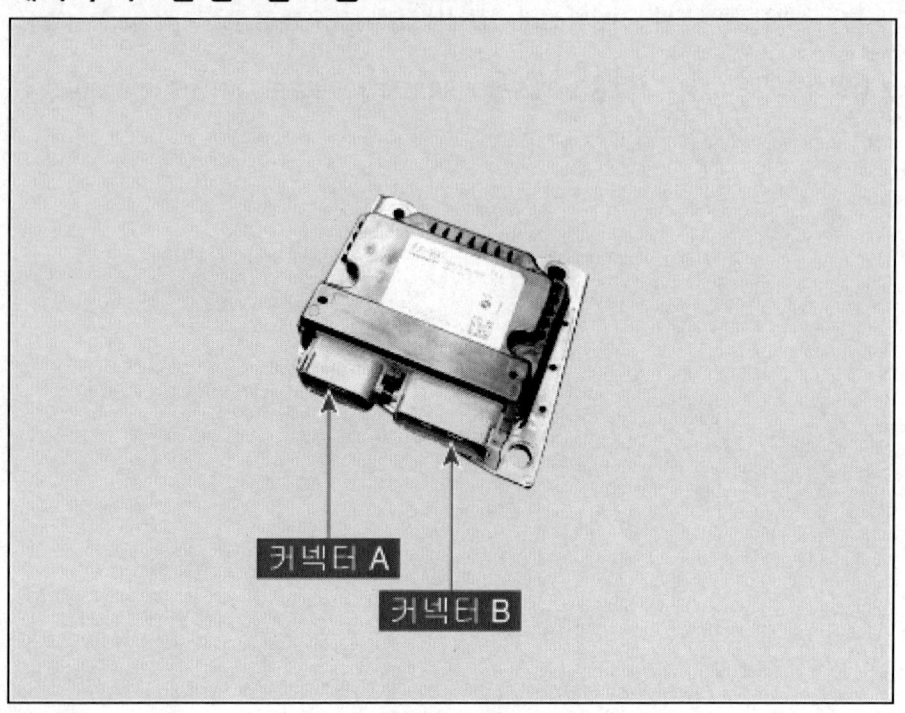

[커넥터 A]

핀 번호	기능	핀 번호	기능
1	운전석 에어백 #2 - High (+)	19	운전석 에어백 #1 - High (+)
2	운전석 에어백 #2 - Low (-)	20	운전석 에어백 #1 - Low (-)
3	동승석 에어백 #2 - Low (-)	21	GUIDE RIB
4	동승석 에어백 #2 - High (+)	22	GUIDE RIB
5	-	23	GUIDE RIB
6	-	24	GUIDE RIB
7	-	25	GUIDE RIB
8	-	26	C-CANFD - Low (-)
9	-	27	C-CANFD - High (+)
10	배터리 (+)	28	IGN 1
11	CRASH OUTPUT	29	운전석 정면 충돌 감지 센서 - High (+)
12	동승석 에어백 #1 - Low (-)	30	운전석 정면 충돌 감지 센서 - Low (-)
13	동승석 에어백 #1 - High (+)	31	동승석 정면 충돌 감지 센서 - Low (-)
14	-	32	동승석 정면 충돌 감지 센서 - High (+)
15	-	33	-
16	동승석 에어백 OFF 램프 (TELLTALE)	34	-
17	동승석 에어백 ON 램프	35	-
18	-	36	-

[커넥터 B]

핀 번호	기능	핀 번호	기능

#		#	
1	AUX 배터리 (+)	27	운전석 프런트 안전 벨트 프리텐셔너 - Low (-)
2	-	28	운전석 프런트 안전 벨트 프리텐셔너 - High (+)
3	-	29	GUIDE RIB
4	-	30	GUIDE RIB
5	-	31	GUIDE RIB
6	운전석 리어 안전 벨트 프리텐셔너 - High (+)	32	동승석 프런트 안전 벨트 프리텐셔너 - High (+)
7	운전석 리어 안전 벨트 프리텐셔너 - Low (-)	33	동승석 프런트 안전 벨트 프리텐셔너 - Low (-)
8	동승석 리어 안전 벨트 프리텐셔너 - Low (-)	34	GUIDE RIB
9	동승석 리어 안전 벨트 프리텐셔너 - High (+)	35	GUIDE RIB
10	-	36	GUIDE RIB
11	-	37	GUIDE RIB
12	-	38	-
13	-	39	-
14	-	40	접지
15	동승석 버클 센서 - High (+)	41	-
16	운전석 버클 센서 - High (+)	42	-
17	동승석 커튼 에어백 - Low (-)	43	운전석 측면 충돌 감지 센서(압력식) - High (+)
18	동승석 커튼 에어백 - High (+)	44	운전석 측면 충돌 감지 센서(압력식) - Low (-)
19	운전석 커튼 에어백 - High (+)	45	동승석 측면 충돌 감지 센서(압력식) - Low (-)
20	운전석 커튼 에어백 - Low (-)	46	동승석 측면 충돌 감지 센서(압력식) - High (+)
21	동승석 프런트 사이드 에어백 - Low (-)	47	운전석 프런트 측면 충돌 감지 센서 - High (+)
22	동승석 프런트 사이드 에어백 - High (+)	48	운전석 프런트 측면 충돌 감지 센서 - Low (-)
23	운전석 프런트 사이드 에어백 - High (+)	49	동승석 프런트 측면 충돌 감지 센서 - Low (-)
24	운전석 프런트 사이드 에어백 - Low (-)	50	동승석 프런트 측면 충돌 감지 센서 - High (+)
25	프런트 센터 사이드 에어백 - Low (-)	51	-
26	프런트 센터 사이드 에어백 - High (+)	52	-

탈거

> ⚠️ **경고**
> - 전복 감지 기능이 추가된 에어백 시스템 컨트롤 모듈로 점 ON 상태에서 SRSCM을 상하 좌우로 움직일 경우 측면 에어백, 커튼 에어백, 안전 벨트 프리텐셔너가 모두 전개될 수 있으므로 반드시 파워 스위치 OFF 상태에서 최소 3분 이상 대기한 후, 탈 / 장착 한다.

> ⚠️ **주 의**
> - 손을 다치지 않도록 장갑을 착용한다.

> **유 의**
> - 리무버를 이용하여 탈거할 때 부품이 손상되지 않도록 주의한다.
> - 트림과 패널에 손상을 주지 않도록 주의한다.

1. 12V 배터리 (-) 터미널을 분리한다.
   (차량 제어 시스템 - "보조 배터리 (12V)"참조)

   > ⚠️ **경 고**
   > - 12V 배터리 (-) 터미널을 분리한 후 최소한 3분 이상 기다린다.

2. 플로어 콘솔 마운팅 브라켓을 탈거한다.
   (바디 (내장 / 외장 / 전장) - "플로어 콘솔 마운팅 브라켓"참조)
3. 에어백 시스템 컨트롤 모듈 커넥터(A)를 분리한다.

   > **유 의**
   > - 에어백 시스템 컨트롤 모듈 커넥터에 손상이 가지 않도록 주의한다.

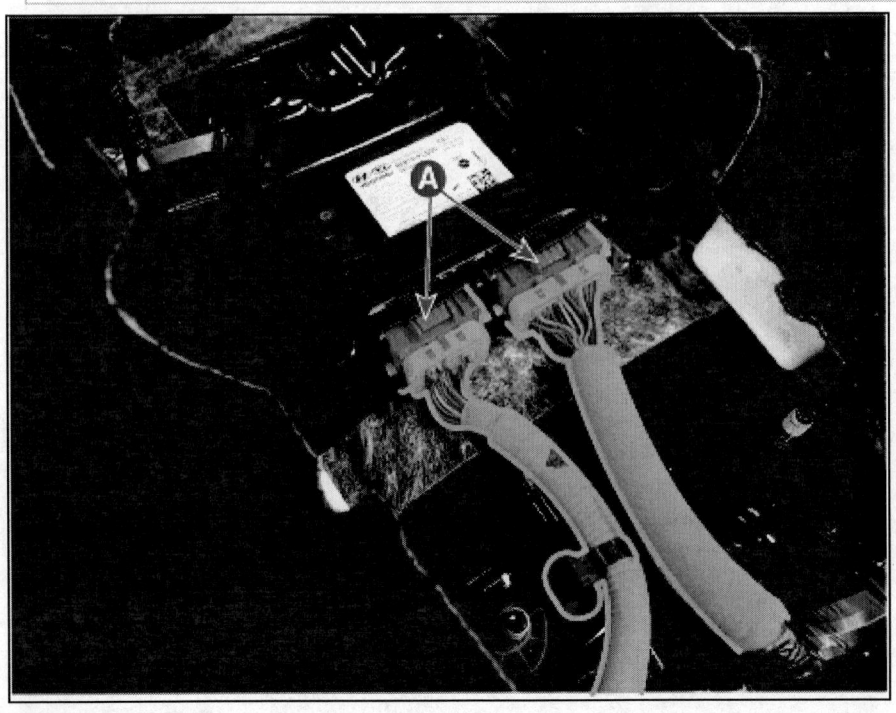

4. 너트를 풀어 에어백 시스템 컨트롤 모듈(A)을 탈거한다.

체결 토크 : 0.8 ~ 1.0 kgf.m

2023 > 160kW > 에어백 시스템 > 에어백 시스템 제어 장치 > 에어백 시스템 컨트롤 모듈(SRSCM) > 장착

장착

1. 장착은 탈거의 역순으로 진행한다.

   > **참 고**
   >
   > - 파워 스위치를 ON 했을 때 경고등이 약 6초간 점등되었다가 꺼지는지 확인한다.
   > - 커넥터를 확실히 조립한다.
   > - 에어백 시스템 컨트롤 모듈(SRSCM)을 장착한 후 베리언트 코딩과 종방향 G 센서 영점 설정을 실시한다.
   >   (에어백 시스템 컨트롤 모듈 (SRSCM) - "베리언트 코딩" 참조)
   > - OTA 대상 제어기 교체시 진단장비를 이용하여 S/W업데이트를 진행한다. (미진행시 OTA 자동 업데이트 불가)
   >   (바디 (내장 / 외장 / 전장) - "제어기 무선 S/W 업데이트 (OTA)" 참조)

베리언트 코딩

[베리언트 코딩]
1. 파워 스위치를 "OFF"하고, 진단기기를 연결한다.
2. 파워 스위치를 "ON"하고, 모터는 "OFF" 한다.
3. 차량에 진단기기를 연결하고 "차종" 및 "부가기능"을 선택한다.

4. 에어백 시스템의 ACU 배리언트 코딩을 선택한다.

5. 화면의 지시에 따라 실행한다.

[종방향 G 센서 영점 설정 (HAC/DBC 사양)]

1. 파워 스위치를 "OFF"하고, 진단기기를 연결한다.
2. 파워 스위치를 "On"하고, 모터는 "OFF" 한다.
3. 차량에 진단기기를 연결하고 "차종" 및 "부가기능"을 선택한다.

고장코드 전체검색	ECU 업그레이드
고장코드 진단	센서데이터 진단	강제구동
부가기능	센서데이터 다중진단	주행데이터 저장 / 저장데이터 분석
디지털 비포 서비스	스코프테크	OBD-II

4. 제동제어 시스템의 종방향 G센서 영점 설정(HAC/DBC 사양)을 선택한다.

부가기능

| 시스템별 | 작업 분류별 | 모두 펼치기 |

- 제동제어
  - 사양정보
  - HCU 공기빼기
  - 배리언트 코드 리셋(VDC 사양)
  - 종방향 G센서 영점설정(HAC/DBC 사양)
  - SAS 영점설정(CAN-ESP 사양)
  - 브레이크 패드 교체모드
  - 조립성 확인(ECU 교환)
  - 배리언트 코딩
- 에어백(1차충돌)
- 에어백(2차충돌)
- 승객구분시스템
- 에어컨
- 4WD
- 파워스티어링
- ECS
- 차간거리제어

정면 충돌 감지 센서(FIS) 탈장착

작업		H/W	체결토크 (kgf.m)	SST/장비	케미컬	기타
• 탈거						
1	12V 배터리 (-) 터미널 분리 (차량 제어 시스템 - "보조 배터리 (12V)"참조)	-	-	-	-	-
2	정면 충돌 감지 센서 커넥터 분리	-	-	-	-	-
3	정면 충돌 감지 센서 탈거	너트	0.8 ~ 0.9	-	-	-
• 장착						
탈거의 역순으로 진행						-

2023 > 160kW > 에어백 시스템 > 에어백 시스템 제어 장치 > 정면 충돌 감지 센서(FIS) > 개요 및 작동원리

개요

정면 충돌 감지 센서(FIS : Front Impact Sensor)는 엔진룸 좌우측 프런트 엔드 모듈 안쪽에 각각 1개씩 장착되어 있다. 정면 충돌 발생 시 에어백 시스템 컨트롤 모듈(SRSCM)은 정면 충돌 감지 센서 신호를 이용하여 운전석 에어백, 동승석 에어백, 안전 벨트 프리텐셔너의 전개 여부와 전개 시기를 결정한다.

탈거

> **⚠ 주 의**
>
> - 손을 다치지 않도록 장갑을 착용한다.

> **유 의**
>
> - 리무버를 이용하여 탈거할 때 부품이 손상되지 않도록 주의한다.
> - 트림과 패널에 손상을 주지 않도록 주의한다.

1. 12V 배터리 (-) 터미널을 분리한다.
   (차량 제어 시스템 - "보조 배터리 (12V)" 참조)

   > **⚠ 경 고**
   >
   > - 12V 배터리 (-) 터미널을 분리한 후 최소한 3분 이상 기다린다.

2. 정면 충돌 감지 센서 커넥터(A)를 분리한다.
   [LH]

[RH]

3. 너트를 풀어 정면 충돌 감지 센서(A)를 탈거한다.

    체결 토크 : 0.8 ~ 0.9 kgf.m

[LH]

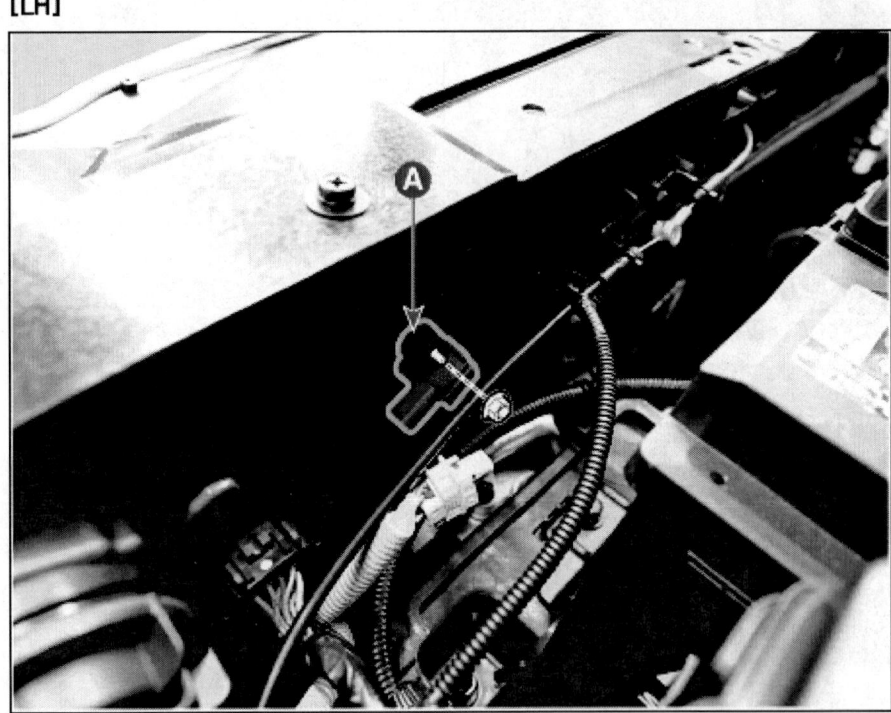

[RH]

장착

1. 장착은 탈거의 역순으로 진행한다.

> **참 고**
> - 파워 스위치를 ON 했을 때 경고등이 약 6초간 점등되었다가 꺼지는지 확인한다.
> - 커넥터를 확실히 조립한다.

측면 충돌 감지 센서(SIS) (가속도식) 탈장착

	작업	H/W	체결토크 (kgf.m)	SST/장비	케미컬	기타
• 탈거						
1	12V 배터리 (-) 터미널 분리 (차량 제어 시스템 - "보조 배터리 (12V)"참조)	-	-	-	-	-
2	센타 필라 로어 트림 탈거 (바디 (내장 / 외장 / 전장) - "센터 필라 트림" 참조)	-	-	-	-	-
3	측면 충돌 감지 센서 커넥터 분리	-	-	-	-	-
4	측면 충돌 감지 센서 탈거	너트	1.1 ~ 1.3	-	-	-
• 장착						
탈거의 역순으로 진행						-

2023 > 160kW > 에어백 시스템 > 에어백 시스템 제어 장치 > 측면 충돌 감지 센서(SIS) (가속도식) > 개요 및 작동원리

개요

가속도식 측면 충돌 감지 센서(SIS : Side Impact Sensor)는 좌우측 센터 필라 부근에 각각 1개씩 장착되어 있다.
측면 충돌 발생 시 에어백 시스템 컨트롤 모듈(SRSCM)은 측면 충돌 감지 센서 신호를 이용하여 측면 에어백의 전개 여부와 전개 시기를 결정한다.

탈거

> ⚠️ **주 의**
> - 손을 다치지 않도록 장갑을 착용한다.

> **유 의**
> - 리무버를 이용하여 탈거할 때 부품이 손상되지 않도록 주의한다.
> - 트림과 패널에 손상을 주지 않도록 주의한다.

1. 12V 배터리 (-) 터미널을 분리한다.
   (차량 제어 시스템 - "보조 배터리 (12V)" 참조)

   > ⚠️ **경 고**
   > - 12V 배터리 (-) 터미널을 분리한 후 최소한 3분 이상 기다린다.

2. 센터 필라 로어 트림을 탈거한다.
   (바디 (내장 / 외장 / 전장) - "센터 필라 트림" 참조)

3. 측면 충돌 감지 센서 커넥터(A)를 분리한다.

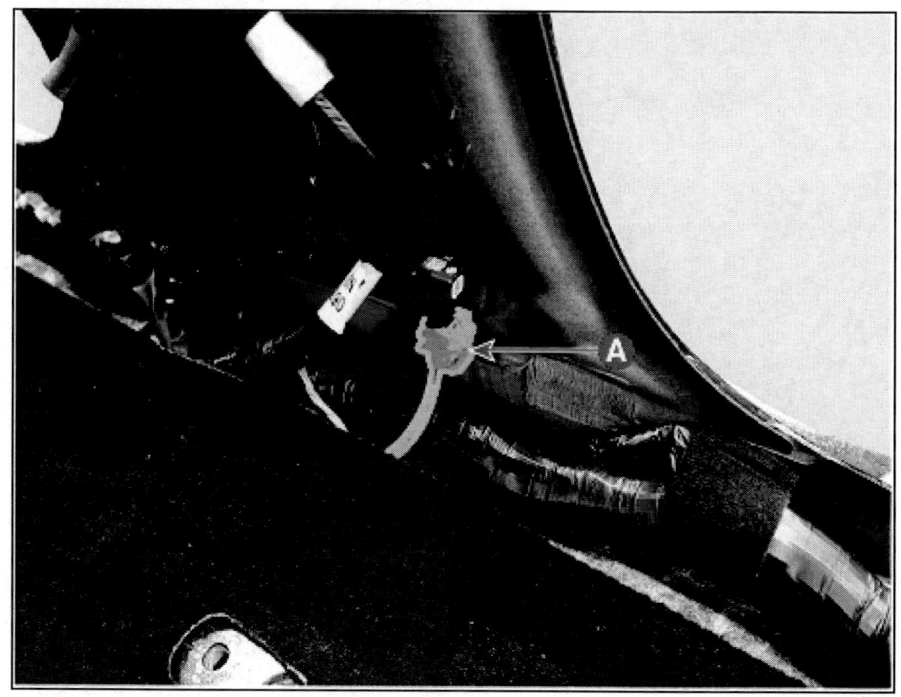

4. 너트를 풀어 측면 충돌 감지 센서(A)를 탈거한다.

   체결 토크 : 1.1 ~ 1.3 kgf.m

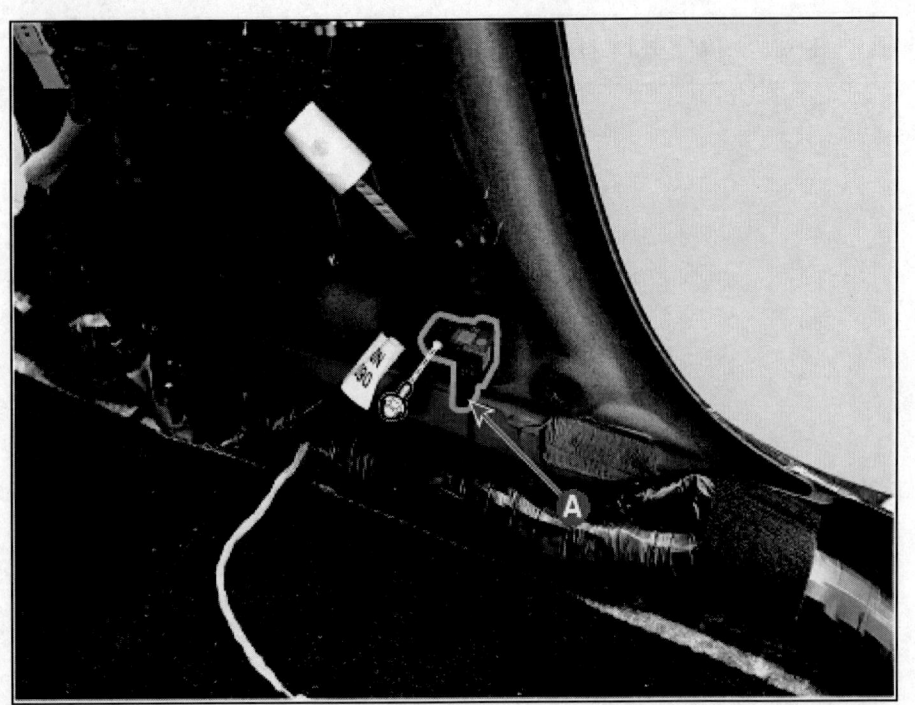

2023 > 160kW > 에어백 시스템 > 에어백 시스템 제어 장치 > 측면 충돌 감지 센서(SIS) (가속도식) > 장착

장착

1. 장착은 탈거의 역순으로 진행한다.

   > ⚠ **주 의**
   >
   > - 장착시 과다한 힘을 가할 경우 측면 충돌 감지 센서가 파손 될 수 있으므로 반드시 지정된 공구로 규정 체결 토크를 유지한다.
   > - B-필라 장착부가 훼손되면 내구성에 문제가 있을 수 있으며, 충돌 감지 성능이 저하될 수 있다.
   > - B-필라 장착부의 가속도를 감지하여 충돌을 판정하므로 B-필라가 변형이 되면 안된다.

   > ℹ **참 고**
   >
   > - 파워 스위치를 ON 했을 때 경고등이 약 6초간 점등되었다가 꺼지는지 확인한다.
   > - 커넥터를 확실히 조립한다.

2023 > 160kW > 에어백 시스템 > 에어백 시스템 제어 장치 > 측면 충돌 감지 센서(SIS) (압력식) > 1 Page Guide Manual

측면 충돌 감지 센서(SIS) (압력식) 탈장착

	작업	H/W	체결토크 (kgf.m)	SST/장비	케미컬	기타
• 탈거						
1	12V 배터리 (-) 터미널 분리 (차량 제어 시스템 - "보조 배터리 (12V)"참조)	-	-	-	-	-
2	프런트 도어 트림 탈거 (바디 (내장 / 외장 / 전장) - "프런트 도어 트림"참조)	-	-	-	-	-
3	측면 충돌 감지 센서 커넥터 분리	-	-	-	-	-
4	측면 충돌 감지 센서 탈거	스크류	-	-	-	-
• 장착						
탈거의 역순으로 진행						-

2023 > 160kW > 에어백 시스템 > 에어백 시스템 제어 장치 > 측면 충돌 감지 센서(SIS) (압력식) > 개요 및 작동원리

개요

압력식 측면 충돌 감지 센서(SIS : Side Impact Sensor)는 좌우측 프런트 도어 모듈 중앙부에 각각 1개씩 장착되어 있다.
측면 충돌 발생 시 에어백 시스템 컨트롤 모듈(SRSCM)은 측면 충돌 감지 센서 신호를 이용하여 측면 에어백의 전개 여부와 전개 시기를 결정한다.

탈거

> **⚠ 주 의**
> - 손을 다치지 않도록 장갑을 착용한다.

> **유 의**
> - 리무버를 이용하여 탈거할 때 부품이 손상되지 않도록 주의한다.
> - 트림과 패널에 손상을 주지 않도록 주의한다.

1. 12V 배터리 (-) 터미널을 분리한다.
   (차량 제어 시스템 - "보조 배터리 (12V)" 참조)

   > **⚠ 경 고**
   > - 12V 배터리 (-) 터미널을 분리한 후 최소한 3분 이상 기다린다.

2. 프런트 도어 트림을 탈거한다.
   (바디 (내장 / 외장 / 전장) - "프런트 도어 트림" 참조)

3. 측면 충돌 감지 센서 커넥터(A)를 분리한다.

4. 스크류를 풀어 측면 충돌 감지 센서(A)를 탈거한다.

   체결 토크 : 0.2 ~ 0.3 kgf.m

2023 > 160kW > 에어백 시스템 > 에어백 시스템 제어 장치 > 측면 충돌 감지 센서(SIS) (압력식) > 장착

장착

1. 장착은 탈거의 역순으로 진행한다.

   ⚠️ **주 의**

   - 장착시 과다한 힘을 가할 경우 측면 충돌 감지 센서가 파손 되거나, POP-NUT가 회전될 수 있으므로 반드시 지정된 공구로 규정 체결 토크를 유지한다.
   - 도어 모듈 장착부가 훼손되면 내구성에 문제가 있을 수 있으며, 충돌 감지 성능이 저하될 수 있다.
   - 도어 모듈 장착부의 압력을 감지하여 충돌을 판정하므로 도어 모듈이 변형이 되면 안된다.

   ℹ️ **참 고**

   - 파워 스위치를 ON 했을 때 경고등이 약 6초간 점등되었다가 꺼지는지 확인한다.
   - 커넥터를 확실히 조립한다.

안전 벨트 버클 스위치(BS) 탈장착

	작업	H/W	체결토크 (kgf.m)	SST/장비	케미컬	기타
• 탈거						
1	12V 배터리 (-) 터미널 분리 (차량 제어 시스템 - "보조 배터리 (12V)"참조)	-	-	-	-	-
2	프런트 시트 쉴드 인너 커버 탈거 (바디 (내장 / 외장 / 전장) - "프런트 시트 쉴드 커버"참조)	-	-	-	-	-
3	프런트 안전 벨트 버클 커넥터 분리	-	-	-	-	-
4	프런트 안전 벨트 버클 탈거	볼트	4.0 ~ 5.5	-	-	-
• 장착						
탈거의 역순으로 진행						-

부품위치

| 1. 프런트 안전 벨트 버클 | |

탈거

> ⚠ **주 의**
> - 손을 다치지 않도록 장갑을 착용한다.

> **유 의**
> - 리무버를 이용하여 탈거할 때 부품이 손상되지 않도록 주의한다.
> - 트림과 패널에 손상을 주지 않도록 주의한다.

1. 12V 배터리 (-) 터미널을 분리한다.
   (차량 제어 시스템 - "보조 배터리 (12V)" 참조)
2. 프런트 시트 쉴드 인너 커버를 탈거한다.
   (프런트 시트 - "프런트 시트 쉴드 커버" 참조)
3. 프런트 안전 벨트 버클 커넥터 와이어링(A)을 분리한다.

4. 볼트를 풀어 프런트 안전 벨트 버클(A)을 탈거한다.

체결 토크 : 4.0 ~ 5.5 kgf.m

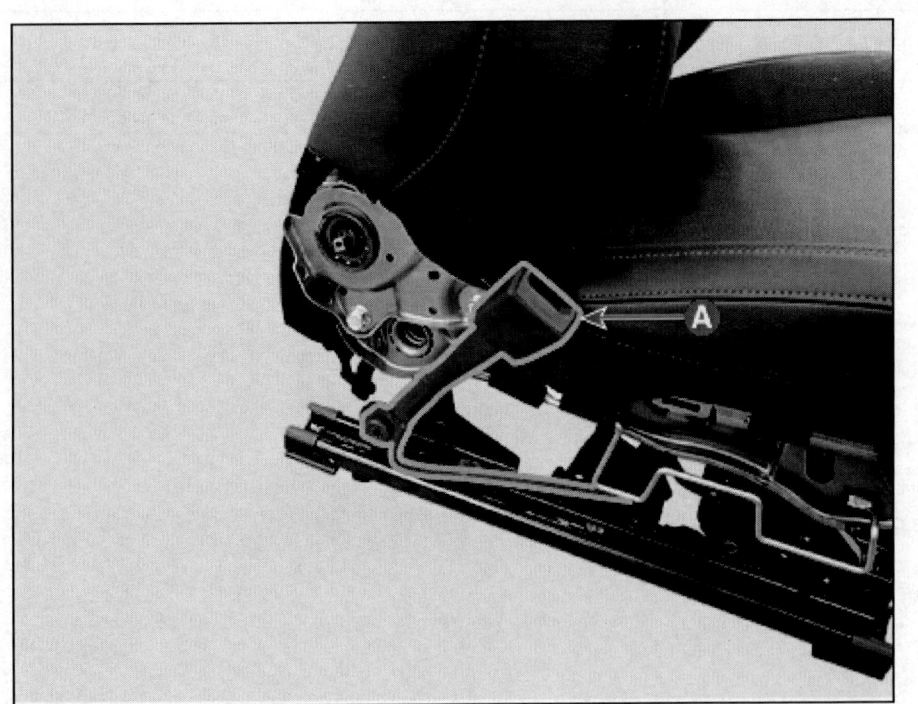

장착

1. 장착은 탈거의 역순으로 진행한다.

> **참 고**
> - 커넥터를 확실히 조립한다.

승객 구분 시스템(OCS) 탈장착

작업	H/W	체결토크 (kgf.m)	SST/장비	케미컬	기타
• 탈거					
1	12V 배터리 (-) 터미널 분리 (차량 제어 시스템 - "보조 배터리 (12V)"참조)	-	-	-	-	-
2	프런트 시트 쿠션 커버 어셈블리 [RH] 탈거 (바디 (내장 / 외장 / 전장) - "프런트 시트 쿠션 커버 어셈블리"참조)	-	-	-	-	-
3	승객 구분 센서 탈거	-	-	-	-	-
4	승객 구분 센서 유닛 탈거	파스너	-	-	-	-
• 장착					
탈거의 역순으로 진행					-
• 부가기능					
• 진단기능 - 진단 기기를 사용하여 승객구분센서 영점 재조정 실시					

개요

정상적인 동승석 에어백의 작동을 위해서 SRSCM은 승객 감지 센서 유닛(OCS)의 DTC 코드를 검출한다.
동승석 시트에 장착된 동승석 승객 구분 센서는, 동승석 승객을 1세 어린이보호장치와 성인으로 구분하여 에어백 컨트롤 모듈(SRSCM)에 승객정보를 보낸다.
에어백 컨트롤 모듈(SRSCM)은 승객정보와 충돌신호를 이용하여 동승석 에어백 전개 여부를 결정한다.

2023 > 160kW > 에어백 시스템 > 에어백 시스템 제어 장치 > 승객 구분 시스템(OCS) > 커넥터 및 단자 정보

커넥터 및 단자 정보

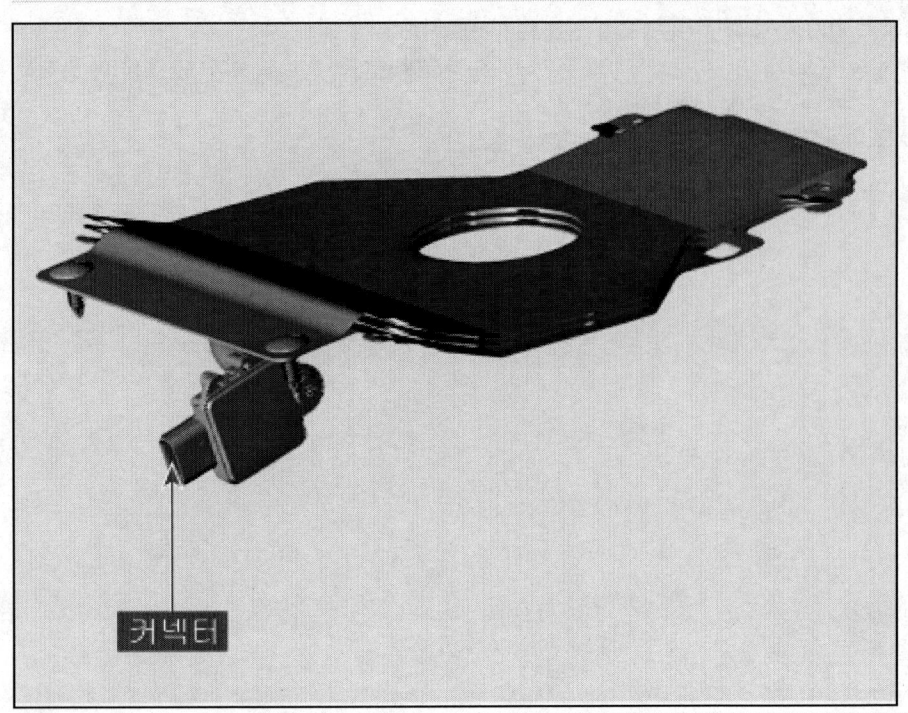

커넥터	핀 번호	기능	핀 번호	기능
	1	ALR (-)	4	CAN (Low)
	2	ALR (+)	5	CAN (High)
	3	접지	5	IGN 1

탈거

> ⚠️ **주 의**
> - 손을 다치지 않도록 장갑을 착용한다.

> **유 의**
> - 리무버를 이용하여 탈거할 때 부품이 손상되지 않도록 주의한다.
> - 트림과 패널에 손상을 주지 않도록 주의한다.

1. 12V 배터리 (-) 터미널을 분리한다.
   (차량 제어 시스템 - "보조 배터리 (12V)" 참조)

   > ⚠️ **경 고**
   > - 12V 배터리 (-) 터미널을 분리한 후 최소한 3분 이상 기다린다.

2. 프런트 시트 쿠션 커버 어셈블리[RH]를 탈거한다.
   (바디 (내장 / 외장 / 전장) - "프런트 시트 쿠션 커버 어셈블리" 참조)

3. 승객 구분 센서(A)를 탈거한다.

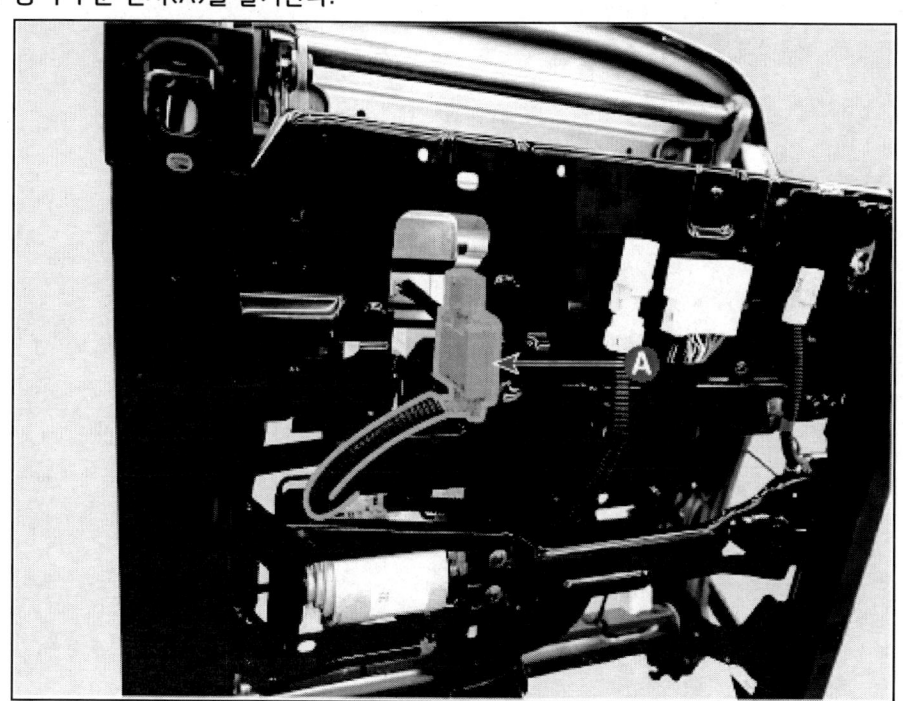

4. 클립을 분리하고 승객 구분 센서 유닛(A)을 탈거한다.

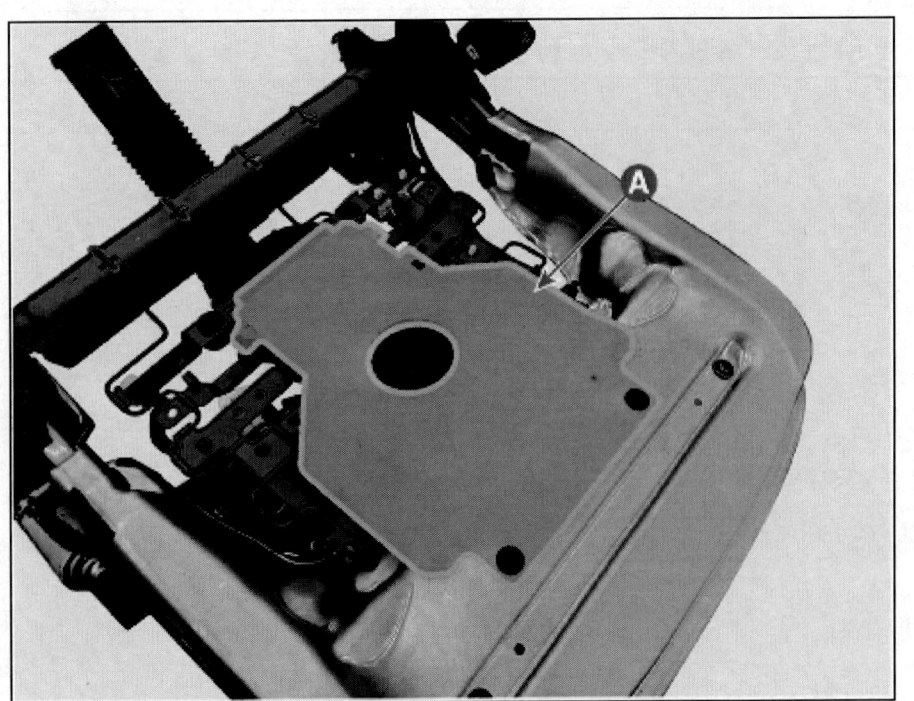

2023 > 160kW > 에어백 시스템 > 에어백 시스템 제어 장치 > 승객 구분 시스템(OCS) > 장착

장착

1. 장착은 탈거의 역순으로 진행한다.

> **참 고**
> - 커넥터를 확실히 조립한다.

점검

[승객 구분 센서 영점 재조정]

1. 파워 스위치를 "OFF"하고, 진단 기기를 연결하다.
2. 파워 스위치를 "ON"하고, 엔진은 "OFF" 한다.
3. 차량에 진단기기를 연결하고 "차종" 및 "부가기능"을 선택한다.

4. 승객구분센서의 승객구분센서 영점 재조정을 선택한다.

5. 화면의 지시에 따라 실행한다.

부가기능

■ 승객구분센서 영점 재조정

● [승객구분센서 영점 재조정]

시트어셈블리 교환 및 수리시 승객구분센서의 영점을 재조정 하는 기능입니다.

● [조건]
1. IG ON
2. 동승석 시트가 공석
3. ODS 모든 DTC 삭제

[확인] 버튼 : 영점 재조정 실행
[취소] 버튼 : 부가기능 종료

확인   취소

기능 수행 중에는 다른 기능이 동작되지 않도록 주의하십시오.

⚠ 주 의

- 승객 구분 센서 유닛 초기화 후에는 에어백 컨트롤 모듈(SRSCM) 및 승객 구분 센서 유닛 DTC를 삭제한다.

유 의

- 상세 고장코드(DTC)내용은 진단 매뉴얼을 참고한다.

no	DTC 코드	코드 명	설명
1	B1111(17)	Ignition Voltage High	1. 이그니션 전원 높음 (18.1V 초과)
2	B1112(16)	Ignition Voltage Low	1. 그니션 전원 낮음 (6.7V 미만)
3	B1496(54)	OCS Not Calibrated	1. 시트 공장 영점 조정 공정 누락
4	B1499(07)	ALR Defect	1. ALR 고장

5	B1603(88)	CAN BUS OFF	1. 차량 CAN BUS 불량 수신
6	B1679(87)	ACU Communication Error	1. ACU 메시지 수신 불가
7	B1763(00)	OCS ECU Defect	1. OCS 센서 ECU 내부 소자 고장 또는 S/W 고장
8	P1680(87)	Vehicle Speed Communication Fault	1.차속 메시지 수신 불가
9	P1681(81)	Vehicle Speed Massage Failure	1. 차속 메시지 에러 신호 수신

> **참 고**
> - DTC 코드 B149654가 표출됐을 경우, 해당 시트는 반드시 시트 어셈블리 공장에서 영점 조정 공정을 거쳐야 한다.

에어백 모듈 폐기 절차

⚠ 경 고

- 에어백 장치가 전개될 때는 폭발음이 발생하므로 실외의 주위에 피해가 가지 않는 곳에서 실시한다.
- 에어백 장치를 전개시킬 때는 항상 지정된 특수공구를 사용하고, 전기적 잡음이 없는곳 에서 실시한다.
- 에어백 장치를 전개시킬 때는 에어백 장치에서 최소 5m 이상 떨어진 곳에서 조작을 한다.
- 에어백 장치는 전개되면 매우 뜨거운 열이 발생하므로 최소 30분 정도 지나고 열이 식은 다음에 만지도록 한다.
- 전개된 에어백 장치를 취급할 때는 장갑과 보호 안경을 반드시 착용한다
- 전개된 에어백 장치에 물 등을 뿌리지 않도록 한다.
- 에어백 전개 작업이 끝난 후에는 항상 물로 손을 씻도록 한다.

[차량 내부에서의 전개]

에어백 장치가 장착된 차량을 폐차시킬 경우에는 에어백 장치를 반드시먼저 전개시켜야 한다. 또한, 에어백 장치를 전개시킬 경우에는 반드시 숙련된 기술자에 의해 전개 시키도록 하며 사용된 에어백 장치는 재사용이 불가능하므로 다른 차량에 장착해서는 안된다.

⚠ 주 의

- 손을 다치지 않도록 장갑을 착용한다.

ⓘ 참 고

- 에어백을 폐기하려면 아래의 공구 사용한다.

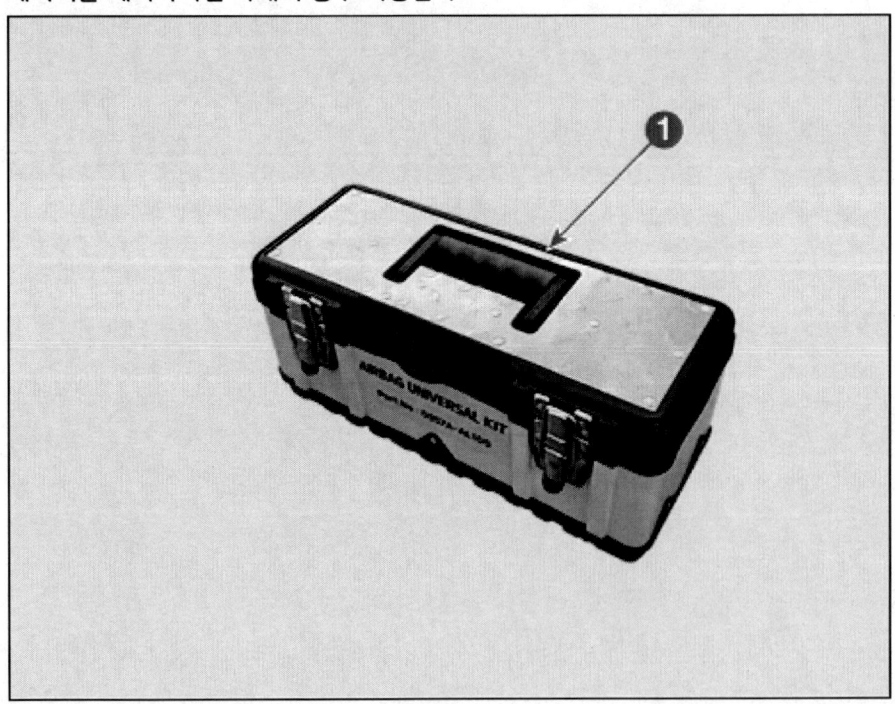

① 에어백 전개 및 점검용 키트 (0957A-AL100)
② 에어백 전개용 공구 (0957A-34100A)

1. 고전압 차단 절차를 수행한다.
   (에어백 시스템 - "고전압 차단 절차" 참조)

   ⚠️ **경 고**
   - 고전압을 차단한 후 최소한 3분 이상 기다린다.

2. 각 각의 에어백 장치가 안전하게 장착되어 있는지 확인한다.
3. 다음과 같이 에어백 장치를 전개시킬 준비를 한다.
   (1) 차량 내부에서 전개시킬 에어백의 커넥터를 분리한다.
   (2) 전개 하려는 에어백 모듈에 전개용 어댑터를 연결한다.
      - DAB, PAB : 0957A-AL140
      - SAB, CSAB : 0957A-AL160

   ⚠️ **주 의**
   - 작업자는 차량에서 최소 5m 이상 떨어진 곳에 위치한다.

4. 에어백 전개용 특수공구(0957A-34100A)(A)와 배터리(12V)(B)를 연결한다.

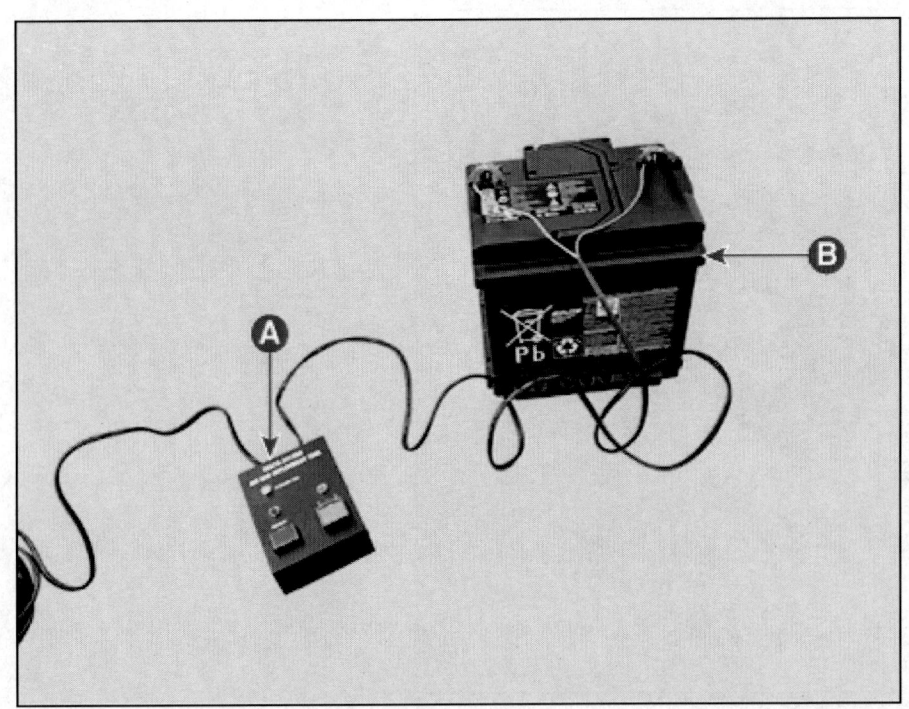

5. 에어백 전개용 특수공구(0957A-34100A)의 스위치를 작동시켜 에어백 장치를 전개시킨다.
   (1) 에어백 전개용 특수공구(0957A-34100A)와 배터리(12V)가 정상 연결되면 POWER ON①이 점등된다.
   (2) READY②를 누른 상태에서 READY③가 점등되면 DEPLOY④를 눌러 에어백을 전개시킨다.

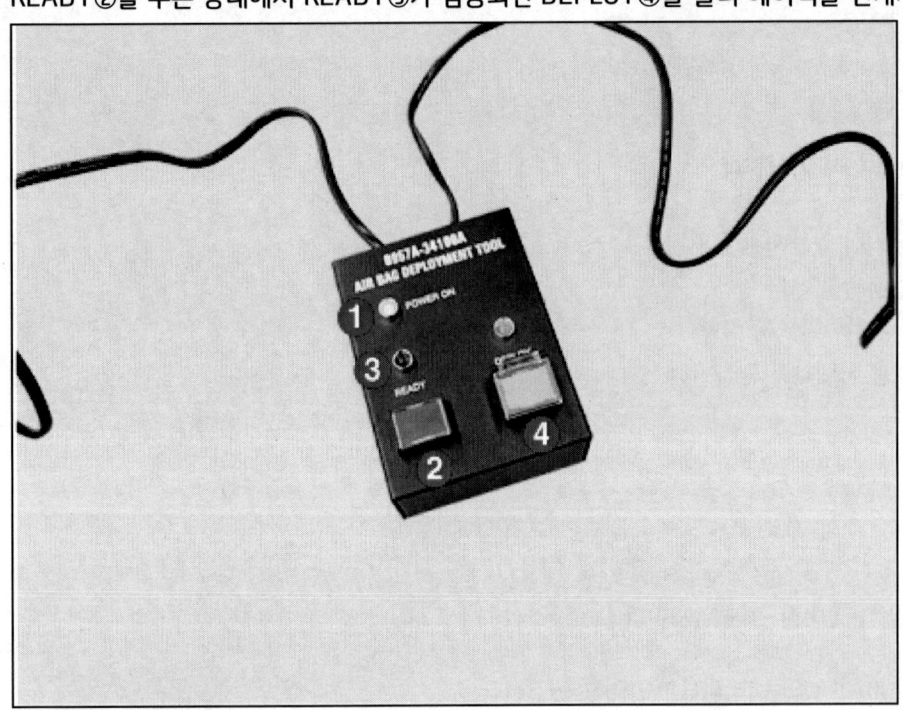

유 의

- 에어백이 전개될 때 큰 소음이 발생하고 시각적으로 확인이 되며, 급격히 팽창한 후 천천히 수축한다.

6. 전개된 에어백은 튼튼한 플라스틱 백에 넣어 안전하게 봉한 후 폐기시킨다.

> 📖 **참 고**

- 0957A-AL140, 0957A-AL160 커넥터는 에어백 모듈 폐기 후 고온에 의해 손상된다. 두 커넥터로 에어백을 폐기했을 때에는 공구를 이용하여 잘라내고 절연 테이프를 이용하여 쇼트가 발생되지 않도록 감아서 보관한다.

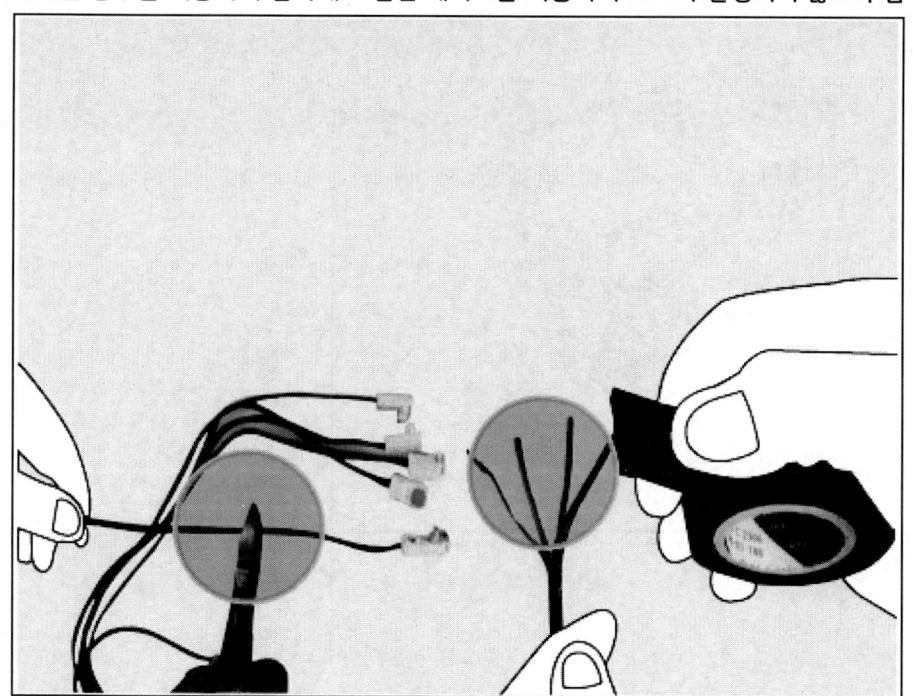

[차량 외부에서의 전개]
폐기된 차량에서 분리되거나 운송 또는 보관중에 결함 및 손상이 발견된 에어백 장치는 다음과 같이 전개시킨다.

> ⚠️ **주 의**

- 손을 다치지 않도록 장갑을 착용한다.

> 📖 **참 고**

- 에어백을 폐기하려면 아래의 공구 사용한다.

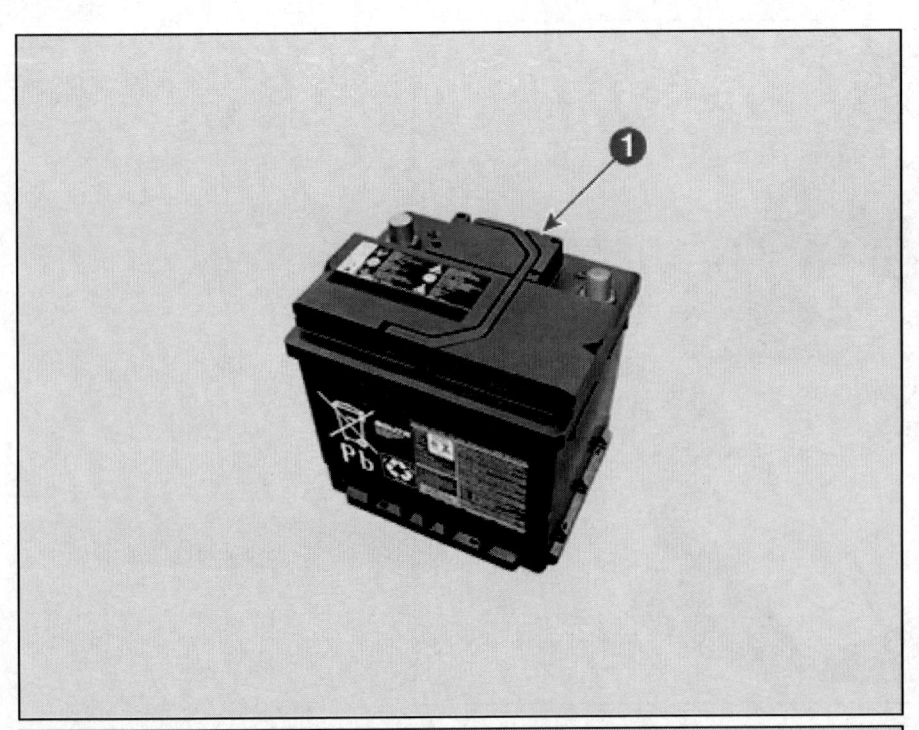

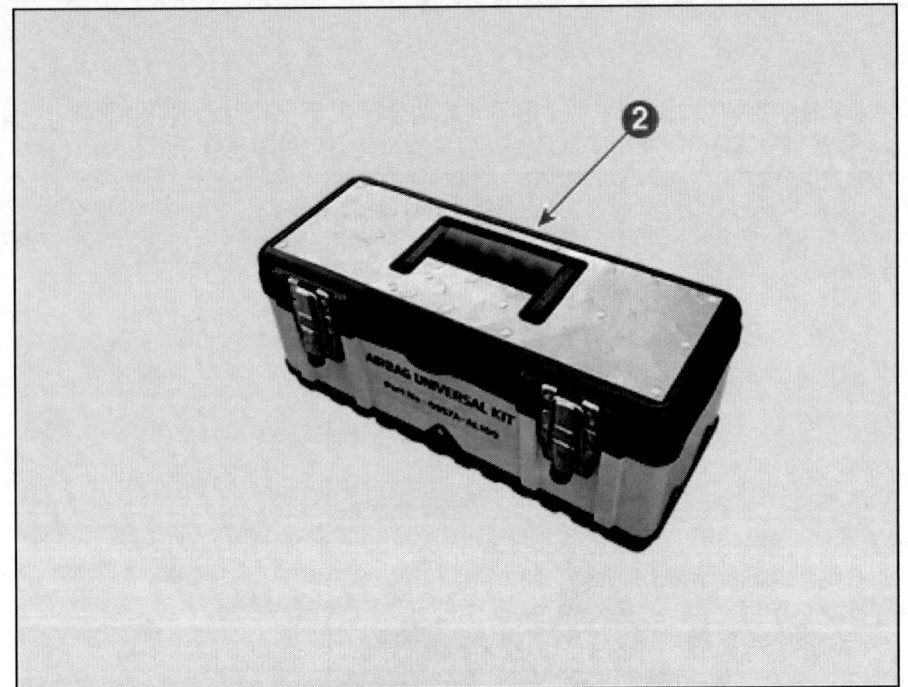

① 12V 배터리
② 에어백 전개 및 점검용 키트 (0957A-AL100)
③ 에어백 전개용 공구 (0957A-34100A)

1. 에어백 장치의 전개되는 면이 위로 향하게 하여 실외의 평평한 곳에 위치시킨다.

> ⚠ 위 험
>
> - 에어백 모듈의 전개되는 면이 아래를 향하게 되는 경우 에어백이 위로 튀어올라 작업자에게 큰 상해를 입힐 수 있다.

2. 다음과 같이 에어백 장치를 전개시킬 준비를 한다.
   (1) 전개하려는 에어백 모듈을 탈거한다.
   (2) 전개 하려는 에어백 모듈에 전개용 어댑터를 연결한다.
   - DAB, PAB : 0957A-AL140
   - SAB, CSAB : 0957A-AL160

> ⚠ 주 의
>
> - 작업자는 전개하려는 에어백 모듈에서 최소 5m 이상 떨어진 곳에 위치한다.
> - 에어백 모듈을 폐기 할 때, 반드시 5개 이상의 타이어를 수직으로 쌓아 올린 후 그 속에 넣고 전개시켜 폭발시 산개 되는 파편을 방지한다.

3. 에어백 전개용 특수공구(0957A-34100A)(A)와 배터리(12V)(B)를 연결한다.

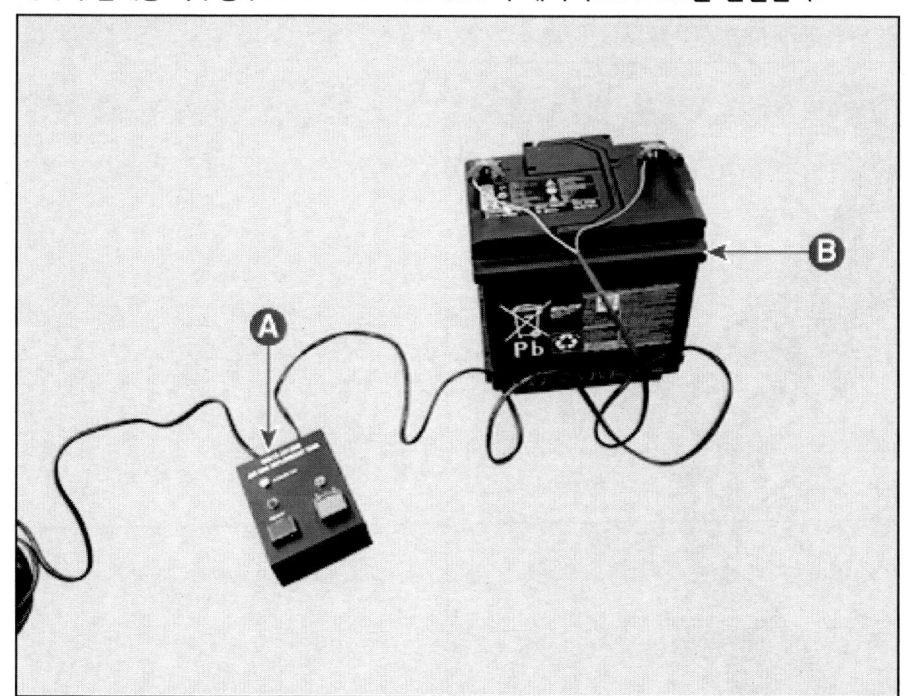

4. 에어백 전개용 특수공구(0957A-34100A)의 스위치를 작동시켜 에어백 장치를 전개시킨다.
   (1) 에어백 전개용 특수공구(0957A-34100A)와 배터리(12V)가 정상 연결되면 POWER on①이 점등된다.
   (2) READY②를 누른 상태에서 READY③가 점등되면 DEPLOY④를 눌러 에어백을 전개시킨다.

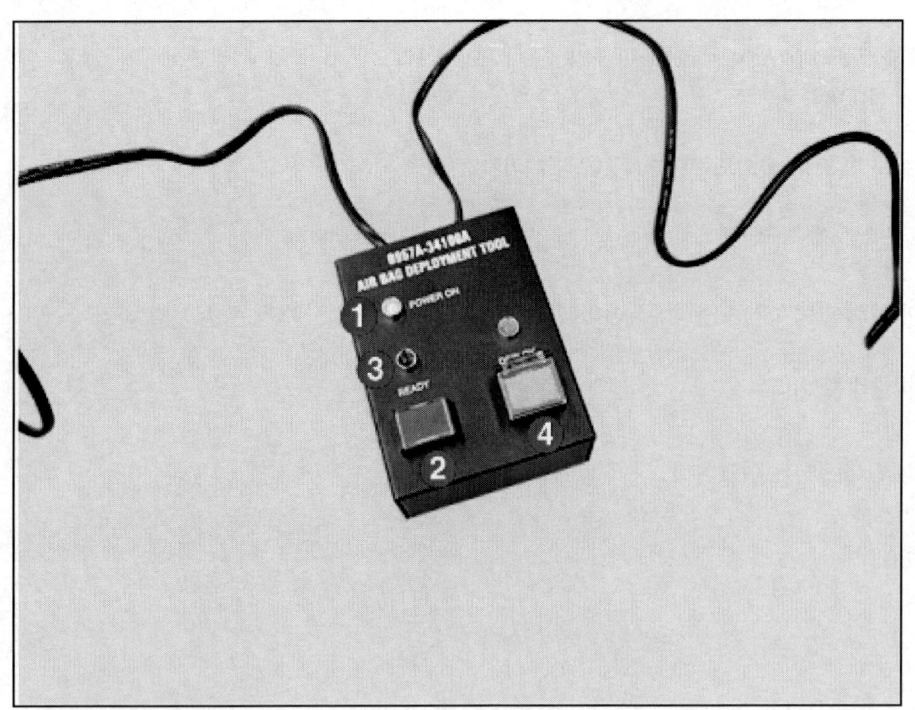

> **유 의**
>
> - 에어백이 전개될 때 큰 소음이 발생하고 시각적으로 확인이 되며, 급격히 팽창한 후 천천히 수축한다.

5. 전개된 에어백은 튼튼한 플라스틱 백에 넣어 안전하게 봉한 후 폐기시킨다.

> **참 고**
>
> - 0957A-AL140, 0957A-AL160 커넥터는 에어백 모듈 폐기 후 고온에 의해 손상된다. 두 커넥터로 에어백을 폐기했을 때에는 공구를 이용하여 잘라내고 절연 테이프를 이용하여 쇼트가 발생되지 않도록 감아서 보관한다.

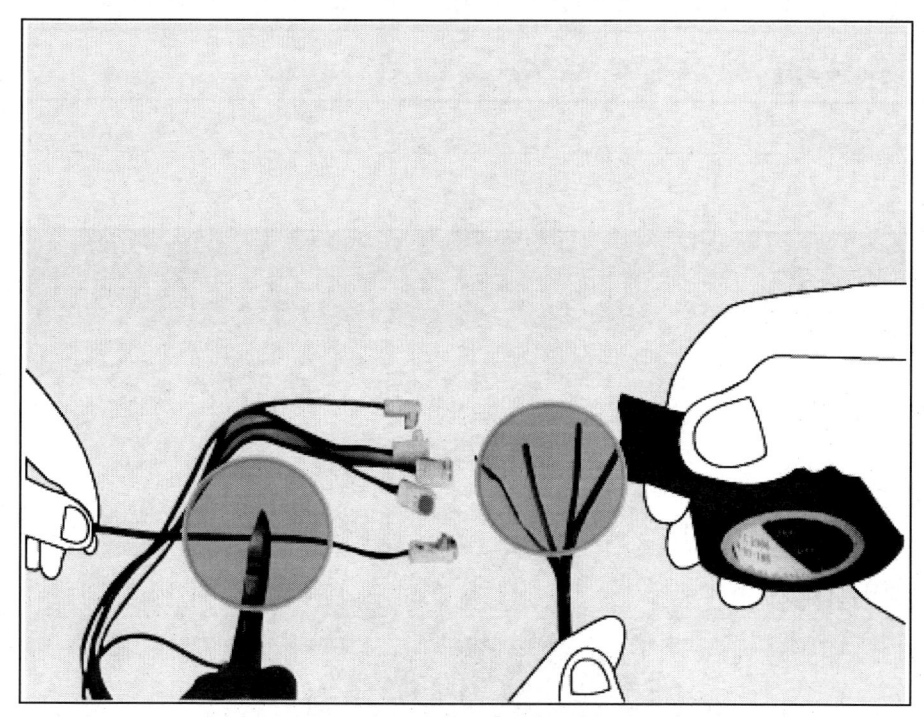

[손상된 에어백 (미전개 에어백) 폐기 절차]

1. 고전압 차단 절차를 수행한다.
   (에어백 시스템 - "고전압 차단 절차" 참조)

   > ⚠️ **경 고**
   >
   > • 고전압을 차단한 후 최소한 3분 이상 기다린다.

2. 손상된 에어백(미전개 에어백)을 필요시 차량에서 탈거한다.

   > ℹ️ **참 고**
   >
   > • 리드 와이어가 있는 에어백은 와이어를 꼬아서 단락을 만든다.

3. 탈거한 에어백을 튼튼한 비닐봉지, 박스 안에 넣어 단단히 봉한 뒤 폐기시킨다.

4. 손상된 에어백을 반납, 폐기하지 않고 개인 보관시 비닐봉지, 박스에 경고문구를 작성하여 개별 보관한다.

구성부품 및 부품위치

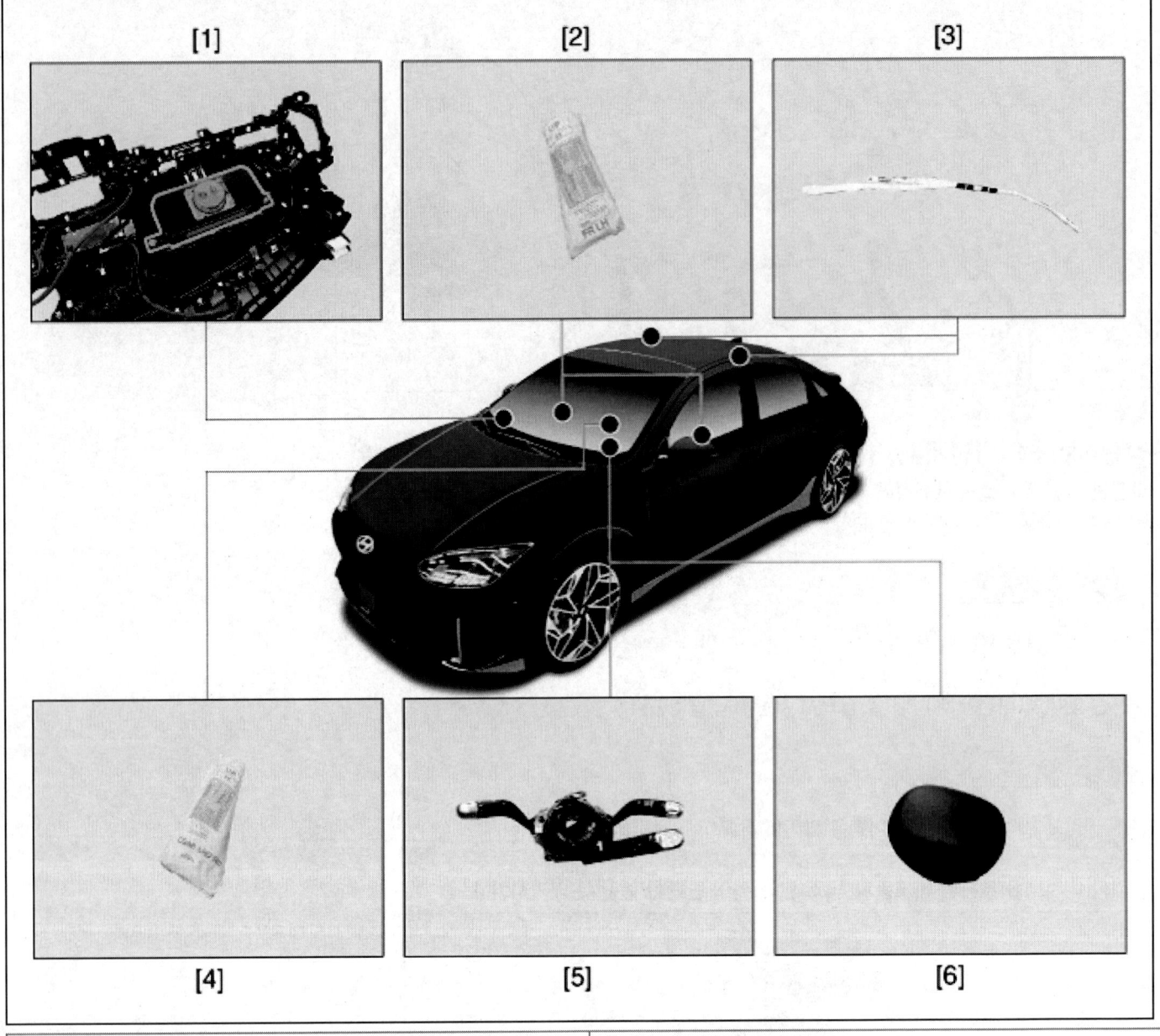

1. 동승석 에어백(PAB)
2. 측면 에어백(SAB)
3. 커튼 에어백(CAB)
4. 센터 측면 에어백(CSAB)
5. 다기능 스위치 & 클록 스프링 어셈블리
6. 운전석 에어백(DAB)

운전석 에어백 (DAB) 탈장착

작업		H/W	체결토크 (kgf.m)	SST/장비	케미컬	기타
• 탈거						
1	스티어링 휠 일직선으로 정렬	-	-	-	-	-
2	12V 배터리 (-) 터미널 분리 (차량 제어 시스템 - "보조 배터리 (12V)"참조)	-	-	-	-	-
3	운전석 에어백 탈거	-	-	-	-	매뉴얼 참고
4	운전석 에어백 커넥터 분리	-	-	-	-	-
• 장착						
탈거의 역순으로 진행						-

2023 > 160kW > 에어백 시스템 > 에어백 모듈 > 운전석 에어백 (DAB) > 개요 및 작동원리

개요

운전석 에어백(DAB : Driver Airbag)
스티어링 휠에 장착되어 있으며, 클록스프링을 경유하여 에어백 시스템 컨트롤 모듈(SRSCM)에 전기적으로 연결되어 있다. 정면 충돌 발생시 에어백을 전개하여 운전자를 보호하는 역할을 한다.

고장진단

에어백 경고등 점등

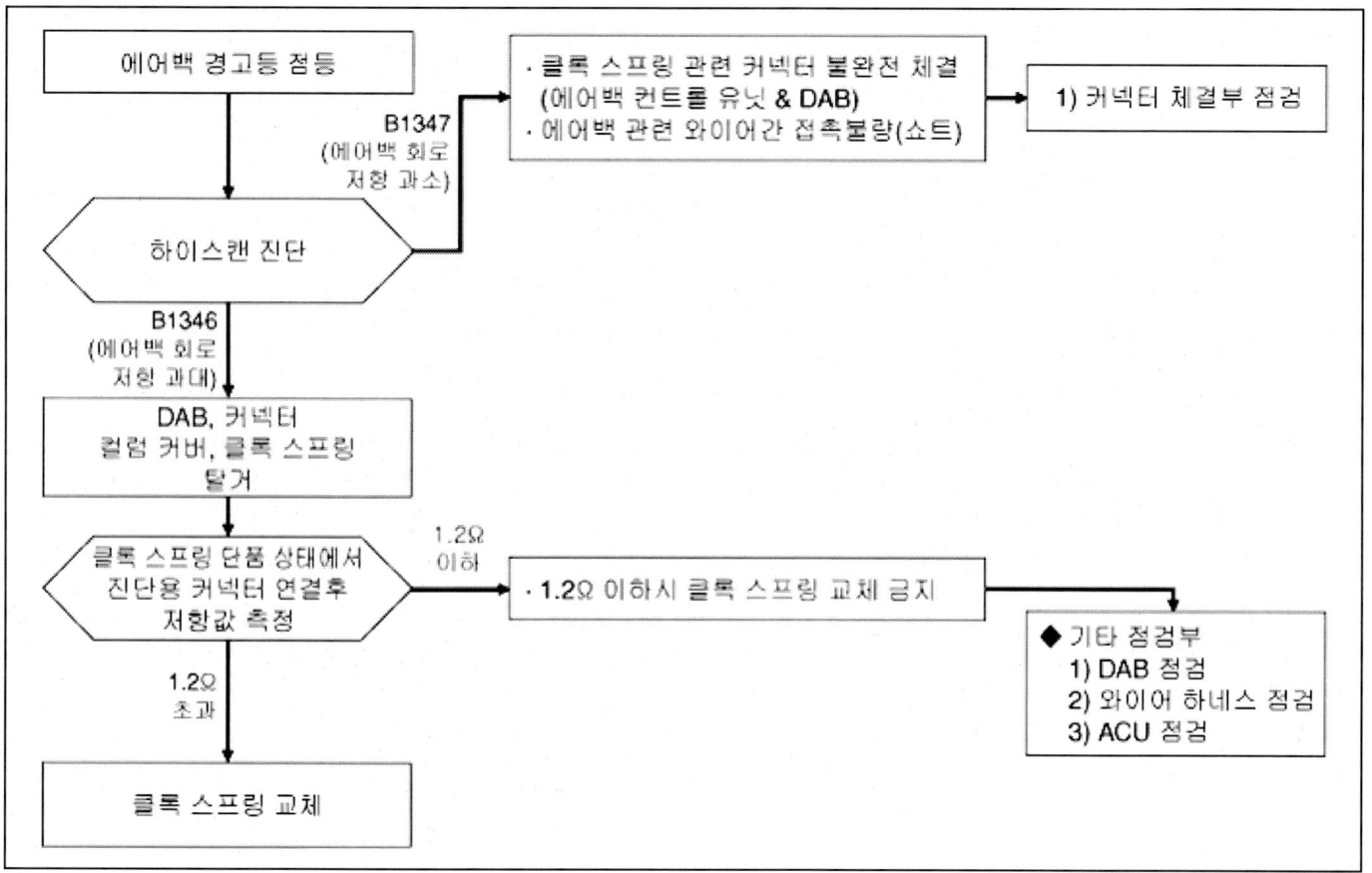

※ 에어백 고장코드별 차량 상황 정리

DTC	원인	조치	부품
B1348	에어백 관련 차체 (GROUND) 또는 (-) 전원부 접촉(쇼트)	에어백 관련 와이어와 차체 (GROUND) 또는 (-)전원 접촉(쇼트)부 점검	클록 스프링 단품과는 무관 : 교환 금지
B1349	에어백 관련 와이어와 (+) 전원부 접촉 (쇼트)	에어백 관련 와이어와 (+)전원부 접촉(쇼트) 점검	

2023 > 160kW > 에어백 시스템 > 에어백 모듈 > 운전석 에어백 (DAB) > 탈거

탈거

> ⚠ **주 의**
> - 손을 다치지 않도록 장갑을 착용한다.

> **유 의**
> - 리무버를 이용하여 탈거할 때 부품이 손상되지 않도록 주의한다.
> - 트림과 패널에 손상을 주지 않도록 주의한다.

> ⚠ **경 고**
> - 에어백 모듈의 저항을 직접 측정해서는 안된다. 이는 예기치 않은 에어백 전개를 야기할 수 있어서 매우 위험하다.

1. 스티어링 휠을 탈거하기 전에 차량의 바퀴가 정렬되어 있는지를 확인한다.

    > ⚠ **주 의**
    > - 스티어링 휠과의 중립 미일치시 회전수 변동으로 인한 내부 케이블 단선 및 접힘 불량이 발생할 수 있다.

2. 12V 배터리 (-) 터미널을 분리한다.
   (차량 제어 시스템 - "보조 배터리" 참조)

    > ⚠ **경 고**
    > - 12V 배터리 (-) 터미널을 분리한 후 최소한 3분 이상 기다린다.

3. 끝이 납작한 공구를 사용하여 좌/우 운전석 에어백 체결 핀의 잠금을 해제 한다.

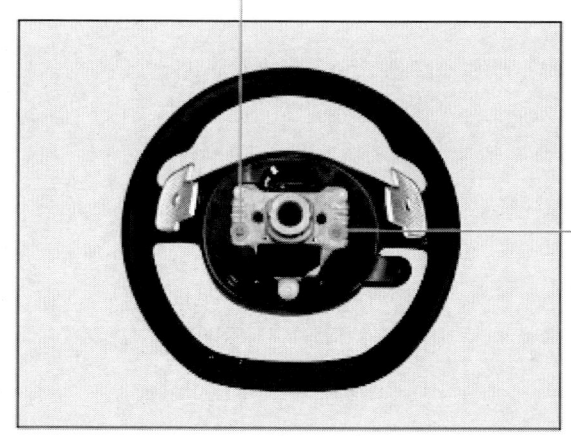

4. 잠금핀을 눌러 운전선 에어백 커넥터(A)를 분리한 뒤 DAB 램프 커넥터(B)를 분리하여 에어백 모듈을 스티어링 휠에서 탈거한다.

> ⚠ **주 의**
>
> - 분리한 에어백 모듈은 커버측이 위를 향하도록 놓는다.

장착

1. 장착은 탈거의 역순으로 진행한다.

> **참 고**
> - 파워 스위치를 ON 했을 때 경고등이 약 6초간 점등되었다가 꺼지는지 확인한다.
> - 커넥터를 확실히 조립한다.
> - 에어백 모듈을 장착한 후에는 에어백 시스템과 혼이 정상 작동하는지 확인한다.

클록 스프링 탈장착

	작업	H/W	체결토크 (kgf.m)	SST/장비	케미컬	기타
• 탈거						
1	12V 배터리 (-) 터미널 분리 (차량 제어 시스템 - "보조 배터리 (12V)"참조)	-	-	-	-	-
2	스티어링 휠 탈거 (스티어링 시스템 - "스티어링 휠"참조)	-	-	-	-	-
3	다기능 스위치 & 클록 스프링 어셈블리 커넥터 분리	-	-	-	-	-
4	다기능 스위치 & 클록 스프링 어셈블리 탈거	볼트	0.5 ~ 0.7	-	-	-
• 장착						
탈거의 역순으로 진행						매뉴얼 참고

개요

클록 스프링(Clock Spring)
자동차 전면 및 측면에 설치되어 있는 센서로부터 발생된 작동신호를 내부 케이블을 통해 에어백 모듈의 인플레이터(가스 발생 장치)에 전달하는 장치이다.
또한 스티어링 휠 리모트 컨트롤 스위치 및 혼의 작동 신호를 내부 케이블을 통해 해당 시스템으로 전달한다.

고장진단

소음

클록 스프링 정비 절차

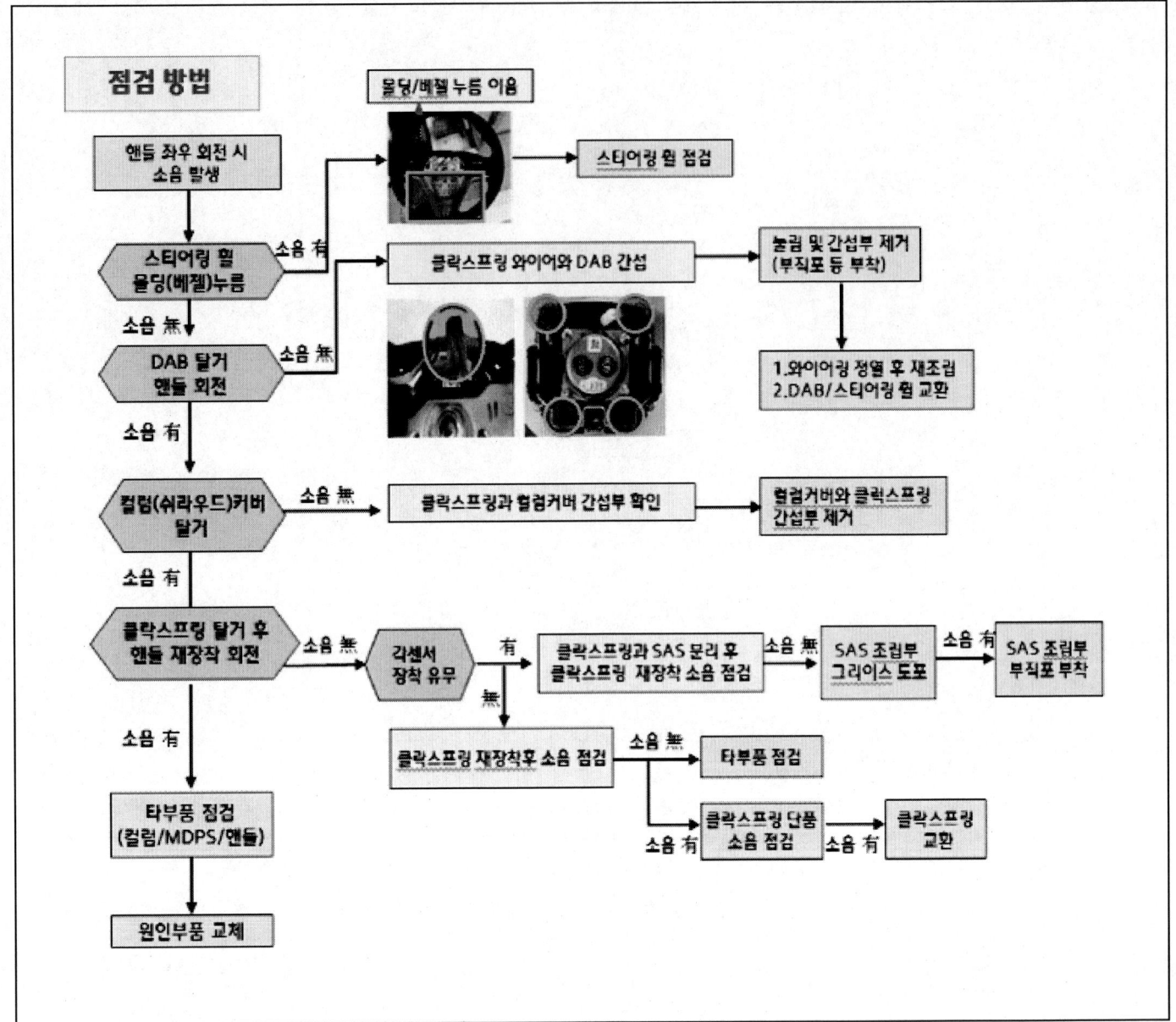

점검

1. 점검 후 한개라도 비정상적인 곳이 발견되면 신품 클록 스프링으로 교환한다.
2. 커넥터와 보호 튜브의 손상 및 터미널 변형을 점검한다.

탈거

> **⚠ 주 의**
>
> - 손을 다치지 않도록 장갑을 착용한다.
> - 사고로 인해 에어백이 전개될 경우, 클록 스프링은 수리 및 재사용 할 수 없다. 반드시 신품으로 교환한다. 에어백 모듈 인플레이터(가스발생장치)의 폭발에 의한 열과 충격으로 클록 스프링 파손 가능성이 있으므로, 재사용이 불가능하다.

> **유 의**
>
> - 리무버를 이용하여 탈거할 때 부품이 손상되지 않도록 주의한다.
> - 트림과 패널에 손상을 주지 않도록 주의한다.

1. 12V 배터리 (-) 터미널을 분리한다.
   (차량 제어 시스템 - "보조 배터리 (12V)" 참조)

   > **⚠ 경 고**
   >
   > - 12V 배터리 (-) 터미널을 분리한 후 최소한 3분 이상 기다린다.

2. 스티어링 휠을 탈거한다.
   (스티어링 시스템 - "스티어링 휠" 참조)

3. 다기능 스위치 & 클록 스프링 어셈블리 커넥터(A)를 분리한다.

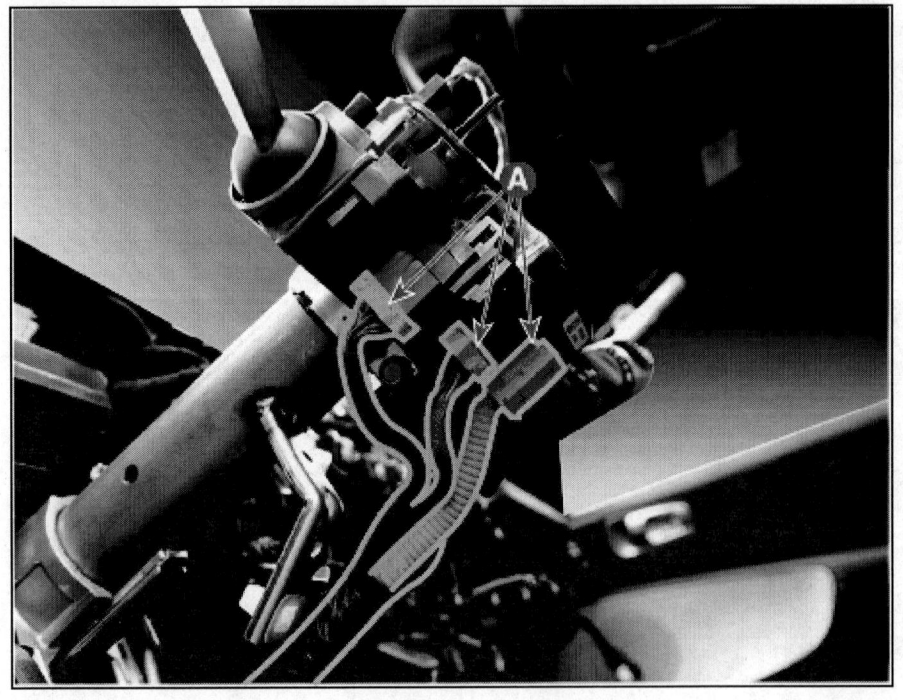

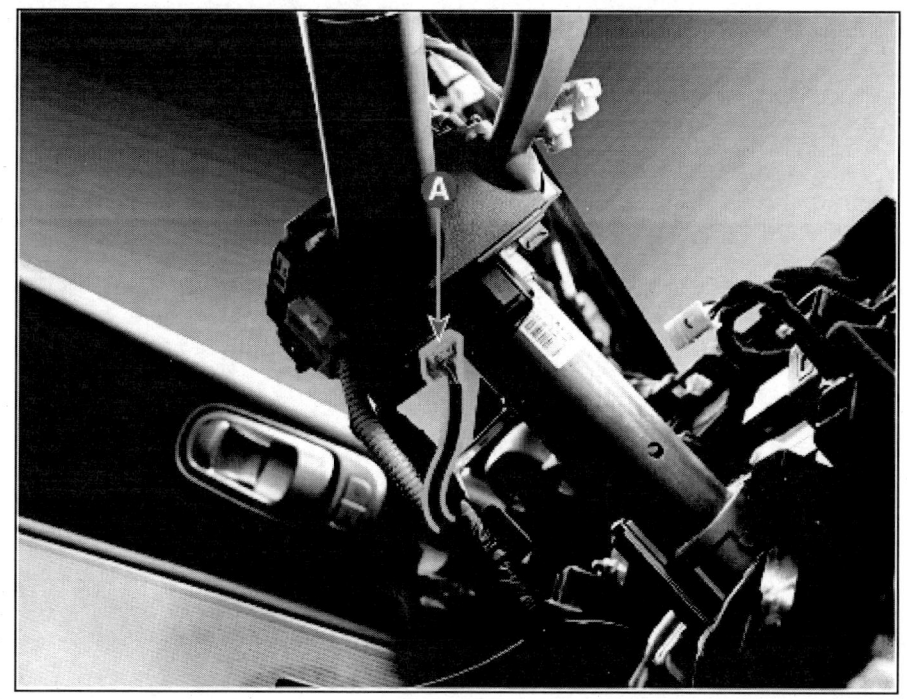

4. 클램프 볼트(A)를 풀어 다기능 스위치 및 클록 스프링 어셈블리를 탈거한다.

체결 토크 : 0.5 ~ 0.7 kgf.m

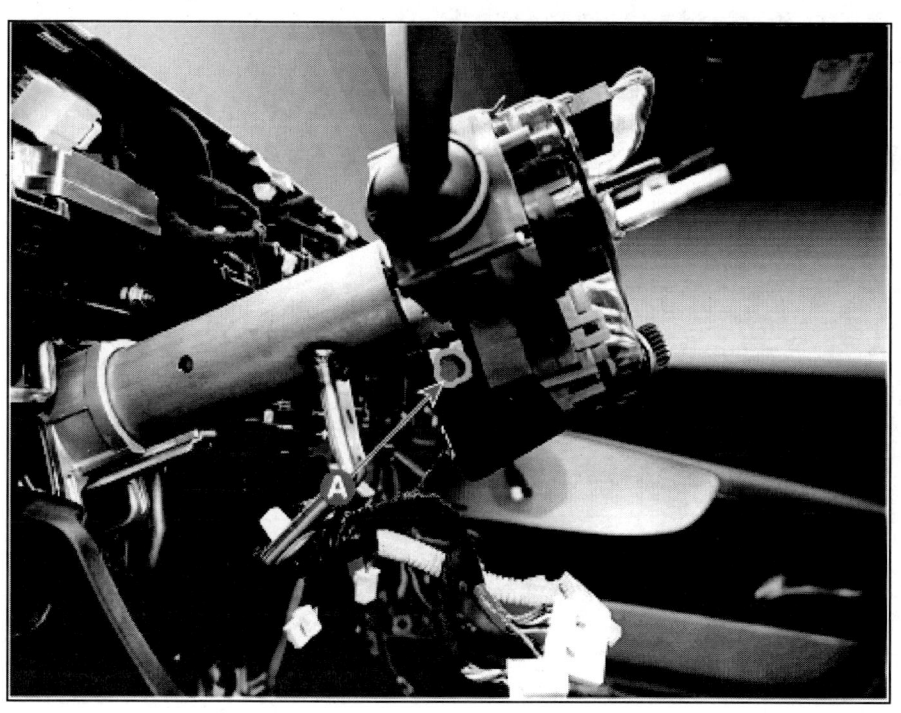

2023 > 160kW > 에어백 시스템 > 에어백 모듈 > 클록 스프링 > 장착

장착

> ⚠ 주 의
> - 손을 다치지 않도록 장갑을 착용한다.
> - 사고로 인해 에어백이 전개될 경우, 클록 스프링은 수리 및 재사용 할 수 없다. 반드시 신품으로 교환한다. 에어백 모듈 인플레이터(가스발생장치)의 폭발에 의한 열과 충격으로 클록 스프링 파손 가능성이 있으므로, 재사용이 불가능하다.

> 유 의
> - 리무버를 이용하여 탈거할 때 부품이 손상되지 않도록 주의한다.
> - 트림과 패널에 손상을 주지 않도록 주의한다.

1. 스티어링 휠을 조립하기 전에 차량의 바퀴가 정렬되어 있는지를 확인한다.

> ⚠ 주 의
> - 스티어링 휠과의 중립 미일치시 회전수 변동으로 인한 내부 케이블 단선 및 접힘 불량이 발생할 수 있다.

2. 클록 스프링을 차량에 조립하기 전에 중립을 맞춘다.
   - 제품 출고 시 클록 스프링은 중립상태이다.
   - 제품 5시 중립확인창 확인 시 흰색 케이블 보일경우 중립상태다.
   - 제품 5시 중립확인창 확인 시 흰색 케이블이 안보일경우 반드시 중립 수동 조정을 한다.

> ⚠ 주 의
> - 클록 스프링 중립 미일치 시 AIRBAG 경고등 점등, 혼, 오디오, 핸즈프리, 오토크루즈, 열선, 스티어링 열선 등 스티어링 휠의 전기적인 작동불량 및 핸들 회전 시 이음이 발생한다.

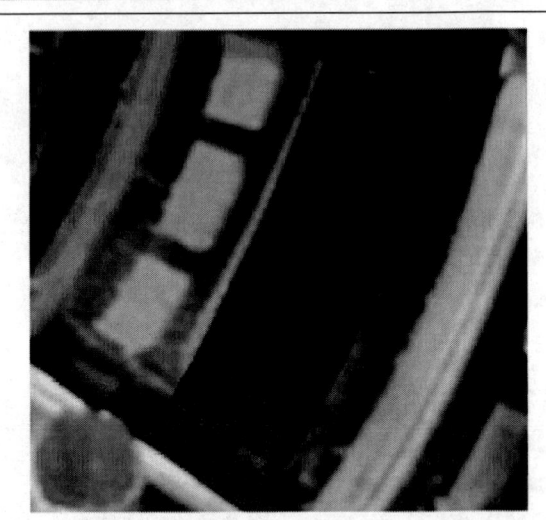

중립 확인창 (정상)	중립 확인창 (불량)
5시 중립확인창 흰색 케이블 육안 확인	5시 중립확인창 흰색 케이블 육안 확인불가

> ℹ 참 고
> - 클록 스프링 중립 수동 조정방법
> 1) 6시 오토락을 누르고 시계방향으로 멈출 때 까지 돌린다.

- 482 -

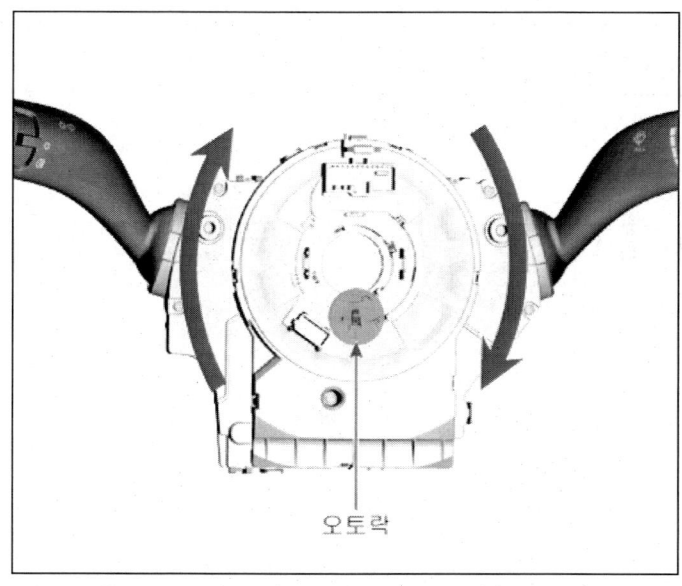

오토락

2) 6시 오토락을 누르고 시계반대 방향으로 3회전 시킨다.
3) 5시 중립확인창 흰색케이블 육안 확인시 중립상태이다.

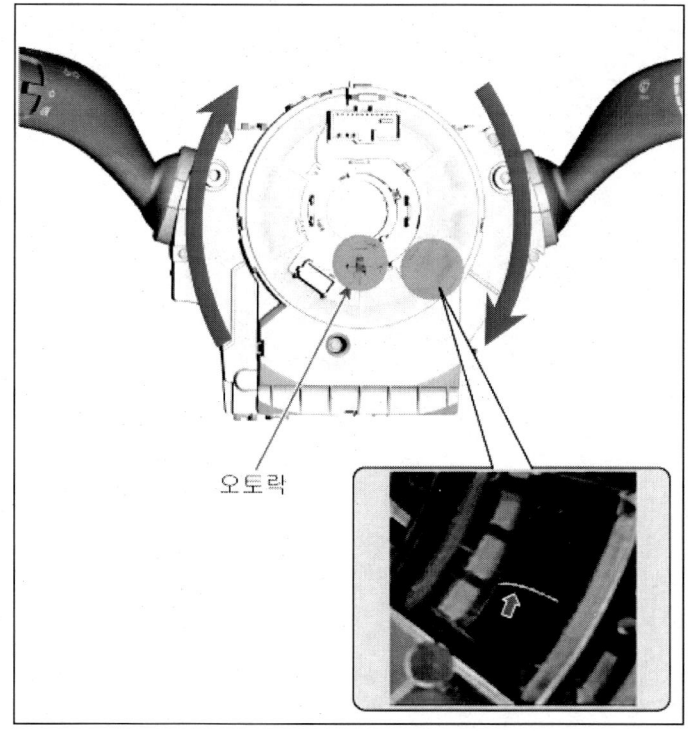

오토락

3. 장착은 탈거의 역순으로 진행한다.

> **참 고**
>
> - 커넥터를 확실히 조립한다.

동승석 에어백(PAB) 탈장착

	작업	H/W	체결토크 (kgf.m)	SST/장비	케미컬	기타
• 탈거						
1	12V 배터리 (-) 터미널 분리 (차량 제어 시스템 - "보조 배터리 (12V)"참조)	-	-	-	-	-
2	메인 크래쉬 패드 어셈블리 탈거 (바디 (내장 / 외장 / 전장) - "메인 크래쉬 패드 어셈블리"참조)	-	-	-	-	-
3	동승석 에어백 탈거	볼트	0.4 ~ 0.6	-	-	-
• 장착						
탈거의 역순으로 진행						-

개요

동승석 에어백(PAB : Passenger Airbag)은 크래쉬 패드 내에 내장되어 있으며, 정면 충돌시 동승석 승객을 보호하는 역할을 한다.

탈거

> ⚠️ **주 의**
> - 손을 다치지 않도록 장갑을 착용한다.

> **유 의**
> - 리무버를 이용하여 탈거할 때 부품이 손상되지 않도록 주의한다.
> - 트림과 패널에 손상을 주지 않도록 주의한다.

> ⚠️ **경 고**
> - 에어백 모듈의 저항을 직접 측정해서는 안된다. 이는 예기치 않은 에어백 전개를 야기할 수 있어서 매우 위험하다.

1. 12V 배터리 (-) 터미널을 분리한다.
   (차량 제어 시스템 - "보조 배터리 (12V)" 참조)

   > ⚠️ **경 고**
   > - 12V 배터리 (-) 터미널을 분리한 후 최소한 3분 이상 기다린다.

2. 메인 크래쉬 패드 어셈블리를 탈거한다.
   (바디 (내장 / 외장 / 전장) - "메인 크래쉬패드 어셈블리" 참조)
3. 볼트를 풀어 동승석 에어백(A)을 탈거한다.

   체결 토크 : 0.4 ~ 0.6 kgf.m

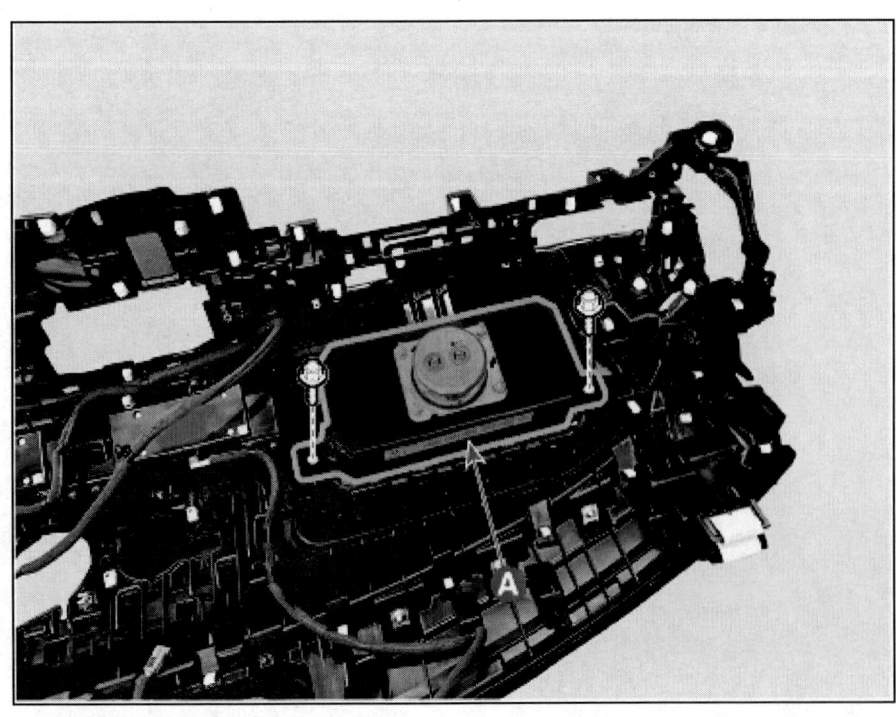

> ⚠️ **주 의**

- 분리한 에어백 모듈은 커버측이 위를 향하도록 놓는다.

장착

1. 장착은 탈거의 역순으로 진행한다.

> **참 고**
> - 파워 스위치를 ON 했을 때 경고등이 약 6초간 점등되었다가 꺼지는지 확인한다.
> - 커넥터를 확실히 조립한다.

> **유 의**
> - 동승석 에어백이 전개되었을 경우 메인 크래쉬패드도 동시에 교환한다.

측면 에어백(SAB) 탈장착

	작업	H/W	체결토크 (kgf.m)	SST/장비	케미컬	기타
•	탈거					
1	12V 배터리 (-) 터미널 분리 (차량 제어 시스템 - "보조 배터리 (12V)"참조)	-	-	-	-	-
2	프런트 시트 백 커버 어셈블리 탈거 (바디 (내장 / 외장 / 전장) - "프런트 시트 백 커버 어셈블리"참조)	-	-	-	-	-
3	측면 에어백 커넥터 분리	-	-	-	-	-
4	측면 에어백 탈거	너트	0.6 ~ 0.8	-	-	-
•	장착					
탈거의 역순으로 진행						-

2023 > 160kW > 에어백 시스템 > 에어백 모듈 > 측면 에어백(SAB) > 개요 및 작동원리

개요

측면 에어백(SAB : Side Airbag)은 운전석 등받이 좌측과 동승석 등받이 우측에 각각 1개씩 내장되어 있으며, 측면 충돌 및 전복사고 발생 시 탑승자를 보호하는 역할을 한다.

측면 충돌 발생 시 좌우측 프런트 도어 모듈 중앙부와 센터 필라, 리어 필라 부근에 1개씩 장착되어 있는 측면 충돌 감지 센서(SIS)가 충돌을 감지하며, 이 센서의 신호를 이용하여 에어백 시스템 컨트롤 모듈(SRSCM)이 측면 에어백의 전개 여부를 결정한다. 또한 차량의 전복사고가 발생하였을 때는 에어백 시스템 컨트롤 모듈(SRSCM)이 차량의 전복사고를 감지하여 측면 에어백의 전개 여부를 결정한다.

부품위치

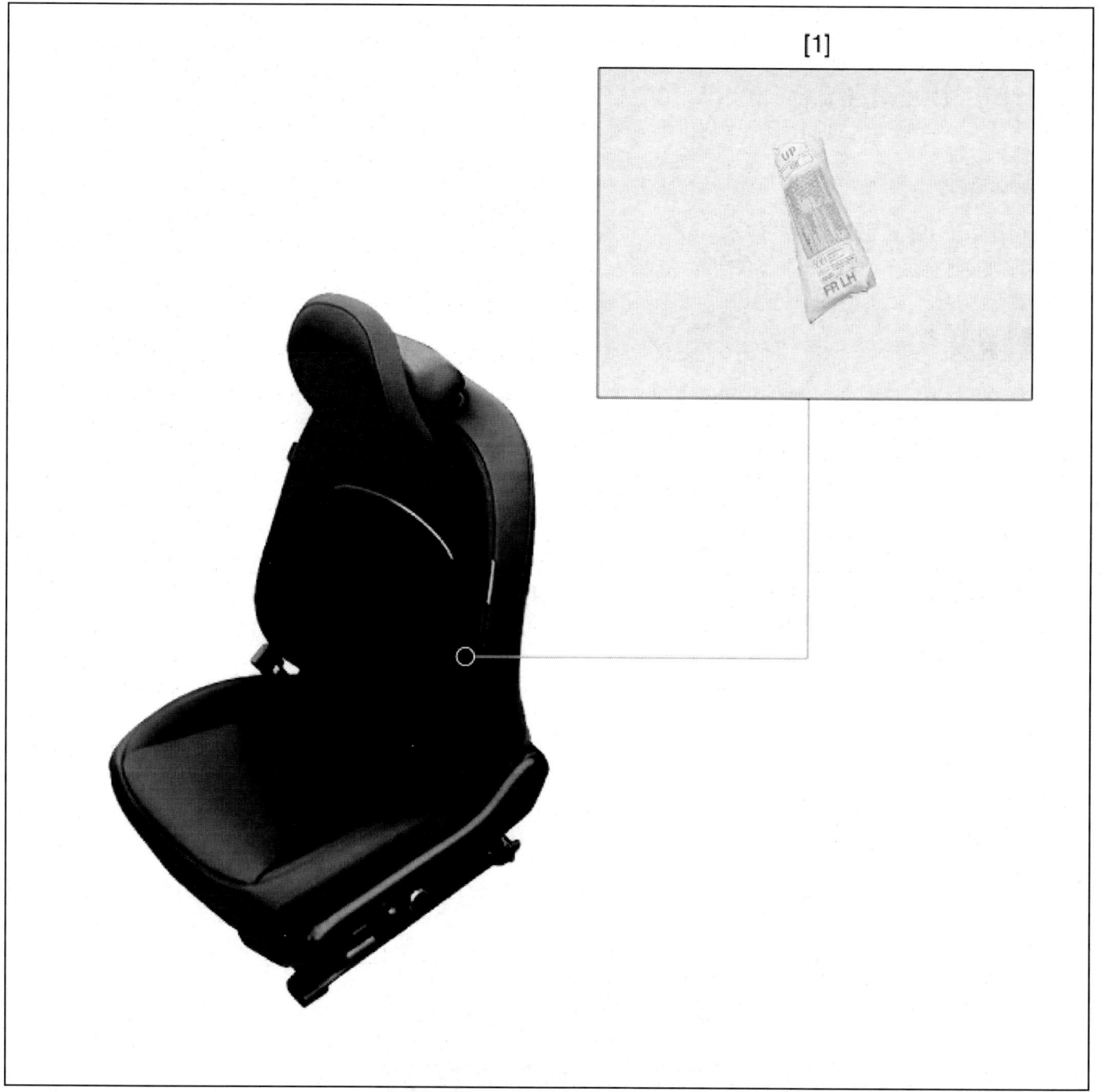

1. 측면 에어백(SAB)

2023 > 160kW > 에어백 시스템 > 에어백 모듈 > 측면 에어백(SAB) > 탈거

탈거

> ⚠ **주 의**
> - 손을 다치지 않도록 장갑을 착용한다.

> **유 의**
> - 리무버를 이용하여 탈거할 때 부품이 손상되지 않도록 주의한다.
> - 트림과 패널에 손상을 주지 않도록 주의한다.

> ⚠ **경 고**
> - 에어백 모듈의 저항을 직접 측정해서는 안된다. 이는 예기치 않은 에어백 전개를 야기할 수 있어서 매우 위험하다.

1. 12V 배터리 (-) 터미널을 분리한다.
   (차량 제어 시스템 - "보조 배터리 (12V)" 참조)

   > ⚠ **경 고**
   > - 12V 배터리 (-) 터미널을 분리한 후 최소한 3분 이상 기다린다.

2. 프런트 시트 백 커버 어셈블리를 탈거한다.
   (바디 (내장 / 외장 / 전장) - "프런트 시트 백 커버 어셈블리" 참조)
3. 측면 에어백 커넥터(A)를 분리한다.

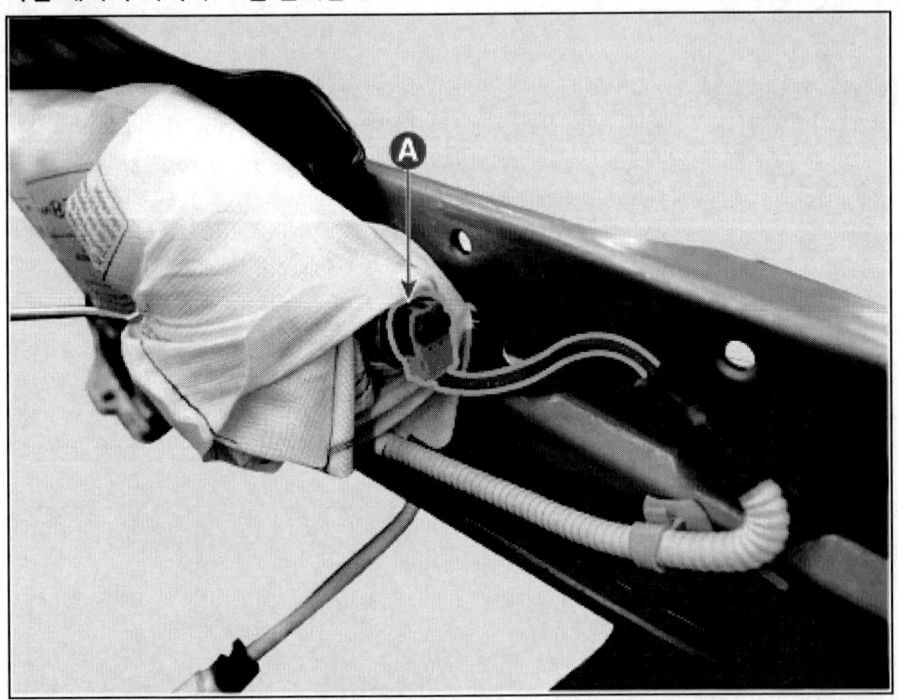

4. 너트를 풀어 측면 에어백(A)을 탈거한다.

   체결 토크 : 0.6 ~ 0.8 kgf.m

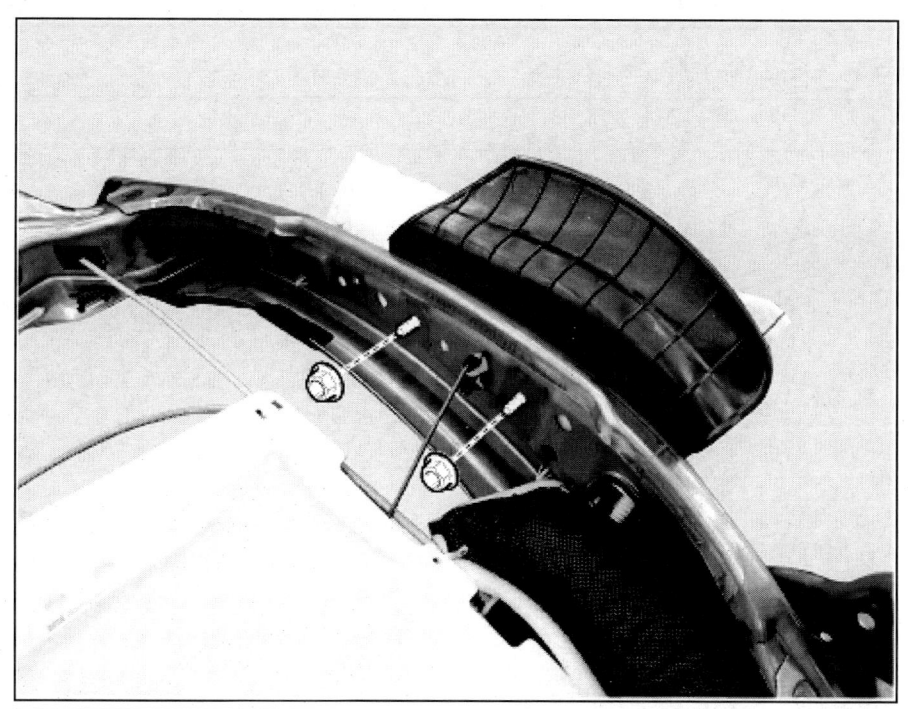
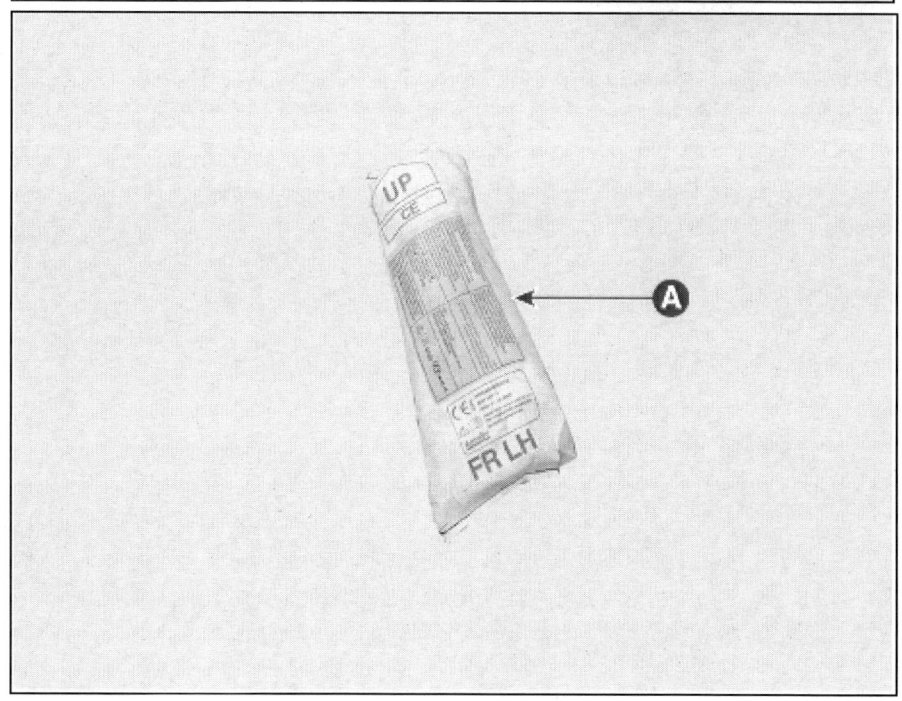

장착

1. 장착은 탈거의 역순으로 진행한다.

   > **참 고**
   > - 파워 스위치를 ON 했을 때 경고등이 약 6초간 점등되었다가 꺼지는지 확인한다.
   > - 커넥터를 확실히 조립한다.

   > **유 의**
   > - 프런트 시트 백 커버의 부적절한 장착은 측면 에어백의 정상적인 전개를 방해하므로 프런트 시트 백 커버가 잘 장착되었는지 확인한다.

프런트 센터 측면 에어백 (CSAB) 탈장착

	작업	H/W	체결토크 (kgf.m)	SST/장비	케미컬	기타
• 탈거						
1	12V 배터리 (-) 터미널 분리 (차량 제어 시스템 - "보조 배터리 (12V)"참조)	-	-	-	-	-
2	프런트 시트 백 커버 어셈블리 탈거 (바디 (내장 / 외장 / 전장) - "프런트 시트 백 커버 어셈블리"참조)	-	-	-	-	-
3	프런트 센터 측면 에어백 커넥터 분리	-	-	-	-	-
4	감싸기 천 탈거	파스너	-	-	-	-
5	프런트 센터 측면 에어백 탈거	너트	0.6 ~ 0.8	-	-	-
• 장착						
탈거의 역순으로 진행						-

개요

센터 측면 에어백(CSAB : Center Side Airbag)은 운전석 등받이 우측과 동승석 등받이 좌측에 각각 1개씩 내장되어 있으며, 측면 충돌 및 전복 사고 발생 시 탑승자를 보호하는 역할을 한다.

측면 충돌 발생 시 좌우측 프런트 도어 모듈 중앙부와 센터 필라, 리어 필라 부근에 1개씩 장착되어 있는 측면 충돌 감지 센서(SIS)가 충돌을 감지하며, 이 센서의 신호를 이용하여 에어백 시스템 컨트롤 모듈(SRSCM)이 측면 에어백의 전개 여부를 결정한다. 또한 차량의 전복사고가 발생하였을 때는 에어백 시스템 컨트롤 모듈(SRSCM)이 차량의 전복사고를 감지하여 측면 에어백의 전개 여부를 결정한다.

2023 > 160kW > 에어백 시스템 > 에어백 모듈 > 프런트 센터 측면 에어백 (CSAB) > 구성부품 및 부품위치

부품위치

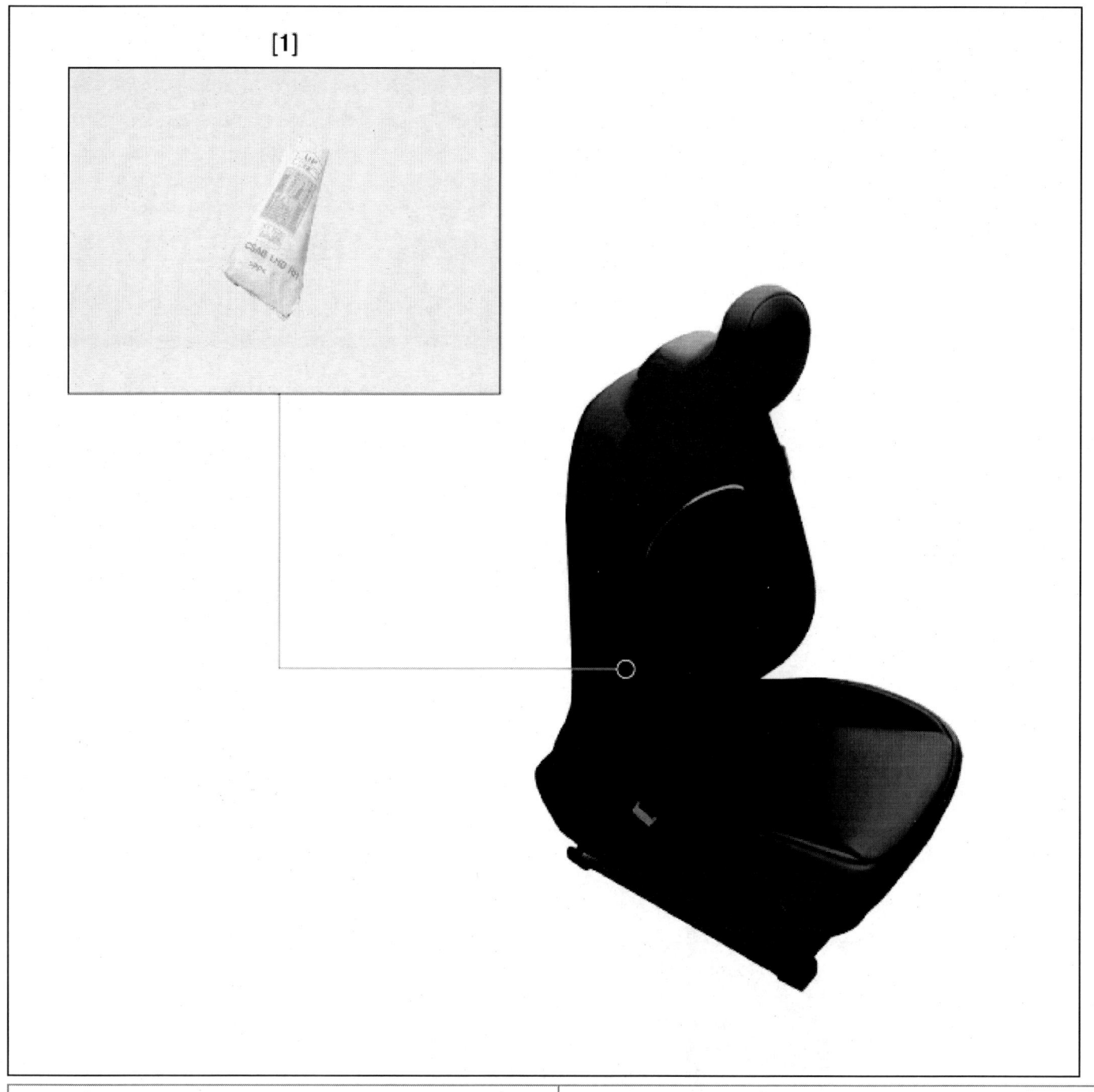

1. 센터 측면 에어백(CSAB)

2023 > 160kW > 에어백 시스템 > 에어백 모듈 > 프런트 센터 측면 에어백 (CSAB) > 탈거

탈거

> ⚠ 주 의
> - 손을 다치지 않도록 장갑을 착용한다.

> 유 의
> - 리무버를 이용하여 탈거할 때 부품이 손상되지 않도록 주의한다.
> - 트림과 패널에 손상을 주지 않도록 주의한다.

> ⚠ 경 고
> - 에어백 모듈의 저항을 직접 측정해서는 안된다. 이는 예기치 않은 에어백 전개를 야기할 수 있어서 매우 위험하다.

1. 12V 배터리 (-) 터미널을 분리한다.
   (차량 제어 시스템 - "보조 배터리 (12V)" 참조)

   > ⚠ 경 고
   > - 12V 배터리 (-) 터미널을 분리한 후 최소한 3분 이상 기다린다.

2. 프런트 시트 백 커버 어셈블리를 탈거한다.
   (바디 (내장 / 외장 / 전장) - "프런트 시트 백 커버 어셈블리" 참조)

3. 센터 측면 에어백 커넥터(A)를 분리한다.

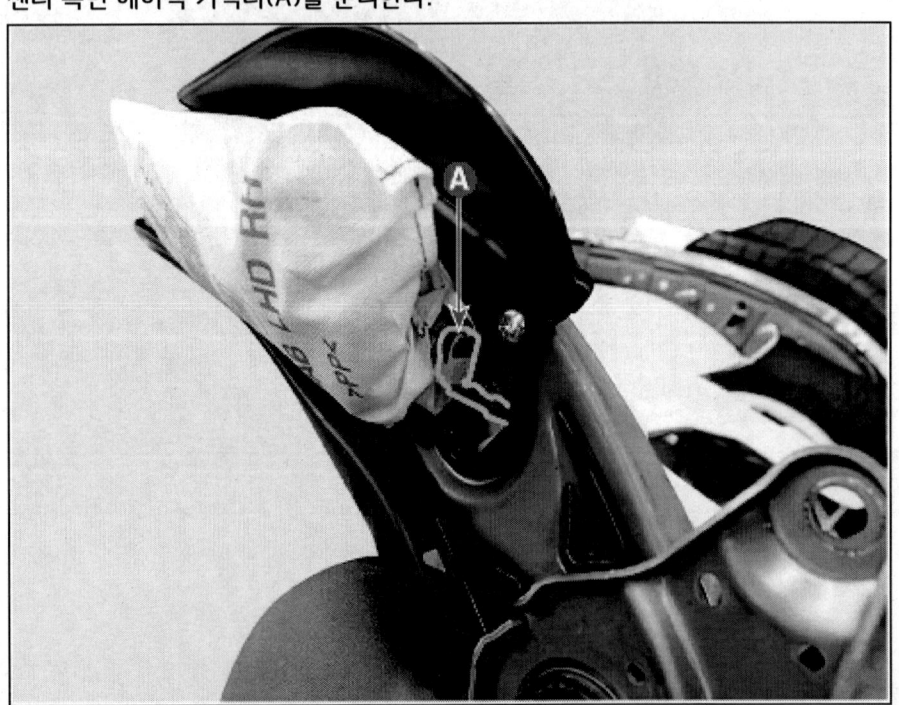

4. 감싸기 천(B) 및 종이 파스너(A)를 시트 백 프레임으로부터 탈거한다.

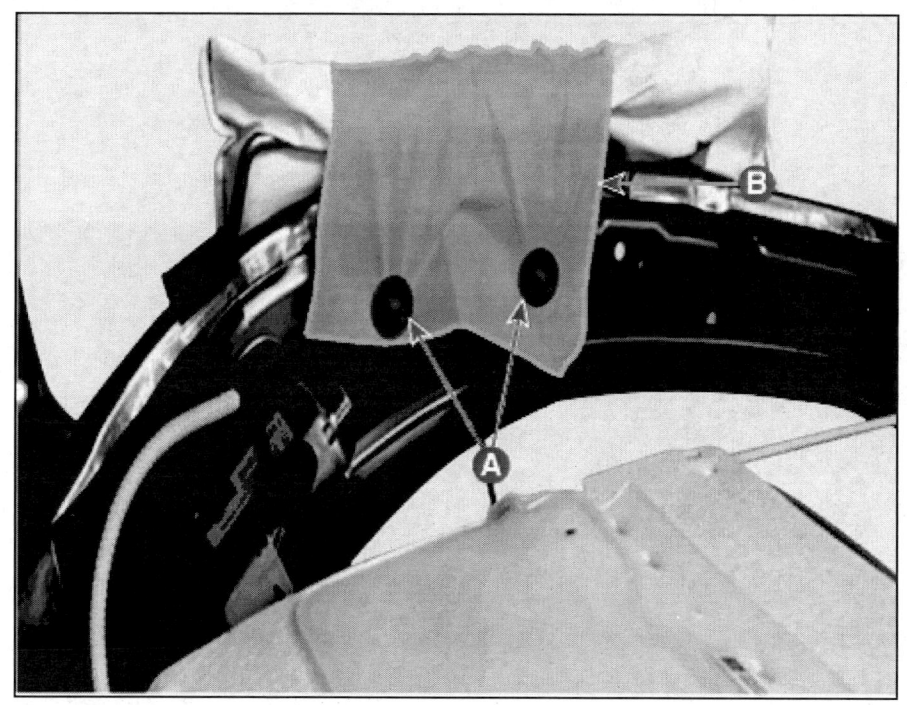

5. 너트를 풀어 센터 측면 에어백(A)을 탈거한다.

체결 토크 : 0.6 ~ 0.8 kgf.m

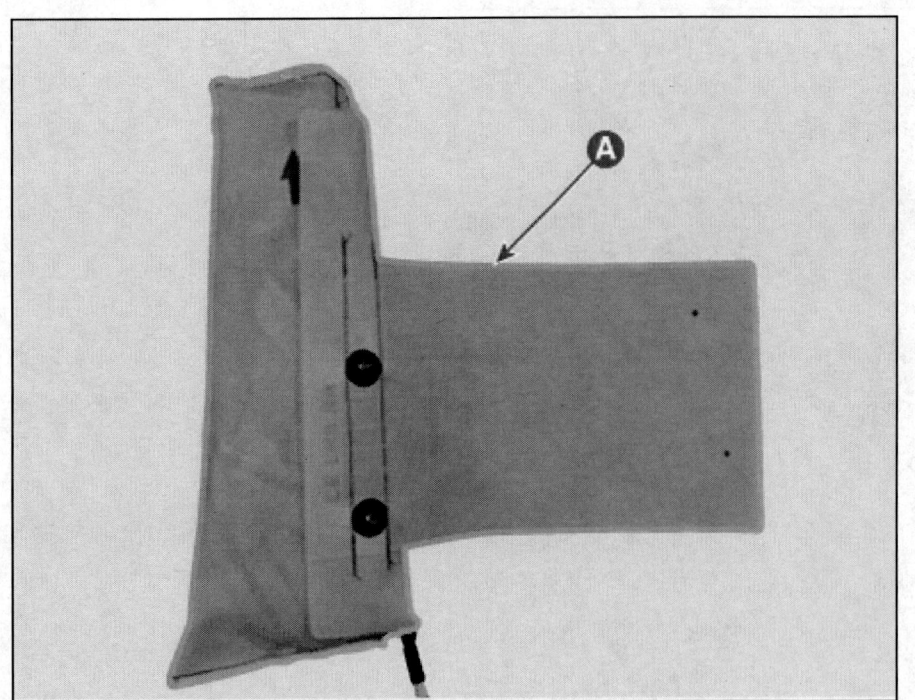

2023 > 160kW > 에어백 시스템 > 에어백 모듈 > 프런트 센터 측면 에어백 (CSAB) > 장착

장착

1. 장착은 탈거의 역순으로 진행한다.

   > **참고**
   > - 파워 스위치를 ON 했을 때 경고등이 약 6초간 점등되었다가 꺼지는지 확인한다.
   > - 커넥터를 확실히 조립한다.

   > **유의**
   > - 프런트 시트 백 커버의 부적절한 장착은 측면 에어백의 정상적인 전개를 방해하므로 프런트 시트 백 커버가 잘 장착되었는지 확인한다.

2023 > 160kW > 에어백 시스템 > 에어백 모듈 > 커튼 에어백(CAB) > 1 Page Guide Manual

커튼 에어백(CAB) 탈장착

	작업	H/W	체결토크 (kgf.m)	SST/장비	케미컬	기타
• 탈거						
1	12V 배터리 (-) 터미널 분리 (차량 제어 시스템 - "보조 배터리 (12V)"참조)	-	-	-	-	-
2	루프 트림 어셈블리 탈거 (바디 (내장 / 외장 / 전장) - "루프 트림 어셈블리"참조)	-	-	-	-	-
3	커튼 에어백 커넥터 분리	-	-	-	-	-
4	커튼 에어백 탈거	볼트	0.8 ~ 1.2	-	-	-
		너트	0.9 ~ 1.4	-	-	-
• 장착						
탈거의 역순으로 진행						-

2023 > 160kW > 에어백 시스템 > 에어백 모듈 > 커튼 에어백(CAB) > 개요 및 작동원리

개요

커튼 에어백(CAB : Curtain Airbag)은 루프 트림 좌우측 부분에 1개씩 내장되어 있으며, 측면 충돌 및 차량 전복 사고 발생 시 탑승자를 보호하는 역할을 한다. 측면 충돌 발생 시 좌우측 프런트 도어 모듈과 리어 필라 부근에 1개씩 장착되어 있는 측면 충돌 감지 센서(SIS)가 충돌을 감지하며, 이 센서의 신호를 이용하여 에어백 시스템 컨트롤 모듈(SRSCM)이 커튼 에어백의 전개 여부를 결정한다. 또한 차량의 전복사고가 발생하였을 때는 에어백 시스템 컨트롤 모듈(SRSCM)이 차량의 전복사고를 감지하여 커튼 에어백의 전개 여부를 결정한다.

탈거

> ⚠️ **주 의**
> - 손을 다치지 않도록 장갑을 착용한다.

> **유 의**
> - 리무버를 이용하여 탈거할 때 부품이 손상되지 않도록 주의한다.
> - 트림과 패널에 손상을 주지 않도록 주의한다.

> ⚠️ **경 고**
> - 에어백 모듈의 저항을 직접 측정해서는 안된다. 이는 예기치 않은 에어백 전개를 야기할 수 있어서 매우 위험하다.

1. 12V 배터리 (-) 터미널을 분리한다.
   (차량 제어 시스템 - "보조 배터리 (12V)" 참조)

   > ⚠️ **경 고**
   > - 12V 배터리 (-) 터미널을 분리한 후 최소한 3분 이상 기다린다.

2. 루프 트림 어셈블리를 탈거한다.
   (바디 (내장 / 외장 / 전장) - "루프 트림 어셈블리" 참조)

3. 커튼 에어백 커넥터(A)를 분리한다.

4. 너트 및 볼트를 풀어 커튼 에어백(A)을 탈거한다.

   체결 토크 :
   볼트 : 0.8 ~ 1.2 kgf.m
   너트 : 0.9 ~ 1.4 kgf.m

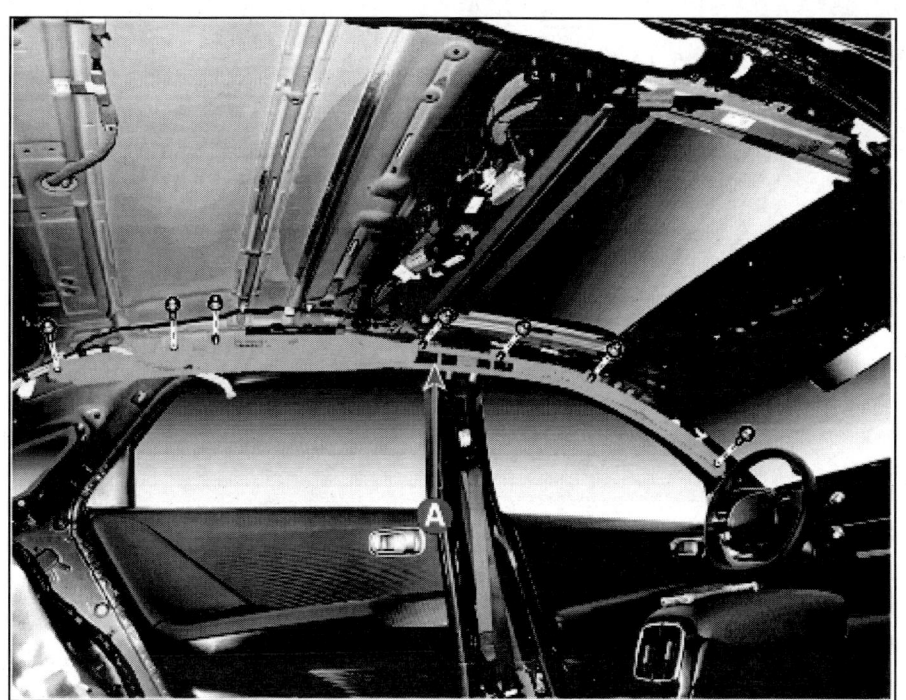

장착

1. 장착은 탈거의 역순으로 진행한다.

   > **참고**
   > - 파워 스위치를 ON 했을 때 경고등이 약 6초간 점등되었다가 꺼지는지 확인한다.
   > - 커넥터를 확실히 조립한다.

   > **유의**
   > - 커튼 에어백의 식별은 다음과 같이 모듈에 있는 문구 및 선의 색으로 한다.
   >   좌측 : 노란색 라벨 (인플레이터에 장착)
   >   우측 : 주황색 라벨 (인플레이터에 장착)

   > **주의**
   > - 커튼 에어백 모듈 장착 시 비틀리거나 꼬이지 않도록 주의한다. 만약 커튼 에어백 모듈이 비틀리면 정상적으로 전개가 되지 않을 수 있다.

안전 벨트 폐기 절차

> ⚠️ **경 고**
> - 안전 벨트가 전개될 때는 폭발음이 발생하므로 실외의 주위에 피해가 가지 않는 곳에서 실시한다.
> - 안전 벨트를 전개시킬 때는 항상 지정된 특수공구를 사용하고, 전기적 잡음이 없는곳 에서 실시한다.
> - 안전 벨트를 전개시킬 때는 에어백 장치에서 최소 5m 이상 떨어진 곳에서 조작을 한다.
> - 안전 벨트는 전개되면 매우 뜨거운 열이 발생하므로 최소 30분 정도 지나고 열이 식은 다음에 만지도록 한다.
> - 전개된 안전 벨트를 취급할 때는 장갑과 보호 안경을 반드시 착용한다
> - 전개된 안전 벨트에 물 등을 뿌리지 않도록 한다.
> - 안전 벨트 전개 작업이 끝난 후에는 항상 물로 손을 씻도록 한다.

[차량 내부에서의 전개]

안전 벨트가 장착된 차량을 폐차시킬 경우에는 안전 벨트를 반드시먼저 전개시켜야 한다. 또한, 안전 벨트를 전개시킬 경우에는 반드시 숙련된 기술자에 의해 전개 시키도록 하며 사용된 안전 벨트는 재사용이 불가능하므로 다른 차량에 장착해서는 안된다.

> ⚠️ **주 의**
> - 손을 다치지 않도록 장갑을 착용한다.

> ℹ️ **참 고**
> - 안전 벨트를 폐기하려면 아래의 공구 사용한다.

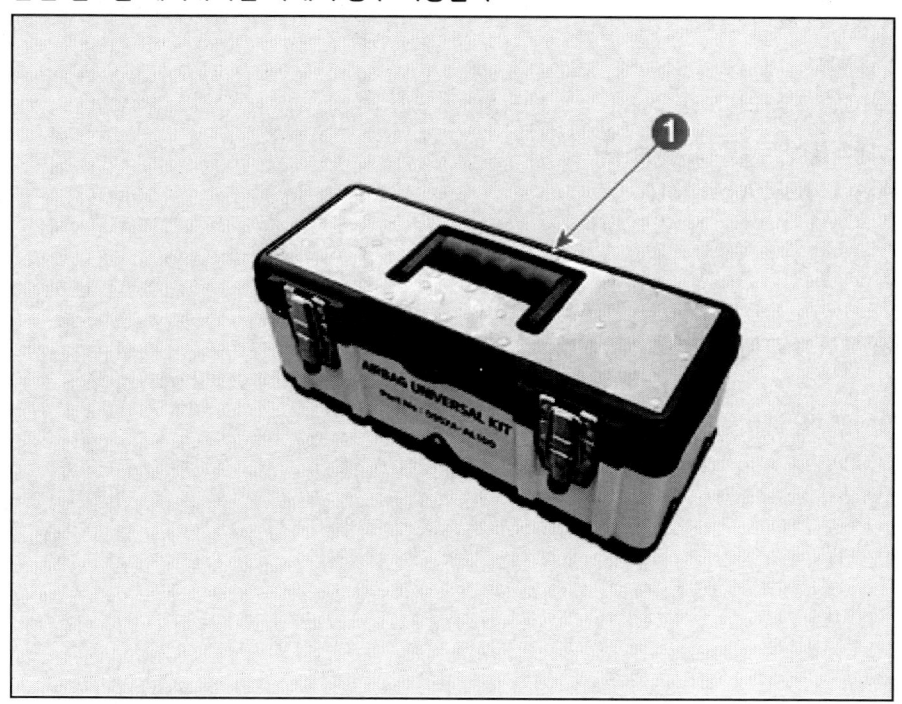

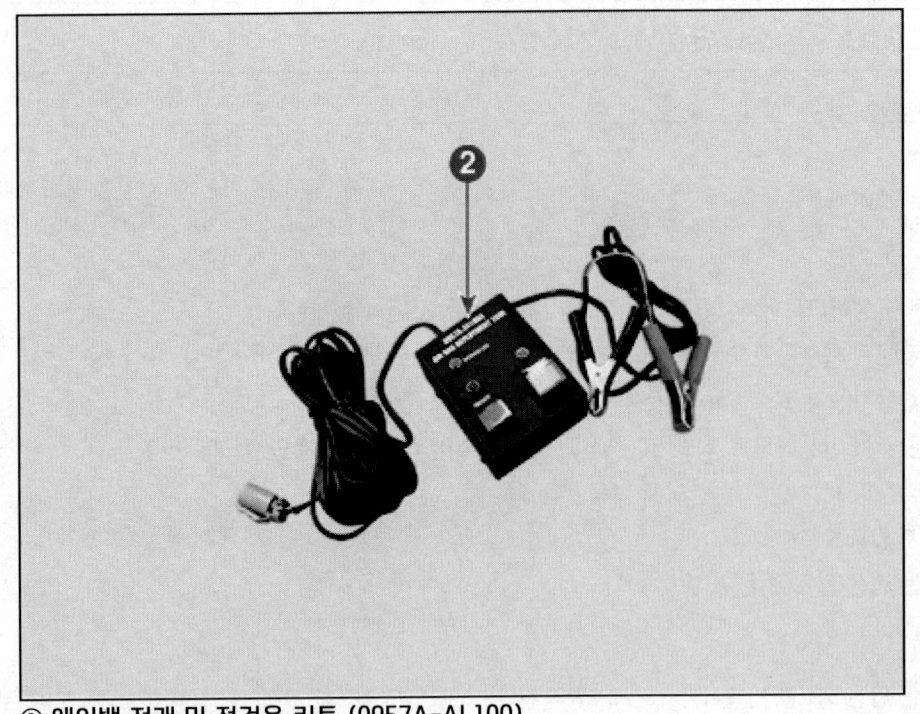

① 에어백 전개 및 점검용 키트 (0957A-AL100)
② 에어백 전개용 공구 (0957A-34100A)

1. 고전압 차단 절차를 수행한다.
   (에어백 시스템 - "고전압 차단 절차" 참조)

   ⚠ 경 고

   • 고전압을 차단한 후 최소한 3분 이상 기다린다.

2. 각 각의 안전 벨트가 안전하게 장착되어 있는지 확인한다.
3. 다음과 같이 안전 벨트를 전개시킬 준비를 한다.
   (1) 차량 내부에서 전개시킬 에어백의 커넥터를 분리한다.
   (2) 전개 하려는 안전 벨트에 전개용 어댑터를 연결한다.
      - 프런트, 리어 안전 벨트 프리텐셔너 : 0957A-AL140

   ⚠ 주 의

   • 작업자는 차량에서 최소 5m 이상 떨어진 곳에 위치한다.

4. 에어백 전개용 특수공구(0957A-34100A)(A)와 배터리(12V)(B)를 연결한다.

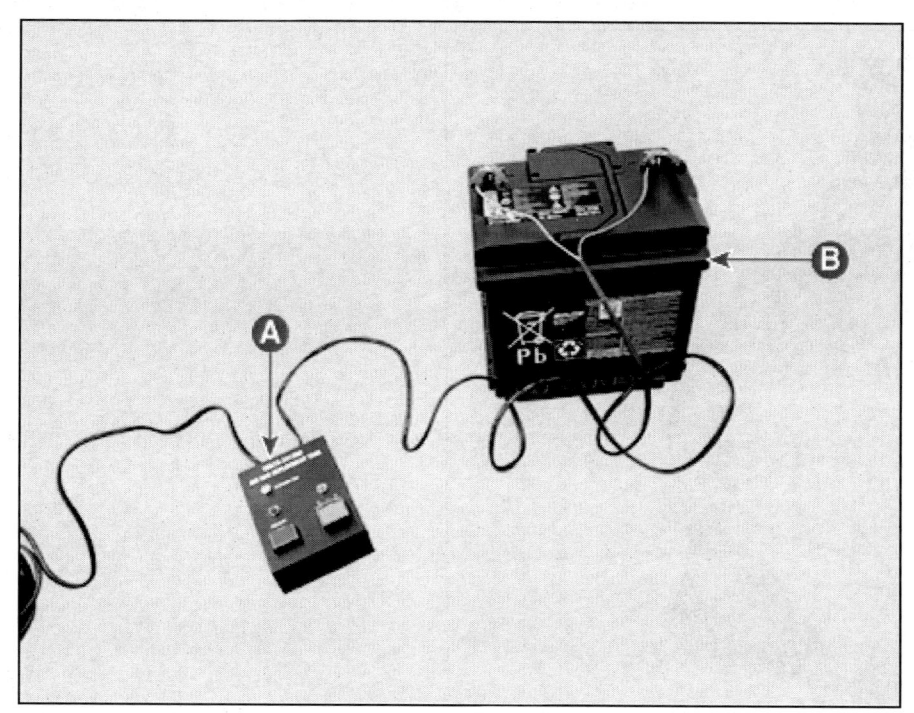

5. 에어백 전개용 특수공구(0957A-34100A)의 스위치를 작동시켜 안전 벨트를 전개시킨다.
   (1) 에어백 전개용 특수공구(0957A-34100A)와 배터리(12V)가 정상 연결되면 POWER On①이 점등된다.
   (2) READY②를 누른 상태에서 READY③가 점등되면 DEPLOY④를 눌러 안전 벨트를 전개시킨다.

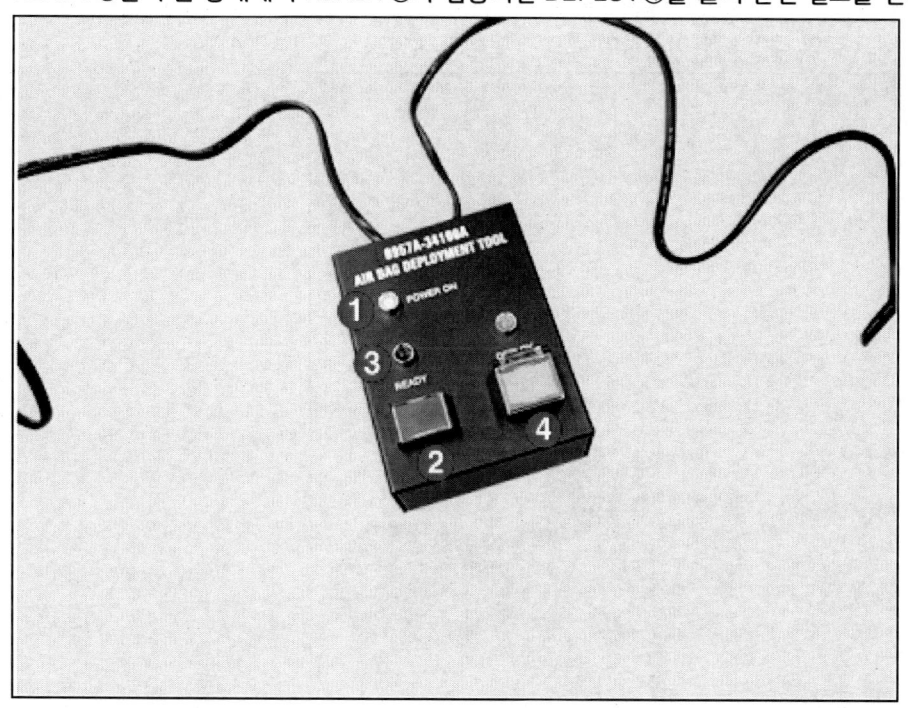

> **유 의**
>
> • 안전 벨트가 전개될 때 큰 소음이 발생하고 시각적으로 확인이 되며, 급격히 팽창한 후 천천히 수축한다.

6. 전개된 안전 벨트는 튼튼한 플라스틱 백에 넣어 안전하게 봉한 후 폐기시킨다.

> **참 고**
>
> - 0957A-AL120, 0957A-AL140 커넥터는 안전 벨트 폐기 후 고온에 의해 손상된다. 두 커넥터로 안전 벨트를 폐기했을 때에는 공구를 이용하여 잘라내고 절연 테이프를 이용하여 쇼트가 발생되지 않도록 감아서 보관한다.

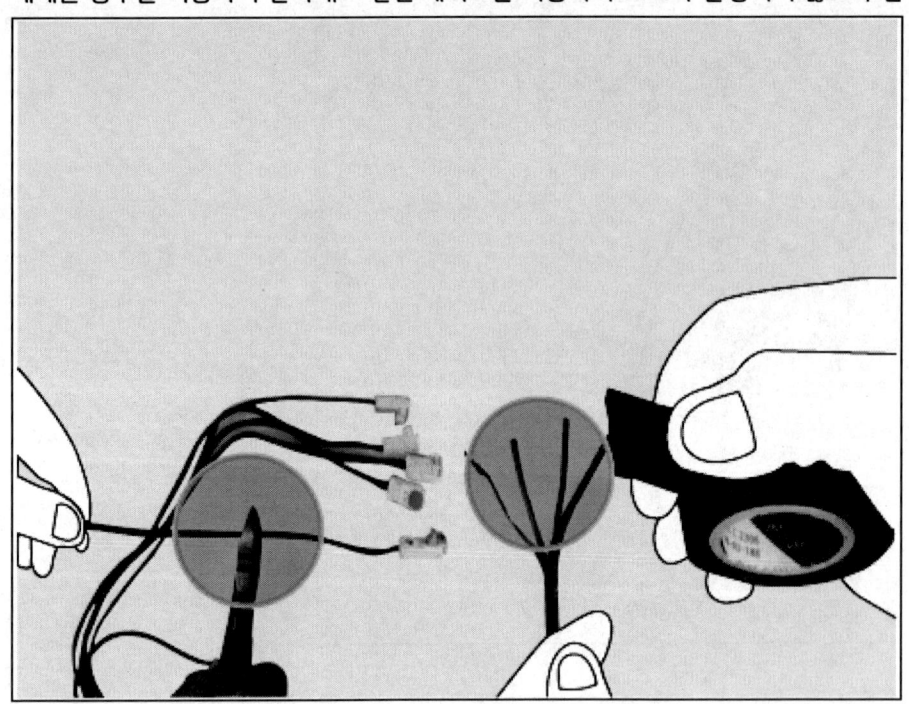

[차량 외부에서의 전개]

폐기된 차량에서 분리되거나 운송 또는 보관중에 결함 및 손상이 발견된 안전 벨트는 다음과 같이 전개시킨다.

> **주 의**
>
> - 손을 다치지 않도록 장갑을 착용한다.

> **참 고**
>
> - 안전 벨트를 폐기하려면 아래의 공구 사용한다.

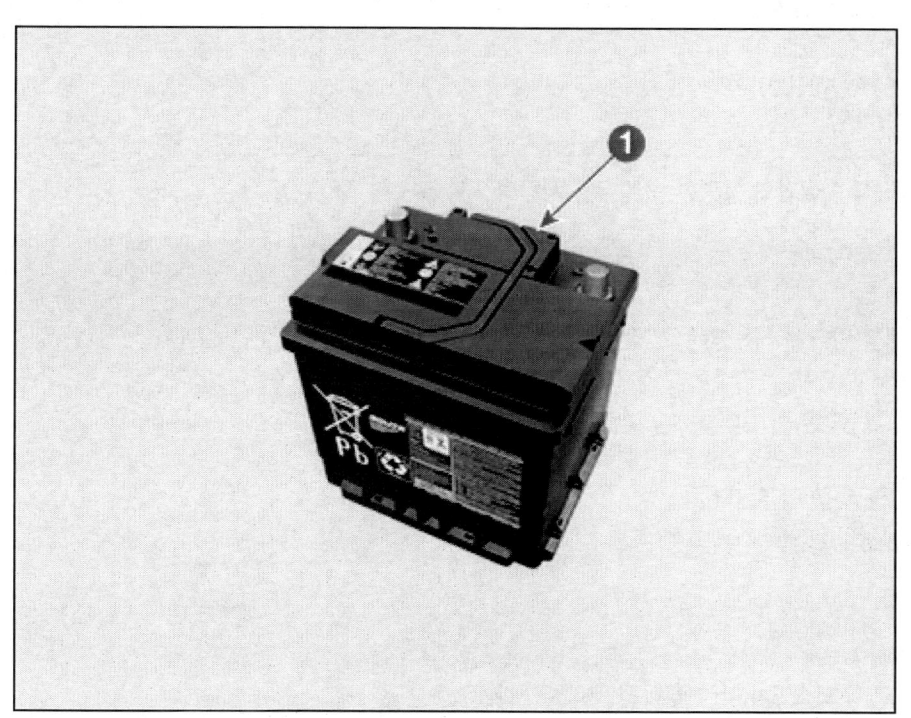

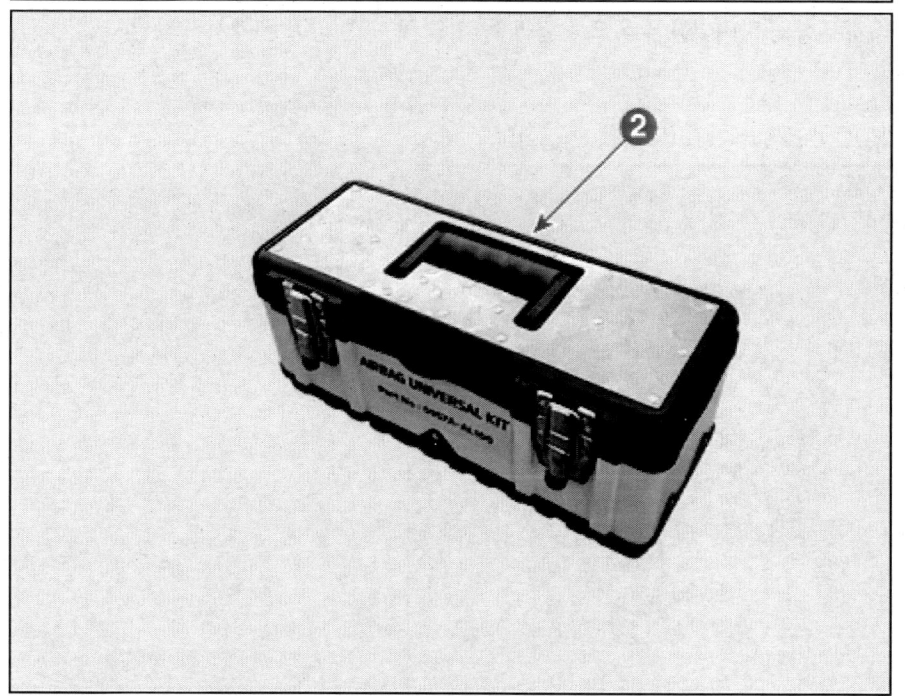

① 12V 배터리
② 에어백 전개 및 점검용 키트 (0957A-AL100)
③ 에어백 전개용 공구 (0957A-34100A)

1. 안전 벨트의 전개되는 면이 위로 향하게 하여 실외의 평평한 곳에 위치시킨다.

   ⚠ 위 험

   - 안전 벨트의 전개되는 면이 아래를 향하게 되는 경우 안전 벨트가 위로 튀어올라 작업자에게 큰 상해를 입힐 수 있다.

2. 다음과 같이 안전 벨트를 전개시킬 준비를 한다.
   (1) 전개하려는 안전 벨트를 탈거한다.
   (2) 전개 하려는 안전 벨트에 전개용 어댑터를 연결한다.
      – 프런트, 리어 안전 벨트 프리텐셔너 : 0957A-AL140

   ⚠ 주 의

   - 작업자는 전개하려는 안전 벨트에서 최소 5m 이상 떨어진 곳에 위치한다.
   - 안전 벨트를 폐기 할 때, 반드시 5개 이상의 타이어를 수직으로 쌓아 올린 후 그 속에 넣고 전개시켜 폭발시 산개 되는 파편을 방지한다.

3. 에어백 전개용 특수공구(0957A-34100A)(A)와 배터리(12V)(B)를 연결한다.

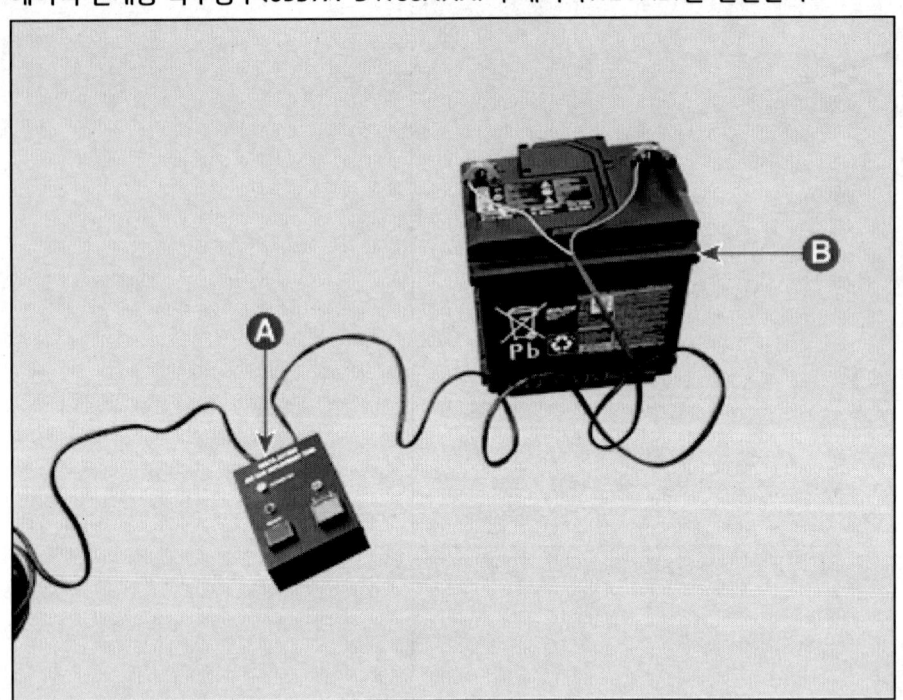

4. 에어백 전개용 특수공구(0957A-34100A)의 스위치를 작동시켜 에어백 장치를 전개시킨다.
   (1) 에어백 전개용 특수공구(0957A-34100A)와 배터리(12V)가 정상 연결되면 POWER On①이 점등된다.
   (2) READY②를 누른 상태에서 READY③가 점등되면 DEPLOY④를 눌러 안전 벨트를 전개시킨다.

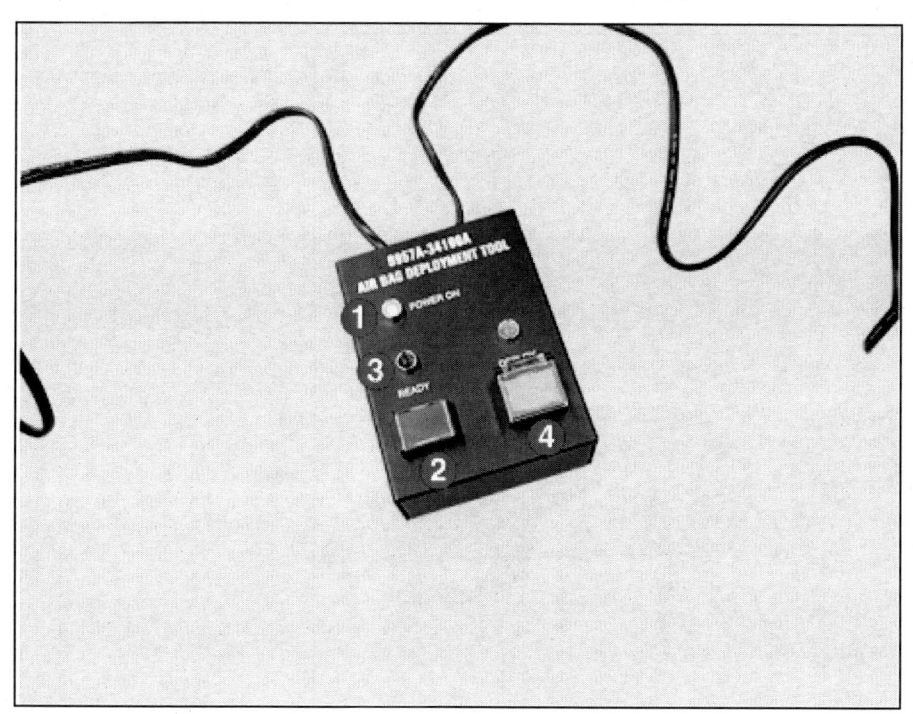

> **유 의**
>
> - 안전 벨트가 전개될 때 큰 소음이 발생하고 시각적으로 확인이 되며, 급격히 팽창한 후 천천히 수축한다.

5. 전개된 에어백은 튼튼한 플라스틱 백에 넣어 안전하게 봉한 후 폐기시킨다.

> **참 고**
>
> - 0957A-AL120, 0957A-AL140 커넥터는 안전 벨트 폐기 후 고온에 의해 손상된다. 두 커넥터로 안전 벨트를 폐기했을 때에는 공구를 이용하여 잘라내고 절연 테이프를 이용하여 쇼트가 발생되지 않도록 감아서 보관한다.

[손상된 에어백 (미전개 에어백) 폐기 절차]

1. 고전압 차단 절차를 수행한다.
    (에어백 시스템 - "고전압 차단 절차" 참조)

   ⚠ 경 고
   - 고전압을 차단한 후 최소한 3분 이상 기다린다.

2. 손상된 안전 벨트(미전개 안전 벨트)를 필요시 차량에서 탈거한다.

   ℹ 참 고
   - 리드 와이어가 있는 안전 벨트는 와이어를 꼬아서 단락을 만든다.

3. 탈거한 안전 벨트를 튼튼한 비닐봉지, 박스 안에 넣어 단단히 봉한 뒤 폐기시킨다.

4. 손상된 안전 벨트를 반납, 폐기하지 않고 개인 보관시 비닐봉지, 박스에 경고문구를 작성하여 개별 보관한다.

프런트 안전 벨트 프리텐셔너 (BPT) 탈장착

	작업	H/W	체결토크 (kgf.m)	SST/장비	케미컬	기타
•	탈거					
1	12V 배터리 (-) 터미널 분리 (차량 제어 시스템 - "보조 배터리 (12V)"참조)	-	-	-	-	-
2	센터 필라 어퍼 트림 탈거 (바디 (내장 / 외장 / 전장) - "센터"필라 트림"참조)	-	-	-	-	-
3	프런트 안전 벨트 어퍼 앵커 탈거	볼트	4.0 ~ 5.5	-	-	-
4	프런트 안전 벨트 프리텐셔너 커넥터 분리	-	-	-	-	-
5	프런트 안전 벨트 프리텐셔너 탈거	볼트	4.0 ~ 5.5	-	-	-
•	장착					
탈거의 역순으로 진행						-

개요

프런트 안전 벨트 프리텐셔너(BPT : Seat Belt Pretensioner)는 좌우측 센터 필라 하단부에 장착되어 있다. 앞 및 측면 충돌 또는 전복사고가 발생하였을 때 안전 벨트 프리텐셔너는 안전 벨트를 감아서 운전석및 동승석 승객의 몸이 앞으로 쏠려서 차량의 실내 부품들에 부딪치는 것을 방지하는 역할을 한다.

부품위치

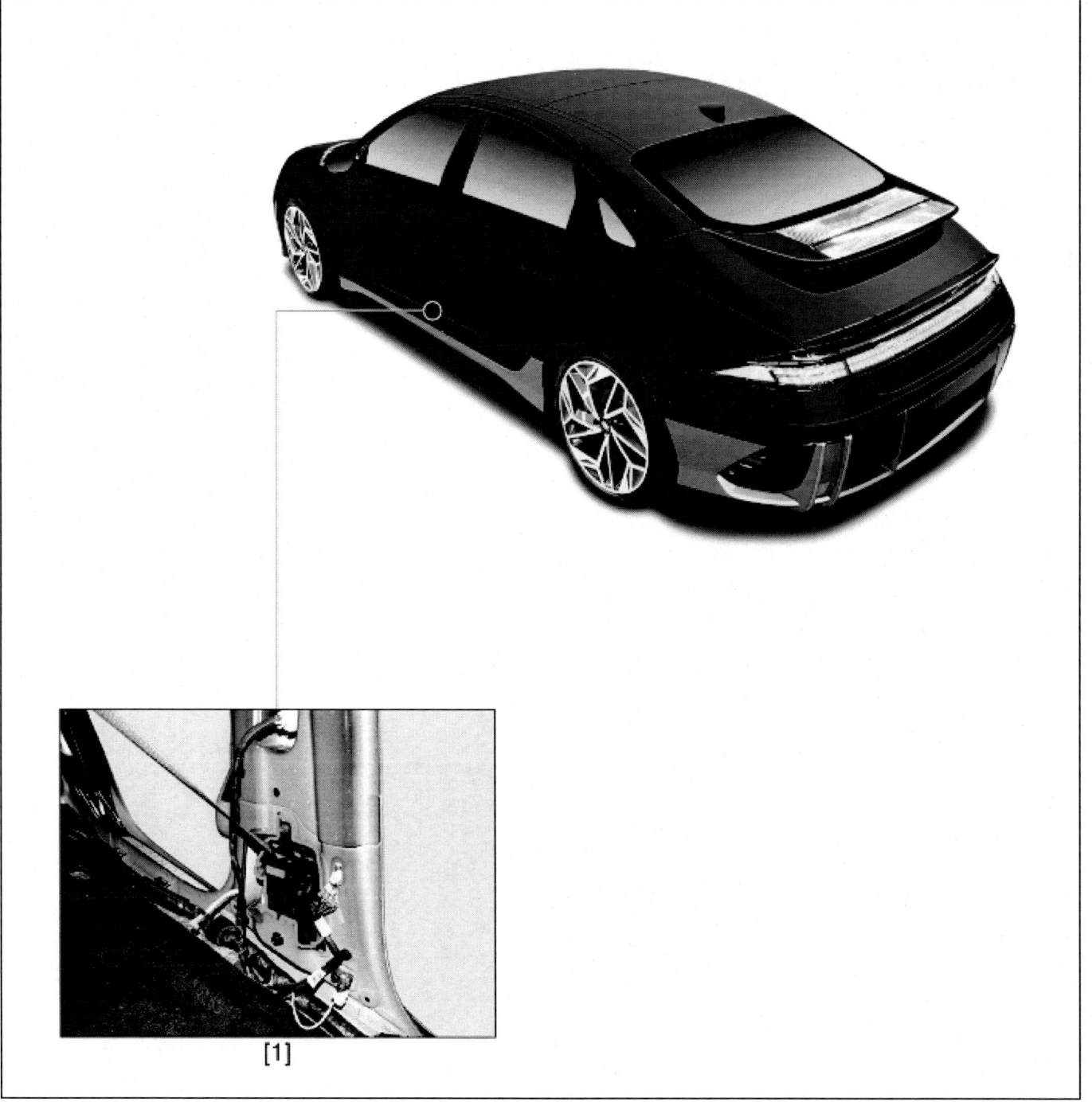

1. 프런트 안전 벨트 프리텐셔너

2023 > 160kW > 에어백 시스템 > 안전 벨트 시스템 > 프런트 안전 벨트 프리텐셔너 (BPT) > 탈거

탈거

> ⚠️ **주 의**
> - 손을 다치지 않도록 장갑을 착용한다.

> **유 의**
> - 리무버를 이용하여 탈거할 때 부품이 손상되지 않도록 주의한다.
> - 트림과 패널에 손상을 주지 않도록 주의한다.

1. 12V 배터리 (-) 터미널을 분리한다.
   (차량 제어 시스템 - "보조 배터리 (12V)" 참조)
2. 센터 필라 어퍼 트림을 탈거한다.
   (내장 트림 - "센터 필라 트림" 참조)
3. 볼트를 풀고 프런트 안전 벨트 어퍼 앵커(A)를 탈거한다.

   체결 토크 : 4.0 ~ 5.5 kgf.m

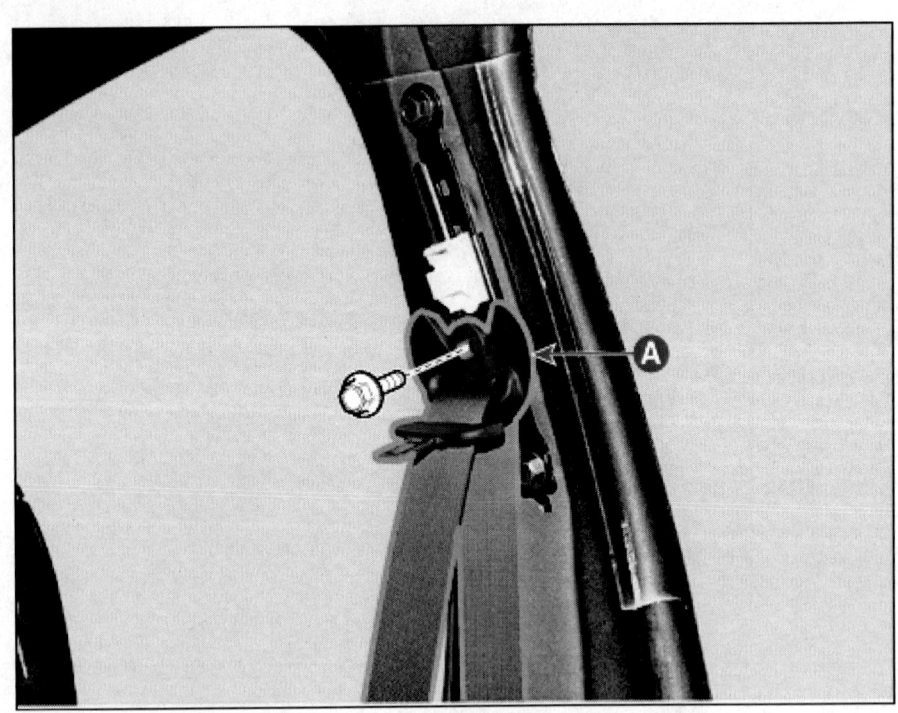

4. 프런트 안전 벨트 프리텐셔너 커넥터(A)를 분리한다.

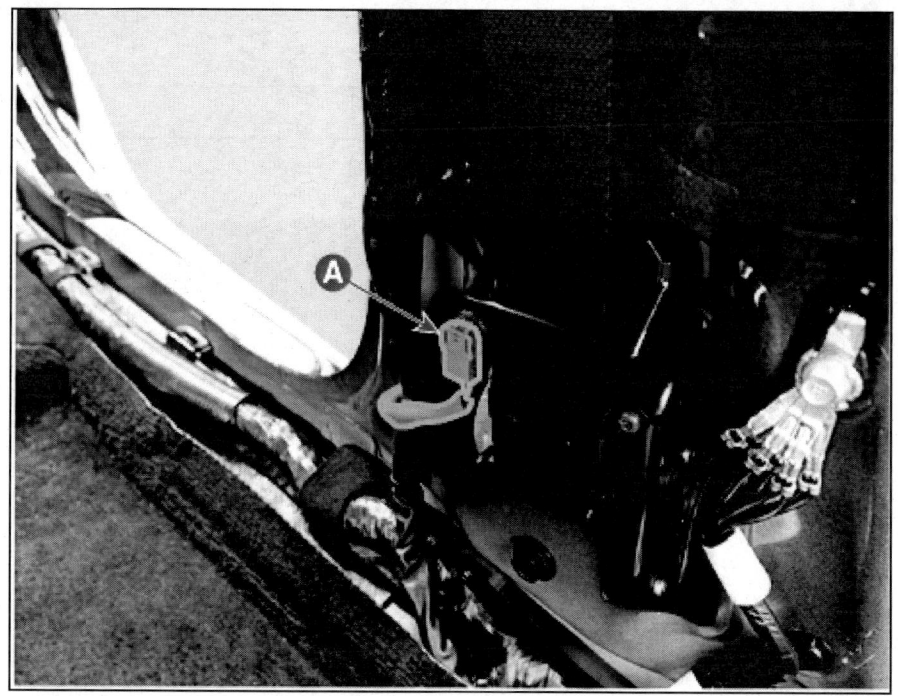

5. 볼트를 풀어 프런트 안전 벨트 프리텐셔너(A)를 탈거한다.

   체결 토크 : 4.0 ~ 5.5 kgf.m

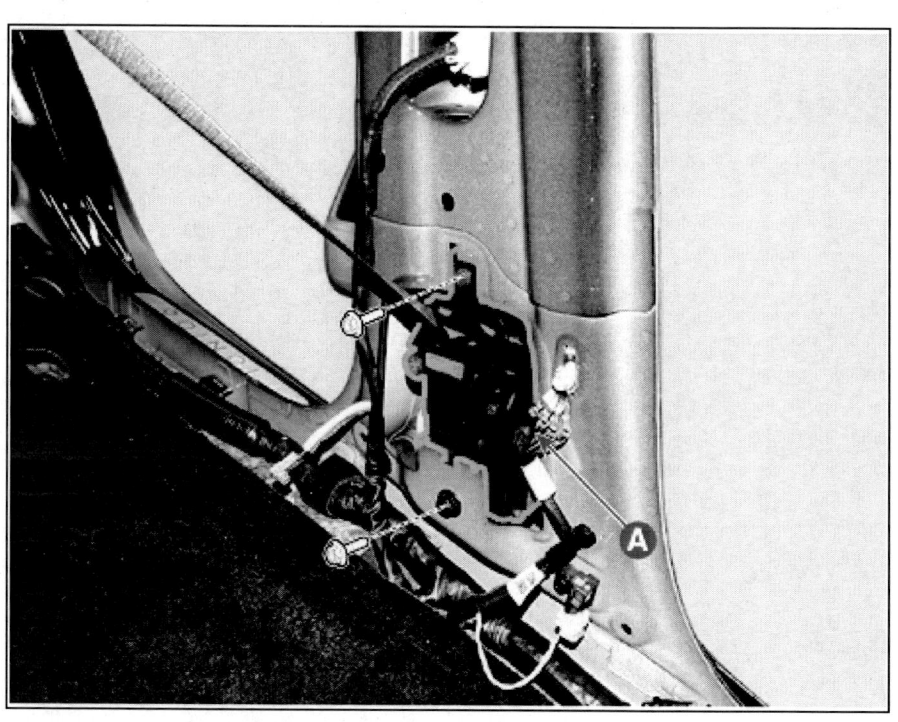

2023 > 160kW > 에어백 시스템 > 안전 벨트 시스템 > 프런트 안전 벨트 프리텐셔너 (BPT) > 장착

장착

1. 장착은 탈거의 역순으로 진행한다.

> **참 고**
> - 커넥터를 확실히 조립한다.
> - 손상된 클립은 교환한다.
> - 안전벨트 프리텐셔너 장착 후 파워 스위치를 ON 했을 때 경고등이 약 6초간 점등되었다가 꺼지는지 확인한다.

리어 안전 벨트 프리텐셔너 (BPT) 탈장착

	작업	H/W	체결토크 (kgf.m)	SST/장비	케미컬	기타
• 탈거						
1	12V 배터리 (-) 터미널 분리 (차량 제어 시스템 - "보조 배터리 (12V)"참조)	-	-	-	-	-
2	리어 패키지 트레이 트림 탈거 (바디 (내장 / 외장 / 전장) - "리어 패키지 트레이 트림"참조)	-	-	-	-	-
3	리어 안전 벨트 어퍼 앵커 탈거	볼트	4.0 ~ 5.5	-	-	-
4	리어 안전 벨트 프리텐셔너 커넥터 분리	-	-	-	-	-
5	리어 안전 벨트 프리텐셔너 탈거	볼트	4.0 ~ 5.5	-	-	-
• 장착						
탈거의 역순으로 진행						-

개요

리어 안전 벨트 프리텐셔너(BPT : Seat Belt Pretensioner)는 좌우측 리어 필라부에 장착되어 있다. 앞 및 측면 충돌 또는 전복사고가 발생하였을 때 안전 벨트 프리텐셔너는 안전 벨트를 감아서 운전석및 동승석 승객의 몸이 앞으로 쏠려서 차량의 실내 부품들에 부딪치는 것을 방지하는 역할을 한다.

부품위치

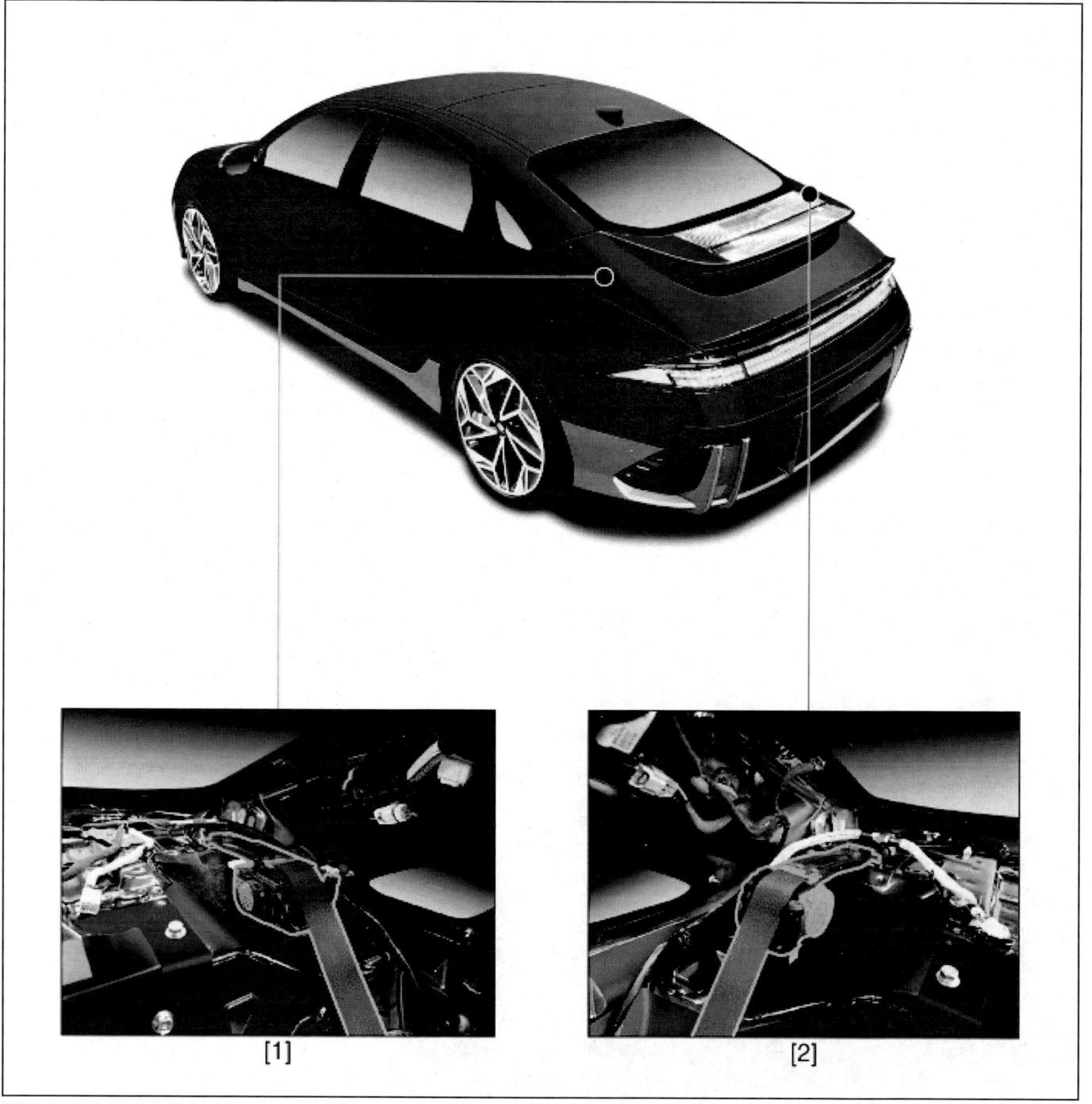

| 1. 리어 안전 벨트 프리텐셔너 [LH] | 2. 리어 안전 벨트 프리텐셔너 [RH] |

2023 > 160kW > 에어백 시스템 > 안전 벨트 시스템 > 리어 안전 벨트 프리텐셔너 (BPT) > 탈거

탈거

> ⚠ **주 의**
> - 손을 다치지 않도록 장갑을 착용한다.

> **유 의**
> - 리무버를 이용하여 탈거할 때 부품이 손상되지 않도록 주의한다.
> - 트림과 패널에 손상을 주지 않도록 주의한다.

1. 12V 배터리 (-) 터미널을 분리한다.
   (차량 제어 시스템 - "보조 배터리 (12V)" 참조)
2. 리어 패키지 트레이 트림을 탈거한다.
   (바디 (내장 / 외장 / 전장) - "리어 패키지 트레이 트림" 참조)
3. 볼트를 풀어 리어 안전 벨트 로우 앵커(A)를 탈거한다.

   체결 토크 : 4.0 ~ 5.5 kgf.m

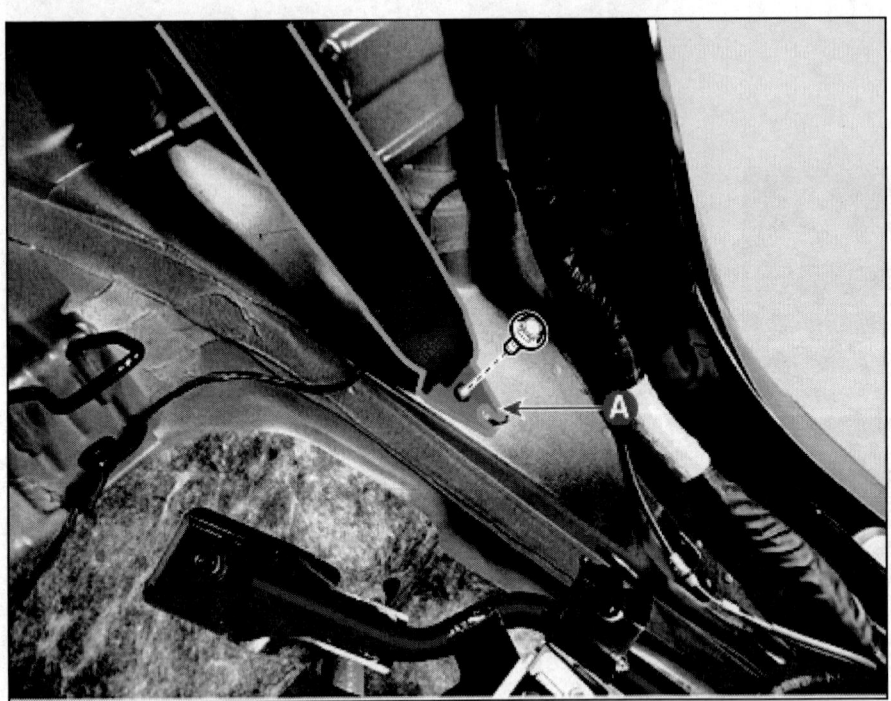

4. 리어 안전 벨트 프리텐셔너 커넥터(A)를 분리한다.

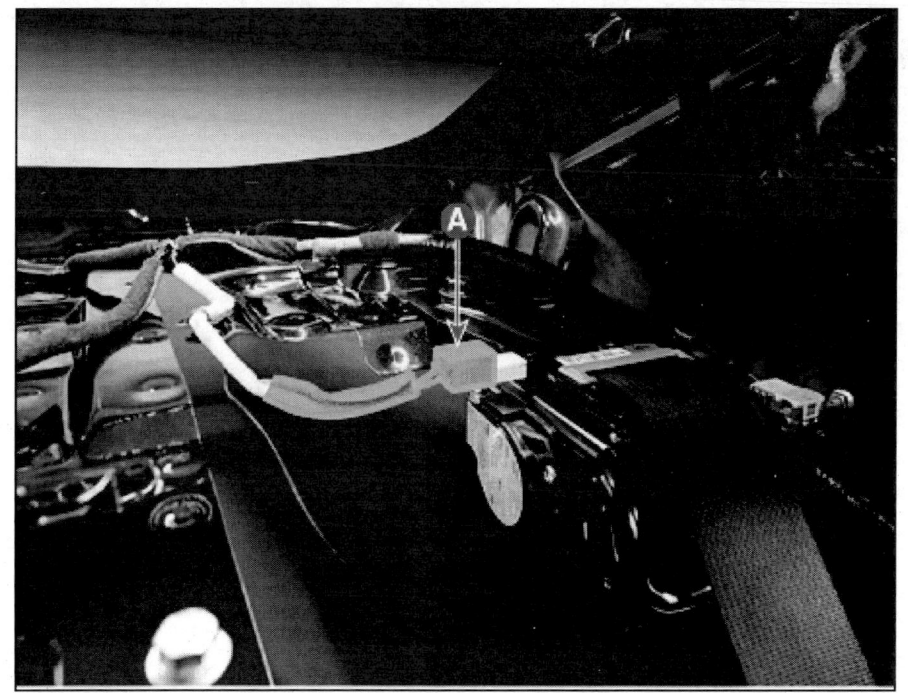

5. 볼트를 풀고 리어 안전 벨트 프리텐셔너(A)를 탈거한다.

체결 토크 : 4.0 ~ 5.5 kgf.m

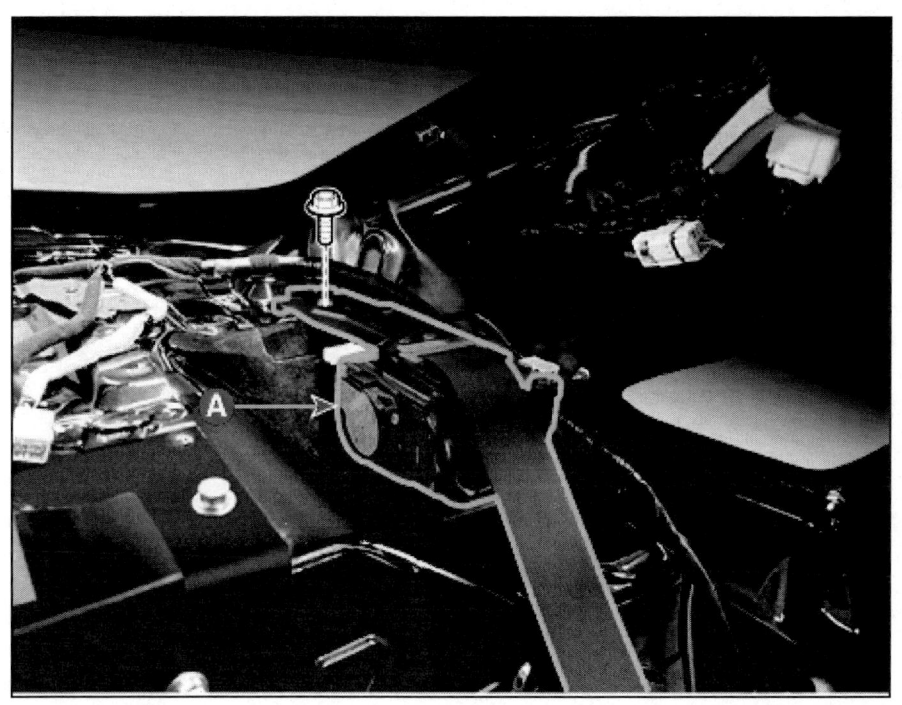

2023 > 160kW > 에어백 시스템 > 안전 벨트 시스템 > 리어 안전 벨트 프리텐셔너 (BPT) > 장착

장착

1. 장착은 탈거의 역순으로 진행한다.

> **참 고**
> - 안전벨트 프리텐셔너 장착 후 파워 스위치를 ON 했을 때 경고등이 약 6초간 점등되었다가 꺼지는지 확인한다.
> - 커넥터를 확실히 조립한다.

제 목 :	2023 IONIQ6(EV) 정비지침서(Ⅱ권)
	(히터 및 에어컨 장치 /
	첨단운전자 보조 시스템(ADAS) / 에어백 시스템)
발행일자 :	2023년 1월 10일 발행
저 자 :	현대자동차(주) 디지털써비스컨텐츠팀
발 행 인 :	김 길 현
발 행 처 :	(주) 골든벨
	서울시 용산구 245(원효로1가 53-1) 골든벨빌딩 5~6F
등 록 :	제 1987-000018호
대표전화 :	02) 713-4135 / FAX : 02) 718-5510
홈페이지 :	http : //www.gbbook.co.kr
I S B N :	979-11-5806-626-0
정 가 :	28,000원